杜祥琬院士简介

杜祥琬（1938.4.29—），男，应用核物理、强激光技术和能源战略专家。生于河南省南阳市，原籍开封。1964年毕业于苏联莫斯科工程物理学院。中国工程物理研究院研究员、高级科学顾问，中国工程院原副院长。

曾主持我国核试验诊断理论和核武器中子学的精确化研究，为我国核试验的成功和核武器发展做出了重要贡献；曾任国家863计划激光专家组首席科学家，是我国新型强激光研究的开创者之一，推动我国新型高能激光技术跨入世界先进行列。

主持了中国工程院"中国可再生能源发展战略研究""中国能源中长期（2030、2050）发展战略研究""我国核能发展的再研究"等我国能源发展战略重大咨询研究项目，现任国家能源专家咨询委员会副主任。

主持了中国工程院"应对气候变化的科学技术问题研究"等重大咨询研究项目，参与了国家2020年和2030年低碳发展战略目标的论证，作为中国代表团高级顾问参加了多次联合国气候变化大会，任第二届国家气候变化专家委员会主任、第三届国家气候变化专家委员会名誉主任。

1997年当选中国工程院院士，2006年当选俄罗斯国家工程科学院外籍院士，2002年当选中国工程院副院长。曾获国家科技进步奖特等奖一项、一等奖一项、二等奖两项，部委级一、二等奖十多项，2000年获何梁何利科技进步奖。

历史照片

核物理

中国物理学会年会第三次核物理会议（1978年于庐山）

九院九所中子物理室部分同志（1983年）

杜祥琬夫妇和王淦昌先生（1983年春节）

在莫斯科母校与老校长吉利洛夫-乌格留莫夫（右）和时任校长（左）沙里诺夫（1992年）

在罗布泊试验场与朱光亚（右二）等（1993年）

在核试验场（1993年）

与李觉老院长在一起（2002年）

贺彭桓武先生90寿辰（2005年）

与邓稼先塑像合影，左起贺贤土、杜祥琬、杨振宁、胡思得、丁伯男（2000年）

与于敏及夫人（2006年）

与周光召及夫人，左起：胡仁宇、胡思得、郑爱琴、周光召、杜祥琬、赵宪庚（2009年）

与黄祖洽及夫人（2009年）

核军控

与朱光亚在美国U.C. Irvine（1991年）

与俄罗斯原子能部米哈依洛夫部长（右二）会谈（1992年）

左起：田东风、胡思得、（美）Dr. Garwin夫妇、Panofsky、杜祥琬、魏开鼎

中俄军控专家交流（莫斯科，1996年）

与美国专家Dr. Sig. Hecker（右一）等合影（1994年）

与美国专家F. V. Hippel（左四）等合影

中国工程院院士文集

核物理与核军控研究

NUCLEAR PHYSICS AND NUCLEAR ARMS CONTROL

杜祥琬 著

科学出版社

北京

内 容 简 介

本书内容分为两部分。第一部分是作者在核物理领域公开发表的文章，包括在莫斯科工程物理学院所做的毕业论文，回国后参与我国核武器物理（主要是中子物理理论）应用基础研究方面的论文和一部分核工程技术应用方面的文章。第二部分是作者在军备控制研究方面发表的论文，重点是核军备控制物理学的研究和空间军备控制的技术和政策方面的文章。

本书可供有关专业的研究生和科研工作者参考。

图书在版编目(CIP)数据

核物理与核军控研究/杜祥琬著. —北京：科学出版社，2016.12
（中国工程院院士文集）
ISBN 978-7-03-051380-9

Ⅰ. ①核… Ⅱ. ①杜… Ⅲ. ①核物理学-文集 Ⅳ. ①O57-53

中国版本图书馆 CIP 数据核字（2016）第 316712 号

责任编辑：钱　俊　周　涵／责任校对：钟　洋
责任印制：徐晓晨／封面设计：楠竹文化

科学出版社 出版
北京东黄城根北街16号
邮政编码：100717
http://www.sciencep.com
北京建宏印刷有限公司印刷
科学出版社发行　各地新华书店经销
*

2017年2月第 一 版　开本：787×1092　1/16
2025年2月第四次印刷　印张：23　彩插：4
字数：530 000
定价：160.00元
（如有印装质量问题，我社负责调换）

序 一

展现在读者面前的这本文集，主要是杜祥琬院士在中国工程物理研究院工作期间在两个工作领域可以公开发表的部分文章，一部分是核物理（主要是中子物理），另一部分则是有关核军控的。

1964年祥琬从苏联留学回国，次年初即被分派在二机部九院（中国工程物理研究院的前身）工作，主攻核试验诊断理论和核武器中子学技术的精确化研究。

由于中子在核武器的动作中担任着最活跃的角色，中子物理学在核武器研究中地位的重要性是不言而喻的。通过中子输运方程和中子与周围介质相互作用（反应截面）的精确描述，求解中子的能谱、时空分布，以及中子诱发的核材料放能，才能准确预言核装置爆炸的威力。而穿出弹体的中子流，其能谱、时间谱、中子强度等都是诊断核弹性能和过程特征的重要信息。

核武器里的中子物理，与反应堆物理既有相通之处，在空间分布、时间行为、能谱方面又有极大的区别。即使是反应堆物理的专家，对核武器中的中子行为，也存在要重新认识、重新探索的课题，而这同时也给年轻科技人员提供了在这些领域开拓创新的机遇。一批年轻的科技人员在彭桓武、朱光亚、邓稼先、于敏、周光召、黄祖洽等老一辈科学家的带领下，做出了许多卓有成效的创新性成果，祥琬就是其中的一位佼佼者。这些成果，为我国核武器事业的顺利发展提供了重要的支持。这本文集第一部分的文章部分地反映了那个时期的工作。

20世纪80年代中期，国际上核大国鼓吹禁核试的风声骤起，邓稼先、于敏组织部分科技人员仔细调研美苏等核大国核武器的发展水平，得出结论认为，核大国这种举动可能对他们自己已不会有什么重要影响，而对于正处在十分关键发展阶段的我国，则会带来非常严重的后果。邓、于两位审时度势，及时向中央提出对策建议，为我国核武器的发展争取了主动，为国家安全利益做出了重大贡献。在邓、于起草上述建议书的过程中，有许多同志参与了调研和分析工作，他们中的一些人，先后成了中国工程物理研究院核军控研究的开拓者和骨干，祥琬就是其中的一位杰出代表。

1988年，美国科学院国际安全与军控委员会（CISAC）主任潘诺夫斯基教授致函国防科工委科技委朱光亚主任，提议中美科学家之间就核军控领域开展学术交流，祥琬被朱主任遴选为中国代表团成员（六人）之一，参加了首次与CISAC的会谈。此后，他成为与美方科学家（除CISAC外，还有美国科学家联合会FAS、自然资源保护委员会NRDC等）以及俄罗斯专家交流的主力。国际交流的需要，要求他迅速投入军控的研究。在这一期间，他发表了许多很有见地的军控文章。

20世纪80年代以前，我国的军控研究人员局限于外交和少数军政机关的个别专家，他们基本上隶属于社会科学和外交、政治部门。但从邓、于提交建议书以及与国外进行军控问题的交流之后，中国工程物理研究院的领导和科技工作者意识到为了维护国家的安全利益和本身事业的发展，不仅要做好自身的科技业务工作，还得关心国际形势，研究分析核军控的态势以及各国核武器发展和研究动态，并根据我国的国家安全利益和核政策，结合我国发展实际，向国家提出相应的对策建议。同时，中国工程物理研究院的科技工作者又利用在科研活动和核试验中积累起来的诊断技术，发展和丰富了核军控的核查技术，并在此基础上，逐步形成了与众多学科（核材料、核探测、信息学、军事、外交、国际政治等）相关又另具特色的交叉学科——核军控研究，这是一门社会科学与自然科学相结合的重要的综合性学科。

就这样，逐步形成了国内第一支以自然科学与社会科学相结合为特色的研究核军控的队伍，而祥琬是开创者之一。为了培养更多的年轻军控学者，在中国工程物理研究院研究生部的粒子物理与原子核物理专业中增设了核军备控制物理与技术的研究方向，在这里他又创造了几个第一：他编著了国内第一本科学技术与军控研究相结合的学术著作——《核军备控制的科学技术基础》；还率先培养了我国第一位以科学技术为背景从事军控研究的博士生李彬，李彬现在是清华大学国际关系学院教授，国内外知名的军控专家。

我与祥琬在北京应用物理与计算数学研究所及中国工程物理研究院的领导岗位上合作共事多年，他的智睿、敢于担当、勇于开拓创新的精神给我留下深刻的印象。尽管由于保密的原因，无法将更多精彩的文章收集在这本文集里，但相关专业的研究生和科研工作者从这些已经公开的文章里，不仅能学到相关的知识，还可以领略到他敬业的精神和严谨的学术风格。

胡思得

2016 年 8 月 20 日

序 二

这本文集是杜祥琬院士在核物理和核军备控制领域所做工作的一部分，还有一部分涉密的文章和报告只能保存在研究所的档案室里。实际上，他在这个领域的主要成果并不体现在纸面上，而是作为大团队成就不可分割的组成部分，融化在我国核武器研制的进展，特别是氢弹的突破和武器小型化的成功之中了。那是一篇集体撰写的大文章，是新中国历史上的一部杰作。

在我进入核武器研究领域后，他的工作重心已根据国家的需求转向863计划激光领域。作为激光领域的带头人之一，他在付出巨大努力并取得进展的同时，仍在核领域倾注关心、起着指导作用。这本文集使我对他在核领域的工作，有了较为具体的了解。在完成一系列硬任务的同时，他在学科建设、基础研究、学术交流和培养人才方面做出的努力，为推动事业的发展起到了重要的作用。

我在北京应用物理与计算数学研究所、中国工程物理研究院和中国工程院与杜祥琬院士相处多年，他先后在核武器、激光和能源领域从事研究，这些领域虽然都没有离开物理学，但其具体内涵还是有不小的差异，每一次研究领域的转换都是由于国家需求的选择。在能源战略研究的基础上，2010年他又受命担任了第二届国家气候变化专家委员会主任。这样一次又一次地"被安排"，实在是不小的挑战。他能迅速适应这种"阵地转换"，并作出成就，除了依靠团队集体外，他的勤奋学习、静心思考、注重方法和效率，给我留下了深刻的印象。

他的一个特点是认真和严谨，崇尚学术民主和科学决策；同时，自然科学与人文科学素养的结合，倍增了他的人格魅力和凝聚力。我想这一点，对青年人才的成长也是富有启发的。

2016年9月7日

前 言

我们这一代的很多人,可能都和我类似:人生的道路基本上是由国家的需要决定的,这是我们所处的时代背景的一个特点。1956年,我从开封高中毕业,当时报的升学志愿是南京大学天文学系,但在20世纪50年代,国家每年都从各地选拔一批留苏预备生,那年我被选中。经北京俄语学院留苏预备部一年学习和北京大学数学力学系两年学习,最终被派往莫斯科工程物理学院学习原子核物理学。这批学生的派出是钱三强先生操办的,他还亲自为我们送行。在莫斯科的五年两个月,我受到了严格的理工科训练。回国后,即投身我国的核武器事业,主攻核试验诊断理论和武器中子学计算的精确化研究。当时工作的主要目标是突破氢弹和实现核武器的小型化,工作特点是任务性强、集体性强、保密性强。工作中所作的研究报告、论文,多数都作为保密资料存入了档案室。

这个事业使我有幸在一批优秀的物理学家领导下工作,王淦昌、朱光亚、彭桓武等是当时中国工程物理研究院的领导,而邓稼先、周光召、于敏、黄祖洽等是直接指导我们工作的。他们坚实的物理学功底和严谨的学风使我受益至今。一支朝气蓬勃的青年科技工作者队伍,共享着"我们献身这壮丽的事业,无限幸福无上荣光"的情怀,为扬国威、壮军威共同奋斗。1966年12月初,我们核试验诊断理论组的三个青年人搭乘光亚副院长的专机,带着预估的中子和γ谱的理论数据赴试验基地参试。这是一次成功的氢弹原理试验,是我国掌握氢弹的实际标志。当时的《新闻公报》里只简称为"一次新的核试验"。戈壁滩刺骨的寒风和"文革"的阵阵恶浪在大家心中投下的阴影,都挡不住试验成功带来的激动和喜悦。接着,在那个"史无前例"的灾难年代里,大家仍然不顾各种困难和压力,取得了多次成功。1971年11月,我参与了向周恩来总理为首的中央专委的工作汇报,周总理不仅过问了核试验的方案和安全问题,并且为解救当时处于重压和被摧残之中的中国工程物理研究院作了一系列具体指示和布置。

1975年,周光召等领导命我重建中子物理学研究室。中子物理是核武器物理的重要基石和组成部分,重建这个研究室,既是发展和改进核武器设计的需要,也是因为有关的几摊工作被"文革"冲垮了,必须重整旗鼓。为此,一批物理学和计算数学的骨干们携手努力,从学术讨论开始,形成了新的研究工作布局。其后的十几年是为适应新一代核武器研制的要求,系统地发展我国自己的核试验诊断理论并实现中子学理论设计精确化的年代。针对新一代武器的要求,提出了研究方向与课题,发展了新的物理思想和方法,为新一代武器设计和试验成功提供了保证。其中的一些创新之点皆来自工作实践中提出的问题,是对这些问题研究、思考的所得。例如,发现了理论的裂变次级中子数存在系统偏差;发现了群参数的临界调整误差的"超临界放大效应";为了评价核装置的积分量对各种微观核数据的敏感度,运用变分法推导了一组敏感度的公式;在分析核武器反应过程中各物理量变化时，发现在一定条件下，中子的空间密度会达到与介质的原子核密度可比较的水平，这时需要考虑中子之间的碰撞，由此，提出了非线性中子输运方程的概念及其解法和应用。在此期间，我们参与和支持国家核数据中心，通过多个单位的大协作，制作了我国的基本核数据，并在此基础上，更新了多套群参数，同时，改进了计算方法，提高了计算精度。凝结了集体智慧的这段工作是富有成效的。后来，当有可能与国际上的同类工作比较时，发现我们的工作不仅有独创性和特色，而且有高的应用效益。

改革开放后，更加重视了学科建设。在系统总结的基础上，我和同事们集体撰写了专著《核试验诊断理论》，作为"中国工程物理研究院科技丛书"的一部，内部出版。在这本书的扉页上，我特意写上了一段话："谨以此书献给那些在草原、山沟、戈壁滩上和计算机旁为我国核试验的成功献出了青春和生命的人们。"这是编写者发自内心的话。

随着激光核聚变和X射线激光研究的开展，提出了对原子-分子数据，特别是高剥离态原子数据的需求。1986年，我们联合国内十个研究单位和高校，成立了中国原子-分子数据研究联合体（CRAAMD），制作和收集了大批原子-分子数据，并与国际原子能机构（IAEA）建立了工作联系，开展了国内外学术交流。

从20世纪80年代中期开始，国际核军备控制谈判日趋深入。在朱光亚先生的主持下，我国一批科学技术专家开始参与核军备控制的研究和国际交流，主要是同美、苏（后为俄）专家的交流，我是其中的一员。出于工作的需要，中国工程物理研究院的研究生部，在核物理学专业中增设了"核军备控制物理学"研究方向，在研究生层次设立这个研究方向，是国内的首次。研究领域涉及禁止核试验、裁减核军备、防止核扩散以及空间军备控制等，开始招收硕士和博士研究生，并选送了一批青年学者出国进修，以培养青年人才。《核军备控制的科学技术基础》一书就是在这个背景下作为教材写成的，也是我国在该领域的第一部学术论著。当年毕业的这批研究生，现在都已成了科技带头人了。

本文集的首篇是我在莫斯科工程物理学院的毕业论文，其余则是在后来的工作中写的应用核物理与核军备控制方面公开发表的论文。这本文集算是一份工作总结，也希望对后来的研究者多少有点参考价值。至于文集中的错误和疏漏之处，则诚望各位专家和读者不吝指正。

杜祥琬

2016年10月

目 录

序一
序二
前言

核 物 理 篇

反质子原子寿命的计算 3
略谈与核工程应用有关的若干低能核物理课题 25
准自由散射平面波冲量近似对 ^{9}Be(n, 2n)^{8}Be 反应的研究 29
On Mechanisms of Reaction ^{9}Be(n, 2n) 32
轻核少体反应次级粒子双微分谱近似处理研究 36
非线性中子输运问题的一个解法 44
若干积分量的敏感度分析 52
电子束在物质中产生的热击波 57
Weale's Experiment and Penetration of Fast Neutrons in Heavy Medium 61
中子输运的差分解与精确解的比较 63
激光核聚变物理概述 73
激光驱动的ICF物理研究 78
建议在油田发展核供热堆 86
中国工程物理研究院的核物理、核技术及相关学科的研究 89
热等离子体内原子物理研究概况与原子分子数据的联合研制 95
浅谈现代物理学与工程技术——献给2005世界物理年 101
让核技术为国家可持续发展再创辉煌 110
核的三部曲 114
《核辐射探测器及其实验技术手册》再版序言 117

我国工程物理学的历史篇章——为中国工程物理研究院建院50周年而作 …… 118
军民科技融合和国防科技的创新发展 …… 123
核科学是美丽的 …… 127
对物理学和物理教学的几点认识（上） …… 136
对物理学和物理教学的几点认识（下） …… 142
我国首枚原子弹爆炸成功50年之际的再发展思考 …… 146
核试验 …… 149
临界质量 …… 152

核军控篇

现代战争与物理学 …… 157
浅谈军备控制中的物理学问题 …… 161
国际新形势下核武器的作用与核裁军问题 …… 168
Preliminary Exploration of the Problem of the Treatment of Warheads in Nuclear Disarmament …… 172
Thoughts and Proposals on Nuclear Disarmament …… 180
The Impact of SDI on the Arms Race—A Solution of Game Theory …… 183
禁止核试验 …… 189
Some Thoughts on Restriction and Banning of Nuclear Tests …… 199
对禁止地下核爆炸试验的核查 …… 205
一种CTBT的非地震核查方法的初步研究——通过对地下电阻率异常的测量精确定位深层地下核试验 …… 212
军备控制条约的核查 …… 216
核军备控制与物理学 …… 230
核军备控制的科学技术基础 …… 236
制止空间武器——军备控制的紧迫任务 …… 256
The Necessity and Possibility of Signing a Treaty Prohibiting Space Weapons …… 270
Relations among Space Arms Control, Nuclear Disarmament and Nuclear Test Ban
—The Necassity and Possibility for a Convention on the Prohibition of Outer Space Weapons …… 274
Global Security and the Role of Science, Technology and Education …… 280
加强国际核安全保障体系的思考 …… 284
铀浓缩技术及其核扩散问题 …… 291
武器用钚的控制及其核查问题 …… 306

核动力与核武器扩散问题 ·· 322
核军备控制物理学研究简介 ·· 330
Preventing Pollution in Space ·· 335
On Treaty of Space Arms Control and It's Verification ············ 345
TMD and International Security ·· 350
对核军备控制研究的几点思考——军备控制与人类文明进步 ········· 354

后记 ·· 356

核物理篇

反质子原子寿命的计算[①]

摘　要：在毕业论文《反质子原子寿命的计算》中研究了被俘获在原子壳层上的反质子的行为。

在论文的开头部分——引言中，指出：当反质子束在介质中减速，反质子的能量变得小于减速体原子的K-电子的能量时，反质子将主要通过下述途径从束中被吸收，即它被俘获在原子壳层上，同时原子的电子被射出（俄歇（Auger）效应）。而且，反质子基本上被俘获到这样的结合态上：这些状态的主量数 $n \approx \sqrt{\dfrac{M}{m}}$（$M$ 和 m 分别是反质子和电子的质量），而轨道量子数 $l \leq n$。

论文的第1节应用原子核的光学模型求得了反质子原子相对于反质子被核直接俘获的寿命的表达式，所得的反质子原子寿命公式适用于中型原子和重原子（$6<z<82$）。

在第2节研究了反质子的结合态相对于辐射跃迁的寿命。

在第3节得到了反质子的结合态相对于下述跃迁的寿命的公式，这种跃迁是由反质子和一个原子电子的相互作用引起的（即俄歇效应）。

在第4节估计了这样一些过程的几率，这些过程的几率比之辐射跃迁和俄歇效应是高级小量。

当反质子原子进入减速体某一原子的K-壳层内时，会发生斯塔克（Stark）效应。在第5节研究了此效应。

在结语比较了相对于上述所有过程的 $\bar{p}$-原子的寿命。比较表明：$\bar{p}$-原子的寿命取决于反质子被核直接俘获的寿命。这个寿命的值是 $10^{-20} \sim 10^{-16}$ s（依赖于核的电荷数 z），它随着 z 的增加而减少。

在附录集中了论文中各结果的主要数学推导。

论文所得数值结果只具有估计数量级的意义。将其与实验值比较，可以检验光学势虚部的选取是否正确。

0　引　言

反质子在物质中减速的过程，伴随着它们的被吸收。由能量 $E_{初}$[*]被减速至能量 E 的反质子的数目可由下列公式求出：

[①] 本文为杜祥琬的大学本科毕业论文，导师：Ю. Д. Фивейский, 莫斯科工程物理学院，1964年10月。

[*]) 设 $E < m_\pi c^2 - \dfrac{z^2 e^4 M}{2\hbar^2 n^2}$（这里，$n$ 是 $\bar{p}$ 在结合态的主量子数，M 是反质子的质量）。也就是说，小于产生 π 介子的阈能。同时，还假设核的质量远大于反质子的质量（研究重于碳核的原子核）。

$$N = N_0 \exp\left[-\int_{a(E_{初})}^{b(E)} \rho\sigma \mathrm{d}x\right] = N_0 \exp\left[\int_E^{E_{初}} \rho\sigma \frac{\mathrm{d}x}{\mathrm{d}E} \mathrm{d}E\right] \quad (0\text{-}1)$$

这里，N_0——最初的反质子数目；

ρ——介质密度；

σ——吸收截面。由三个截面合成：

$$\sigma = \sigma_{核} + \sigma_{辐} + \sigma_{俄} \quad (0\text{-}2)$$

这里，$\sigma_{核}$——反质子被核俘获的截面；

$\sigma_{辐}$——辐射俘获截面；

$\sigma_{俄}$——俄歇效应截面。

在参考文献［1］和［2］中，得到了作为能量的函数的这些截面的行为。并证明了：对于轻原子核和中型原子核，当 $E \gg z^2 e^4 m / 2\hbar^2$（$m$ 是电子的质量）时，最大的截面是 $\sigma_{核}$。同时，在这个能量区间里，反质子很少被吸收。但是对于被减速至能量 $E \ll z^2 e^4 m / 2\hbar^2$ 的反质子，情况却完全不同，在这个能量区域里，最大的截面是 $\sigma_{俄} = \sum_{电子} \sum_{n,l,m} \sigma^{俄}_{n,l,m}$（由于量子数为 $n, l = n-1, n-2, \cdots$ 的截面的贡献）。这点可以从把 $\bar{p}$ 俘获到状态 $n, l = n-1, m = 0$，并使 K-电子射出的俄歇效应截面的形状看出

$$\sigma^{n,l=n-1,m=0}_{俄,\text{K-}电子} \sim \pi\left(\frac{\hbar^2}{Me^2}\right)^2 \left(\frac{m}{M}\right)^3 \frac{(2n)^3}{3z^4} \sqrt{\frac{\pi}{n}} \left(\frac{\alpha}{e}\right)^{2n} \frac{(n')^2}{\sqrt{\frac{M}{m} - n^2}} \quad (0\text{-}3)$$

式中，$n' = \dfrac{z}{K}$，而 $E = \dfrac{K^2}{2} = \dfrac{z^2}{2(n')^2}$ 的量度单位是 $\dfrac{e^4 M}{\hbar^2}$。

当

$$n = n_{\max} = \sqrt{\frac{M}{m}} \quad (0\text{-}4)$$

时，这个截面达到非常大的值。

这样，当 $E \to 0$ 反质子在极大程度上是靠着下述途径被吸收的：它们被俘获到减速体原子的原子壳层上，同时，原子的电子被射出。结果，被俘获的反质子组成反质子原子。同时反质子基本上是处于量子数为 $n \approx n_{\max}, l = n-1, n-2, \cdots$ 的状态上。

应当指出，由于 $M = 1836m$，反质子的玻尔轨道是电子的玻尔轨道的 1/1836，所以，反质子的壳层深居于电子壳层之下。

我们将研究反质子原子（$\bar{p}$-原子）的寿命。处于给定的量子状态的 $\bar{p}$-原子的寿命 $\tau = \dfrac{1}{W}$（W——相应的单位时间里的几率）是由下列过程决定的：

(1) 反质子被核直接俘获（吸收）（我们用 $W_{核}$ 表示相应的单位时间的几率）；

(2) $\bar{p}$ 向较低的激发状态辐射跃迁（$W_{辐}$）；

(3) 俄歇效应（$W_{俄}$）；

(4) 辐射跃迁和随后的被核俘获（$W_{辐+核}$），俄歇跃迁和随后的被核俘获（$W_{俄+核}$），连续两次辐射跃迁 +…（$W_{辐+辐+\cdots}$），辐射跃迁 + 俄歇效应 +…（$W_{辐+俄+\cdots}$）以及其他类似的过程。

因此，$\bar{p}$-原子的寿命是

$$\tau = \frac{1}{W} = \frac{1}{W_{核} + W_{辐} + W_{俄} + W_{辐+核} + W_{辐+俄} + \cdots} \tag{0-5}$$

其他过程（例如：$\bar{p}$ 从状态 n, l 向低能状态跃迁而放出 π 介子）是能量所不允许的。

假如 $\bar{p}$-原子进入了减速体原子的 K-壳层之内，则与上述各过程同时，还应考虑斯塔克效应（Stark）效应。如果用 $W_{斯}$ 来表达由斯塔克效应所决定的跃迁在单位时间的几率，那么 $\bar{p}$-原子的寿命就是

$$\tau = \frac{1}{W} = \frac{1}{W_{核} + W_{辐} + W_{俄} + W_{斯} + \cdots} \tag{0-6}$$

1 已被俘获在原子壳层上的反质子被核直接吸收

1.1 光学模型

我们将在原子核的光学模型（参看文献［3］、［4］）的范围内研究反质子与核间的相互作用。光学势场的实数和虚数部分对坐标的依赖关系，一般说来，是不同的。但为解题简便起见，以后假设势场的实部和虚部以同样的方式依赖于坐标（参看文献［4］）。

我们知道，在核的边界区光学势场应逐渐减落（参看文献［5］～［7］）。这是由于：第一，NN 和 $N\tilde{N}$ 间的相互作用势有着有限的半径，并当 $r > 1.5 \times 10^{-13}$ cm 时迅速消失；第二，核物质的密度在核的边界区是逐渐减小的[8]。

但是，在文献［1］中证明了：对于低能的反质子（$E \ll V_c(R)$）这里 $V_c(R)$——核边界上的库仑势场）库仑引力场的存在减小了两种势场间的差别，即具有鲜明边界的场和逐渐减落的场。具体地说，在 $\bar{p}$ 被核散射时，用两种场所求得的 S 波的黏附系数相差不到 10%。而应用直角势场可简化数学推导，它能使我们找到薛定谔方程在核内的准确的解。所以，以后将使用如下形状的具有鲜明边界的光学势场：

$$U(r) = \begin{cases} -V_0(1 + i\xi) & r \leq R \\ -\dfrac{ze^2}{r} & r > R \end{cases} \tag{1-1}$$

这里 V_0 除去核势 $u_{核}$ 以外，还包括了库仑势场，后者被其在核边界上的值取代。

$$V_0 = u_{核} + \frac{ze^2}{R} \tag{1-1'}$$

同时，我们取

$$\left. \begin{array}{l} u_{核} = 30 \text{MeV} \\ R = 1.45 A^{1/3} 10^{-13} \text{cm} \end{array} \right\} \tag{1-2}$$

$\bar{p}$ 与原子核相互作用情况下的核半径的值 $R_{\bar{p}} = 1.45 A^{1/3} \cdot 10^{-13}$ cm 比质子与核相互作用情况下的核半径的值 $R_p = 1.25 A^{1/3} 10^{-13}$ cm 大一些（参看文献［9］）。原因是：对于具有中等能量的入射粒子反质子被核吸收的截面 $\sigma_c^{\bar{p}}$ 大大超过质子被核吸收的截面 σ_c^p，如，对于中型核和重核，它们的关系是

$$\sigma_c^{\bar{p}} \simeq 1.5 \sigma_c^p \quad \text{当 } 411 \text{MeV} < E < 467 \text{MeV}$$

而 σ_c^p 接近几何截面（参看文献［4］）。

$$\sigma_c^p = 0.9 \pi R^2$$

这里 $R = 1.25 \cdot 10^{-13} A^{1/3}$ cm。

所以，可以写

$$\sigma_c^{\bar{p}} = \pi R_{\bar{p}}^2$$

如果认为 $R_{\bar{p}} = 1.45 A^{1/3} 10^{-13}$ cm 的话。

势场的虚部 $iV_0\xi$ 描写入射粒子的被吸收，对反质子它的值应大于对核子的值，因为反质子可以和核内的质子相湮没，还因为泡利（Pauli）原则的作用在 $\bar{p}p$ 碰撞的情况下比之在两个核子碰撞的情况下减弱了（参看文献 [1]），以后设 $V_0\xi = u_{核}$。

1.2 解题的方法

我们知道：具有有限寿命的结合态可用一个复数的全能量来描述：$E = E_1 - i\dfrac{\Gamma}{2}$，这里 $\dfrac{\hbar}{\Gamma}$ 将定出该结合态的寿命。解出反质子在有限原子核场中的结合态的薛定谔方程，可以求出 Γ，并从而确定 $\bar{p}$-原子相对于被核直接俘获的寿命。以下将研究当核的质量远大于反质子的质量时的 $\bar{p}$-原子的寿命（中型原子核和重核）。

1.3 解薛定谔方程

对于处在核场中的反质子，薛定谔方程具有如下的形式：

$$\left[-\frac{\hbar^2}{2M}\Delta + u(r)\right] R_{El}(r) Y_{lm}(\theta,\varphi) = E R_{El}(r) \cdot Y_{lm}(\theta,\varphi) \quad (1\text{-}3)$$

这里 R_{El} 和 Y_{lm} 分别是径向和角度波函数。

引入函数 $G(r) = rR(r)$，对此函数我们将得到下列方程：

$$\frac{\hbar^2}{2M} G''(r) + \left[E - U(r) - \frac{l(l+1)\hbar^2}{2Mr^2}\right] G(r) = 0 \quad (1\text{-}4)$$

将式（1-1）代入式（1-4），我们将有：

在核内（$0 \leq r \leq R$）

$$G''(r) + \left[æ^2 - \frac{l(l+1)}{r^2}\right] G(r) = 0 \quad (1\text{-}5)$$

式中 $æ = \sqrt{\dfrac{2M}{\hbar^2}(E + V_0 + i\xi V_0)} = æ_1 + iæ_2$。

在核外（$R < r < \infty$）

$$G''(r) + \left[K^2 + \frac{2M}{\hbar^2}\left(\frac{ze^2}{r} - \frac{l(l+1)\hbar^2}{2Mr^2}\right)\right] G(r) = 0 \quad (1\text{-}6)$$

式中

$$\left.\begin{array}{l} K = \sqrt{\dfrac{2ME}{\hbar^2}} = K_1 + iK_2 \\ E = E_1 - i\dfrac{\Gamma}{2}, \Gamma > 0, E_1 < 0 \end{array}\right\} \quad (1\text{-}7)$$

波函数 $R(r)$ 应满足的边界条件可归纳如下：

（1） $R_{El}(r)$ 在 $r = 0$ 点的有限性要求 $G(0) = 0$。

（2）波函数 $R_{El}(r)$ 在核边界上的对数导数的连续性。

(3) 在无穷远处函数 $R_{El}(r)$ 应当是衰减的（当 $r \to \infty$，$R_{El}(r) \to 0$）。

为了解方程 (1-5)，我们引入函数 $\phi(r)$，它和函数 $G(r)$ 的关系是 $G(r) = \phi(r)\sqrt{r}$；对于函数 $\phi(r)$ 将得到贝塞尔方程：

$$\phi'' + \frac{1}{r}\phi' + \left[æ^2 - \frac{\left(l + \frac{1}{2}\right)^2}{r^2} \right]\phi = 0 \quad 0 \leq r \leq R \tag{1-8}$$

这个方程的解有形式

$$\phi = C_1 J_{l+\frac{1}{2}}(r) + C_2 N_{l+\frac{1}{2}}(r)$$

由于边界条件 (1)，应该令 $C_2 = 0$。

于是，最终地，核内的径向波函数可写成如下的形式：

$$R_{El}(r) = \frac{C_l}{\sqrt{ær}} J_{l+\frac{1}{2}}(ær) \quad 0 \leq r \leq R \tag{1-9}$$

然后，在方程 (1-6) 中进行变量代换 $Z = i2kr$ 将导致下列辉戴克（Whittaker）方程（参看文献 [10]）

$$\frac{d^2 G(z)}{dz^2} + \left(-\frac{1}{4} + \frac{\lambda}{z} + \frac{\frac{1}{4} - \mu^2}{z^2} \right) G(z) = 0 \tag{1-10}$$

式中 $\lambda = \frac{iM\alpha}{k\hbar^2} = \lambda_1 + i\lambda_2, \alpha = zl^2, \mu = l + \frac{1}{2}$。

方程 (1-10) 的解是辉戴克函数 $\mathscr{W}_{\lambda,\mu}(z)$ 和 $\mathscr{W}_{-\lambda,\mu}(-z)$ 的线性组合：

$$G(r) = G_0 \mathscr{W}_{\lambda,\mu}(z) + \delta_0 \mathscr{W}_{-\lambda,\mu}(-z)$$

同时，由于边界条件 (3)，$\delta_0 = 0$（见附录 A，为了以后的需要，我们在这里指出：波函数 R_{El} 在 $r \to \infty$ 时的衰减要求波向量的虚部（K_2）的值是负的）。

于是，最终地，在核外径向波函数具有如下形式：

$$R_{El}(r) = \frac{A_l}{2ikr} \cdot \mathscr{W}_{\lambda,l+\frac{1}{2}}(2ikr) \quad k < r < \infty \tag{1-11}$$

现在应用边界条件 (2)——波函数在核边界上的对数导数的连续性，它给出（参看附录 B）：

$$-l + æR \frac{J_{l-\frac{1}{2}}(æR)}{J_{l+\frac{1}{2}}(æR)} = \frac{-\frac{1}{2}z^2 + \left(\lambda - \mu + \frac{1}{2}\right)z \cdot 2\mu^2 - 2\mu}{2\mu + z} + \frac{z(\lambda + \mu)^2 \mathscr{W}_{\lambda-1,\mu-1}(z)}{(2\mu + z)\mathscr{W}_{\lambda,\mu}(z)} \tag{1-12}$$

为了相对于 E 解超越方程 (1-12) 应该注意到：在纯库仑场的极限情况下 $E \to E_n$，$\lambda = -\frac{iM\alpha}{\hbar}\frac{1}{\sqrt{2ME}} \to n$，所以，为了简化方程 (1-12) 的右端。我们将近似地认为：对于函数 $\mathscr{W}_{\lambda,\mu}$ 和 $\mathscr{W}_{\lambda,\mu-1}$，$\lambda \simeq n$，然后利用公式（参看文献 [11]）

$$\mathscr{W}_{\lambda,\mu}(z) = (-1)^\gamma z^{\mu+\frac{1}{2}} e^{-\frac{1}{2}z} (2\mu + 1)(2\mu + 2)\cdots(2\mu + r) F(-r, 2\mu + 1, z)$$

式中，$\gamma = n - \mu - \frac{1}{2}$。

我们将有

$$\frac{\mathscr{W}_{n-1,\mu-1}(z)}{\mathscr{W}_{n,\mu}(z)} = \mathscr{D} \cdot \frac{1}{z} \tag{1-13}$$

这里引进了表示符号：

$$\mathscr{D} = \frac{(2\mu-1)(2\mu)\cdots(2\mu-2+\gamma)}{(2\mu+1)(2\mu+1)\cdots(2\mu+\gamma)} \frac{F(-\gamma,2\mu-1,z)^{*)}}{F(-\gamma,2\mu+1,z)} \tag{1-13'}$$

然后我们来看贝塞尔函数的级数表达式

$$J_v(z) = \left(\frac{z}{2}\right)^v \sum_{k=0}^{\infty} \frac{(-1)^k \left(\frac{z}{2}\right)^{2k}}{\Gamma(k+1)\Gamma(k+v+1)}$$

由于我们研究的是很大的轨道矩 $\left(v = l + \frac{1}{2} \gg 10\right)$，而且，按数量级对于中核和重核（但 $z \leqslant 82$）$|R\text{æ}| \leqslant 10$，故可以只取贝塞尔函数级数展开式的前两项，这样，

$$\frac{J_{l-\frac{1}{2}}(\text{æ}R)}{J_{l+\frac{1}{2}}(\text{æ}R)} = \frac{2}{\text{æ}R} \frac{\left(l+\frac{1}{2}\right)(1+a) - \left(\frac{\text{æ}R}{2}\right)^2}{(1+a) - (\text{æ}R/2)^2/l+3/2} \tag{1-14}$$

式中，l 修正量 "a" 考虑级数其余项的贡献，它的值由数值估计得到，由此，对于 Pb, Cu 和 C 按数量级，a 分别等于 0.40, 0.15 和 0.00。

接着，引入下面的表示符号：

$$\text{æ}R \frac{J_{l-\frac{1}{2}}(\text{æ}R)}{J_{l+\frac{1}{2}}(\text{æ}R)} = X + iY \tag{1-14'}$$

$$X = \frac{1}{A'^2 + \frac{1}{4(l+3/2)^2}(\text{æ}_2R\text{æ}_1R)^2} \left[2AA' + \frac{1}{2(l+3/2)}(\text{æ}_1R\text{æ}_2R)^2\right] \tag{1-15}$$

$$Y = \frac{1}{A'^2 + \frac{1}{4(l+3/2)^2}(\text{æ}_2R\text{æ}_1R)^2} \left[\frac{-1}{l+3/2}\text{æ}_1R\text{æ}_2R\right] \tag{1-16}$$

而

$$A' = 1 + a - \frac{1}{4(l+3/2)}[(\text{æ}_1R)^2 - (\text{æ}_2R)^2]$$

$$A = \left(l - \frac{1}{2}\right)(1+a) - \frac{1}{4}[(\text{æ}_1R)^2 - (\text{æ}_2R)^2]$$

将式（1-13）和（1-14）代入方程（1-12），我们可得到

$$-l + X + iY = \frac{-\frac{(2iKR)^2}{2} + \left(\lambda - \mu + \frac{1}{2}\right)2iKR - 2\mu(\mu-1) + (\lambda^2 + 2\lambda\mu + \mu^2)\mathscr{D}}{2(\mu + iKR)} \tag{1-17}$$

将方程（1-17）的实部和虚部分开后，我们将得到下面一组方程，（考虑到 $|K_2R| \ll \mu$ 和 $\mu \gg L$）。

$$-\mu + \frac{R^2K_1^2 - R^2K_2^2}{\mu} + RK_2 - \frac{R}{\mu}(\lambda_1K_2 + \lambda_2K_1) + \left(\frac{\mu}{2} + \frac{\lambda_1^2 - \lambda_2^2}{2\mu} + \lambda_1\right) \times \text{Re}D + \frac{K_1R}{\mu}$$

---

*) 当 $l = n-1$ 时，$r = 0$ 而 D 将等于 1。

$$\left(+\left(\frac{\lambda_1^2-\lambda_2^2}{2\mu}+\lambda_1+\frac{M}{2}\right)J_mD - RK_1 + \left(\frac{\lambda_1\lambda_2}{\mu}+\frac{\lambda_2}{\lambda}\right)\text{Re}D + \frac{2R^2K_1K_2}{\mu}\right) - \frac{\lambda_1\lambda_2+\lambda_2\mu}{\mu}J_mD = X - l$$

(1-18)

$$-\left(\frac{\lambda_1^2-\lambda_2^2}{2\mu}+\lambda+\frac{M}{2}\right)J_mD + RK_1 - \left(\frac{\lambda_1\lambda_2}{\mu}+\lambda_2\right)\cdot\text{Re}D - \frac{2R^2K_1K_2}{\mu} + \frac{K_1R}{\mu}\left[-\frac{R^2(K_2^2-K_1^2)}{\mu}\right.$$

$$\left. + RK_2 - \mu - \frac{R}{\mu}(\lambda_1K_2+\lambda_2K_1) + \left(\frac{\mu}{2}+\frac{\lambda_1^2-\lambda_2^2}{2\mu}+\lambda\right)\text{Re}D - \frac{\lambda_1\lambda_2+\lambda_2\mu}{\mu}J_mD\right] = -Y$$

(1-19)

为了相对于 E（通过 K）解此方程组，可以合理地假设：$|\Gamma|\ll|E_1|$。因为在分立能谱的情况下，能级宽度应小于能级间距并因而大大小于能级本身的值。那么，$|K_2|\gg|K_1|$，$|\lambda_1|\gg|\lambda_2|$。后面的这个不等式是由下列关系导出的：

$$\lambda_1 = \frac{-M\alpha}{(K_1^2+K_2^2)\hbar^2}\cdot K_2 \simeq \frac{-M\alpha}{K_2\hbar^2}$$

$$\lambda_2 = \frac{-M\alpha}{(K_2^2+K_1^2)\hbar^2}\cdot K_1 \simeq \frac{-M\alpha}{K_2^2\hbar^2}K_1$$

这个假设的正确性将由计算的结果来证实（其后的表1），这些结果按数量级和其他作者得出的结果是符合的（参看文献 [12]）。

再考虑到 $\frac{|KR|}{\mu}\ll 1$，并且对于很小的 $|z|$，$\text{Im}D\ll\text{Re}D=1$，我们将略去方程 (1-18) 和 (1-19) 左端的小项。

这样一来，在方程 (1-18) 中只剩下一个未知数 K_2，近似地认为 $\mu\approx l$，我们将有

$$RK_2^2 + \left(\frac{M\alpha}{\hbar^2}\frac{R}{l}+\frac{l}{2\text{Re}D}-X\right)K_2 - \frac{M\alpha}{\hbar^2}\text{Re}D = -\frac{M^2\alpha^2}{\hbar^4 2l}\frac{1}{K_2}\text{Re}D \quad (1\text{-}20)$$

或

$$RK_2^3 + \left(\frac{M\alpha}{\hbar^2}\frac{R}{l}+\frac{l}{2\text{Re}D}\right)K_2^2 - \frac{M\alpha}{\hbar^2}K_2\text{Re}D = -\frac{M^2\alpha^2}{\hbar^4 2l}\text{Re}D \quad (1\text{-}21)$$

而方程 (1-19) 将具有以下的形式：

$$K_1\left(\frac{M\alpha}{K_2^2\hbar^2}-\frac{1}{l}\frac{M^2\alpha^2}{\hbar^4 K_2^3}\right)\text{Re}D = -Y \quad (1\text{-}22)$$

方程 (1-21) 有三个根（见附录C），数字的计算表明：在这些根中只有一个是负的（$K_2<0$）并因而具有物理意义，因为负的 K_2 能保证波函数在 $r\rightarrow\infty$ 时的衰减（见第7页）。

应用方程 (1-21) 的负根和方程 (1-22) 的根，我们将得到反质子被核俘获的几率（并因而求出 $\bar{\text{p}}$-原子相对于核俘获的寿命），它具有如下的形式：

$$W_{核} \equiv \frac{\Gamma}{\hbar} = \frac{2\hbar^5}{M^3\alpha^2}\frac{Y}{\frac{1}{l}+\frac{|K_2|\hbar^2}{M\alpha}}|K_2|^4 \quad (1\text{-}23)$$

式中

$$K_2 \simeq -2\left(\frac{X-\frac{l}{z}}{3R}+\frac{\frac{M\alpha}{2\hbar^2}}{X-\frac{l}{2}}\right)\cos\left(60°-\frac{\varphi}{2}\right)+\frac{X-\frac{l}{2}}{3R} \quad (1\text{-}24)$$

X 和 Y 由式（1-15）和（1-16）确定。而角 φ 可由下列等式得到

$$\cos\varphi = 1 - \frac{M^2\alpha^2/2l\hbar^4}{\dfrac{\left(X-\dfrac{l}{2}\right)^3}{27R^2} + \dfrac{\left(X-\dfrac{l}{2}\right)\dfrac{M\alpha}{\hbar^2}}{6R}} \tag{1-25}$$

应该指出为了得到比较准确的值 K_2，最好不用一般表达式（1-24）而应用数值排选法从方程（1-20）直接求出。

1.4 数值计算给出了如下的结果

表 1 （$l=42$）

	$K_2/\dfrac{1}{\text{cm}}$	$K_1/\dfrac{1}{\text{cm}}$	E_1/MeV	$\dfrac{\Gamma}{2}/\text{MeV}$	$\dfrac{1}{W_{核}}=\tau_{核}/\text{s}$	$W_{核}/\text{s}^{-1}$
C_6	-6.2×10^{10}	1.4×10^8	-8.0×10^{-4}	3.6×10^{-6}	0.9×10^{-16}	1.1×10^{16}
Cu_{29}	-2.35×10^{11}	1.85×10^9	-5.15×10^{-2}	5.6×10^{-4}	1.9×10^{-18}	5.3×10^{17}
Pb_{82}	-7.5×10^{11}	1.4×10^{10}	-1.19×10^{-1}	4.4×10^{-3}	7.1×10^{-20}	1.4×10^{19}

表 2 （$l=30$）

	$W_{核}/\text{s}^{-1}$	$\dfrac{1}{W_{核}}=\tau_{核}/\text{s}$
C_6	1.85×10^{-17}	5.4×10^{16}
Cu_{29}	2.9×10^{-19}	3.5×10^{18}
Pb_{82}	2.1×10^{-20}	4.8×10^{19}

表 3 （$l=1$）*)

	$\dfrac{1}{W_{核}}=\tau_{核}/\text{s}$	$W_{核}/\text{s}$
C_6	3.9×10^{-22}	2.6×10^{20}
Cu_{29}	5.5×10^{-22}	1.85×10^{21}
Pb_{82}	1.2×10^{-22}	0.9×10^{22}

得到的 E_1 的值很接近公式 $E_n = \dfrac{z^2Me^4}{2\hbar^2 n^2}$ 所给出的值，这证明了所进行的计算的正确性。因为在纯库仑场的极限情况下 $\Gamma\to 0$，而 $E_1\to E_n$。

从表 1～表 3 可看出，由反质子被核俘获所决定的 $\bar{p}$-原子的寿命非常有赖于原子序数 z——随 z 的增大而减小。从这些表中还可看出 $\bar{p}$-原子的寿命随着反质子轨道矩的减小而迅速下降。

2 辐射跃迁

除了反质子被核直接吸收外，反质子的自激辐射跃迁也可能决定最初处于激态的 $\bar{p}$-原子的不稳定性。

我们现在研究单光子辐射过程的几率。令原子的初态和末态的波函数分别为 u_N 和 $u_{N'}^{*)*)}$，如果 e 是光子的极化向量，而传播向量 K 指向立体角 $d\Omega$ 内，那么这种过程在单位时间里的几率等于（参看文献 [10]）

---

*）表 3 的数值由粗略的估计得到。

））这里 N 表示确定状态的所有量子数。

$$\mathscr{W}_{N'N}\mathrm{d}\Omega = \frac{e^2\mathscr{W}_{n'n}}{M^2 2\pi\hbar C^3}\,|\,((\hat{p}\boldsymbol{e})\mathrm{e}^{-\mathrm{i}\boldsymbol{K}\boldsymbol{r}})_{N'N}\,|^2\mathrm{d}\Omega \tag{2-1}$$

式中
$$((\hat{p}\boldsymbol{e})\mathrm{e}^{-\mathrm{i}\boldsymbol{K}\boldsymbol{r}})_{N'N} = \int u_{N'}^*\hat{p}\boldsymbol{e}\mathrm{e}^{-\mathrm{i}\boldsymbol{K}\boldsymbol{r}}u_N\mathrm{d}C \tag{2-2}$$

r 和 p 分别是反质子的径向量和动量。积分区域是反质子的整个（外形）空间。

以后假设，函数 u_N 是类氢原子波函数 $\Psi_{nlm}(r)$

$$\Psi_{nlm}(r) = R_{nl}(r)P_{lm}(\upsilon)\cdot\mathrm{e}^{\mathrm{i}m\varphi}\frac{1}{\sqrt{2\pi}} \tag{2-3}$$

式中 P_{lm} 是连带勒让德多项式，而

$$R_{nl}(r) = \frac{1}{(2l+1)!}\cdot\sqrt{\frac{(n+l)!}{(n-l-1)!2n}}\cdot\left(\frac{2z}{n}\right)^{3/2}\mathrm{e}^{-\frac{zr}{n}}\left(\frac{2zr}{n}\right)^l F\left[-(n-l-1),2l+2,\frac{2zr}{n}\right] \tag{2-4}$$

是归一化了的分立能谱的径向波函数。F 是蜕化超几何函数。需要指出，在函数 $R_{nl}(r)$ 中半径是用单位 $\frac{\hbar^2}{Me^2z}$ 来度量的。

如果注意到下面一点，可将式（2-2）简化：$\bar{p}$ 到核的特征距离是 $r_0 \approx \frac{\hbar^2 n}{Me^2 z}$，波数 $K_{NN'} = \frac{\mathscr{W}_{nn'}}{C}$，同时

$$\hbar\mathscr{W}_{nn'} = E_n - E_{n'} = \frac{z^2 Me^4}{2\hbar^2}\left(\frac{1}{n'^2}-\frac{1}{n^2}\right)$$

由此得到 $K_{nn'}r_0 \approx \frac{z^2 Me^4}{2\hbar^2 C}\cdot\frac{\hbar^2}{Ml}\frac{n}{z}\left(\frac{1}{n'^2}-\frac{1}{n^2}\right) = \frac{1}{2\cdot137}\left(\frac{z}{n}\right)\left[\left(\frac{n}{n'}\right)^2-1\right]$。

对于 $z \leqslant 100$，$n \sim 40$ 和不很小于 n 的 n'，这个值显然地小于 1。所以，为估计 $\bar{p}$-原子相对于辐射跃迁的寿命，在公式（2-2）可将 $\mathrm{e}^{-\mathrm{i}\boldsymbol{K}\boldsymbol{r}}$ 用 1 来代替。换言之，在计算跃迁几率 $\mathscr{W}_{nn'}$ 时（式（2-1）），可用偶极近似。

在这个近似里式（2-2）具有如下的形式：

$$(\hat{p}\boldsymbol{e})_{N'N} = \int u_{N'}^*\hat{p}\boldsymbol{e}u_N\mathrm{d}\tau = \frac{Mw_{nn'}}{\mathrm{i}}\boldsymbol{e}\boldsymbol{r}_{NN'} \tag{2-5}$$

因为

$$\mathrm{i}\boldsymbol{p}_{NN'} = \frac{\mathrm{i}M}{1}\cdot\boldsymbol{v}_{NN'} = M\mathscr{W}_{nn'}\boldsymbol{r}_{NN'}$$

式中，$\boldsymbol{r}_{NN'}$ 是偶极矩阵元；

$$\boldsymbol{r}_{N'N} = \int u_{N'}^+\boldsymbol{r}u_N\mathrm{d}\tau \tag{2-6}$$

把式（2-5）代入式（2-1）我们得到

$$\mathscr{W}(\Omega,\boldsymbol{e})\mathrm{d}\Omega = \frac{e^2\omega_{n'n}^3}{2\pi\hbar e^3}(\boldsymbol{e}_j\cdot\boldsymbol{r}_{N'N})^2\mathrm{d}\Omega \tag{2-7}$$

如果 $\boldsymbol{K}$ 和 $\boldsymbol{r}$ 间的夹角为 υ，则

$$\mathscr{W}\mathrm{d}\Omega = \frac{e^2\mathscr{W}_{nn'}^3}{2\pi\hbar e^3}\,|\,\boldsymbol{r}_{N'N}\,|^2\sin^2\upsilon\mathrm{d}\Omega \tag{2-8}$$

将式（2-8）对角度进行积分可得到单位时间内从状态 N 跃迁到状态 N' 的全几率：

$$W_N^{N'} = \frac{4}{3} \frac{e^4 \omega_{n'n}^3}{\hbar C^3} | \boldsymbol{r}_{N'N} |^2 \tag{2-9}$$

而从状态 N 辐射跃迁到所有可能的末状态的几率（正是这个几率将决定出反质子结合态相对于辐射跃迁的寿命）具有如下的形式：

$$W_N^{辐} = \frac{1}{\tau_N^{辐}} = \sum_{N'} W_N^{N'} \tag{2-10}$$

将函数（2-3）代入矩阵元 $\boldsymbol{r}_{N'N}$（见式（2-6）），能得到以下的结果（参见文献 [14]）。

（1）由于 P_{lm} 的正交性积分的角部给出对 l 的选择规则：$\Delta l = l' - l = \pm 1$。

（2）从一确定的状态 (n,l,m) 跃迁到具有相同的 n'、l' 的所有状态 n'、l'、m' 的几率的和（不考虑放出的光的极化）与 m 无关，而且

$$\sum_{m'} | r_{nlm}^{n',l-1,m'} |^2 = \frac{l}{2l+1} (R_{n,l}^{n',l-1})^{2*)} \tag{2-11}$$

式中

$$R_{n,l}^{n',l-1} = \int_0^\infty R_{nl} R_{n'l-1} r^3 \mathrm{d}r \tag{2-12}$$

Golden[15] 曾仔细计算过这个积分，我们在这里只引用当 $n' \neq n$ 时的最后结果[14]：

$$R_{n,l}^{n',l-1} = \frac{(-1)^{n'-l}}{4(2l-1)!} \sqrt{\frac{(n+l)!(n'-l-1)!}{(n-l-1)!(n'-l)!}} \frac{(4nn')^{l+1}(n-n')^{n+n'-2l-2}}{(n+n')^{n+n'}}$$

$$\times \left\{ F\left[-(n-l-1), -(n'-l), 2l, -\frac{4nn'}{(n-n')^2}\right] - \left(\frac{n-n'}{n+n'}\right)^2 \right.$$

$$\left. \times F\left[-(n-l-1)-2, -(n'-l), 2l, -\frac{4nn'}{(n-n')^2}\right] \right\} G_{pz} \tag{2-13}$$

式中 $F(\alpha, \beta, \gamma, x) = \sum_v \frac{\alpha(\alpha+1)\cdots(\alpha+v-1)\beta\cdots(\beta+v-1)}{\gamma\cdots(\gamma+v-1)v!} X^v$ 是超几何函数，在我们的情况下，α、β、γ 均为整数，所以级数 F 变成了多项式，当 $n' = n-1$，$l = n-1$ 时，这个级数就成了 1。

在后面这个情况下式（2-13）大可简化：

$$R_{n,l}^{n,l-1} = \frac{1}{4} \sqrt{\frac{(2l+1)!}{(2l-1)!}} \cdot \frac{[4n(n-1)]^{l+2}}{(2n-1)^{2n+1}} \tag{2-14}$$

$$(n' = n-1, l = n-1)$$

当 $n = 43$，$l = 42$，$n' = 42$，$l' = 41$ 时计算给出

$$W_{43,42}^{辐} = \frac{1}{\tau_{43,42}^{辐}} = \frac{4l^2 w_{43,42}^3}{3\hbar l^3} \frac{l}{l+1} (R_{43,42}^{42,41})^2 = 1.07 \cdot z^4 \cdot 10^5 \mathrm{s}^{-1} \tag{2-15}$$

由于 l 的选择规则，$\bar{\mathrm{p}}$ 从状态 $n = 43$，$l = 42$ 跃迁到所有的状态 $n < 42$，$l < 41$ 的几率都等于零。因为有

$$W_{43,42}^{辐} = \frac{1}{\tau_{43,42}^{辐}} = \sum_{h'l'} W_{43,42}^{n',l'} = W_{43,42}^{42,41} \tag{2-16}$$

---

*) 我们感兴趣的仅为状态 $l' < l$，因为状态 $l' > l$ 可能导致 $n' > n$，而后者为能量所不允许。

$\bar{p}$-原子的结合态 $n = 43$，$l = 42$ 的寿命的计算结果列在表 4 中在这个表里还列有状态 $n = 43$，$l = 30$ 的寿命。

表 4

元素	$\begin{pmatrix} n=43 \\ l=42 \end{pmatrix}$		$\begin{pmatrix} n=43 \\ l=30 \end{pmatrix}$	
	$\tau_{nl}^{辐}/s$	$W_{nl}^{辐}/s^{-1}$	$\tau_{nl}^{辐}/s$	$W_{nl}^{辐}/s^{-1}$
C_6	7.2×10^{-9}	1.4×10^{8}	1.9×10^{-5}	5.3×10^{4}
Cu_{29}	1.3×10^{-11}	7.7×10^{10}	3.5×10^{-8}	2.9×10^{7}
Pb_{82}	2.1×10^{-13}	4.8×10^{12}	5.4×10^{-10}	1.9×10^{9}

从公式（2-15）可看出：$\bar{p}$-原子的激发状态相对于辐射跃迁的寿命与 z 非常有关：它随着 z 的增加按 $\frac{1}{z^4}$ 的规律减小。

还可指出：对于跃进 $n \to n' = n-1$；$l = n-1 \to l' = l-1$，$R_{n,l}^{n-1,l-1} \sim n^2$，而 $W_{n-1,n} \sim \frac{1}{n^3}$，所以，粗略地可以认为这个跃迁的几率与 n 的关系是

$$W = \frac{1}{\tau} \sim \frac{1}{n^5}$$

即对于量子数 n 小的状态辐射跃迁起比较显著的作用。

3 俄歇（Auger）效应

当反质子从主量子数为 n 的状态跃迁到主量子数为 $n' < n$ 的状态时，可能发生下述过程：在这个过程里，释放出来的能量 $E_{nn'} = E_n - E_{n'}$ 不以辐射形式放出，而直接传给原子的一个电子。同时，视所传递的能量之不同，这个电子或者转入具有正能量的状态（连续能谱），或者进入分立能谱的一个新的激发状态，为估计俄歇效应的数量级，我们先研究 K-电子的效应。

（1）我们来研究这样一个俄歇效应：一个 K-壳层的电子被激出而转入连续能谱的状态。

我们将使用电子的非相对论波函数。当满足条件

$$v_e^{辐} \ll e \qquad (3\text{-}1)$$
$$v_e^{辐} \ll e \qquad (3\text{-}2)$$

时用这种非相对论波函数来描述电子是有意义的。

我们指出，对于不很重的原子，条件（3-1）均可满足。条件（3-2）将限制以后得到的公式的适用范围（见后）。

K-电子在初状态的波函数具有如下的形式：

$$v_i = \frac{e^{-\frac{r_e}{a_e}}}{\sqrt{\pi a_e^3}}$$

式中 $a_e = \frac{a_0}{z}, a_0 = \frac{\hbar^2}{me^2}$。

作为电子的末状态的波函数，应当取这样一种准平面波，它在 r 很大时的渐近行为是：平面波加上球形会聚波（参看文献［16］）：

$$v_f = \Gamma(1+i\eta)e^{\frac{\pi\eta}{2}}e^{ikr}F[-i\eta,1,-i(kr+\boldsymbol{kr})]$$

式中，$\eta = \dfrac{ze^2}{\hbar v}$；$\boldsymbol{k}$，$\boldsymbol{r}$ 和 v 分别是被激出电子的波向量、径向量和速度。

作为反质子的初状态和末状态波函数我们使用类氢函数：

$$\Psi_i = R_{nl}Y_{lm}$$
$$\Psi_f = R_{n'l'}Y_{l'm'}$$

它们的定义见公式（2-3）和（2-4）。

初态 $\varphi_i = v_i\Psi_i$ 与终态 $\varphi_f = v_f\Psi_f$ 间的跃迁几率由微扰论的公式给出（见文献 [17]）

$$\int \mathrm{d}w_{if} = \int \frac{2\pi}{\hbar}|\hat{H}'_{fi}|^2 \frac{K_e^2 \mathrm{d}K_e \mathrm{d}\Omega_e}{\mathrm{d}E(2\pi)^3}\mathrm{d}E \tag{3-3}$$

这里，$\hat{H}' = \dfrac{e^2}{|\boldsymbol{r}_e - \boldsymbol{R}_{\bar{p}}|}$，是 e 和 $\bar{p}$ 相互作用算符。

$$\hat{H}'_{if} = \frac{e^2}{\sqrt{\pi a_e^3}} \cdot \Gamma(1-i\eta) \cdot e^{\frac{\pi\eta}{2}} \int \mathrm{d}^3r \int \mathrm{d}^3R e^{-ikr}F[+i\eta,1,+iA(kr+\boldsymbol{nr})]$$

$$\times R_{n'l'} \cdot Y_{l'm'} \cdot \frac{1}{(\boldsymbol{r}-\boldsymbol{R})} \cdot e^{-\frac{r}{a_e}}R_{nl}Y_{lm} \tag{3-4}$$

我们来比较一下函数 v_f^*，v_i，Ψ_f^*，Ψ_i 显著变化的区域：

$v_i \sim e^{-\frac{r}{a_e}}$ 在 $r_1 \sim a_e$ 时减小 $1/e$。

$v_f^* \sim e^{-ikr}$ 在 $r_2 \sim \dfrac{1}{K} = a_e \dfrac{n'}{\sqrt{n^2-n'^2}} > \dfrac{an'}{43}$ 时有零点。

$\Psi_i \sim e^{-\frac{zR}{na'}}$ 在区 $R_0^i \sim a\dfrac{n}{1840} \leqslant \dfrac{a}{43}$ 内起主要作用。

$\Psi_f^* \sim e^{-\frac{zR}{n'a'}}$ 对它 $R_0^f \sim \dfrac{n'a'}{z} = \dfrac{an'}{1840} < \dfrac{a}{43}$。

由此看出，总有以下的不等式，

$$R_0 \ll r_1, R_0 \ll r_2$$

这样，对于积分式（3-4）起主要作用的是这样一个变量区域，在此区内 $|R| \ll |r|$。在此条件下，可以使用 $\dfrac{1}{|\bar{r}-\bar{R}|}$ 按勒让德多项式的展开式，并只取前面的两项：

$$\frac{1}{|\bar{r}-\bar{R}|} = \frac{1}{|\bar{r}|} + \frac{\boldsymbol{rR}}{|\bar{r}|^3} \tag{3-5}$$

将式（3-5）代入积分式（3-4）可以得到 $n' = n$，$l' = l-1$ 情况时的矩阵元的表达式（见附录 D）。

$$\hat{H}'_{if} = \frac{2\pi e^2}{\sqrt{\pi a_e^3}} \cdot \frac{-k}{K} \Gamma(1-i\eta) e^{\frac{\pi\eta}{2}} \frac{1}{2(i\eta+1)}(e^{-\pi\eta}+1) \times \frac{l}{\sqrt{(2l+1)(2l-1)}} \frac{(-1)^{n'-l}}{4(2l-1)!}$$

$$\times \sqrt{\frac{(n+l)!(n'+l-1)!}{(n-l-1)!(n'-l)!}} \frac{(4nn')^{l+1}(n-n')^{n+n'-2l-2}}{(n+n')^{n+n'}}\left\{F\left(-(n-l-1),-(n'-l),2l,-\frac{4nn'}{(n-n')^2}\right)\right.$$

$$\left.-\left(\frac{n-n'}{n+n'}\right)^2 F\left(-(n-l-1)^{-2},-(n'-l),2l,-\frac{4nn'}{(n-n')^2}\right)\right\}a_{\bar{p},z} \tag{3-6}$$

同时，角积分只有当 $l' = l \pm 1$ 时才不等于0，从物理意义上讲，我们感兴趣的只是 $l' = l - 1$ 的情况。

将式（3-6）代入表达式（3-3），我们可得单位时间里相应的俄歇跃迁的几率：

$$W_{俄}^{(k)连续} = \frac{\hbar}{2\pi} \frac{1}{4\pi \frac{km\hbar}{(2\pi\hbar)^3}} |\hat{H}'_{if}|^2 = \frac{1}{\tau_{俄}^{(k)连续}} \quad (3\text{-}7)$$

我们指出，能量守恒定律在此情形下要求下面的等式成立：

$$\varepsilon_i^e + E_i^{\bar{p}} = \varepsilon_f^e + E_f^{\bar{p}}$$

亦即 $\dfrac{-z^2 e^4 m_e}{2\hbar^2} - \dfrac{z^2 e^4 M_{\bar{p}}}{2\hbar^2 n^2} = \dfrac{\hbar^2 k^2}{2m_e} - \dfrac{z^2 e^4 M_{\bar{p}}}{2\hbar^2 n'^2}$，此等式又导致不等式

$$\frac{K^2 \hbar^2}{2m_e} = \frac{z^2 e^4 m_e}{2\hbar^2} \left[\frac{M_{\bar{p}}}{m_e n^2} \left(\left(\frac{n}{n'}\right)^2 - 1 \right) - 1 \right] > 0 \quad (3\text{-}8)$$

将 $W_n^{n'}$ 对 n' 求和可得此情况下的俄歇效应全几率：

$$(W_{俄}^{(K)连续}) = \frac{1}{(\tau_{俄}^{k+连续})_n} = \sum_{n'} W_n^{n'} \quad (3\text{-}9)$$

计算表明：若 $n' = n - 1$（当 $l = n - 1$ 时，这是可能的），则不等式（3-8）只有对于 $n \leq 15$，$n' \leq 14$ 才能成立。所以，如果 $\bar{p}$ 最初处于状态 $n = 43$，$l = 42$，则俄歇效应只有在一系列的辐射跃迁之后才会发生。因而，从状态 $n = 43$，$l = 42$（几率最大的状态）跃迁到任意终状态的俄歇效应的几率都是零，$W_{俄,n=43,l=42}^{(k)连续} = 0$。

但是，如果 $\bar{p}$-原子在状态 $n = 43$ 而 $l = 30$ [*]（或 < 30）形成，那么当 $\bar{p}$ 跃迁到状态 $n' = 30$ 而 $l' = l - 1$ 时，立即可能有电子被打出，因为在此情况下，不等式（3-8）是满足的（还要指出，不等式（3-2）也满足）。

在后面这个情况下，计算给出以下结果（对跃迁 $\begin{array}{l} n = 43 \\ l = 30 \end{array} \to \begin{array}{l} n' = 30 \\ l' = 29 \end{array}$）

表 5

	$\tau_{俄}^{(k)连续}/s$	$\tau_{辐}^{nn'}/s$
C_6		1.9×10^{-5}
Cu_{29}	2.9×10^{-9}	3.5×10^{-8}
Pb_{82}		5.4×10^{-10}

这里，$\tau_{辐}$ 是对同一个 $\bar{p}$ 跃迁计算的（见表4）。

我们看到 $\tau_{俄}$ 与 z 无关[*)*)]，而且对于中原子和轻原子俄歇效应的作用超过辐射跃迁的作用 $\left(\dfrac{1}{\tau_{俄}} > \dfrac{1}{\tau_{辐}}\right)$，而对重原子则相反。

（2）现在再来研究把K-电子激入未被占满的外壳层 (n_1, l_1) 上的俄歇效应。同时，我们将用哈尔特利近似（亦即独立粒子近似）来描述原子的电子。在这种情况下，电子末态的函数应换为带有角标 n_1，l_1 的库仑波函数：

$$v_f = R_{n_1, l_1} \cdot Y_{l, m}$$

---

[*]）在这种状态组成 $\bar{p}$-原子的几率不大（见引言）。

[*)*)] 这个结果和能级的俄歇宽度与 z 无关的规律相符（见文献 [17] 311 页）。

单位时间内的跃迁几率等于（参见文献 [17]）

$$W_{if} = \frac{2\pi}{\hbar} |\hat{H}'_{if}|^2 \delta(E_i - E_f) \cdot \mathrm{d}v \tag{3-10}$$

电子末态的能量按公式 $\varepsilon_f = -\dfrac{z^2 m e^4}{2\hbar^2 n_1^2}$ 来计算。很清楚，由于不能选择使等式

$$-\frac{z^2 e^4 m_e}{2\hbar^2} - \frac{z^2 e^4 M_{\bar{p}}}{2\hbar^2 n^2} = -\frac{z^2 e^4 m_e}{2\hbar^2 n_1^2} - \frac{z^2 e^4 M_{\bar{p}}}{2\hbar^2 n'^2} \tag{3-11}$$

成立的三个量子数 n，n_1 和 n'，所以 $W_{if} = 0$。因为在这种情况下，δ-函数的变数不等于 0。这样一来，在我们所取的近似理论范围内，把电子激发到分立能谱的俄歇效应将不存在。

因而，我们可以写

$$W_{\text{俄}}^{\text{分立}} = 0 \tag{3-12}$$

以上，我们只研究了 K-壳层电子的俄歇效应。

现在，我们来看一下 L-壳层电子（譬如 2s 电子）的俄歇效应，我们研究电子在末状态进入连续能谱的情况（同 K-电子的情况一样，向分立能谱跃迁的几率等于 0）。

在此情况下，电子初态用下面的函数来描述：

$$v_i = \frac{1}{\sqrt{8\pi a_e^3}} \cdot \mathrm{e}^{-\frac{r}{2a_e}} \left(1 - \frac{r}{2a_e}\right)$$

经过与前面类似的不复杂的推导，我们将得到下列跃迁矩阵元（与式（3-6）比较）：

$$\hat{H}'_{if} = \frac{2\pi e^2}{\sqrt{8\pi a_e^3}} \Gamma(1 - \mathrm{i}\eta) \mathrm{e}^{\frac{\pi \eta}{2}} \cdot \left[\frac{-\mathrm{i}}{K} \frac{1 + \mathrm{e}^{-\pi \eta}}{\mathrm{i}\eta + 1} + \frac{\mathrm{i}}{\eta a_e k^2}\left((\mathrm{i}\eta - 1) \cdot \mathrm{e}^{-\pi \eta} + \frac{1 + \mathrm{e}^{-\pi \eta}}{2(\mathrm{i}\eta + 1)}\right)\right.$$

$$\times \frac{l}{\sqrt{(2l+1)(2l-1)}} \times \frac{(-1)^{n'-l}}{4(2l-1)!} \sqrt{\frac{(n+l)!(n'+l-1)!}{(n-l-1)!(n'-l)!}} \cdot \frac{(4nn')^{l+1} \cdot (n-n')^{n+n'-2l-2}}{(n+n')^{n+n'}}$$

$$\times \left\{F\left[-(n-l-1), -(n'-l), 2l, -\frac{4nn'}{(n-n')^2}\right] - \left(\frac{n-n'}{n+n'}\right)^2\right.$$

$$\left.\left. \times F\left[-(n-l-1) - 2, -(n'-l), 2l, -\frac{4nn'}{(n-n')^2}\right]\right\} a_{\bar{p}z} \tag{3-13}$$

计算表明：在反质子进行跃迁 $n = 43$，$l = 30 \to n' = 30$，$l' = 29$ 时对 2s 电子的俄歇效应的几率大约比对 1s 电子的俄歇效应的几率小一个数量级。因此，可以不考虑它。

但需指出，对 L-壳层电子的俄歇效应还有可能在反质子作如下跃迁时发生。如 $n = 43$，$l = 38$，$\cdots \to n' = 38$，$\cdots$，$l' = l - 1$，相对于这些跃迁对 K-壳层电子的俄歇效应却为能量所不允许。在这些情况，K-壳层电子的俄歇效应与辐射跃迁的几率相竞争。用和前面类似的方法不难证明：对 L-电子的俄歇效应的几率，就像对 K-电子的一样，比反质子被核直接吸收的几率小很多数量级。

4 几率为高级小量的过程

在反质子原子里，原则上还可能发生下列各过程：
(1) 连续两次辐射跃迁；
(2) 辐射跃迁和随后的被核吸收；
(3) 辐射跃迁和俄歇效应；

(4) 连续两次俄歇效应；
(5) 俄歇效应和随后的被核俘获；
(6) 俄歇效应和辐射跃迁；

以及其他各种可能的混合过程。

上列各过程中的每一个均由两个或更多的阶段（分过程）组成，则整个过程在时间 t 内的几率等于所有过程的几率的连乘积（这些几率中的每一个的值，按定义都小于 1）。因此，这个全过程的几率比之某一次跃迁几率来是二阶或高阶小量。所以 $\bar{p}$-原子相对于上列混合过程的寿命 $\tau_{混}$ 将大于我们在 2 节和 3 节中对一个辐射跃迁和一次俄歇效应所得到的 $\tau_{辐}$ 和 $\tau_{俄}$，并因而比表 1 中所列之 $\tau_{核}$ 大很多数量级。

故可写：$\tau_{混} > \tau_{辐}$ $W_{混} < W_{辐}$

$\tau_{混} > \tau_{俄}$ $W_{混} < W_{俄}$

$\tau_{混} \gg \tau_{核}$ $W_{混} \ll W_{核}$

这样，所列混合过程实际上对 $\bar{p}$-原子的寿命不起什么作用。

5　$\bar{p}$-原子的斯塔克（Stark）效应

由于 $\bar{p}$-原子和介质的原子都具有热速度，故 $\bar{p}$-原子有可能进入一个介质原子的 K 壳层内。在这种情况下，处于"自己"的原子壳层上的反质子将受到介质原子核电场的作用，并且在具有相同的主量子数 n 的反质子各状态间有可能发生跃迁（斯塔克效应）。

$\bar{p}$ 与介质原子核的相互作用算符具有如下的形式：

$$-\frac{ze^2}{|R(t)+r|}$$

这里 $R(t)$ 是 $\bar{p}$-原子核到介质原子核的距离，r 是反质子到 $\bar{p}$-原子核的距离。为了考虑介质原子上电子的影响，可以引进屏蔽因数 $e^{-\frac{R(t)}{a}}$，它对我们的粗略估计是合乎要求的。这里 a 是介质原子的玻尔半径。这样一来：

$$\hat{H}' = -\frac{ze^2}{|\overline{R}(t)+\overline{r}|} e^{-\frac{R(t)}{a}}$$

注意到 $a_{\bar{p}} \ll a$，可以认为 $|\bar{r}| \ll |\bar{R}|$，并写

$$\hat{H}' = -\frac{ze^2}{R(t)} e^{-\frac{R(t)}{a}} + \frac{ze^2 R(t) r}{R^3(t)} e^{-\frac{R(t)}{a}} \tag{5-1}$$

粗略地把 $\hat{H}'$ 看作微扰，可以得到斯塔克效应几率的数量级估计。在此情况下，作为 $\bar{p}$ 的本征波函数，我们将像以前一样选取类氢原子的库仑波函数。

为简便计算起见，在计算从状态 (n, l, m) 跃迁到状态 (n, l', m') 的矩阵元时，设 $m = m' = 0$，由于所选取的波函数的正交性，得到对 l 的选择规则：$\Delta l = l' - l = \pm 1$，对于跃迁 $(n, l, 0) \to (n, l-1, 0)$ 我们将得到如下形式的矩阵元[14]。

$$\langle n, l-1, 0 | \hat{H}' | n, l, 0 \rangle = \frac{ze^2 m}{a_0 M} \frac{l}{\sqrt{(2l+1)(2l-1)}} \frac{3}{2} n \sqrt{n^2-l^2} \left(\frac{a_0}{R(t)}\right)^2 e^{-\frac{R(t)}{a}} \tag{5-2}$$

这个矩阵元的量纲是能量，我们可将它看作此跃迁的半宽度。计算表明：按数量级 $\langle l-1 | \hat{H}' | l \rangle \leqslant E_n$，最后的这个结论证实了微扰论的适用性（虽然很粗略）。如所周知（见文献 [17]）。微扰论对高能级的适用条件只要求微扰小于能级本身的值（反质子的结

合能）而不一定小于能级间的距离。

公式（5-2）中的参量 $R(t)$ 是随时间而变的。但是，为了估计数量级，可选$R(t)=a$。那么从状态（$n,l,0$）到状态（$n,l-1,0$）的斯塔克跃迁的几率：

$$W_{\text{cut}}^0 = \frac{\Gamma}{\hbar} = \frac{2\langle l-1 | \hat{H}' | l \rangle}{\hbar} = 2.55 \cdot \frac{l \cdot n \sqrt{n^2-l^2}}{\sqrt{(2l+1)(2l-1)}} z^2 \cdot 10^{13} \text{s}^{-1} \quad (5\text{-}3)$$

斯塔克跃迁的几率随主量子数 n 增加，这是很自然的：因为反质子距核越远，$\bar{\text{p}}$-原子的偶极矩就越大，因而，式（5-1）中的第二项也就越大。正是这一项才对矩阵元（5-2）作出贡献。

对于氩 Ar_{18}^{40} 和 $n=43$ 计算给出了下面的数值结果：

表 6

	$l=43$	$l=30$	$l=20$	$l=1$
W_S^0	1.7×10^{18}	5.7×10^{18}	7×10^{18}	9×10^{18}

可以看出，这个几率随 l 的减小缓慢增加，而反质子由激发态被核直接吸收的几率则随 l 的减小急剧增加。按公式（4-2）的计算给出了下列的 $W_{核}$ 值（对 Ar）：

表 7

	$l=43$	$l=30$	$l=20$	$l=1$
W_{eg}	$\approx 10^{17}$	$\approx 10^{18}$	7×10^{18}	7×10^{20}

将表 6 和表 7 相比较可以看出：对于反质子处于状态 $l=40$ 的 $\bar{\text{p}}$-原子（位于介质原子轨道内的）斯塔克跃迁（它每次使 l 减小 1）占优势。对于 $l \leq 20$ 的 $\bar{\text{p}}$ 状态核俘获效应开始占优势。在后一情况下，反质子将多半被吸收。

为了完整地了解斯塔克效应，还必须估计一下 $\bar{\text{p}}$-原子进入介质原子玻尔轨道内的几率。为此，要考虑到（$\bar{\text{p}}$-原子与介质原子）两次碰撞间的平均时间是 $\tau_0 = \frac{\lambda}{v}$，这里 λ 是 $\bar{\text{p}}$-原子在介质中的平均自由程，$\bar{v}$ 是 $\bar{\text{p}}$-原子和介质原子的相对速度，再考虑到 $\bar{\text{p}}$-原子在介质中自由程的平均值是 $\lambda = \frac{1}{N\sigma}$，这里，$N$ 是单位介质体积里的原子数，而 $\sigma = \pi a^2$，取 $v = \sqrt{2}\bar{v}$，这里 $\bar{v}$ 是 $\bar{\text{p}}$-原子相对于介质原子的平均热速度，则对氩我们得到

$$\tau_0 = \frac{1}{N\sigma\sqrt{2}\bar{v}} = 3.2 \times 10^{-9} \text{s} \quad (5\text{-}4)$$

这个时间比氩反质子原子相对于核吸收的寿命大很多个数量级（$\tau_{核} = 10^{-17}$s）。因而，$\bar{\text{p}}$-原子保持原状而进入介质原子玻尔轨道内的几率很小。由此，可作出下述结论：只有对极少数的 $\bar{\text{p}}$-原子斯塔克效应有意义（这些 $\bar{\text{p}}$-原子一经在介质中产生就处于介质原子玻尔轨道之内），对绝大多数反质子原子斯塔克效应的作用非常小。

6 结 语

将表 4 的结果与表 1 的结果作比较，可清楚地看到：对处在状态 $n=43$ 和 $l=42$，41，…（几率最大的状态）的 $\bar{\text{p}}$-原子，反质子被核直接吸收的几率比辐射跃迁 $n=43 \to n'=42$ 的几

率大 $10^6 \sim 10^7$ 倍。

然后，表 5 与表 1 的比较表明：俄歇效应的几率比 $\bar{p}$ 被核直接俘获的几率要小很多。

像"两次辐射跃迁……""辐射跃迁 + 核吸收""俄歇效应 + 核吸收"和"辐射 + 俄歇效应 + 核吸收"等混合过程的几率是高级小量，比之 $W_{核}$ 可以忽略不计。

最后，5 节的估计表明：斯塔克效应只对极少数在介质中形成的 $\bar{p}$-原子有作用。

因此，对于绝大多数反质子原子可写出下式：

$$W = W_{核} + W_{辐} + W_{俄} + W_{斯} + \cdots \simeq W_{核}$$

由此，可以断言，反质子原子的寿命主要是由一个效应——被俘获到原子壳层上的反质子被核直接吸收所决定的。

由公式（1-23）所决定的 $\bar{p}$-原子的寿命显然依赖于原子序数 z——它随着 z 的增加而减小，对 $C_{+\bar{p}}$，$Cu_{+\bar{p}}$ 和 $Pb_{+\bar{p}}$ 它分别等于 9×10^{-17} s，1.9×10^{-18} s 和 7.1×10^{-20} s。

Desai 在自己的文章[12]中曾研究了一个最简单的 $\bar{p}$-原子——由氢核和反质子组成的质子偶。他得到：湮没的几率主要依赖于质子偶本征态的主量子数 n 和轨道量子数 l。对于状态 ns 和 np 它分别等于 $5.3 \times 10^{18}/n^3 \text{s}^{-1}$ 和 $4.3 \times 10^{14}/n^3 \text{s}^{-1}$。我们所得之结果与这些结果定性地相符合。

$\bar{p}$-原子的寿命随原子序数 z 的增加而减小，这可以用下面的原因来解释：z 越大，核对反质子的吸力就越大，因而湮没几率也就越大。

最后，我们再来谈一下，我们的推论的适用条件：我们使用了原子核的光学模型并且认为 $M_{核} \gg M_{\bar{p}}$。另一方面，贝塞尔函数的近似展开式（1-14）只对不过大的 z 才合适。因此，上面得到的结果适用于原子序数为 $6 \leq z \leq 82$ 的元素。

具有参数（1-2）的光学势场（1-1）是比较简略的。这种选择的准确性可由所得结果与实验的比较来检验。本论文里所得到的数值结果，只具有估计数量级的意义。

还可指出：将本论文所得之 $\bar{p}$-原子寿命值与实验得到的寿命值相比较，可以让我们判断：所选取的光学势场的虚数部分是否准确。

附录

A. 在大变量情况下辉戴克函数的渐进行为如下[10]：

$$W_{\lambda,\mu}(z) \sim e^{-\frac{1}{2}z} \cdot z^{\mu} \{1 + 0(z^{-1})\} \sim e^{-ikr} = e^{-ik_1 r} \cdot e^{k_2 r} \quad (A.1)$$

$$W_{-\lambda,\mu}(-z) \sim e^{\frac{1}{2}z} \cdot (-z)^{\mu} \{1 + 0(z^{-1})\} \sim e^{ikr} = e^{ik_1 r} \cdot e^{-k_2 r} \quad (A.2)$$

这样，$W_{\lambda,\mu}(z)$ 在 $r \to \infty$ 时指数衰减，而 $W_{-\lambda,\mu}(-z)$ 在 $r \to \infty$ 时的行为是一个增强的函数，所以，$r \to \infty$ 的边界条件只选择一个辉戴克函数 $W_{\lambda,\mu}(z)$，且在 $R \leq r < \infty$ 区域方程的解应具以下的形式

$$R(r) = \frac{Al}{z} \cdot W_{\lambda, l+\frac{1}{2}}(z)$$

我们指出，如果向纯库仑场情况作极限过渡，也会导致同样形式的解。在此极限情况下，$R(r)$ 应与类氢函数 $R_{nl}(r)$ 相一致，后者可通过对辉戴克函数作如下的组合得出

$$\frac{\Gamma(2\mu+1)}{\Gamma(\mu-\lambda+\frac{1}{2})}e^{i\pi\lambda}W_{-\lambda,\mu}(-z)+\frac{\Gamma(2\mu+1)}{\Gamma(\mu+\lambda+\frac{1}{2})}e^{-i\pi(\lambda-\mu-\frac{1}{2})}W_{\lambda,\mu}(z)$$

$$=z^{\mu+\frac{1}{2}}e^{-\frac{z}{2}}\cdot F(\mu-\lambda+\frac{1}{2},2\mu+1,z)\sim R_{nl}(r) \tag{A.3}$$

在纯库仑场的情况下 $\lambda=-\frac{iM\alpha}{k\hbar^2}\to n$,因此,组合(A.3)的第一项趋于零($\Gamma(\mu-\lambda+\frac{1}{2})$ 在 $\mu-n+\frac{1}{2}$ 处有极点,在此情况下,它等于零或负的整数),结果只剩下 $W_{\lambda,\mu}(z)$ 一项.

B. 在 $r=Rl$ 处的边界条件如下

$$\left.\frac{\frac{d}{dr}\left[\frac{Cl}{\sqrt{\alpha r}}\cdot J_{l+\frac{1}{2}}(\alpha r)\right]}{\frac{Cl}{\sqrt{\alpha r}}\cdot J_{l+\frac{1}{2}}(\alpha r)}\right|_{r=R}=\left.\frac{\frac{d}{dr}\left[\frac{Al}{z}W_{\lambda,l+\frac{1}{2}}(z)\right]}{\frac{Al}{z}\cdot W_{\lambda,l+\frac{1}{2}}(z)}\right|_{z=izkR} \tag{B.1}$$

利用递推关系(见文献[11])

$$\frac{d}{dz}J_P(z)=-\frac{P}{z}J_P(z)+J_{P-1}(z) \tag{B.2}$$

$$z(z+z\mu-1)\frac{d}{dz}W_{\lambda,\mu}(z)=\left(\frac{1}{2}+\lambda+\mu\right)\left(-\frac{3}{2}+\lambda+\mu\right)z\cdot W_{\lambda-1,\mu-1}(z)$$
$$-\left[\frac{1}{2}z^2+\left(\mu-\lambda-\frac{1}{2}\right)\cdot z+2\mu^2\cdot 2\mu+\frac{1}{2}\right]W_{\lambda,\mu}(z) \tag{B.3}$$

考虑到 $|\mu|\gg 1$,$|\lambda|\approx n\gg 1$,改写(B.3)成如下形式

$$z\cdot W_{\lambda\mu}{}'(z)=\frac{-\frac{1}{2}z^2+\left(\lambda-\mu+\frac{1}{2}\right)z-2\mu^2+2\mu}{z+2\mu}W_{\lambda\mu}(z)+\frac{(\lambda+\mu)^2}{z+2\mu}z\cdot W_{\lambda-1,\mu-1}(z) \tag{B.4}$$

将式(B.2)和(B.4)代入关系式(B.1)我们得到方程式(1-12)。

C. 方程式(1-21)的解

改写方程式(1-21)成如下形式

$$ak_2^3+lK_2^2+CK_2+d=0 \tag{C.1}$$

引入

$$a=R,\ l=-\left(X-\frac{1}{2}\mathrm{Re}D-\frac{M\alpha R}{\hbar^2 l}\right)\approx-\left(X-\frac{p}{2}\right),\ C=-\frac{M\alpha}{\hbar^2}\mathrm{Re}D,\ d=\frac{H^2\alpha^2}{\hbar^4 2l}\mathrm{Re}D.$$

做变量代换 $y=k_2+\frac{q}{3a}$,便得到关于 y 的方程如下

$$y^3+3py+2q=0 \tag{C.2}$$

其中

$$2q=\frac{2l^3}{2pa^3}-\frac{lc}{3a^2}+\frac{d}{a}$$

$$3p = \frac{3ae - l^2}{3a^2} \qquad q < 0, p < 0 。$$

立方方程式（C.2）的解的一般表达式与下述行列式的符号有关

$$D = q^2 + p^3 \tag{C.3}$$

对于 $l = 42$ 数值估计给出，$D < 0$，这时方程（C.2）的三个根有如下形式[12]

$$\left. \begin{array}{l} y_1 = -2r \cdot \cos \dfrac{4}{3} \\ y_2 = 2r \cdot \cos\left(60° - \dfrac{4}{3}\right) \\ y_3 = 3r \cdot \cos\left(60° + \dfrac{4}{3}\right) \end{array} \right\} \tag{C.4}$$

其中

$$r = -\sqrt{|p|}$$

$$\cos\varphi = \frac{q}{r^3}$$

因此，方程（C.1）的三个根有如下形式

$$\left. \begin{array}{l} K_2^{①} = -2\gamma\cos\dfrac{4}{3} - \dfrac{l}{3a} \\ K_2^{②} = 2\gamma\cos\left(60° - \dfrac{4}{3}\right) - \dfrac{l}{3a} \\ K_2^{③} = 2\gamma\cos\left(60° + \dfrac{4}{3}\right) - \dfrac{l}{3a} \end{array} \right\} \tag{C.5}$$

数值计算表明，这三个根中，只有一个 $K_2^{②}$ 是负的——物理解（见附录 A）。

按牛顿二项式分解公式

$$(a + l)^\alpha = a^\alpha + \alpha a^{\alpha-1} l + \cdots$$

可近似认为

$$\gamma \simeq \left[\frac{l}{3a} + \frac{C}{2|l|}\right]$$

$$\cos\varphi \simeq 1 - \frac{d}{\left|\dfrac{l^3}{27a^2} - \dfrac{lc}{6a}\right|} = 1 - \frac{M^2 z^2 e^4 / 2e\hbar^4}{\dfrac{\left(X - \dfrac{l}{2}\right)^3}{27R^2} + \dfrac{\left(X - \dfrac{l}{2}\right)\dfrac{Mle^2}{\hbar^2}}{6R}} \tag{C.6}$$

这样我们求得

$$\begin{aligned} K_2 &\simeq 2\left(\frac{l}{3a} + \frac{c}{2|l|}\right) \cdot \cos\left(60° - \frac{4}{3}\right) - \frac{l}{3a} \\ &= 2\left(\frac{\dfrac{l}{2} - X}{3R} - \frac{\dfrac{Mzl^2}{2\hbar^2}}{X - \dfrac{l}{2}}\right)\cos\left(60° - \frac{4}{3}\right) + \frac{X - \dfrac{l}{2}}{3R} \end{aligned} \tag{C.7}$$

通过 K_2 表示 K_1，由方程（1-22）我们得到

$$K_1 \simeq \frac{-Y \cdot \hbar^4}{M^2 \alpha^2} \cdot \frac{|K_2|^3}{\frac{1}{e} + \frac{|K_2|\hbar^2}{M\alpha}}$$

$$\frac{\Gamma}{2} = -\frac{\hbar}{M} \cdot K_1 K_2 = -\frac{\hbar^6 Y}{M^3 \cdot \alpha^2} \frac{|K_2|^4}{\left(\frac{1}{e} + \frac{|K_2|\hbar^2}{M\alpha}\right)}$$

$$\tau_{ug} = \frac{\hbar}{\Gamma} = \frac{M^3 \alpha^2}{2\hbar^5} \frac{\frac{1}{e} + \frac{|K_1|\hbar^2}{M\alpha}}{|Y|} \cdot |K_2|^{-4} \tag{C.8}$$

由式（C.8）和（C.7）可以看出以下的相关性（注意到 $X > \frac{1}{2}$），即随 z 的增大（式 (C.7) 中的第一项的绝对值增加，因而 K_2 的绝对值也增加），τ 将变小。

D. 矩阵元 (3-6) 的计算

将展开式 (3-5) 代入积分 (3-4)，含有 $\frac{1}{|\gamma|}$ 的第一项趋于零（由于反质子函数的正交性），于是剩下

$$H'_{if} = \frac{e^2}{\sqrt{\pi a_e^3}} \int d^3 \boldsymbol{r} \int d^3 \boldsymbol{R} \Gamma(1-i\eta) \cdot e^{\frac{\pi\eta}{2}} e^{-ikr} e^{-\frac{r}{a_e}} F[i\eta,1,i(kr+\boldsymbol{kr})]$$

$$\times \frac{R}{r^2} \cdot \cos\theta \cdot R_{n'l'} R_{nl} Y_{l'm'} Y_{lm} \tag{D.1}$$

式中，θ 角是 $\boldsymbol{r}$ 和 $\boldsymbol{R}$ 之间的夹角（见图）。

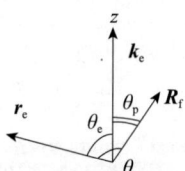

如果我们将向量 $\boldsymbol{K}$ 的方向选为 z 轴，则按球三角公式我们有

$$\cos\theta = \cos\theta_e \cdot \cos\theta_{\bar{p}} - \sin\theta_e \cdot \sin\theta_{\bar{p}} \cdot \cos(\varphi_e \cdot \varphi_{\bar{p}}) \tag{D.2}$$

为了简化数量级的估计，可以取 $m = m' = 0$，则将式 (D.2) 代入式 (D.1) 后，带 $\cos(\varphi_e - \varphi_{\bar{p}})$ 的项趋于零，在另一项中对 φ_e 和 $\varphi_{\bar{p}}$ 的积分给出 $4\pi^2$（作为因子）。引入符号 $x = \cos\theta_e$，$y = \cos\theta_{\bar{p}}$，我们有

$$H'_{if} = \frac{4\pi^2 e^2}{\sqrt{\pi a_e^3}} \underbrace{\int \Gamma(1-i\eta) e^{\frac{\pi\eta}{2}} \cdot e^{-ikrx} e^{-\frac{r}{a_e}} X \cdot F[i\eta,1,i(kr+\boldsymbol{kr})] dr \cdot dx}_{\text{I}}$$

$$\cdot \underbrace{\int R^3 \cdot R_{n'l'} R_{nl} dR}_{\text{II}} \cdot \underbrace{\frac{1}{2\pi} \int_{-1}^{1} P_{l',0}(y) P_{l,0}(y) \cdot y dy}_{\text{III}} \tag{D.3}$$

积分 I 的计算：在积分显著不为零的区域，$r \leq a$，故可近似认为 $e^{-\frac{r}{a}} \approx 1$，这样就有

$$\text{I} = \Gamma(1-i\eta) \cdot e^{\frac{\pi\eta}{2}} \cdot \int e^{-ikrx} \times F \cdot [i\eta,1,ikr(1+x)] dr dx$$

因为
$$F(\alpha,\gamma,z) = e^z \cdot F(\gamma-\alpha,\gamma,-z)$$

所以
$$F[i\eta,1,ikr(1+x)] = e^{ikr(1+x)} \cdot F[1-i\eta,1,-ikr(1+x)]$$

$$I = \Gamma(1-i\eta)e^{\frac{\pi\eta}{2}}\int e^{ikr} \cdot xF[1-i\eta,1,-ikr(1+x)]drdx$$

按公式
$$\int_0^\infty e^{-\lambda z}z^v F(\alpha,r,kz)dz = \Gamma(v+1)\lambda^{-v-1}F\left(\alpha,v+1,r,\frac{\kappa}{\lambda}\right)$$

对 r 积分后,我们得到

$$I = \Gamma(1-i\eta)e^{\frac{\pi\eta}{2}}\frac{+i}{k}\int_{-1}^1 \times F[1-i\eta,l,1,+(1+x)]dx$$

代换 $\frac{1+x}{2}=y$, $x=2y-1$, $dx=2dy$ 使 I 变为下形

$$I = \Gamma(1-i\eta)e^{\frac{\pi\eta}{2}}\frac{+i2}{k} \cdot \int_0^1 (2y-l) \cdot F(1-i\eta,1,1,2y)dy$$

因为
$$F[\alpha,\beta,\gamma,z] = (1-z)^{-\alpha}F\left[\alpha,\gamma-\beta,\gamma,\frac{z}{z-1}\right]$$

所以
$$F(1-i\eta,1,1,2y) = (1-2y)^{i\eta-l}$$

$$I = \Gamma \cdot e^{\frac{\pi\eta}{2}} \cdot \frac{+2i}{k}\int_0^1 (1-2y)^{i\eta}dy$$

$$= \frac{r+1}{2(i\eta+1)}\int d(1-2y)^{i\eta+1}$$

$$= \frac{r-1}{2(i\eta+1)}(1+(-1)^{i\eta})$$

$$= \frac{r-1}{2(i\eta+1)}(1+e^{-\pi\eta})$$

然后
$$F(1-i\eta) = (-i\eta)! = \frac{\pi i\eta}{i\eta! \cdot \sin\pi i\eta}$$

当 $\eta \gg 1$ 时,$(i\eta)! = \rho e^{i\beta}$

其中 $\rho \approx \sqrt{2\pi\eta} \cdot e^{-\frac{\pi}{2}\eta}$, $\beta = \frac{\pi}{4} + \eta(\ln\eta-1) - \frac{1}{12\eta}$

$$\sin\pi i\eta = se^{i\sigma}$$

$$S = \sh\eta \simeq \frac{e^{\pi\eta}}{2}, \tan\sigma = \cot x \cdot \tan y = \infty, \sigma = \frac{\pi}{2}$$

这样一来,$\Gamma(1-i\eta) = \left(\dfrac{\pi i\eta}{\sqrt{2\pi\eta} \cdot e^{-\frac{\pi\eta}{2}} \cdot \dfrac{e^{\pi\eta}}{2}e^{i(\sigma+\beta)}}\right) = i\sqrt{2\pi\eta} \cdot e^{-\frac{\pi\eta}{2}} \cdot e^{-i(\sigma+\beta)}$

最后
$$I = \sqrt{\frac{\pi\eta}{2}}e^{-i(\sigma+\beta)}\left(\frac{+2}{k}\right) \cdot \frac{1}{i\eta+1}(1+e^{-\pi\eta}) \tag{D.4}$$

积分 III 的计算:利用公式

$$\cos\theta \cdot p_{lm}(\cos\theta) = \sqrt{\frac{(l+m+1)(l-m+1)}{(2l+1)(2l+3)}} \cdot p_{l+1,m} + \sqrt{\frac{(l+m)(l-m)}{(2l+1)(2l-1)}} \cdot p_{l-1,m}$$

并计及连带勒让德多项式的正交性可知，只有在 $l' = l \pm 1$ 时积分Ⅲ不为零，物理上我们感兴趣的是 $l' = l - 1$ 的情况，在此情况下

$$\text{Ⅲ} = \frac{l}{\sqrt{(2l+1)(2l-1)}} \tag{D.5}$$

积分Ⅱ的计算结果，对于 $l' = l - 1$ 的情况已经在 2 节中给出（见式 (2-13)）。

$$\text{Ⅱ} = \frac{(-1)^{n'-l}}{4(2l-1)!}\sqrt{\frac{(n+l)!(n'+l-1)!}{(n-l-1)!(n'-l)!}} \cdot \frac{(4nn')^{l+1} \cdot (n-n')^{n+n'-2l-2}}{(n+n')^{n+n'}}$$

$$\cdot \left\{ F\left[-(n-l-1), -(n'-l), 2l, -\frac{4nn'}{(n-n')^2}\right] - \left(\frac{n-n'}{\lambda+n'}\right)^2 \right.$$

$$\left. \cdot F\left[-(n-l-1)-2, -(n'-l), 2l, \frac{4nn'}{(n-n')^2}\right] \right\}$$

（以 $a_{j,z} = \dfrac{\hbar^2}{me^2 z}$ 为单位） \tag{D.6}

将式 (D.4)，(D.5)，(2-13) 代入表达式 (D.3)，便得到矩阵元的表达式 (3-6)。

参考文献

［1］Немировский П. Э., фивейский Ю. Д. Ж ЭТФ. 38，1486，1960 Г.
［2］фивейский Ю. Д. Ж ЭТФ. 42，799，1962 Г.
［3］Давидов А. С. Теория Атомного Ядра. физ-мат. изд 1958.
［4］Немировский П. Э. Современные Модели Атомного Ядра. Атомизд. 1960.
［5］Немировский П. Э. Д. А. Н. 112. 411. 1957.
［6］Woods and Saxon. Phys. Rev. 95. 577. 1954.
［7］Glossgold. Phys. Rev. 110. 220. 1958.
［8］W. Williams. Phys. Rev. 98. 1387. 1955.
［9］фивейский Ю. Д. Известия Высших учебных заведений. физика No. 4. 1963. Изд. Томского университета.
［10］Уиттекер ц Ватсон. Курс Современого Анализа Ⅱ.
［11］Грашдейн и Рыжик. Таблица Интегралов. Сумм. рядов и произведенпй.
［12］Desai. phys. Rev. 119. 1385. 1960.
［13］Гайтлер В. Квантовая Теория излучения. ИЛ. 1956.
［14］Бете и Солпитер. Квантовая Механика Атомов С Одним и двумя электронов.
［15］Gorden W. Annalen der physik 2. 1031. 1929.
［16］Ахиезер и Берестецкий. Квантовая электродинамика，физ-мат. 1959 (343).
［17］Ладау и Лифшиц：Квантовая Механика 1963.
［18］Бронштейн И. Н. и Семендяев К. А. Справочник по Математике.

略谈与核工程应用有关的若干低能核物理课题

科学技术发展的实践表明：基础研究与应用研究总是密切联系、互相促进、彼此渗透的。三十多年前，反应堆与核武器的出现便是基础研究的成果迅速应用于经济和军事目的的突出例子，而这些核能技术应用研究的进展反过来又有力推动了低能核物理、计算数学等有关学科的发展。

联系低能核物理基础研究与核工程技术应用研究的一个重要纽带是核数据。核物理（实验与理论）提供了核工程技术所必要的大量核数据，核工程的理论设计与测试技术水平的不断提高，又对核数据的广度和精度不断提出新的需求。我国核能技术发展的情况也是这样。近几年，随着我国核工业的发展，核数据工作不断取得进展。在核数据的新需求中，有一些涉及低能核物理基础研究的专门课题。

1 裂变瞬发中子能谱谱形

这个问题对于核工程应用和了解裂变机制都有重要意义。这方面已有大量工作。[1]人们一般采用 Maxwell 谱（或 Wate 谱）拟合实验数据。国内北京大学的同志基于蒸发模型进行了理论计算，取与入射中子能量有关的核温度，得到了与实验符合得不错的结果。[2]但是，谱的高能端行为仍存在一些问题：与若干实验测量[3]比较，铀-235 和钚-239 的瞬发裂变中子谱在 8MeV 以上理论结果有偏低的迹象。正如胡济民等[2]指出的，即使考虑了断裂前中子修正，计算谱形的高能端仍低于实验结果。此外，对热中子和 MeV 以下入射能量谱形研究较多，而入射能量在 14MeV 附近的研究较少，误差也较大。

2 非裂变生中子反应的次级中子能谱与角分布

非裂变生中子反应的次级中子能谱在核工程中子学计算中有着重要的意义。它直接决定中子场的能量分布，从而影响许多有关积分量（如反应率）的计算结果，对有阈的反应率尤其是这样。例如铀-238 的裂变率。我们知道，在典型的三相弹中，铀-238 的裂变威力可占总威力的一半，因此算准铀-238 的裂变率是十分重要的。

目前，实际应用感兴趣的 1～15MeV 快中子核反应的次级中子谱普遍缺乏实验研究；从理论上讲，次级中子的能量、角度谱与核反应机制密切相关。下面举例说明：

（1）重核。反应机制（如预平衡与多步过程）的研究和核谱学能级密度参数的研究是重核中子反应理论计算中两个最重要的因素。前人在这方面已做出了一些与实验符合得相

---

① 本文作者：杜祥琬，张本爱。发表于《第五次核物理会议资料汇编》（上册），1982 年；《应用物理与计算数学研究所年报》，1983 年，第 88 页。

当好的结果。但是，仍有一些待解决的问题。以铀-238 为代表，无论是我国核数据中心编评的 CENDL 数据，还是美国 ENDF/B-IV 库以前的数据，算得的 D-T 中子在天然铀中的裂变率都比 Weale 的实验值显著偏小。据分析，除瞬发裂变中子谱形可能有影响外，主要是非弹性散射、$(n, 2n)$ 和 $(n, 3n)$ 等反应次级中子谱的问题。国内外的宏观检验[4]已指出了这点。M. Bagev 等认为：①非弹次级中子谱问题，应计及剩余核可能处于不同激发态；②有实验迹象表明[6]，$(n, 2n)$ 和 $(n, 3n)$ 反应次级谱可能比原来预计的要硬一些。

（2）轻核。对于 D，主要是 $(n, 2n)$ 破裂反应。目前实验上只有入射能为 14MeV 的角度向前的少数几个测量，且精度较差。理论上是核三体问题，已采用法捷也夫方法计算了分角度的次级中子能谱[5]。但由于计算机条件所限，计算中作了不少的近似。所以，实验和理论计算都还有许多要做的工作。此外，T $(n, 2n)$ 和 T $(n, 3n)$ 的次级中子谱未见实验研究。

^{6}Li 的 $(n, n'd)$ 及 $(n, 2n)$ 反应，^{9}Be 的 $(n, 2n)$ 等反应，次级中子的能量、角度分布的实验研究也非常缺乏。轻核中子核反应次级中子能谱在理论上涉及相当复杂的反应机制，主要是末态相互作用（非弹级联衰变）和直接少体崩裂等，这些都与核少体问题的基础研究直接相关。

（3）中等核。Hetrick 等[12]把较新的 ENDF/B-V 评价数据库中 14 种中等和中重核由 14MeV 中子引起的次级中子能谱、角分布的数据与实验结果[13]进行了比较。结果发现，只有 Fe、Pb 两核与实验符合较好，多数核素的数据不够好，需要进行再评价。调整剩余核的能级密度参数可以改进理论与实验的符合程度[14]。

次级中子的角分布直接影响着核装置中子场的空间分布与泄漏率，从而影响装置的燃耗和效应。例如，影响中子弹的杀伤剂量。目前中子弹性散射角分布在小角度和背底方向较普遍地缺乏实验数据。非弹性散射角分布实验研究更少。要指出，即使是较低的可分辨能级和连续态的非弹激发，已有少许实验指示了各向异性的倾向，较高能区的预平衡成分和直接机制的贡献，会使角分布有更明显的朝前峰值。目前，不少的评价数据库中尚未考虑这些。

3 裂变产物产额与入射中子能量的关系

裂变产物测量是确定核材料裂变燃耗的重要方法，这就需要首先知道单次裂变的相应产物产额的准确数据。这个参数与引起核裂变的中子能量和裂变核种类有关。实验上，用连续谱（如热堆谱、快堆谱）中子源做过大量产额测量，也有一些单能中子源的测量。但中子能量均在 14.7MeV 附近。文献［7］对 1977 年前的实验数据作了详尽的编评。

但是，核装置中的实际中子能谱是连续的分布。能区可能在 eV～20MeV 之间。因此，必须知道一系列单能中子源的裂变产额值，或者知道产额随能量变化的规律。S. Nagy[8] 给出了 ^{228}U 的 1.5MeV～7.7MeV 间六个单能中子引起的 40 种产物的产额值，但 ^{238}U 和 ^{239}Pu 只有 1.7MeV 以下的单能中子数据[9]。Mandler[10] 等在 2～15MeV 间的五个单能点上以 ^{149}Ba 为参考核作了一系列相对测量，可惜未作 ^{149}Ba 的绝对测量。所以，目前存在的问题是：

（1）在 2～14MeV 之间，缺乏单能点的产额数据，尤其 ^{235}U 和 ^{239}Pu 是这样。
（2）质量分布"驼峰"曲线"峰"上核素的产额与中子能量的关系，尚无明确的规律。但从热堆谱与 14.7MeV 中子引起的裂变产额值看，随中子能量的变化是不容忽视的（如 ^{239}Pu 裂变 ^{29}Mo 的产额，快堆谱为 5.81%±3%，而 14.7MeV 时为 4.54%±10.4%）。

（3）处在双驼峰间谷地和两侧核素的产额，随中子能量增加而增加。其变化规律是近线性的（参见文献[7]），还是分段指数型的（参见文献[8]），有待澄清。

4 超钚核的中子反应截面

超钚核素在核技术中已有一定的应用，并有扩大用场的前景。虽然它们的中子物理性质已有不少研究，也积累了相当多的核数据。但数据还很不完整，而且准确度也差。对其中几个主要核的中子截面，目前国际上较新水平的几家数据之间，存在明显的分歧。例如：^{242m}Am 的 σ_f，UCRL-50400（1975）与 BNL-325 及 ENDL（78）三家的数据。在 3MeV 以下相差可达 30%。结果，按理论估计[11]，第一家和第三家数据给出的 ^{242m}Am 裸球的临界质量分别为 8kg 和 14.2kg（取密度 ρ = 13.6g/cm^3）相去甚远，^{247}Cm 的截面也有类似的情况。

5 带电粒子核反应研究

带电粒子核反应对于聚变装置设计研究和核爆炸诊断有重要意义。前者主要是 $A \leqslant 12$ 的各轻核间的聚变反应，后者主要是轻粒子在中重核上的活化反应。此外，带电粒子核反应也用于中子源、核材料及生物医学等有关的研究工作中。

实验上研究得较好的聚变反应只有 D-T，D-D 之间的反应。但即使 D-T 反应，低于 10keV 能区基本上还是实验空白。对其他聚变反应，至今人们没有准确的实验了解，如 D-L$_i$ 反应。不同家的实测结果分歧很大。再如，T-T 反应现在所知甚少。轻核反应应该是核少体理论应用的重要领域，但目前可直接用于核数据计算的少体理论工作还很少。至于中重核的带电粒子活化反应，目前数据也很零散，准确度较差。此外，人们还关心：MeV 能区的氢、氦、锂、铍诸核素之间的散射（包括核势作用及库仑效应）的截面及角分布。

6 激态核和不稳定同位素核的中子截面问题

一般发表的中子核截面都是中子与基态核作用的各种截面数据。但在核装置中，一些核有可能处于激发态（特别是一些低激发亚稳态）。这种情况可能由两个原因造成：

（1）核反应后（如非弹性散射后）的剩余核可能处于某激发态。

（2）系统中，离子可能有极高的温度。这时核的热运动能有可能激发原子核。例如，铀-235 的第一激发态只有 8keV，当系统温度高达数千万度或更高时，便可能将其激发。

如果激态核的寿命可与系统里中子反应的时间相比较，那么，激态核与中子发生的反应是值得考虑的。这就提出激态核中子截面的问题。即处于低激发态下的核的中子反应截面应如何准确给定？它同基态核情况究竟有多大差别？

核装置中，核材料可能有相当高的燃耗。其产物中有不少不稳定核素。例如：^{237}U，^{239}U，^{238}Pu 等及裂变产物核。它们的产生量可以指示装置反应的情况，因此，不仅需要知道它们的产生截面，还需知道它们通过各种反应消失掉的截面。这也是一个有应用价值的课题。

7 其他

(1) 主要裂变核素与结构材料核素的共振区参数,特别是 (n, γ) 和 (n, F) 参数的研究。

(2) 中子核反应伴生 γ 截面及所生 γ 谱的研究。

(3) 与中子截面有关的核谱学与能级密度参数的研究。

最后作者感谢于敏同志对本文提出的宝贵意见。

参考文献

[1] Itsuro Kimara. JAERI-M9999, 1982: 35.
[2] 胡济民,王正行. 高能物理与核物理, 1979, 3: 772.
[3] 肖振喜,叶守恒,张应等. 物理学报, 1962, 18: 467.
[4] 徐锡源,张毓泉等. 14MeV 中子在铀装置中的裂变率及其分布的理论计算与分析. 1980.
[5] 储连元. hsj-78232 (lljs), 1978.
[6] Caher, Nuclear Science and Engineering, 1976, 58: 395.
[7] 裂变产额评价组. 裂变产物产额评价. 1978, 2.
[8] Nagy S. Physical Review, 1978, 17.0: 163.
[9] Guninghamc J G, et al. J. Inorg, Nucl. Chem. 1974, 36: 1453; 1977, 39: 383.
[10] Mandler J M. AERE-R, 1973, 7548.
[11] 陈云山等. 超钚核素的中子物理性质. 1980.
[12] Hetrick D M, et al. CONF-791058-32, 1979.
[13] Clayeux. CEA-R-4279, 1972; Hermsdorf, Zfk-277, 1975.
[14] Gruppelaar. ECN-84, 1980; On Several Topics in Applications of Low Energy Nuclear Physics to the Nuclear Engineering.

准自由散射平面波冲量近似对 $^9\text{Be}(n, 2n)^8\text{Be}$ 反应的研究[①]

$^9\text{Be}(n, 2n)$ 反应的反应道较多。复合核非弹级联机制的初步研究[1]表明：多体直接崩裂过程是必须考虑的。我们用准自由散射理论在平面波冲量近似下研究了末态为 $2n + {}^8\text{Be}$ 的直接三体机制。

计算公式：我们把 ^9Be 核看作由 ^8Be 和一个中子组成，用 0，1，2，3 分别代表入射中子，出射的一个中子，初始束缚、反应后出射的中子以及作为"旁观者"的反冲 ^8Be 核。按通常的做法不难推得

$$\frac{d\sigma}{dE_1 d\Omega_1 d\Omega_2} = K \cdot \left(\frac{d\sigma}{d\Omega}\right)_{nn} \cdot |g_{fi}(q)|^2 \tag{1}$$

其中

$$K = \frac{P_1 P_2 (m_1 + m_i)}{P_0 m_2}\left[1 + \frac{m_2}{m_3}\left(1 + \frac{P_1}{P_2}\cos\theta_{12} - \frac{P_0}{P_2}\cos\theta_2\right)\right]^{-1} \tag{2}$$

$$|g_{fi}|^2 = \frac{3B^2}{2\pi^2 \hbar^3} e^{-2\beta R_o} \left[\left.\left(\frac{\sin qR_o}{\beta} - \frac{\cos qR_o}{q}\right)\right/_{(q^2+\beta^2)} + \frac{\sin qR_o}{q^2 \beta^2 R_o}\right]^2 \tag{3}$$

当 $qR_0 \to 0$ 时，由下式替代：

$$|g_{fi}|^2 = \frac{B^2 q^2}{6\pi^2 \hbar^3 \beta^8}(\beta^2 R_o^2 + 3\beta R_o + 3)^2 e^{-2\beta R_o} \tag{4}$$

这里，我们将 ^9Be 内中子与 ^8Be 的相对运动波函数取为

$$\psi(\mathbf{R}) = \begin{cases} A j_l(\alpha R) Y_{lm}(\hat{\mathbf{R}}) & R < R_o \\ B_i \hbar_l^{(i)}(i\beta R) Y_{lm}(\hat{\mathbf{R}}) & R \geq R_o \end{cases} \tag{5}$$

$\left(\dfrac{d\sigma}{d\Omega}\right)_{nn}$ 为质心系的 n-n 散射截面，用在壳（自由）散射截面代替。计算中用了有效力程理论的公式。

由于现有的 ^9Be 次级能谱角分布测量都是一些运动学不完全的结果，为同实验比较，我们需要对式（1）完成关于 $\mathbf{\Omega}_2$ 的积分。这可以直接数值积分得到；或者经过一定的交换，可以导出如下结果：

$$\frac{d\sigma}{dE_1 d\Omega_1} = \frac{3(4\pi)^2 \mu_{23}}{(2\pi)^3 \hbar^3} \sqrt{\frac{E_1}{E_0}} \frac{(m_1 + m_2)^2}{m_z^2} \tilde{q} \mathscr{W}_{\tilde{q}} \left(\frac{d\sigma}{d\Omega}\right)_{nn} \tag{6}$$

其中

[①] 本文作者：张本爱，莫俊永，杜祥琬。发表于《第四次全国核物理会议论文集》，1983 年。

$$\tilde{q} = \sqrt{2\mu_{23}\left(E_o - Q - E_1 - \frac{|k_0 - k_1|^2 \hbar^2}{2(m_2 + m_3)}\right)} \tag{7}$$

$$\mathscr{W}_{\tilde{q}} = \sum_{l=0}^{l_m} \left[(l+1)M_l^+ + lM_l^-\right] \tag{8}$$

$$M_l^\pm = \left|\int_{R_o}^{\infty} j_l\left(\frac{m_3}{m_2+m_3}\cdot\frac{u}{\hbar}x\right)\cdot j_{l\pm 1}\left(\frac{\tilde{q}}{\hbar}x\right)R(x)\,\mathrm{d}x\right|^2 \tag{9}$$

$$u = \sqrt{2m_1(E_0 + E_1 - 2\sqrt{E_0 E_1}\cos\theta_1)} \tag{10}$$

$$R(x) = B\frac{\beta x + 1}{\beta^2}\mathrm{e}^{-\beta x} \tag{11}$$

结果与讨论：对于 ^{9}Be（n, 2n）^{8}Be，参数选取为：$R_0 = 4.23\mathrm{fm}$，$\beta = 0.267\mathrm{fm}^{-1}$，由 R_0 处边界条件求出 $\alpha = 0.7825\mathrm{fm}^{-1}$，$A = 0.42\mathrm{fm}^{-\frac{8}{2}}$，$B = 0.22\mathrm{fm}^{-\frac{3}{2}}$。

计算了入射能量从 2MeV 到 20MeV 的微分截面，得到了出射中子的角分布、能谱及截面，还有动量分布曲线。下面只列出几个结果（见图1—图4）。

公式（6）与公式（1）对 Ω_2 的数值积分，是形式上不同的两个公式，推导方法也不同，但实质上等价，分别计算所得结果符合得极好，验证了公式与计算的可靠性。

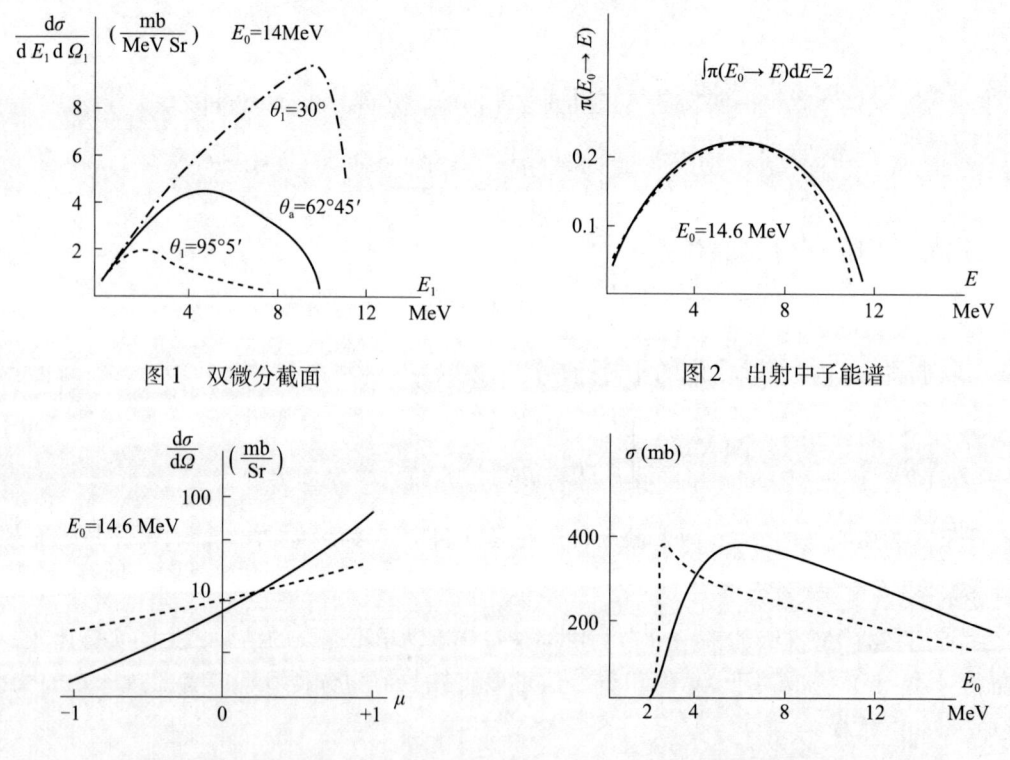

图1　双微分截面　　　　　　　图2　出射中子能谱

图3　出射中子角分布　　　　　图4　直接三体（n, 2n）截面

与文献［2］、［3］中的估计值（见图中的虚线）比较表明：①计算的能谱与估计的能谱基本符合，比非弹级联机制和蒸发机制的能谱都硬得多；②计算的角分布呈明显的前倾，与估计定性一致，我们计算的似乎过于前倾；③直接三体机制的 ^{9}Be（n, 2n）^{8}Be 截面，在

6MeV 以上比估计值大近一倍。与 ^{9}Be（n，2n）总截面的编评值比较，直接三体部分占了将近一半。看来，计算的偏高了，这可能是由于平面波冲量近似在我们关心的能区内定量计算截面值已不够好，需改进。

本工作是在黄祖洽同志指导关心下进行的，并受到四〇一所四室七室有关同志工作的启发，在此表示感谢。

参考文献

［1］张本爱. ^{9}Be（n，2n）反应非弹级联机制的初步研究，1980.
［2］Perkins et al. AN—1443，1965.
［3］Porkins et al. UCRL—50520，1968.

On Mechanisms of Reaction ^{9}Be (n, 2n)[①]

Abstract: The theoretical calculations for different direct processes of reaction ^{9}Be (n, 2n) have been performed. The results indicate that the two-step process-direct inelastic scattering and decay with the second neutron emission is the main mechanism of this reaction. The one-step 3-body break-up process gives important contribution too.

1 Introduction

It is of interest to study the mechanisms of the ^{9}Be (n, 2n) reaction which is quite complex. The possible processes are as follows:

A. Two-step processes:

a) Compound nucleus cascade

$$n + {}^9Be \rightarrow {}^{10}Be^* \rightarrow {}^9Be^{*K} + n_1$$
$$\hookrightarrow {}^8Be^{*M} + n_2 \text{ (or } 2{}^4He + n_2\text{)}$$

b) Direct inelastic scattering and statistical decay with the second neutron emission

$$n + {}^9Be \xrightarrow{direct} {}^9Be^{*K} + n_1$$
$$\hookrightarrow {}^8Be^{*M} + n_2 \text{ (or } 2{}^4He + n_2\text{)}$$

B. One-step direct processes:

c) Direct 3-body break-up

$$n + {}^9Be \rightarrow {}^8Be + n_1 + n_2 \text{ (or } {}^4He + {}^5He + n_1$$
$$\hookrightarrow {}^4He + n_2\text{)}$$

d) Direct 4-body break-up

$$n + {}^9Be \rightarrow 2{}^4He + 2n$$

The ref. [1] adopted the compound nucleus statistical model to treat the cascade decay process. Its calculational results are not very good. Quite strong excitations for $K = 6$ (above energy level 4.4 MeV) have not been observed experimentally. A possible reason of this discrepancy is the statistical treatment of the first step.

---

① Du Xiang Wan (Institute of Atomic Energy, Academia Sinica, Beijing, China) and Zhang Ben Ai (Institute of Applied Physics and Computational Mathematics, Bejing, China). Proceedings of the 4th International Symposium Smolenice, Czechoslovakia, June 1985, P. 108. Edited by J. Krištiak and E. Běták.

This paper discusses the contributions of different direct processes.

2 Direct inelastic scattering

We consider the nucleus ^{9}Be consisting of two clusters: a core ^{8}Be and a neutron n_2; the last one is described by shell model and its state determines the state of the nucleus ^{9}Be. The incident neutron is described by plane wave with wave vector $\boldsymbol{k}$. The initial state of ^{9}Be is I: (n, l, j, m), the state after scattering is k: (n', l', j', m'). The scattered neutron is described by the plane wave with $\boldsymbol{k}$.

The differential cross-section for two-body scattering in the c-m system is [2]

$$\sigma(\theta) = \frac{k'}{k}\left(\frac{\sigma^u \mu}{2\pi\hbar^2}\right)^2 \frac{1}{2j+1} \sum_{m,m'} |T_{fi}|^2$$

$$T_{fi} \equiv \langle f | V_D | i \rangle$$
$$= (4\pi)^{5/2} \sum_{PP'L} \sum_{N\mu'} (-1)^N \sqrt{2P+1}\, Y_{P'}^{\mu'}(\hat{k}')\, \langle P'\mu' | Y_L^{-N} | P0 \rangle \langle l'j'm' | Y_L^N | ljm \rangle R_{PP'L}$$

The neutron-nucleus interaction exists only between the neutrons n_1 and n_2. Paying attention to the peripheral character of inelastic direct reaction we introduce $\gamma\delta(r - R_0)$ into the potential $V_D(r_1, r_2)$. As nucleus wave function we choose the single particle wave function in the oscillator potential [3]

$$R_{nl}(r) = (-1)^{\frac{n-1}{2}} \sqrt{\frac{2}{1+\frac{1}{2}}\left(\frac{n+1+\frac{1}{2}}{\frac{n-1}{2}}\right)}\, r^l e^{-\frac{\lambda r^2}{2}} {}_1F_1\left(\frac{1-n}{2}, 1+\frac{3}{2}, \lambda r^2\right)$$

So we can obtain the radial integral as follows

$$R_{PP'L} = \frac{-r}{4\pi} R_{1l}(R_0) R_{n'l'}(R_0) j_P(kR_0) j_{p'}(k'R_0)$$

We choose the potential parameter r to fit the experimental excitation function for 2.43 MeV level. The probability of the second step $\eta_{k\to\beta}$ for decay $^9\text{Be}^{*K} \to {}^8\text{Be}^{*M} + n_2$ is taken from [1]. Hence the cross-section for this two-step reaction is

$$\sigma_1^{K\to M} = \sigma_1^K \sum_{\beta \in \{M\}} \eta_{K\to\beta}$$

where σ_1^K is the cross-section of the first step (expression (1) integrated over θ'). The nuclear spectrum parameters are taken from [4].

The results are given in Table 1 and Figs. 1 and Figs. 2.

Table 1 Calculated cross-sections (in mb) for two-step processes

K, M	E_0/MeV	3	4	6	8	10	12	14
$K=2$	$M=1$	1.1	1.0	0.6	0.4	0.3		
	$M=2$	0	0	0	0	0	0	0
$K=3$	$M=1$	91	182	255	243	221	—	189
	$M=2$	0	0	0	0	0	0	0

contiu.

E_0/MeV K, M		3	4	6	8	10	12	14
$K=4$	$M=1$		4.0	5.0	3.5	2.0	—	1.0
	$M=2$	0	0	0	0	0	0	0
$K=5$	$M=1$		137	107	67	50	—	34
	$M=2$	0	0	0	0	0	0	0
$K=6$	$M=1$		<1	<1				
	$M=2$	~0	~0	~0	~0	~0	~0	~0
$K=7$	$M=1$	0	0	1.3	1.4	1.3	1.0	0.8
	$M=2$			0.7	0.75	0.7	0.6	0.5
$K=8$	$M=1$	0	0	0	16	13.5	9	6
	$M=2$				35	29.5	20	15
$\sigma_{n,2n}^{inel.} = \sum_M \sigma_1^{K \to M}$ $K=2$		92	324	369	366	318	—	246

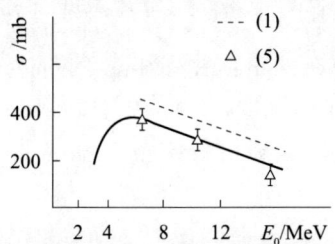

Fig. 1 Excitation of ($K=2, 3, 4, 5$) levels

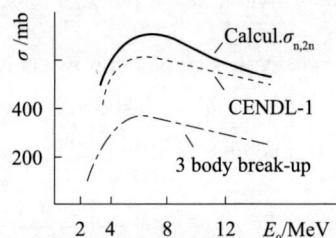

Fig. 2 Cross-section $\sigma_{n,2n}$

3 Direct break-up processes

By regarding ^{8}Be as spectator, the QFS model and the PWIA approximation are adopted in the calculation. The indexes 0, 1, 2, 3 represent an incident neutron, two outgoing neutrons and the recoil ^{8}Be, respectively. For the sake of easy comparison with the experiments, we have derived the following formula for the double differential cross-section

$$\frac{d\sigma}{dE_1 d\Omega_1} = \frac{\sigma u_{23}(m_1 + m_2)^2}{\pi h^3 m_2^2}\sqrt{\frac{E_1}{E_2}}\tilde{q}\, w_q \left(\frac{d\sigma}{d\Omega}\right)_{nn}$$

where

$$\tilde{q} = \sqrt{2u_{23}\left(E_0 - Q - E_1 - \frac{u^2}{2(m_2 + m_3)}\right)}$$

$$u = \sqrt{2m_1(E_0 + E_1 - 2\sqrt{E_0 E_1}\cos\theta_1)}$$

$$w_q = \sum_{l=0}^{l_m}\left[(l+1)M_l^+ + lM_l^-\right]$$

$$M_l^{\pm} = \left|\int_{R_0}^{\infty} j_l\left(\frac{m_3}{m_2+m_3}\frac{u}{\hbar}x\right)j_{l\pm 1}\left(\frac{\tilde{q}}{\hbar}x\right)B\frac{\beta_{x+1}}{\beta^2}e^{-\beta x}dx\right|^2$$

The wave function of relative motion of n and ^{8}Be in the nucleus ^{9}Be is chosen as follows

$$\psi(\boldsymbol{R}) = \begin{cases} Aj_1(\alpha R) Y_{1m}(\hat{\boldsymbol{R}}) & R < R_0 \\ B\dfrac{\beta R + 1}{\beta^2 R^2} e^{-\beta R} Y_{1m}(\hat{\boldsymbol{R}}) & R \geq R_0 \end{cases}$$

For incident energy from 2MeV to 20MeV we have calculated the differential cross-section and obtained the energy spectrum and angular distribution of outgoing neutrons and the reaction cross-section. Some of the results are given in Fig. 2.

By using Sacks' semiempirical formula we also estimate the cross-section for the 4-body break-up process. The order of magnitude is ~ mb, hence its contribution can be neglected.

4 Discussion and conclusion

Compared with the experiment [5] our theoretical calculations give the rational results. The main contribution to the (n, 2n) reaction through inelastic scattering is that from excitation of the 2.43 and 3.03 levels ($K=3, 5$). The agreement with experiment is better than in [1] and [6].

In ref. [7] the ejection mechanism and the compound nucleus cascade are considered to be the main mechanisms of this reaction. However, when compared with the latest evaluated data our results (direct inelastic scattering and decay with neutron emission plus 3-body break-up) seem better.

We prefer to conclude that the first step of the two-step process is not through compound but direct inelastic scattering. This mechanism gives correct energy spectrum and angular distribution of secondary neutrons. The one-step 3-body break-up also gives an important contribution to the continuous cross-section.

In the energy range 5 ~ 9 MeV the calculated $\sigma_{n,2n}$ is greater than evaluated about 20%, it may relate to the rough choice of the wave functions and needs to be improved.

References

[1] Zhang B A. Report on Cheng-Du Conference on Few-body Physics, 1980.
[2] Glendenning N K. Phys. Rev., 1959, 114: 1297.
[3] Eisenberg J M, Greiner W. Nuclear Theory. Vol. 1.
    Nuclear Models North-Holland, Amsterdam, 1970: 188.
[4] Lauritsen T Nucl. Phys., 1966, 78: 84.
[5] Drake D M. Nucl. Sci. Eng. 1977, 63: 401.
[6] Perkins S T. Report UCRL-50520.
[7] Balian R, et al. Nucl. Phys., 1960, 17: 448.

轻核少体反应次级粒子双微分谱近似处理研究[①]

摘 要：轻核反应次级粒子的能量角度双微分谱同反应机制是密切相关的，而且对核工程技术很有应用价值。本文基于非相对论运动学和碰撞理论，提出了该谱的近似计算处理方法。作为此方法的应用，本文研究了相应于直接崩裂，两步级联以及准自由散射等过程的三种机制下的谱形，推导给出了便于简捷计算的解析表示式。实际计算表明这种处理是有用的和行之有效的。

关键词：核反应，双微分截面，准自由散射

1 引 言

轻核反应次级粒子的双微分谱即分角度的能谱是同反应机制密切相关的。有关双微分谱的理论与实验研究可以给出反应机制方面许多有意义的特性。从应用的目的说，这种研究对于核工程与技术应用也是很有价值的。例如对于中子群参数制作、Kerma 因子及损伤效应等中子学问题的研究，核反应次级粒子谱数据是重要的应用基础之一，所以国际通用的 ENDF 格式中文档 5 和文档 6 内都编汇着这些数据。

本工作基于用比较简单的方法估算核数据的目的，利用非相对论运动学和碰撞理论，研究了少体反应次级粒子分角度能谱的近似处理方法，对直接崩裂，两步级联衰变，以及准自由散射等几种主要机制下的次级粒子谱行为，作了简化的理论处理，得到了便于直接计算的解析结果。

2 直接崩裂过程的动量空间均匀分布近似

考虑核反应后出射 N 个粒子的崩裂过程

$$a + B \longrightarrow b_1 + b_2 + \cdots + b_N$$

假如初始入射粒子 a 具有动能 E_a，靶核 B 是静止的。

为处理方便，我们把所研究的粒子记为 b_1，在质心系中 b_1 的动量 $\boldsymbol{P}_1^{\cdot}$ 的密度分布可表示为

$$f_1(\boldsymbol{P}_1^{\cdot}) = \int M_{ij} \delta\Big(\sum_{j'=1}^{N} \boldsymbol{P}_{j'}^{\cdot}\Big) \delta\Big(\sum_{j'=1}^{P} \frac{\boldsymbol{P}_{j'}^{\cdot 2}}{2m_{j'}} - \varepsilon^{\cdot}\Big) \prod_{j' \neq 1}^{N} \mathrm{d}^3 \boldsymbol{P}_{j'}^{\cdot} \qquad (2.1)$$

$\varepsilon^{\cdot}$ 是质心系中总动能，即

[①] 本文作者：张本爱，莫俊永，杜祥琬，刘广华，杜书华，李曼莉（应用物理与计算数学研究所）。发表于《中国核科技报告》，1986 年，第 00 期，第 1 页。

$$\varepsilon^{\cdot} = \frac{A}{A+1}E_a + Q \qquad (2.2)$$

这里

$$A = m_B/m_a \qquad (2.3)$$

Q 为反应能，即质量亏损能，正值表示放能反应，负值表示吸能反应。

定义 $d^3\boldsymbol{P}_j^{\cdot} = 4\pi \boldsymbol{P}_j^{\cdot 2} d\boldsymbol{P}_j^{\cdot}$。在式（2.1）中 M_{if} 是反应过渡几率，可看成反应矩阵元的绝对值平方除以碰撞流相对速度，反映碰撞过程的动力学性质。我们假定它是与产物核参量 $\boldsymbol{P}_i^{\cdot}$ 无关的常数，这就是所谓动量空间均匀分布假设。

当 M_{if} 为常数时，多重积分式（2.1）可以通过繁复运算基于把两个 δ 函数用积分表示的途径完成[1]。本文提出另一种直观的多步积分法可容易完成这个积分，先作变换

$$\begin{cases} \boldsymbol{P}_j \equiv \sum_{K=2}^{j} \boldsymbol{P}_K^{\cdot} & (j=2,3,\cdots,N) \\ \boldsymbol{Q}_j \equiv \mu_j \left(\frac{\boldsymbol{P}_j^{\cdot}}{m_j} - \frac{\boldsymbol{P}_{j-1}}{M_{j-1}} \right) & (j=3,4,\cdots,N) \end{cases} \qquad (2.4)$$

这里

$$\begin{cases} M_j = \sum_{j'=2}^{j} m_{j'} \\ \mu_j = \frac{m_j M_{j-1}}{M_j} \end{cases} \qquad (2.5)$$

容易得到

$$f_1(\boldsymbol{P}_1^{\cdot}) = M_{if} \int \delta(\boldsymbol{P}_N + \boldsymbol{P}_1^{\cdot}) \delta\left(-\frac{\boldsymbol{P}_N^2}{2M_N} + \sum_{j=3}^{N} \frac{\boldsymbol{Q}_j^2}{2\mu_j} + E_1^{\cdot} - \varepsilon^{\cdot} \right) d^3\boldsymbol{P}_N \prod_{j=3}^{N} d^3\boldsymbol{Q}_j$$

$$= \begin{cases} M_{if}(2\pi\mu_3)^{3/2} \sqrt{\varepsilon^{\cdot} - \frac{M_N + m_1}{M_N}E_1^{\cdot}} & \text{当 } N=3 \\ M_{if}(2\pi\mu_3)^{3/2} \int \sqrt{\varepsilon^{\cdot} - \frac{M_N + m_1}{M_N}E_1^{\cdot} - \sum_{j=4}^{N} \frac{\boldsymbol{Q}_j^2}{\mu_j}} \prod_{j=4}^{N} d^3\boldsymbol{Q}_j & \text{当 } N \geq 4 \end{cases} \qquad (2.6)$$

式中，$E_1^{\cdot} = \frac{\boldsymbol{P}_1^{\cdot 2}}{2m_1}$ 是 b_1 在质心系中的动能。

为了完成 $N \geq 4$ 时的上述积分，令

$$\begin{cases} X_j = \boldsymbol{Q}_j^2/2\mu_j \\ K_N = \varepsilon^{\cdot} - \frac{M_N + m_1}{M_N}E_1^{\cdot} \\ K_j = K_{j+1} - X_{j+1} \quad (j=N-1, N-3, \cdots, 5, 4) \end{cases} \qquad (2.7)$$

于是，此时的 $f_1(\boldsymbol{P}_1^{\cdot})$ 可以具体写出为

$$f_1(\boldsymbol{P}_1^{\cdot}) = (4\sqrt{2})^{N-2} \cdot \left(\prod_{j=3}^{N} \mu_j^{3/2} \right) \cdot M_{if} \int_0^{K_N} \sqrt{X_N} dX_N$$

$$\cdot \int_0^{K_{N-1}} \sqrt{X_{N-1}} dX_{N-1} \cdots \int_0^{K_4} \sqrt{X_4} \sqrt{K_4 - X_4} dX_4 \qquad (2.8)$$

利用积分公式

$$\int_0^K \sqrt{X} \sqrt{K-X} \mathrm{d}X = \frac{\sqrt{\pi}}{2} \frac{\Gamma(P+1)}{\Gamma\left(P+\frac{5}{2}\right)} K^{p+3} \tag{2.9}$$

并把 $N=3$ 的结果包含在内，不难得到一般结果

$$f_1(P_1^*) = (2\pi)^{\frac{3}{2}N-3} \cdot \left(\frac{\prod_{j=1}^{N} m_j}{M_N}\right)^{\frac{3}{2}} \cdot \frac{1}{\Gamma\left(\frac{3}{2}N-3\right)} M_{if} \cdot K^{\frac{3}{2}N-4} \tag{2.10}$$

再引进能谱 $N_1(E_1^*)$，要求满足

$$4\pi N_1(E_1^*) \mathrm{d}_1 E_1^* = f_1(P_1^*) \mathrm{d}^3 P_1^* \tag{2.11}$$

并约定

$$4\pi \int N_1(E_1^*) \mathrm{d}E_1^* = 1$$

不难得到

$$N_1(E_1^*) = m_1^{\frac{3}{2}} \sqrt{2E_1^*} f_1(P_1^*)$$

$$= \frac{1}{C_N^{(1)}(E_a)} \sqrt{E_1^*} \left(\frac{M-m_1}{M}\varepsilon^* - E_1^*\right)^{\frac{3}{2}N-4} \tag{2.12}$$

式中

$$M = M_N + m_1 = \sum_{j=1}^{N} m_j$$

并有

$$C_N^{(1)}(E_a) = 2\pi \frac{\frac{3}{2}\Gamma\left(\frac{3}{2}N-3\right)}{\Gamma\left(\frac{3}{2}N-\frac{3}{2}\right)} \left(\frac{M-m_1}{M}\varepsilon^*\right)^{\frac{3}{2}N-\frac{5}{2}} \tag{2.13}$$

不失一般性，把出射粒子 b_1 改写为任意粒子 b，其在质心系中的出射双微分谱为

$$\omega_j(E_1^*, \Omega_1^*) = N_j(E_1^*) = \frac{1}{C_n^{(j)}(E_a)} \sqrt{E_1^*}(S_j - E_1^*)^{\frac{3}{2}N-4} \tag{2.14}$$

式中

$$S_j \equiv \frac{M-m_j}{M}\varepsilon^* \tag{2.15}$$

$C_N^{(j)}(E_a)$ 同表示式(2.13)但式中 m_1 换成 m_j。式(2.14)中不含出射方向 Ω_j^* 表明是质心系中各向同性的。

考虑到了 Jacobi 式关系

$$\frac{\partial(E^*\Omega^*)}{\partial(E\Omega)} = \frac{\partial(E^*\Omega^*)}{\partial(P^*\Omega^*)} \frac{\partial(P^*\Omega^*)}{\partial(P_x^*P_y^*P_z^*)} \frac{\partial(P_x^*P_y^*P_z^*)}{\partial(P_xP_yP_z)} \cdot \frac{\partial(P_xP_yP_z)}{\partial(P\Omega)} \frac{\partial(P\Omega)}{\partial(E\Omega)} = \sqrt{\frac{E}{E^*}} \tag{2.16}$$

最后一步是考虑到第一个因子为 $\frac{\mathrm{d}E^*}{\mathrm{d}P^*} = \frac{P^*}{m}$；第二个因子为 $\frac{1}{P^{*2}}$ 这是人们熟悉的球坐标与直角坐标的体积元变换结果；第三个因子为 1，对应于平移变换；第 4 和第 5 个因子情况同第 2

和第 1 因子。

于是，实验室系中 b_i 的双微分谱很容易表示为

$$\omega_j(E_j\Omega_j) = \frac{1}{C_N^{(j)}(E_a)} \sqrt{E_j} (S_j - E_j^{\cdot})^{\frac{3}{2}N-4} \tag{2.17}$$

式中

$$E_1^{\cdot} = E_j + \frac{1}{(A+1)^2} - \frac{m_j}{m_a}E_a - 2\frac{\sqrt{m^j m_a E_j E_a}}{M}\Omega_j\Omega_a \tag{2.18}$$

由式（2.13），容易算出常用情况 $N = 3, 4$ 的结果为

$$\left.\begin{array}{l} C_3^{(j)}(E_a) = \dfrac{\pi^2}{2}S_j^2 \\[6pt] C_4^{(j)}(E_a) = \dfrac{64}{105}\pi S_j^{7/2} \end{array}\right\} \tag{2.19}$$

3 级联衰变机制[2-4]

我们只是讨论两步级联表示的准三体过程：

$$a + B \rightarrow C^{\cdot} + b_1 \text{（反应能为 } Q_1 \text{ 且 C 核处于激发能 } Q_C \text{ 上）}$$
$$\quad\quad\quad \hookrightarrow D + b_2 \text{（反应能为 } Q_2\text{）}$$

此过程的发生一般是 C 核处于不稳定的激发态上。

记

$$A = \frac{m_B}{m_a}; \quad A' = \frac{m_C}{m_{b_1}}; \quad A'' = \frac{m_D}{m_{b_2}} \tag{3.1}$$

3.1 粒子 b_1 的双微分谱

由于第一步是两体过程，在运动学上是完备的，只要知道 b_1 在质心系的角分布 $\varphi_1(\mu_1^{\cdot})$，根据运动学守恒定律，b_1 在实验室系中的双微分谱可写成如下的 δ 型表示式，即

$$\omega(E_1,\Omega_1) = \frac{1}{2\pi}\varphi_1(\mu_1^{\cdot}) \frac{1 + \overline{\gamma}\mu_1^{\cdot}}{(1 + \overline{\gamma}^2 + 2\overline{\gamma}\mu_1^{\cdot})^{3/2}} \delta(E_1 - E_1(\mu_1)) \tag{3.2}$$

其中 $\mu_1 = \Omega_1\Omega_a$，那么上式中

$$\left.\begin{array}{l} E_1(\mu_1) = \dfrac{1}{(A+1)^2}[\mu_1 + \sqrt{\mu_1^2 + \overline{A}_1^2 - 1}]^2 \cdot E_a \\[8pt] \mu_1^{\cdot} = \dfrac{2}{2\overline{A}_1}\Big[\dfrac{(A+1)^2 E_1(\mu_1)}{E'} - \overline{A}_1^2 - 1\Big] \end{array}\right\} \tag{3.3}$$

由 $|\mu_1| \leq 1$ 和使式（3.3）中根号内为非负可以确定 E_1 与 μ_1 的值域。前面两式中其他记号定义为

$$\overline{\gamma} = \frac{1}{A} \tag{3.4}$$

$$\overline{A}_1 = \sqrt{A \cdot A'}\tau \tag{3.5}$$

$$\tau = \sqrt{1 - \frac{A+1}{A}(Q + Q_C)/E_a} \tag{3.6}$$

3.2 粒子 b_2 的双微分谱

当 b_1 在质心系中的角分布 $\varphi_1(\mu_1^{\cdot})$ 为已知的条件下，b_2 的出射谱与它在反冲核 C 的质心系中角分布 $\varphi_2(\mu_{2C}^{\cdot})$ 有关，其中 $\mu_{2C}^{\cdot}$ 是 b_2 在此系中的出射角余弦。不难写出 b_2 在实验室系的双微分谱的一般形式：

$$\omega(E_2,\Omega_2) = \int d\Omega_C \varphi_C(\Omega_C \cdot \Omega_2) \cdot \varphi_{2C}(\Omega_2 \cdot \Omega_C) \cdot \delta(E_2 - E_2(\mu_{2C}^{\cdot})) \tag{3.7}$$

式中 $E_2(\mu_{2C}^{\cdot})$ 是当 Ω_C 为固定时，在反冲核 C 的质心系中由 Ω_2 按守恒律定出的出射能。把 φ_C 用 $\varphi_1(\mu_1^{\cdot})$ 表示，φ_{2C} 用 $\varphi_2(\mu_{2C}^{\cdot})$ 表示，经过一些变换，可以证明上式能写成如下形式：

$$\omega(E_2,\Omega_2) = \frac{d}{2\pi^2}\int' \frac{\varphi_1(-\mu_C^{\cdot}) \cdot \varphi_2(\mu_{2C}^{\cdot})}{(aE_C^2 + bE_C + c)^{1/2}} dE_C \tag{3.8}$$

其中

$$\mu_C^{\cdot} = \frac{1}{2\bar{A}_1}\left[\bar{A}_1^2 + 1 - (A'+1)(A+1)\frac{E_C}{E_a}\right] \tag{3.9}$$

$$\mu_{2C}^{\cdot} = \frac{(A'+1)E_2 - \omega - E_C}{2\sqrt{\omega E_C}} \tag{3.10}$$

$$\omega = A''(Q_C + Q_2) \tag{3.11}$$

$$d = \frac{\pi}{4}\frac{(A+1)(A'+1)(A''+1)}{\sqrt{\omega \cdot \bar{A}_1 \cdot E_a}} \tag{3.12}$$

式 (3.8) 积分号上打"'"表示积分区间要求使式 (3.8) 中根式内为恒正，而且 $|\mu_C^{\cdot}|$ 及 $|\mu_{2C}^{\cdot}|$ 都不大于 1。

式 (3.8) 中的 a、b、c 在后面将列出。积分变元 E_C 实际上代表 C 核在实验室系中的出射能。经过积分区间的有关处理，式 (3.8) 可改写为易于计算的形式[5]

$$\omega(E_2 \cdot \Omega_2) = \begin{cases} 0, \text{当 } E_2 \leqslant \dfrac{A(Q_1+Q_C)}{A-1} \text{ 或 } \omega \leqslant 0; \text{或 } \Delta \leqslant 0 \text{ 或 } \bar{X}_{\text{上}} \leqslant \bar{X}_{\text{下}} \\ \omega^{(0)}(E_2,\mu_2), \text{其他情况} \end{cases} \tag{3.13}$$

式中 $\mu_2 = \Omega_2 \cdot \Omega_a$，而

$$\omega^{(0)}(E_2,\mu_2) = \frac{d}{2\pi^2}\int_{\bar{X}_{\text{下}}}^{\bar{X}_{\text{上}}} \frac{\varphi_1(-\mu_C^{\cdot})\varphi_2(-\mu_{2C}^{\cdot})}{(aE_C^2 + bE_C + c)^{1/2}} dE_C \tag{3.14}$$

式 (3.13) 表明 b_2 在实验室系中的双微分谱是分段连续的。式 (3.8) 及 (3.14) 中的 a、b、c 等量定义如下：

$$\left. \begin{aligned} a &= 2\alpha\gamma\mu_2 - \alpha^2 - \gamma^2 \\ b &= 1 - 2(\alpha\beta + \gamma\eta) + 2(\beta\gamma + \alpha\eta)\mu_2 - \mu_2^2 \\ c &= \alpha\beta\eta\mu_2 - \beta_2 - \eta^2 \\ \Delta &= b^2 - 4ac \\ \alpha &= \frac{1}{2}[(A+1)(A'+1)/E_a]^{\frac{1}{2}} \\ \beta &= \frac{1-\bar{A}_1^2}{4\alpha} \end{aligned} \right\} \tag{3.15}$$

$$\gamma = \frac{1}{2}\left[1/((A''+1)E_2)\right]^{\frac{1}{2}}$$

$$\eta = \frac{1}{4\gamma}\left[1 - \frac{\omega}{(A''+1)E_2}\right]$$

$$\overline{X}_{\pm} = \min\{u_1^{(+)}, u_2^+, u_8^{(+)}\} \tag{3.16}$$

$$\overline{X}_{\mp} = \max\{u_1^{(-)}, u_2^{(-)}, u_8^{(-)}\}$$

$$u_1^{(\pm)} = \frac{E_a}{(A+1)(A'+1)}\sqrt{AA'}(1\pm\tau)^2 \tag{3.17}$$

$$u_2^{(\pm)} = (\sqrt{(A''+1)E_2} \pm \sqrt{\omega})^2 \tag{3.18}$$

$$u_3^{(\pm)} = (-b \mp \sqrt{\Delta})/2a \tag{3.19}$$

作为一个特例，假定 b_1 出射为质心系各向同性，而 b_2 在反冲核 C 的质心系中也为各向同性，即 $\varphi_1 = \varphi_2 = \frac{1}{2}$，则有

$$\omega^{(0)}(E_2,\mu_2) = -\frac{d}{8\pi^2}\frac{1}{\sqrt{-a}}\arcsin\left(\frac{2ax+b}{\sqrt{\Delta}}\right)\Bigg|_{\overline{X}_\mp}^{\overline{X}_\pm} \tag{3.20}$$

这就是说，此时 b_2 在实验室系中的双微分谱在连续区段上呈反正弦函数的分布形式。

4 准自由散射近似[6,7]

只讨论如下形式的三体崩裂过程

$$a + B \longrightarrow a' + b_2 + b_3 \quad (\text{反应能为 } Q)$$

a 与 a' 是同一种粒子，质量为 m_1，产物核 b_2 与 b_3 的质量分别为 m_2 和 m_3。此过程的三度微分截面根据量子碰撞理论按通用记号可表示为

$$d^3\sigma = \frac{(2\pi)^4}{\hbar}\frac{|T_{if}|^2}{U_{rel}}\delta E^{(f)} - E^{(i)}\delta(K^{(f)} - K^{(i)})\prod_{i=1}^{3}d^3K \tag{4.1}$$

$$U_{rel} = 碰撞流速度$$

准自由近似即假定靶核 B 可视为由集团 b_2 与 b_3 构成，并且 a 同 B 的核相互作用主要存在于 a 与 b_2 之间，即 b_3 视为旁观者。按 D. Jackson 的提议取

$$T_{if} = t_{2a}\langle f|\delta(r_a - r_2)|i\rangle \tag{4.2}$$

其中 t_{2a} 是 a 到 b_2 自由散射振幅，其绝对值平方按非相对论近似可写为

$$t_{2a} = \frac{\hbar}{(2\pi)^4}\left(\frac{m_1+m_2}{m_1 m_2}\right)^2 \cdot \left(\frac{d\sigma}{d\Omega^*}\right)_{2a} \tag{4.3}$$

这里 $\left(\frac{d\sigma}{d\Omega^*}\right)_{2a}$ 是两体质心系中的散射微分截面，如果能取为各向同性假设，即

$$\left(\frac{d\sigma}{d\Omega^*}\right)_{2a} = \sigma_{2a}^{(0)}/4\pi \tag{4.4}$$

为简化计算，还把初、末态波函数按平面波近似取为

$$\left.\begin{array}{l} |i\rangle = N_i e^{ik_a \cdot r_a}\phi_{b2}\cdot\phi_{b3}\cdot\psi(r_{23})\cdot X_a \\ |f\rangle = N_f \cdot e^{i(k_1 \cdot r_a + k_2 r_2 + k_8 \cdot r_8)}\phi_{b2}\cdot\phi_{b3}\cdot X_a \end{array}\right\} \tag{4.5}$$

式中 X_a，ϕ_{b2}，ϕ_{bi}，分别是 a，b_2，b_3 的内部波函数，$\psi(r_{23})$ 是 B 核内集团 b_2 与 b_3 之间相对运动波函数。把式（4.2）～（4.5）代入式（4.1）中便有

$$d^3\sigma = \frac{\hbar^3}{\sqrt{2E_a}} \frac{(m_1+m_2)^2}{m^3{}^2 m_2^2} \frac{\sigma_{2a}^{(0)}}{4\pi} \cdot |g_{ij}|^2 \cdot \delta(\sum_{j=1}^{8} K_i - K_a)$$

$$\cdot \delta(\sum_{i=1}^{3} E_i - Q - E_a) \cdot \prod_{i=1}^{3} d^3 K_i \tag{4.6}$$

其中

$$g_{if} = \frac{1}{(2\pi)^{3/2}} \int_{r_{23} > R_2} e^{ik_3 \cdot r_{23}} \cdot \psi(r_{23}) \cdot d^3 r_{23} \tag{4.7}$$

R_0 是靶柱 B 的半径，于是，第 j 个粒子出射的双微分谱就是

$$\omega_i(E_i, \Omega_i) = C^{(i)} \cdot \int \frac{d^3\sigma}{\prod_{j\neq i} d^3 K_j} \cdot \prod_{j\neq i} d^3 K_j \tag{4.8}$$

因子 $C^{(i)}$ 是归一化系数。式（4.7）中的相对运动波函数若取 Sakamoto 型

$$\psi(r_{23}) = \begin{cases} B_{内} \cdot j_l(K_{内} r_{23}) \cdot Y_{lo} \Omega_{23} & \text{当 } r_{23} \leq R_0 \\ B_{外} \cdot i\hbar_l^1(iK_{外} r_{23}) \cdot Y_{lo}(\Omega_{23}) & \text{当 } r_{23} > R_0 \end{cases} \tag{4.9}$$

这里 Y_{lo}，j_l，$\hbar_l^1$ 分别是球谐，球 Bessel 及第一类球 Hankel 函数。把式（4.9）代入式（4.8）中，就可完成有关积分。最后可得[7]

$$\omega_j(E_j, \Omega_j) = C^{(j)} \sqrt{E_j} \sqrt{S_j - E_j'} f_j(E_j \cdot \Omega_j) \tag{4.10}$$

式中 $C^{(j)}$ 为归一化常数，满足 $\int \omega_j(E_j \Omega_j) dE_j d\Omega_j = 1$。另外，式中 S_j 和 E_j' 的定义就是式（2.15）与（2.18），不过原式中 m_a 要看成 m_1。式（4.10）表明此时的双微分谱除常数及因子 f_i 之外正好是所谓动量空间均匀分布之结果，f_i 反映同核结构和相互作用有关的动力学特性。在我们上面所作的诸物理近似之下，能够证明有以下结果：

$$\text{当 } j = 1,2 \text{ 时} \quad f_i = \sum_{l'=0}^{\infty} \sum_{l''=|l'-1|}^{l'+1} \bar{l'}^2 \bar{l''}^2 (C_{1''01'o}^{1o})^2 (M_{l''l'}^{(l)}(j))^2 \tag{4.11}$$

这里 $\bar{l} = \sqrt{l(l+1)}$ 而 $C_{1''m''i'm'}^{1m}$ 是 C.G. 系数。

$$M_{l'l''}^{(l)}(j) = \int_{R_8}^{\infty} j_{l'}(\bar{K}_i^{(1)} X) \cdot j_{l''}(\bar{K}_i^{(2)} X) \cdot i\hbar_l^{(1)}(iK_{外} X) \cdot X^2 dX \tag{4.12}$$

式中

$$\left. \begin{array}{l} \bar{K}_j^{(1)} = \dfrac{m_3}{M - m_j} \left\{ 2M \left[\dfrac{M - m_j}{M}(E_a + Q - E_j) - (S_j - E_j') \right] \right\}^{1/2}/\hbar \\[2mm] \bar{K}_j^{(2)} = \dfrac{\overline{m_j}}{M - m_j} \{ 2M(S_j - E_j') \}^{1/2}/\hbar \\[2mm] K_{外} = \left\{ \dfrac{2\overline{m_j}}{M - m_j} |\varepsilon_b| \right\}^{1/2}/\hbar \end{array} \right\} \tag{4.13}$$

$\overline{m_j} = \sqrt{\prod_{j'\neq j} m_{j'}}$；$M = \sum_{j'=1}^{3} m_{j'}$，$\varepsilon_b$ 是 B 核中 b_2、b_3 的结合能。

对于旁观粒子 b_3，它的 f_3 有如下结果

$$f_3 = \frac{1}{K_3 K_{\text{外}} (K_3^2 + K_{\text{外}}^2)^2} - [K_{\text{外}} J_{l+1/2}(K_3 R_0) \cdot K_{l+3/2}(K_{\text{外}} R_0)] - K_3 J_{l+3/2}(K_3 R_0) K_{l+\frac{1}{2}}(K_{\text{外}} R_0) \tag{4.14}$$

式中 $K_3 = \sqrt{2m_3 E_3}/\hbar$。

这里 J_i, K_i 是普通 Bessel 函数和第二类变型 Bessel 函数。

5 其他说明

上述各种解析结果的实际应用常常是按不同机制的混合处理进行的，即按机制分支比进行独立相加得到最后结果；分支比值由实验信息或有关核模型理论估算给定。另外，在有些实际计算中，还考虑了激发能的宽度分布，例如第三节，在具体运用时考虑了最后结果对于 Q_c 的数学分布平均。

本工作的诸解析结果大部分已编制成有关的计算程序，并用于实际计算。已取得的结果是令人满意的，并有一定参考或直接使用的价值。

参考文献

[1] Milncorn R H. Rev Mod Phys., 1955, 27: 1.
[2] 陆毅. Be^9 快中子截面的理论计算. 全国第三次核物理会议文集. 北京：原子能出版社, 1978.
[3] 张本爱. 成都全国核少体会议报告, 1980.
[4] 杜书华, 李曼莉, 刘广华. Be^9 (n, 2n) 反应次级中子能谱计算. 核反应理论方法及其应用. 北京：原子能出版社, 1980.
[5] 刘广华, 张本爱. 少体反应双微分谱近似计算程序总结. 本所内部报告, 1983.
[6] 杜祥琬, 莫俊永, 张本爱. 准自由散射平面波冲量近似对 Be^9 (n, 2n) 反应的研究. 全国第四次核物理会议文集. 北京：原子能出版社, 1980.
[7] 张本爱. 三体崩裂反应的平面波准自由近似. 科技学报, 1981, 3: 8.

An Approximate Treatment for Double-Differential Spectrum of Secondary Particle in Light Nuclear Reactions

Abstract: The energy-angular double-differential spectrum of secondary particle in light nuclear reactions is closely connected with reaction mechanisms, and is quite useful to nuclear technology applications. In this paper an approximate treatment on the spectrum is proposed based on nonrelativistic kinetic theory and collision theory. As its application, three kinds of spectra are investigated corresponding to the three mechanisms-direct breakup, two-step cascade and quasi-free scattering. Related analytic experssions are derived, which can be straightforwards calculated. This approach has been shown to be useful and practicable in actual calculations.

非线性中子输运问题的一个解法[①]

摘　要：本文推导了考虑中子之间碰撞的非线性中子输运方程，提出了求解该方程的n-n逐次碰撞展开法，并利用此方法把方程化为适于数值求解的线性输运方程组的形式，编制计算程序进行了数值计算，讨论了解的物理意义。

1　引　言

一般的中子输运问题均可用线性的中子输运方程来描述。这是因为系统中的中子密度通常比原子核密度小得多，即 $n_n \ll n_a$。这正是推导中子输运方程时所作的基本物理假设之一[1]。在这一假设下，可以只考虑中子与介质原子核的碰撞，而忽略中子之间的碰撞，从而得到线性的中子输运方程。

但是，在某些天体中和核反应剧烈发展的核装置中，如果中子密度很高，以至于接近原子核密度或二者相当时，估计中子之间碰撞带来的影响是令人感兴趣的。

本工作给出了考虑中子—中子碰撞的非线性中子输运方程，并建立了求解该方程的n-n逐次碰撞展开法，讨论了解法的合理性；然后将方程化为适于数值求解的形式，编制了计算程序；最后给出了解的物理意义和一些规律性。

2　基本方程

考虑中子在介质中的输运问题，设 $N(\boldsymbol{v}) \equiv N(\boldsymbol{r},t,v,\boldsymbol{\Omega})$ 为中子分布函数，$N(\boldsymbol{r},t,v,\boldsymbol{\Omega})\mathrm{d}\boldsymbol{r}\mathrm{d}v\mathrm{d}\boldsymbol{\Omega}$ 是时刻 t 存在于空间 $(\boldsymbol{r},\mathrm{d}\boldsymbol{r})$、速度 $(v,\mathrm{d}v)$、方向 $(\boldsymbol{\Omega},\mathrm{d}\boldsymbol{\Omega})$ 范围内的中子数。因为系统中只有原子核和中子两类粒子，所以在一般情况下，应考虑中子与原子核的碰撞及中子与中子之间的碰撞。假设只有二体碰撞，则描述中子平衡的玻尔兹曼方程可写为

$$\frac{\partial N(\boldsymbol{v}_1)}{\partial t} + \boldsymbol{v}_1 \nabla N(\boldsymbol{v}_1) = Q_{\text{n-a}} + Q_{\text{n-n}} + S_0 \tag{1}$$

其中，角标 n 代表中子；a 代表原子核；$Q_{i\text{-}j}$ 表示 i,j 两种粒子间的碰撞所引起的分布函数的变化率；S_0 为独立中子源强度。

引进碰撞转移概率函数 $f(\boldsymbol{v}_k,\boldsymbol{v}_l;\boldsymbol{v}_p)$，它表示 $(v_k,\boldsymbol{\Omega}_k)$ 的粒子与 $(v_l,\boldsymbol{\Omega}_l)$ 的粒子相碰撞，放出 $(v_p,\boldsymbol{\Omega}_p)$ 粒子的概率。其归一条件取为

$$\int f(\boldsymbol{v}_k,\boldsymbol{v}_l;\boldsymbol{v}_p)\mathrm{d}v_p\mathrm{d}\boldsymbol{\Omega}_p = 1 \tag{2}$$

[①] 本文发表于《计算物理》，1984年12月，第1卷，第2期，第226页。

对于中子与原子核的碰撞，认为原子核是静止的，在函数 f 中不再计核的速度，则

$$Q_{\text{n-a}} = -N(\boldsymbol{v}_1) \cdot n_{\text{a}} \cdot v_1 \cdot \sigma_t(v_1) + \sum_X \iint N(\boldsymbol{v}_k) \cdot n_{\text{a}} \cdot v_k \sigma_{\text{n-a}}^x(v_k) f(\boldsymbol{v}_k; \boldsymbol{v}_1) \mathrm{d}v_k \mathrm{d}\boldsymbol{\Omega}_k \quad (3)$$

式中，$\sum_X$ 表示对所有产生中子的反应道 X 求和，$\sigma_{\text{n-a}}^x$ 中已包含了 X 道产生中子的多重数。记 $\sum_X \sigma_{\text{n-a}}^x = \sigma_s$。式（3）右端第一项为中子与核碰撞的消失项，第二项为产生项。

对于中子与中子的碰撞（弹性散射），我们有

$$\begin{aligned}Q_{\text{n-n}} = &-N(\boldsymbol{v}_1) \iint N(\boldsymbol{v}_l) \cdot v_{1l} \cdot \sigma(v_{1l}) \mathrm{d}v_l \mathrm{d}\boldsymbol{\Omega}_l \\ &+ \iiiint N(\boldsymbol{v}_k) N(\boldsymbol{v}_l) v_{kl} \sigma(v_{kl}) f(\boldsymbol{v}_k, \boldsymbol{v}_l; \boldsymbol{v}_1) \mathrm{d}v_k \mathrm{d}\boldsymbol{\Omega}_k \mathrm{d}v_l \mathrm{d}\boldsymbol{\Omega}_l\end{aligned} \quad (4)$$

其中，$v_{ij} = |\boldsymbol{v}_{ij}| = |\boldsymbol{v}_i - \boldsymbol{v}_j|$。式（4）右端第一项为 n-n 散射的"消失项"，第二项则为"产生项"。这里的"产生"与"消失"都是相对 $(v_1, \boldsymbol{\Omega}_1)$ 束中子而言的。

将式（3）和式（4）代入式（1），可得

$$\begin{aligned}\frac{\partial N(\boldsymbol{v}_1)}{\partial t} + \boldsymbol{v}_1 \nabla N(\boldsymbol{v}_1) =& -N(\boldsymbol{v}_1) n_{\text{a}} \cdot v_1 \sigma_t(v_1) - N(\boldsymbol{v}_1) \iint N(\boldsymbol{v}_l) v_{1l} \sigma(v_{1l}) \mathrm{d}v_l \mathrm{d}\boldsymbol{\Omega}_l \\ & + \iiiint N(\boldsymbol{v}_k) N(\boldsymbol{v}_l) v_{kl} \sigma(v_{kl}) f(\boldsymbol{v}_k, \boldsymbol{v}_l; \boldsymbol{v}_1) \mathrm{d}v_k \mathrm{d}\boldsymbol{\Omega}_k \mathrm{d}v_l \mathrm{d}\boldsymbol{\Omega}_l \\ & + \iint N(\boldsymbol{v}_k) \cdot n_{\text{a}} \cdot v_k \sigma_s(v_k) f(\boldsymbol{v}_k; \boldsymbol{v}_1) \mathrm{d}v_k \mathrm{d}\boldsymbol{\Omega}_k + S_0\end{aligned} \quad (5)$$

方程（5）便是一般情况下的中子输运方程。显然，这是一个关于分布函数 $N(\boldsymbol{v}_1)$ 的非线性方程。它就是我们要研究的基本方程。

当系统内各处的中子密度 $\left(n_{\text{n}} \equiv \iint N(\boldsymbol{v}_1) \mathrm{d}v_1 \mathrm{d}\boldsymbol{\Omega}_1\right)$ 均远小于原子核密度 n_{a} 时，式（5）右端的第二、三项（n-n 碰撞项）相对于第一、四项显然是高阶小项。将它们略去，便得到通常应用的线性中子输运方程。

下面，我们讨论当 $n_{\text{n}} \ll n_{\text{a}}$ 时方程（5）的解法。

3 逐次 n-n 碰撞展开法

方程（5）只能数值求解。利用离散纵标法的基本做法，原则上可直接对该方程进行迭代求解。然而，我们建议利用逐次 n-n 碰撞展开法，把非线性方程（5）化为耦合的线性方程组求解。这样做的好处是：① 可以方便地利用线性中子输运方程解法和程序的框架；② 可以明晰地给出非线性项的贡献。

下面我们将研究次临界系统的定常带源问题。这时，方程变为

$$\begin{aligned}&\boldsymbol{v}_1 \nabla N(\boldsymbol{v}_1) + N(\boldsymbol{v}_1) \cdot v_1 \cdot n_{\text{a}} \cdot \sigma_t(v_1) + N(\boldsymbol{v}_1) \iint \sigma(v_{1l}) N(\boldsymbol{v}_l) v_{1l} \mathrm{d}v_l \mathrm{d}\boldsymbol{\Omega}_l \\ \equiv& \iiiint N(\boldsymbol{v}_k) N(\boldsymbol{v}_l) v_{kl} \sigma(v_{kl}) f(\boldsymbol{v}_k, \boldsymbol{v}_l; \boldsymbol{v}_1) \mathrm{d}v_k \mathrm{d}v_l \mathrm{d}\boldsymbol{\Omega}_k \mathrm{d}\boldsymbol{\Omega}_l \\ & + \iint N(\boldsymbol{v}_k) \cdot n_{\text{a}} \cdot v_k \cdot \sigma_s(v_k) f(\boldsymbol{v}_k; \boldsymbol{v}_1) \mathrm{d}v_k \mathrm{d}\boldsymbol{\Omega}_k + S_0(v_1, \boldsymbol{\Omega}_1)\end{aligned} \quad (6)$$

逐次 n-n 碰撞展开法的基本点是：把中子分布函数 $N(\boldsymbol{v}_1)$ 写为各次 n-n 散射贡献之和，即

$$N(\boldsymbol{v}_1) = N^\circ(\boldsymbol{v}_1) + \widetilde{N}(\boldsymbol{v}_1) + \widetilde{\widetilde{N}}(\boldsymbol{v}_1) + \cdots \tag{7}$$

其中，N° 为零次 n-n 碰撞中子，也就是未经历过 n-n 碰撞的中子对分布函数的贡献；$\widetilde{N}$ 为一次 n-n 碰撞中子的贡献；$\widetilde{\widetilde{N}}$ 为经历过两次 n-n 碰撞的中子对 $N(\boldsymbol{v}_1)$ 的贡献。

将展开式（7）代入方程（6）得到

$$\boldsymbol{v}_1 \nabla N^\circ(\boldsymbol{v}_1) + \boldsymbol{v}_1 \nabla \widetilde{N}(\boldsymbol{v}_1) + N^\circ(\boldsymbol{v}_1)\sigma_t(v_1)n_a v_1 + \sigma_t(v_1)n_a \cdot v_1 \cdot \widetilde{N}(\boldsymbol{v}_1) + N^\circ(\boldsymbol{v}_1)\iint N^\circ(\boldsymbol{v}_l)\sigma(v_{1l})v_{1l}\mathrm{d}v_l\mathrm{d}\boldsymbol{\Omega}_l$$
$$= \iint N^\circ(\boldsymbol{v}_k)n_a v_k \sigma_s(v_k) f(\boldsymbol{v}_k;\boldsymbol{v}_1)\mathrm{d}v_k\mathrm{d}\boldsymbol{\Omega}_k + \iint \widetilde{N}(\boldsymbol{v}_k)n_a v_k \sigma_s(v_k) f(\boldsymbol{v}_k;\boldsymbol{v}_1)\mathrm{d}v_k\mathrm{d}\boldsymbol{\Omega}_k$$
$$+ \iiiint N^\circ(\boldsymbol{v}_k)N^\circ(\boldsymbol{v}_l)v_{kl}\sigma(v_{kl}) \times f(\boldsymbol{v}_k,\boldsymbol{v}_l;\boldsymbol{v}_1)\mathrm{d}v_k\mathrm{d}\boldsymbol{\Omega}_k\mathrm{d}v_l\mathrm{d}\boldsymbol{\Omega}_l + O_2(\widetilde{N};N^\circ\cdot\widetilde{N})$$
$$+ O_3(\widetilde{\widetilde{N}};\widetilde{N}\cdot\widetilde{N};N^\circ\widetilde{\widetilde{N}}) + S_0(v_1,\boldsymbol{\Omega}_1) + \cdots \tag{8}$$

其中，含一个 $\widetilde{N}$ 的项和含两个 N° 相乘的项均为一次 n-n 碰撞项；$O_2(\widetilde{\widetilde{N}};N^\circ\widetilde{N})$ 代表各种二次 n-n 碰撞项；而 $O_3(\widetilde{\widetilde{N}};\widetilde{N}\cdot\widetilde{N};N^\circ\widetilde{\widetilde{N}})$ 代表各种三次项……。令式（8）两端同次 n-n 碰撞的项相等（这样做的合理性将在下面讨论），对零次项，即在不考虑 n-n 碰撞时得

$$\boldsymbol{v}_1 \nabla N^\circ(\boldsymbol{v}_1) + \sigma_t(v_1)n_a \cdot v_1 N^\circ(\boldsymbol{v}_1)$$
$$= \iint N^\circ(\boldsymbol{v}_k) \cdot n_a \cdot v_k \sigma_s(v_k) f(\boldsymbol{v}_k;\boldsymbol{v}_1)\mathrm{d}v_k\mathrm{d}\boldsymbol{\Omega}_k + S_0(v_1,\boldsymbol{\Omega}_1) \tag{9}$$

对一次项，我们得到

$$\boldsymbol{v}_1 \nabla \widetilde{N}(\boldsymbol{v}_1) + \sigma_t(v_1) \cdot n_a v_1 \widetilde{N}(\boldsymbol{v}_1) + N^\circ(\boldsymbol{v}_1)\iint N^\circ(\boldsymbol{v}_l)v_{1l}\cdot\sigma(v_{1l})\mathrm{d}v_l\mathrm{d}\boldsymbol{\Omega}_l$$
$$= \iint \widetilde{N}(\boldsymbol{v}_k)\cdot n_a \cdot v_k \cdot \sigma(v_k) \cdot f(\boldsymbol{v}_k;\boldsymbol{v}_1)\mathrm{d}v_k\mathrm{d}\boldsymbol{\Omega}_k$$
$$+ \iiiint N^\circ(\boldsymbol{v}_k)N^\circ(\boldsymbol{v}_l)v_{kl}\sigma(v_{kl})f(\boldsymbol{v}_l,\boldsymbol{v}_k;\boldsymbol{v}_1)\mathrm{d}v_k\mathrm{d}\boldsymbol{\Omega}_k\mathrm{d}v_l\mathrm{d}\boldsymbol{\Omega}_l \tag{10}$$

对于这种逐次碰撞展开法的合理性来说，我们主要感兴趣非线性效应对于数 MeV 以上能区中子分布函数的影响（例如对含 D-T 聚变中子的系统的影响）。这是因为在 n-n 碰撞过程中，中子的数目不变。显然，这种过程的主要结果是改造中子能谱，从而影响核反应率并可能产生超高能中子。而 MeV 能量以下的中子，即使相互碰撞，能量也仍然停留在这个能区附近，对能谱和反应率都不会产生显著影响，也不会产生超高能中子（能量大于 20MeV 的中子）。

为说明上述展开法的合理性，指出下面一点是重要的：即中子与静止原子核的碰撞只会导致慢化（向下散射）；而 n-n 碰撞的一个重要特点是不仅有向下散射，而且有向上散射。由守恒定律不难导出[2]，散射后的中子速度 v_1 在以下范围之中：

$$\left|C - \frac{1}{2}q\right| \leqslant v_1 \leqslant \left|C + \frac{1}{2}q\right| \tag{11}$$

其中，C 为质心速度的大小，q 为相对速度的大小。高次的 n-n 碰撞可能导致甚高能量的中子产生（虽然数量可能极少）。因此，在不同的能区，各次 n-n 碰撞的相对贡献是不同的。

例如，在一个非增殖系统中存在 14MeV 单能强中子源的情况。由于中子与静止核的碰撞只会产生 14MeV 以下的中子分布；而由于一次 n-n 碰撞，所生中子的能量分布可能在 0～28MeV 之间，高次 n-n 碰撞会产生更高能量的中子。对于 14MeV 以下的能区，由于我们只关心数 MeV 以上中子分布的非线性修正，则 v_1 不会太小（约为几千厘米/微秒），这时，中

子的相对速度 v_{kl} 与 v_1 同量级或小于 v_1，而 n-n 碰撞的截面 $\sigma(v_{kl})$ 比 $\sigma(v_1)$ 低几倍到一个量级，又由于 $n_n \ll n_a$，所以，方程（6）中的 n-n 碰撞项与相应的中子—核碰撞项的比例约为 $\sigma(v_{kl})v_{kl} \cdot n_n / \sigma(v_1) \cdot v_1 \cdot n_a < 1$（甚至可能 $\ll 1$）。故在此能区，非线性项都是较小的项，起主要作用的是零次项。对于 14MeV 以上的能区来说，未经 n-n 碰撞的中子为 0，即对于 $E_n = \frac{1}{2}mv_1^2 > 14\text{MeV}$，$N^\circ(v_1) = 0$。在 14～28MeV 能区有一次及多次 n-n 碰撞产生的中子，其中一次中子 $\propto N^\circ \times N^\circ$，是大量 N° 中子（在 $E_n \leq 14\text{MeV}$ 能区）相互碰撞的结果，而二次中子 $\propto N^\circ \times \widetilde{N}$，则是 N° 中子和少量 $\widetilde{N}$ 中子碰撞的结果。所以，这里一次中子为主。但在 28～42MeV 的能区，一次中子达不到，二次中子成为主要的……。对更高能区可作类似讨论。上述讨论可用下图表示：

N° 占优 $\widetilde{N}$ 占优 $\widetilde{\widetilde{N}}$ 占优

$N^\circ > \widetilde{N} > \widetilde{\widetilde{N}} > \cdots$ $\widetilde{N} > \widetilde{\widetilde{N}} > \cdots$ $\widetilde{\widetilde{N}} > \widetilde{\widetilde{\widetilde{N}}} > \cdots$
          ($N^\circ = 0$)   ($N^\circ = \widetilde{N} = 0$)
0   E_0 $2E_0$ $3E_0$ $\to E$

其中，E_0 为初始源中子的能量。

以上讨论说明，在 N° 占优势的能区，展开式（7）具有微扰展开的含意，非线性项可视为微扰。而在一次（或高次）中子占优势的能区，展开式（7）虽不具有（也不应有）微扰展开的意义，但令式（8）两端同次碰撞项相等仍具有同数量级项相等的含意。在展开式（8）中，只要除去此能区中不存在的低次中子，仍是逐项递减并趋于零的。而且，采取逐次碰撞展开的解法，可以明白地给出各次碰撞中子对分布函数的分贡献。实际上，我们只关心一定能量范围内的中子（即截断至一定的能量上限），且只需保证有实际意义的精度。故展开式（7）只需截断至有限项。

例如，我们关心发生 D-T 反应的系统，且只关心 28MeV 以下的分布函数，由于二次以上的中子很少，就可以只保留到一次 n-n 碰撞项，即

$$N(v_1) = N^\circ(v_1) + \widetilde{N}(v_1) \tag{12}$$

对于方程（9）和（10）来说，因为式（9）即通常的线性输运方程，所以 $N^\circ(v_1)$ 是不考虑非线性效应时的中子分布函数。式（10）是关于 $\widetilde{N}(v_1)$ 的方程，此方程中出现的 $N^\circ(v_i)$ 可看作是已知的（由解式（9）得到），我们可将式（10）改写为

$$v_1 \nabla \widetilde{N}(v_1) + \sigma_t n_a \cdot v_1 \widetilde{N}(v_1) = \iint \widetilde{N}(v_k) \cdot n_a \cdot v_k \cdot \sigma(v_k) f(v_k; v_1) \mathrm{d}v_k \mathrm{d}\boldsymbol{\Omega}_k + \widetilde{S}(v_1) \tag{10a}$$

其中，$\widetilde{S}(v_1) = -N^\circ(v_1) \iint N^\circ(v_l) \sigma(v_{1l}) \cdot v_{1l} \mathrm{d}v_l \mathrm{d}\boldsymbol{\Omega}_l$

$$+ \iiiint N^\circ(v_k) N^\circ(v_l) \sigma(v_{kl}) \cdot v_{kl} f(v_k, v_l; v_1) \mathrm{d}v_k \mathrm{d}\boldsymbol{\Omega}_k \mathrm{d}v_l \mathrm{d}\boldsymbol{\Omega}_l \tag{10b}$$

对方程（10a）来说，$\widetilde{S}(v_1)$ 可看作是一个独立外源。于是，求解非线性方程（6）的问题化成了求解线性方程组（9）—（10a）的问题。这两个方程形式上完全相同，可采用同样的解法和程序框架来解。二者的耦合体现在源项 $\widetilde{S}(v_1)$ 之中。

4 对源项 $\widetilde{S}(v_1)$ 的处理

欲数值求解方程（10a），重要的是对源项 $\widetilde{S}(v_1)$ 作进一步处理。式（10b）给出的源 $\widetilde{S}$

中的两项都有明确的物理意义。带正号的第二项是 n-n 碰撞引起的 $\boldsymbol{v}_1$ 束中子的产生项；带负号的第一项是相应的消失项。当无 n-n 碰撞，即 $\tilde{S} = 0$ 时，自然由（10a）解得 $\tilde{N}(\boldsymbol{v}_1) = 0$ 的合理结果。现在把 $\tilde{S}$ 中两项的表达式进一步具体化。

1. 转移概率函数 f

由 n-n 散射在质心系各向同性，不难推得[3]转移概率函数的如下表达式

$$f(\boldsymbol{v}_k, \boldsymbol{v}_l; \boldsymbol{v}_1) = \frac{2}{\pi} \frac{v_1^2}{q'^2} \delta(q' - q) \tag{13}$$

其中，q 和 q' 分别是散射前后两中子相对速度的大小。若散射前两中子速度为 $\boldsymbol{v}_k, \boldsymbol{v}_l$，散射后为 $\boldsymbol{v}_1, \boldsymbol{v}_2$，则 $q = |\boldsymbol{v}_k - \boldsymbol{v}_l|, q' = |\boldsymbol{v}_1 - \boldsymbol{v}_2|$。注意到散射前后质心速度是不变量，有 $\boldsymbol{v}_2 = \boldsymbol{v}_k + \boldsymbol{v}_l - \boldsymbol{v}_1$。利用 δ 函数的性质，我们有

$$\delta(q' - q) = \frac{\delta(v_1 - v_1^0)}{\left| \dfrac{\mathrm{d}(q' - q)}{\mathrm{d}v_l} \right|_{v_1 - v_1^0}} \tag{14}$$

其中 v_1^0 是 $q' - q = 0$ 的根。不难求出

$$v_1^0 = \frac{v_1^2 - v_1 v_k \cos\theta_{1k}}{v_1 \cos\theta_{1l} - v_k \cos\theta_{kl}} \tag{15}$$

即对给定的 v_1，$\boldsymbol{\Omega}_1$，v_k，$\boldsymbol{\Omega}_k$ 和 $\boldsymbol{\Omega}_l$，只有上式的 v_1^0 才满足守恒定律的要求。显然，只有正根才是物理解，负根应舍去。

$$\left| \frac{\mathrm{d}(q' - q)}{\mathrm{d}v_l} \right|_{v_l = v_l^0} = \frac{2|v_1 \cos\theta_{1l} - v_k \cos\theta_{kl}|}{q} \bigg|_{v_1 = v_1^0} \tag{16}$$

在球对称几何下，$\boldsymbol{\Omega}$ 由方向余弦 μ 和方位角 Φ 确定，$\mathrm{d}\boldsymbol{\Omega} = \mathrm{d}\mu\mathrm{d}\Phi$。取 $\boldsymbol{\Omega}_1$ 方向的 $\Phi_1 = 0$，得上面的几个角度余弦是

$$\left.\begin{aligned}
\cos\theta_{kl} &= \mu_k \mu_l + \sqrt{1 - \mu_k^2}\sqrt{1 - \mu_l^2}\cos(\Phi_k - \Phi_l) \\
\cos\theta_{1l} &= \mu_1 \mu_l + \sqrt{1 - \mu_1^2}\sqrt{1 - \mu_l^2}\cos\Phi_l \\
\cos\theta_{1k} &= \mu_1 \mu_k + \sqrt{1 - \mu_1^2}\sqrt{1 - \mu_k^2}\cos\Phi_k
\end{aligned}\right\} \tag{17}$$

2. 产生项

在球对称几何下，$N(\boldsymbol{v}) \equiv N(v, \boldsymbol{\Omega}) = N(v, \mu)$。利用式（13）—（17），$\tilde{S}$ 中的产生项可写为

$$\tilde{S}^+ = \frac{2}{\pi} \iiiiii \sigma(v_{kl}) \cdot v_{kl}^0 \frac{v_1^2}{v_{kl}} \frac{\delta(v_1 - v_1^0)}{2|v_1\cos\theta_{1l} - v_k\cos\theta_{kl}|} N^\circ(v_k, \mu_k) \times N^\circ(v_l, \mu_l) \mathrm{d}v_k \mathrm{d}v_l \mathrm{d}\mu_k \mathrm{d}\mu_l \mathrm{d}\Phi_k \mathrm{d}\Phi_l$$

利用 δ 函数，对 v_l 积分后得

$$\tilde{S}^+ = \frac{v_1^2}{\pi} \iiiii \sigma(v_{kl}) \frac{N^\circ(v_k \mu_k) N^\circ(v_l^0, \mu_l)}{|v_1\cos\theta_{1l} - v_k\cos\theta_{kl}|} \mathrm{d}v_k \mathrm{d}\mu_k \mathrm{d}\mu_l \mathrm{d}\Phi_k \mathrm{d}\Phi_l \tag{18}$$

3. 消失项

$\tilde{S}$ 中的消失项在球对称几何下可写为

$$\tilde{S}^- = -N^\circ(v_1, \mu_1) \iiint \sigma(v_{1l}) \cdot v_{1l} \cdot N^\circ(v_l, \mu_l) \mathrm{d}v_l \mathrm{d}\mu_l \mathrm{d}\Phi_l \tag{19}$$

其中，$v_{1l} = |\mathbf{v}_1 - \mathbf{v}_l|$ 取 $\mathbf{\Omega}_1$ 方向对应于 $\Phi_1 = 0$，则

$$v_{1l} = [v_1^2 + v_l^2 - 2v_1 v_l(\mu_1\mu_l + \sqrt{(1-\mu_1^2)(1-\mu_l^2)} \cdot \cos\phi_l)]^{1/2} \tag{20}$$

4. 关于 n-n 散射截面

我们采用有效力程理论公式[2]计算 n-n 散射截面 $\sigma(v_{kl})$：

$$\sigma(v_{kl}) = \frac{4\pi}{k^2 + \left(\dfrac{r_n}{2}k^2 - \dfrac{1}{a_s}\right)^2} \tag{21}$$

其中，$k^2 = m_n E_c / \hbar^2$，E_c 为两中子相对运动能量，即 $E_c = \dfrac{1}{2}\mu v_{kl}^2 = \dfrac{m_n}{4}v_{kl}^2$；$r_n$ 为有效力程；a_s 为散射长度。

5 多群形式与算法步骤

为进行数值求解，对中子速度取多群近似。为此，先将方程（9）和（10a）在速度间隔 Δv_g 内积分（$\Delta v_g = v_g - v_{g+1}$）。采用通常的群截面概念，只是将能群换成速度群。在球对称几何下，多群化后式（9）变为

$$\mu_1 \frac{\partial (v_{g1} N_{g1}^0(\mu_1))}{\partial r} + \frac{1-\mu_1^2}{r} \cdot \frac{\partial (v_{g1} N_{g1}^0(\mu_1))}{\partial \mu_1} + \sigma_{tg1} n_a v_{g1} N_{g1}^0(\mu_1)$$
$$= 2\pi \sum_{g'} \int \sigma_{g'} N_a v_{g'} \cdot f_{g' \to g1}(\mu_k \to \mu_1) N_{g'}^0(\mu_k) \mathrm{d}\mu_k + S_{g1}^0(\mu_1) \tag{22}$$

而方程（10a）变为

$$\mu_1 \frac{\partial (v_{g1} \widetilde{N}_{g1}(\mu_1))}{\partial r} + \frac{1-\mu_1^2}{r} \cdot \frac{\partial (v_{g1} \widetilde{N}_{g1}(\mu_1))}{\partial \mu_1} + \sigma_{tg1} n_Q v_{g1} \widetilde{N}_{g1}(\mu_1)$$
$$= 2\pi \sum_{g'} \int \sigma_{g'} \cdot n_a v_g f_{g' \to g1}(\mu_k \to \mu_1) \widetilde{N}_{g1}(\mu_k) \mathrm{d}\mu_k + \widetilde{S}_{g1}(\mu_1) \tag{23}$$

其中

$$\widetilde{S}_{g1}(\mu_1) = -N_{g1}^0(\mu_1) \sum_{g1=1}^{G} \iint \sigma(v_{g1g1}) \cdot v_{g1g1} \cdot N_{g1}^0(\mu_1) \mathrm{d}\mu_1 \mathrm{d}\Phi_1$$
$$+ \sum_{gk=1}^{G} \iiiint \frac{v_{g1}^2}{\pi} \frac{\sigma(v_{g_k g_{1^0}}) \cdot N_{g_k}^0(\mu_k) N_{g_{1^0}}^0(\mu_l)}{|v_{g1}\cos\theta_{1l} - v_{gk}\cos\theta_{kl}| \cdot \Delta v_{g_{1^0}}} \mathrm{d}\mu_k \mathrm{d}\mu_l \mathrm{d}\Phi_k \mathrm{d}\Phi_l \cdot \Delta v_{g1} \tag{24}$$

G 为总群数。

按离散纵标法[1]的做法，方程（22）、（23）、（24）中的方向余弦 μ 在高斯点上离散化。对角度的积分一律用高斯积分，将微分化为差分，即可进行数值求解。边界条件是在中心 $r = 0$ 处，中子分布应是 μ 的偶函数：

$$N_g^0(\mu) = N_g^0(-\mu), \quad \widetilde{N}_g(\mu) = \widetilde{N}_g(-\mu) \tag{25}$$

在外边界 $r = R_J$ 处

$$N_g^0(\mu)|_{r=R_J} = \widetilde{N}_g(\mu)|_{r=R_J} = 0 \quad (\mu < 0) \tag{26}$$

在实际计算中，式（22）、（23）右端的中子-原子核碰撞产生项宜分为裂变产生和非裂变产生两项。裂变次级中子取各向同性近似；而非裂变项的转移函数 f 单独处理，角度部分可用勒让德多项式展开。我们在计算中，作了输运近似处理。

对角度 μ 和 ϕ 的积分化为求和。由式（18）和（21）可见，n-n 碰撞的后果与相碰两中子的夹角有关。显然，角度间隔要分得足够多才能保证计算精度。实际计算表明，各个角度的间隔数 $N \geq 8$ 时，才能保证一次解 $\widetilde{N}$ 的精度在 $\leq 10\%$ 以内。

利用解线性中子输运方程的 FORTRAN 语言程序[4]进行改编，成为可解方程组（22）、（23）的程序。算法步骤是：

(i) 对给定的 $S_g^0(\mu)$，解方程（22），给出 $N_g^0(\mu)$ 分布；

(ii) 按式（24）算出一次源 $\widetilde{S}_g(\mu)$；

(iii) 解方程（23），给出非线性效应对分布函数的一次修正 $\widetilde{N}_g(\mu)$；

(iv) 得到分布函数 $N_g(\mu) = N_g^0(\mu) + \widetilde{N}_g(\mu)$，从而可以计算感兴趣的各物理量。

6 关于解的讨论

方程（22）是线性的。其解可写成

$$N^\circ(v_1, r) = \iiint S^\circ(v_0, \Omega_0, r_0) G(v_0, \Omega_0, r_0 \to v_1, \Omega_1, r) dv_0 d\Omega_0 dr_0 \tag{27}$$

其中 G 为格林函数。同理，方程（23）的解可写成

$$\widetilde{N}(v_1, r) = \iiint \widetilde{S}(v_0, \Omega_0, r_0) G(v_0, \Omega_0, r_0 \to v_1, \Omega_1, r) dv_0 d\Omega_0 dr_0 \tag{28}$$

S_g^0 是独立外源发射率。其量纲是 $\left[\dfrac{\text{g 群中子个数}}{\text{cm}^3 \cdot \text{sec} \cdot \text{sr}}\right]$。由式（27）与式（28）得

$$N^\circ \propto S^\circ$$
$$\widetilde{N} \propto \widetilde{S}$$

而由式（24），有

$$\widetilde{S} \propto (N^\circ) \times (N^\circ)$$

所以，我们得到

$$\widetilde{N} \propto (S^\circ)^2 \tag{29}$$

即近似认为，n-n 碰撞产生的中子密度，在一次近似下与源中子发射率的平方成正比。

由第三节的讨论已知，考虑 n-n 碰撞，能给出原线性近似解所没有的超高能中子。又由本节的讨论知，这种超高能中子的密度近似正比于源中子发射率的平方。它可以较为敏感地反映系统中中子密度的情况。

对氘-氚聚变靶所作的数值计算证实了上述结论。下表中给出了两个算例的计算结果。其中例 1 是设想的 D-T 聚变小球，半径 10mm，密度 $\rho_{DT} = 2\text{g/cm}^3$，周围包着 1mm 厚的金箔，$\rho_{AU} = 20\text{g/cm}^3$，设 DT 中有 $E_n = 14\text{MeV}$ 的定常中子源，其角密度发射速率为 $S^\circ = 1.0 \times 10^{24}$ 个$/\text{cm}^3 \cdot \text{sr} \cdot \mu\text{s}$；例 2 与例 1 设计相同，只是温度更高，使得 $S^\circ = 5.0 \times 10^{24}$（单位同）。表中定义外边界 R_J 处的中子流：$\mathscr{F}_g^0 = 2\pi \int v_g N_g^{(0)}(R_J, \mu) \times \mu d\mu \cdot 4\pi R_J^2$，$\widetilde{\mathscr{F}}_g = 2\pi \int v_g \widetilde{N}_g(R_J, \mu) \mu d\mu \cdot 4\pi R_J^2$，而 $\mathscr{F}_g = \mathscr{F}_g^0 + \widetilde{\mathscr{F}}_g$。$\mathscr{F}$ 的单位在表中是 10^{24} 个$/\mu\text{s}$。计算中，S_N 方法中的角度间隔数取为 $N = 8$，中子能量下限截断为 $E_n = 0.9\text{MeV}$，表中只列出了 14MeV 以上出壳流的计算结果。由于略去了 0.9MeV 以下的中子，因而使 14.1~15MeV 范围（即第 8、9 两群）的 $\mathscr{F}_g$ 比实际的偏小。

表中结果表明，n-n 碰撞产生了系统中原来没有的超高能中子。两例比较验证了式（29）的结论：超高能中子流的大小正比于源中子发射率的平方。这种超高能中子为诊断聚变靶的反应情况提供了一个手段。

g	ΔE_g (MeV)	例1 $\mathscr{F}_g^{(0)}$	例1 $\overline{\mathscr{F}_g}$	例1 $\mathscr{F}_g$	例2 $\mathscr{F}_g^{(0)}$	例2 $\overline{\mathscr{F}_g}$	例2 $\mathscr{F}_g$
1	28~26	0	0.12 (-6)	0.12 (-6)	0	0.31 (-5)	0.31 (-5)
2	26~24	0	0.80 (-6)	0.80 (-6)	0	0.20 (-4)	0.20 (-4)
3	24~22	0	0.34 (-5)	0.34 (-5)	0	0.85 (-4)	0.85 (-4)
4	22~20	0	0.96 (-5)	0.96 (-5)	0	0.24 (-3)	0.24 (-3)
5	20~18	0	0.235 (-4)	0.235 (-4)	0	0.59 (-3)	0.59 (-3)
6	18~16.5	0	0.385 (-4)	0.385 (-4)	0	0.96 (-3)	0.96 (-3)
7	16.5~15.5	0	0.275 (-4)	0.275 (-4)	0	0.686 (-3)	0.686 (-3)
8	15.5~14.7	0	0.202 (-4)	0.202 (-4)	0	0.506 (-3)	0.506 (-3)
9	14.7~14.2	0	0.111 (-4)	0.111 (-4)	0	0.275 (-3)	0.275 (-3)
10	14.2~14.0	2.98	-0.27 (-2)	2.977	14.89	-0.069	14.82

感谢于敏、黄祖洽同志对本工作提出的意见。工作中还得到李楚清同志的帮助，并与刘成安同志作过有益的讨论，也在此致谢。

参考文献

［1］贝尔与格拉斯登. 核反应堆理论. 第一章、第五章. 北京：原子能出版社，1979.
［2］夏蓉. 原子核理论. 北京：人民教育出版社，1961.
［3］Blackshaw G L. Nucl. Sci. Eng. ，1967，27：520.
［4］李楚清. SN-TEST 程序.

A Method for Solving the Nonlinear Neutron Transport Equation

Abstract：In this paper the nonlinear neutron transport equation is derived. The collisions between neutrons are taken into account in this equation. In order to solve this equation we proposed the successive n-n collision expansion method. By using this method the equation is deduced to the form suitable for numerical computation. The numerical calculation is performed and the significance of the solution is discussed.

若干积分量的敏感度分析

1 敏感度计算公式

在对核装置的理论计算结果进行分析时，常常希望知道微观核数据的不准确性对积分量的影响，亦即积分量对于各种微观核数据的敏感度。借助敏感度分析，可以认清各种核数据的重要程度，从而提出对微观数据精度的要求。敏感度还可用于群截面的积分调整。

积分量 γ 对于第 y 种截面的敏感度定义为

$$S_{\gamma y} \equiv \frac{\sigma_y}{\gamma} \frac{\partial \gamma}{\partial \sigma_y} \tag{1}$$

其中，y 是核素、反应类型和能群的总代表。

1.1 积分量为齐次方程本征值的情况

设积分量为 $h \equiv 1/k_{\text{eff}}$，则微扰系统的本征值可写为 $h^* = h + \delta h$。由一阶微扰理论[1,2]不难得到 δh 的表达式。在多群输运近似下，对球几何情况，并考虑到实际应用中未扰动系统常是临界的（$h=1$），我们得到

$$\delta h = \frac{8\pi^2 \sum_g \int r^2 dr \int_{-1}^{1} d\mu \delta \Sigma_{trg} \phi_g^+(r,\mu) \phi_g(r,\mu) - \sum_g \int r^2 dr \delta Q_g}{\sum_g \int r^2 dr \sum_{g'} (v\Sigma_f) z' X'_{g \to g} \Psi'_g \Psi_g^+} \tag{2}$$

其中，$\delta Q_g = \sum_{g'} \delta \Sigma_{s,g' \to g} \Psi_g^+ \Psi'_{g'} + \sum_{g'} \delta[(v\Sigma_f)_{g'} X_{g' \to g}] \Psi_g^+ \Psi_{g'}$

$$\Psi_g(r) = 2\pi \int_{-1}^{+1} \Phi_g(r,\mu) d\mu$$

当只有 y 种截面发生改变时，我们可以得到 $\partial h/\partial \sigma_y = \lim_{\delta \sigma_y \to 0} (\delta h / \delta \sigma_y)$。于是，由式（2）可导出本征值 h 对 i 核 x 种反应的 l 群截面的敏感度 $S_{h,l}^{i,x}$ 的计算公式如下：

$$\left.\begin{array}{ll} \text{a. } S_{h,l}^{i,t} = \dfrac{\sigma_{tr,l}^i}{h} \dfrac{8\pi^2 T_l^i}{K_R} & \text{b. } S_{h,l}^{i,v} = -\dfrac{v_l^i}{h} \dfrac{U_l^i}{K_R} \\[1em] \text{c. } S_{h,l}^{i,f} = \dfrac{\sigma_{f,l}^i}{h} \dfrac{(8\pi^2 T_l^i - F_l^i)}{K_R} & \text{d. } S_{h,l}^{i,c} = \dfrac{\sigma_{c,l}^i}{h} \dfrac{8\pi^2 T_l^i}{K_R} \\[1em] \text{e. } S_{h,l}^{i,s} = \dfrac{\sigma_{s,l}^i}{h} \dfrac{(8\pi^2 T_l^i - X_l^i)}{K_R} & \end{array}\right\} \tag{3}$$

---

① 本文作者：杜祥琬，张毓泉，巫德章，殷广济（应用物理与计算数学研究所）。发表于《核科学与工程》，1984年12月，第4卷，第4期，第367页。

其中，
$$K_R = \sum_g \int r^2 dr \sum_{g'} (v\sigma_f)_{gl} X_{gl\to g} \Psi_{gl}\Psi_g^+ \qquad T_l^i = \int_i r^2 dr \int_{-1}^1 d\mu n_i\rho \Phi_l^+(r,\mu) \Phi_l(r,\mu)$$

$$U_l^i = \sum_g \int_i r^2 dr n_i\rho\sigma_{fl}^i X_{l\to g}^i \Psi_g^+ \Psi_l \qquad F_l^i = \sum_g \int_i r^2 dr v_l^i X_{l\to g}^i n_i\rho \Psi_g^+ \Psi_l$$

$$X_l^i = \sum_{g=l}^G \int_i r^2 dr n_i\rho G_{l\to g}^i \Psi_g^+ \Psi_l \qquad G_{l\to g}^i = \sigma_{s,\,l\to g}^i / \sum_{g'=l}^G \sigma_{s,\,l\to g'}^i$$

脚标 tr、f、c、s 分别表示输运、裂变、俘获、散射，v 表示一次裂变瞬发中子数，$\int_i$ 表示对 i 种核素所在的空间求积分，n 为单位质量的核数，ρ 为密度。

当积分量为系统中子时间常数 α 时，可类似地导出敏感度的算式。

1.2 积分量为通量的线性泛函数的情况

设 $\gamma = G(\Phi) = \langle \Sigma_d, \Phi \rangle$ 代表通量的线性泛函。考虑有定常外源 Q_0 的问题。对于 $G(\Phi)$ 所代表的积分量，可列出如下的变分泛函[3]：

$$P(\Phi_1、\Phi_1^+) = G(\Phi_1) + \langle \Phi_1^+, (L\Phi_1 + Q_0)\rangle \tag{4}$$

由系统参数的微扰所引起的泛函 $G(\Phi)$ 的改变量，可由估计 P 的变分来计算。例如，当 $\Sigma_d = \Sigma_f$ 时，$\gamma \equiv P_f \equiv \langle \Sigma_f, \Phi \rangle$ 表示源中子 Q_0 在系统中引起的裂变率。这时，不难得到：

$$\delta\gamma = \delta P_f = \sum_g \int \delta\Sigma_{f\cdot g} \Psi_g r^2 dr \cdot 4\pi + \delta L$$

$$\delta L = 8\pi^2 \sum_g \int r^2 dr \left[-\int_{-1}^1 d\mu \delta\Sigma_{tr,g} \Phi_g^+ \Phi_g + \delta Q_g \right] \tag{5}$$

其中的通量和价值函数满足如下方程组：

$$L\Phi + Q_0 = 0 \tag{6}$$
$$L^+\Phi^+ + G'(\Phi) = 0$$

L 为中子输运算符，$G'(\Phi)$ 表示泛函 $G(\Phi)$ 的导数。

由式（5）可导出 P_f 对各群截面的敏感度算式如下：

$$\left. \begin{array}{ll} a.\ S_{p_f,l}^{i,tr} = -\dfrac{\sigma_{tr,l}^i}{p_f} 8\pi^2 T_l^i & b.\ S_{p_f,l}^{i,v} = \dfrac{v_e^i}{p_f} U_l^i \\[6pt] c.\ S_{p_f,l}^{i,c} = -8\pi^2 T_l^i \sigma_{c,l}^i / p_f & d.\ S_{p_f,l}^{i,s} = (-8\pi^2 T_l^i + X_l^i)\sigma_{s,l}^i / p_f \\[6pt] e.\ S_{p_f,l}^{i,f} = (\Gamma_l^i - 8\pi^2 T_l^i + F_l^i)\sigma_{f,l}^i / p_f & \Gamma_l^i = 4\pi \int n_i\rho \Psi_l(r) r^2 dr \end{array} \right\} \tag{7}$$

对于造氚率 $\langle \Sigma_T, \Phi\rangle$，俘获率 $\langle \Sigma_c, \Phi\rangle$，可类似地导出它们的各敏感度算式。

1.3 积分量为通量线性泛函之比的情况

设积分量为有源系统的能谱指标

$$\gamma = R_{AB} = \langle \Sigma_A, \Phi\rangle / \langle \Sigma_B, \Phi\rangle$$

可以证明，对积分量 R_{AB} 可列出如下的变分泛函：

$$F(\Phi,\Phi^+) = \frac{\langle \Sigma_A, \Phi\rangle}{\langle \Sigma_B, \Phi\rangle}[1 + \langle \Phi,^+ (L\Phi + Q_0)\rangle] \tag{8}$$

由系统参数的微扰引起的 R_{AB} 的改变量，可由估计 F 的变分来计算。不难得到

$$\frac{\delta R_{AB}}{R_{AB}} = \frac{\sum_g \int \delta \Sigma_{Ag} \Psi_g r^2 \mathrm{d}r}{\sum_g \int \Sigma_{Ag} \Psi_g r^2 \mathrm{d}r} - \frac{\sum_g \int \delta \Sigma_{Bg} \Psi_g r^2 \mathrm{d}r}{\sum_g \int \Sigma_{Bg} \Psi_g r^2 \mathrm{d}r} + \delta L \tag{9}$$

δL（见式（5）），式中的价值函数 Φ^+ 满足如下方程

$$L^+ \Phi^+ + \Sigma_A / \langle \Sigma_A, \Phi \rangle - \Sigma_B / \langle \Sigma_B, \Phi \rangle = 0 \tag{10}$$

由式（9）可导出 R_{AB} 对各种截面的敏感度计算公式如下（A 与 B 不代表输运截面或散射截面）：

$$\begin{aligned}
&\text{a. } S_{R,l}^{i,t_r} = -\sigma_{tr,l}^i \cdot 8\pi^2 T_l^i \\
&\text{b. } S_{R,l}^{i,s} = \sigma_{s,l}^i (X_l^i - 8\pi^2 T_l^i) \\
&\text{c. 当 } \sigma_A \text{ 为 } \sigma_{c,l}^i, \sigma_B \text{ 为其他时 } S_{R,l}^{i,c_A} = \sigma_{c,l}^i (D_{c,l}^i - 8\pi^2 T_l^i) \\
&\text{d. 当 } \sigma_B \text{ 为 } \sigma_{c,l}^i, \sigma_A \text{ 为其他时 } S_{R,l}^{i,c_B} = -\sigma_{c,l}^i (D_{c,l}^i + 8\pi^2 T_l^i) \\
&\text{e. 当 } \sigma_A \text{ 为 } \sigma_{f,l}^i, \sigma_B \text{ 为其他时 } S_{R,l}^{i,f_A} = \sigma_{f,l}^i (D_{f,l}^i - 8\pi^2 T_l^i + F_l^i) \\
&\text{f. 当 } \sigma_B \text{ 为 } \sigma_{f,l}^i, \sigma_A \text{ 为其他时 } S_{R,l}^{i,f_B} = \sigma_{f,l}^i (-D_{f,l}^i - 8\pi^2 T_l^i + F_l^i)
\end{aligned} \tag{11}$$

其中，$D_{jl}^i = \int_i n_i \rho \Psi_l r^2 \mathrm{d}r / \sum_g \int_i \Sigma_{jg}^i \Psi_g r^2 \mathrm{d}r \quad j = c$ 或 f

我们应用变分法推得的上述敏感度公式与 E. M. Oblow[4] 应用泛函微商方法推得的公式相符。

2 计算结果与讨论

在 013 机上编制了 WIRO 程序。其功能是：解通量及伴方程；计算各种积分量；计算由参数改变引起的积分量的改变量；计算各种敏感度。

2.1 敏感度计算结果及各种核数据的重要性

利用 WIRO 程序对一批基准实验装置进行了计算。表 1 列出了有代表性的四个装置。在理论计算中，使用了以我国核数据中心编评的 CENDL 为基础的 16 群中子参数。

表 1 基准实验装置

名称	结构尺寸/cm	说明
U1	0（U）8.7406	$\rho = 18.74, ^{235}U: 93.71\%$
UR6	0（U）6.326（R）16.308	U: $\rho = 18.69, ^{235}U: 93.90\%$ R: $\rho = 16.308, ^{235}U: 0.7115\%$
Weale[5]	0（空）0.62035（U_N）58.077	（空）：+14.1MeV 中子源 $U_N: \rho = 16.3\ ^{235}U\ 0.7115\%$
P3	0（PU）6.3855	$\rho = 15.61, ^{239}Pu: 94.5\%, ^{240}Pu: 4.5\%$ Ga: 1%

作为例子，表 2 列出了 U1 装置 h 值对 ^{235}U 各参数的敏感度。其他计算结果从略。

(1) 对 U1 装置的临界性即积分量来说，起主要作用的核数据是 MeV 能区 ^{235}U 的参数，按重要程序排列，其顺序为

①v^5，②σ_f^5，③σ_s^5，0.1～5MeV 能区

(2) 对 UR6 装置，^{235}U 和 ^{238}U 的参数都起相当的作用。按重要程度排列为：①v^5，σ_f^5，

0.1~5MeV 能区；②v^8，σ_f^8，1.4~5MeV；③σ_s^8，0.1~5MeV；σ_s^5，0.3~3MeV。

（3）对 Weale 实验，计算中采用了与实验等效的球形装置。积分量是 14.1MeV 中子源在天然铀球中引起 ^{238}U 的裂变率。起主要作用的是 ^{238}U 的高能区和 MeV 区的参数，依次是：①σ_a^8 和 σ_f^8，②v^8，1.4~14.1MeV。且对 σ_s 的敏感度与对 σ_f 和 v 的敏感度符号相反。

表2 U1 装置 h 值对 ^{235}U 参数的敏感度

群号 l	$S_{h,l}^{5,s}$	$S_{h,l}^{5,c}$	$S_{h,l}^{5,f}$	$S_{h,l}^{5,v}$
1	0.229-3	0.133-5	-0.174-2	-0.276-1
2	0.847-3	0.146-4	-0.95-2	-0.147-1
3	-0.143-3	0.175-4	-0.825-2	-0.118-1
4	-0.141-1	0.54-3	-0.771-1	-0.109
5	-0.162-1	0.94-3	-0.817-1	-0.119
6	-0.181-1	0.153-2	-0.794-1	-0.117
7	-0.273-1	0.357-2	-0.102	-0.149
8	-0.274-1	0.479-2	-0.903-1	-0.131
9	-0.254-1	0.584-2	-0.782-1	-0.117
10	-0.153-1	0.419-2	-0.421-1	-0.655-1
11	-0.688-2	0.216-2	-0.185-1	-0.297-1
12	-0.825-2	0.294-2	-0.223-1	-0.368-1
13	-0.662-2	0.267-2	-0.179-1	-0.306-1
14	-0.549-2	0.265-2	-0.150-1	-0.266-1
15	-0.402-2	0.287-2	-0.119-1	-0.222-1
16	-0.154-2	0.233-2	-0.61-2	-0.122-1

（4）对 P3 装置，起重要作用的核数据依次是：（1）v^9，（2）σ_f^9，（3）σ_s^9，0.2~5MeV 能区。

2.2 对微观数据误差的要求

积分量的变分与微观群参数变分的联系可用下式表示[6]

$$\delta\gamma/\gamma = \sum_{i,x,l} S_{\gamma,l}^{i,x}(\delta\sigma/\sigma)_{x,l}^i \tag{12}$$

表3 中给出了工程应用对各积分量相对误差的容许上限，还给出了这几个积分量的实验值和理论计算值。可以看出，对三个临界装置，理论计算与实验值的偏离基本上在容许误差的范围内。式（12）右端求和式中起主要作用的项正是上面指出的那些起主要作用的量。根据敏感度数据，可由 [$(\Delta\gamma/\gamma)$ 容许] 通过式（12）估计出工程应用对各微观数据误差的要求（$\Delta\sigma/\sigma$）要求，后者也列于表3 可供核数据计算与测量参考。

表3 积分量容许误差及对微观数据误差的要求

装置	γ	γ 实验	γ 计算	$(\Delta\gamma/\gamma)$ 容许	$(\Delta\sigma/\sigma)$ 要求
U1	h	1.0±0.0008	1.0017	≤0.3%	$\Delta v^5/v^5$：<1%
					$\Delta\sigma_f^5/\sigma_f^5$：<1%
UR6	h	1.0±0.0013	0.996	≤0.3%	$\Delta\sigma_a^5/\sigma_a^5$：≤3%
					$\Delta v^8/v^8$：<1%
Meale	p_f^8	1.18±0.06	1.0385	<5%	$\Delta\sigma_f^8/\sigma_f^8$：<3%
					$\Delta\sigma_s^8/\sigma_s^8$：≤5%

续表

装置	γ	γ 实验	γ 计算	$(\Delta\gamma/\gamma)$ 容许	$(\Delta\sigma/\sigma)$ 要求
P3	h	1.0 ± 0.0017	1.0028	$\leq 0.3\%$	$\Delta v^8/v^8$：<1% $\Delta\sigma_f^9/\sigma_f^9$：<1% $\Delta\sigma_s^9/\sigma_s^9$：$\leq 3\%$

2.3 对敏感度分析公式（12）的讨论

P_f^8 的理论计算值与实验值相差甚远。只对上面提到的几种截面作误差范围内的调整不能使二者趋于一致，也难以指出微观数据的问题何在。这使我们得到如下的启示：由于 ^{238}U 的裂变反应是有阈的，所以，次级中子能谱对 P_f^8 这类积分量的影响不容忽视。因此，仅按式（12）进行敏感度分析是不够的，该式只考虑了各类群截面对积分量的影响，而未计入群转移截面（次级中子能谱）的影响。我们建议采用下式来取代式（12）：

$$\delta\gamma/\gamma = \sum_{i,x,l} S_{\gamma,l}^{i,x}\left(\frac{\delta\sigma}{\sigma}\right)_{x,l}^i + \sum_{i,y',l,l'} S_{\gamma,l,l'}^{i,y'}\left(\frac{\delta\sigma}{\sigma}\right)_{y',l\to l'}^i \tag{13}$$

其中，各种出射中子的反应 y' 在右端第二项中予以考虑。$\sigma_{y',l\to l'}^i$ 表示 i 核 y' 反应的 l 群到 l' 群的转移截面，$S_{\gamma,l,l'}^{i,y'}$ 是相应的敏感度。

此外，第一节的敏感度公式需进一步扩充，除应考虑更多种类的积分量外，还应包括各积分量对群转移截面的敏感度。

参考文献

[1] Усачёв Л H. Prog. First U. N Conf. on Peaceful Uses of Atom. Energy, 1955, 5: 503.
[2] 贝尔 G I, 格拉斯登 S. 核反应堆理论. 第六章, 北京: 原子能出版社, 1979.
[3] Stacey M. J. of Math. Phys., 1972, 13: 1119.
　　Stacey M. 核反应堆物理学中的变分法. 第一章. 北京: 原子能出版社, 1982.
[4] Oblow E M. Nucl. Sci. Eng., 1976, 59: 187.
[5] Weale. J. Nucl. Energy A/B, 1961, 14: 91.
[6] Усачёв Л H. Nucl. Data in Science and Technology, 1973, 1: 129.

电子束在物质中产生的热击波[①]

利用辐射流体力学方程组，数值计算了电子束在物质中产生的热击波，对得到的定量结果进行了理论分析。

1 电子束在物质中的能量损失

要研究电子束在靶物质中产生的热击波及其破坏效应，首先必须研究电子束与物质相互作用所形成的能耗空间分布，以它作为热击波的"热源"。这个能耗空间分布曲线与单个电子随路程的能耗曲线是不同的。这时，是大量电子在介质中输运的综合结果，必须求解电子输运方程。

Spencer[1]计算了无限介质中电子束能量耗损的空间分布，计及了电子的电离能量损失和方向改变。资料[2]也用矩方法解电子输运方程，考虑了电子在物质中的电离与韧致能耗及散射效应，给出了各种能量的电子束在不同介质中的能耗空间分布，所得结果与已有实验结果基本符合。图1是一个计算结果，E_e 为 2MeV 的电子束打在 Al 靶上的能耗曲线，图中 $r=0$ 处是靶物质表面。

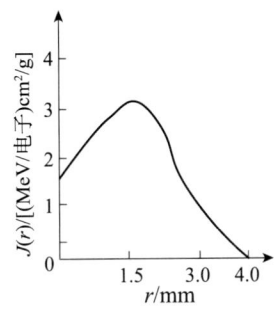

图 1　2MeV 电子束在 Al 靶中的能耗曲线

2 电子束在物质中产生的热击波

假设电子束打在一维平面靶上，利用计算机数值求解辐射流体力学方程组。能量方程中的能源项，就是图1中的能耗曲线乘以束流强度。由于电子源是在 Δt 的时间间隔内打在靶表面上的，因此电子能源不仅是空间坐标 X 的函数，而且是时间 t 的函数。在我们的计算中，认为电子源在 Δt 时间内随时间 t 呈矩形分布。

在我们所研究的问题中，靶物质将处于较低温和低密度的区域。具体地说，温度 T 约在 $0 < T < 0.1 \times 10^6 °C$；压缩比 $\sigma = \rho/\rho_0$，在 $0 < \sigma \leq 1.5$ 的范围内。为适应这种特殊的要求，我们制作了专用的状态方程，制作原则是：

(1) 在压缩比 $\sigma > 1$ 的压缩区，使压力接近冲击压缩实验所给出的数值；

(2) 在稀疏区（$\sigma < 1$），使状态方程给出的临界温度大约为熔点的7倍，即 $T_c = 7T_m$（这是经验关系式），而临界体积约为标准状况下体积的3倍，即 $\sigma_c \approx \frac{1}{3}\sigma_0 = \frac{1}{3}$。

(3) 在 $\sigma \to 0$ 的极限情况下，过渡到理想气体状态方程。

对于具体的物质，给出了具体的表达式（详见[3]）。

[①] 本文作者：杜祥琬，王光瑞。发表于《抗核加固》，1985年10月，第2卷，第1期，第55页。

表 1 电子束热击波计算结果

模型代号	(模型)材料	E_e/MeV	D_e/(10^{10} erg/cm²)	S/cm	P_{max}^I/(10^6 atm)	ΔP_{max}^I/cm	T_{max}/(10^6 K)	P_{max}^{II}/(10^6 atm)	ΔP_{max}^{II}/cm	$-P_{max}^{后}$/(10^6 atm)	$\Delta t^{加谯}$/ns
1	BLG	0.1	1.0	1.0	0.192	0.0284	0.129			$1.72_{10^{-2}}$	50
2	BLG	0.4	1.2	1.2	0.104	0.1	0.047			$1.75_{10^{-2}}$	50
3	BLG	0.83	0.95	1.0	0.0581	0.13	0.034			$1.47_{10^{-2}}$	50
4	BLG	1.05	0.99	1.0	0.049	0.15	0.029			$1.38_{10^{-2}}$	50
5	BLG	4.0	0.966	2.5	0.011	0.215	0.0034			$0.36_{10^{-2}}$	50
6	BLG	0.1	0.119	1.0	0.032	0.0164	0.026			$0.73_{10^{-2}}$	50
7	BLG	0.381	0.1	1.0	0.0185	0.0425	$0.22_{10^{-3}}$				50
8	BLG	0.381	0.45	1.0	0.062	0.066	0.035				50
9	BLG	0.381	4.5	1.0	0.39	0.1	0.162			0.0216	50
10	BLG	1.3	4.0	1.0	0.11	0.3					50
11	BLG	0.5	4.0	1.0	0.3	0.15					50
12	BLG	2.0	4.0	1.0	0.085	0.4					50
13	Fe+BLG	3.0	4.0	0.2+1.0	0.53	0.1		0.1	0.1		50
14	Fe+BLG	2.0	4.0	0.2+1.0	0.68	0.1		0.14	0.1		50
15	Fe+BLG	1.05	1.0	0.084+0.916	0.254	0.079	0.0293	0.094	0.06		50
16	Fe+BLG	1.05	1.0	0.084+0.916	0.36	0.062	0.0293	0.12	0.02		20
17	W+BLG	1.086	1.0	0.0475+0.9525	0.18	0.035	0.021	0.053			50
18	W+BLG	0.372	1.0	0.013+0.987	0.25	0.012	0.0338	0.15			50

计算模型示意图（一维平面靶）见图2。

电子束在物质中产生的热击波的波幅和波宽与电子能量 E_e、束流的剂量 D_e（单位面积上的电子束总能量）以及加源持续时间 Δt 有关。在几种靶材料和组合靶材料中产生的热击波的计算结果见表1。

其中 E_e——入射电子的平均能量 [MeV]；

D_e——入射电子束的剂量 [10^{10} erg/cm^2]；

S——靶材料厚度 [cm]；

P_{max}^{I}——第1种材料中热击波强度的最大值 [10^6 atm]；

ΔP_m——压力最大时的波形半宽度 [cm]；

T_{max}——靶材料中的温度最大值 [10^6 °K]；

P_{max}^{II}——组合材料时，击波进入第二种材料后的压力最大值 [10^6 atm]；

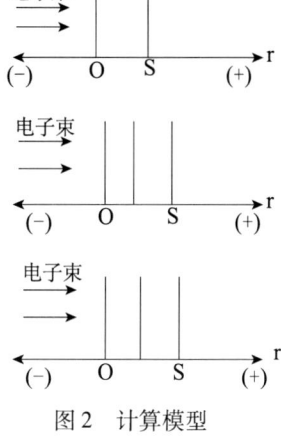

图2 计算模型

$-P_{max}^{后}$——热击波走出后界面（即 $r=S$ 的那个自由表面）后在材料中造成的稀疏波引起的负压最大值 [10^6 atm]；

$\Delta t^{加源}$——电子束脉冲的持续时间 [ns]。

3 几点结论

（1）在源剂量和加源时间不变的条件下，直接入射 BLG（玻璃钢）时，入射的电子能量 E_e 在 0.4 MeV 附近时形成的热击波波形较好，就是说，它既有一定的强度，也有一定的宽度。从造成破坏的角度来说，这样的击波携带的冲量较大。而在 $E_e \leq 0.1$ MeV 时，虽然压力的极值较大，但半宽度很窄，衰减极快，而且由于射程太短，加源边界很快飞散，推不出一个强击波来；而当 $E_e > 1$ MeV 时，由于射程太长，电子能量的大部分都损失在射程途中，致使击波波头很弱。所以，从力学破坏角度看，电子能量太高和太低都不合算，似乎以 E_e 为数百千电子伏为宜。参见图3。

（2）当 E_e 和 Δt 不变时，击波的强度在一个相当宽广的范围内是随剂量 D_e 单调变化的：D_e 越大，击波越强，参见图4。

（3）为了在 BLG 中造成较强的击波，克服电子射程在 BLG 中较长、能量利用率不高的缺点，在 BLG 前加了一个薄层的重介质（Fe 或 W），使电子能量全部损失在重介质中。由于在重介质中电子射程短，能量损失 $-\dfrac{dE}{dx}$ 比较大，故在重介质中会形成较强的 P_{max}，对几个组合材料模型进行的计算表明，当击波传入 BLG 后，击波减弱，结果在 BLG 中形成的击波比不加重介质时，只有百分之几十的好处（P_{max} 大，但波形较窄）。当 E_e 较高时（几个 MeV 时），可利用这个办法使击波变窄。参见图5。

（4）模型15和16的相对比较表明，在 E_e、D_e 均不改变时，改变加源时间 Δt 可以改变热击波的波形；Δt 变小时，P_{max} 变大，但半宽度变窄。参见图6。

对于有限厚靶，热击波走出自由表面时，会在靶材料中造成负压，引起材料的层裂破坏效应。国外的实验和我们自己的初步打靶实验都观察到了这种效应（一层一层地断裂开，像"千层饼"那样)。在理论计算中,我们加进了脉冲载荷下的断裂条件,也得到了与实验类似的层裂图象。

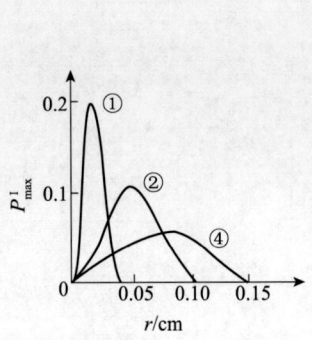

图 3　电子束在 BLG 中形成的热击波波形

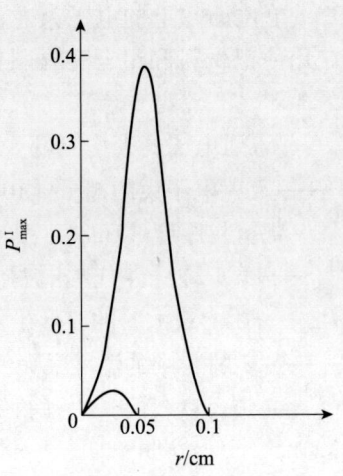

图 4　热击波波形与剂量 D_e 的关系

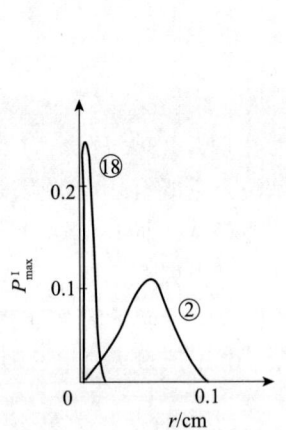

图 5　重介质吸收层的作用

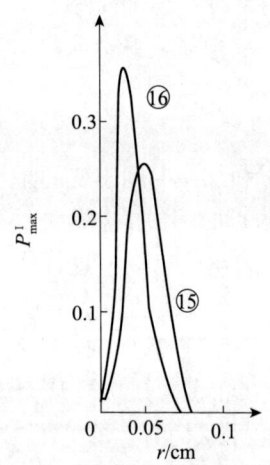

图 6　加源时间 Δt 对波形的影响

(图 3—图 6 曲线上的数字为表 1 中的模型代号,P_{max}^I 以 10^6 标准大气压为单位)

参考文献

[1] Spencer L. Phys. Rev., 1955, 98: 1597.

[2] 杜祥琬. 电子能耗的空间分布(矩方法计算), 内部资料, 1971.

[3] 关吉利. 关于 Al, BLG 的状态方程, 内部资料.
　　杜祥琬. 关于低温稀疏态的状态方程, 内部资料.

Weale's Experiment and Penetration of Fast Neutrons in Heavy Medium

The Weale's experiment[1] is often used to test the nuclear data of fast neutrons in uranium and the transport calculation of fast neutrons in heavy medium.

We have performed theoretical calculation for this experiment using CENDL-1 data Library and the 1-dimentional discrete ordinate (Sn) Code.

The results are shown in the table and the Figures in Comparison with the experiment and the results of other authors.

Reaction rates in Weale's exp.

	R. Hight et. al. [2]			CENDL-I	Exp.
	ENDF B-III	ENDF B-IV	ENDL (75)		
^{8}U (n. f)	0.828	0.949	1.11	0.938	1.18 ± 0.06
^{5}U (n. f)	0.226	0.228	0.266	0.206	0.281 ± 0.017
^{8}U (n. r)	4.03	4.27	4.36	4.10	4.08 ± 0.24
^{8}U (n. 2n)	0.328	0.358	0.388	0.424	0.277
^{8}U (n. 3n)	0.173	0.176	0.195	0.127	0.327
Leakage	0.284	0.296	0.504	0.432	0.42 ± 0.02

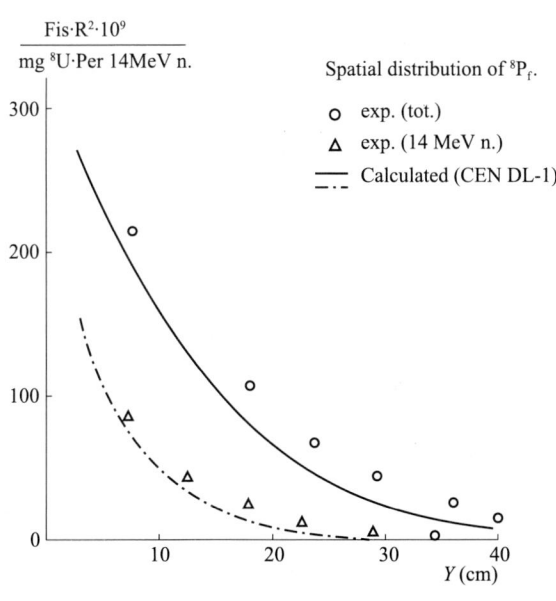

Spatial distribution of ^8P_f.
○ exp. (tot.)
△ exp. (14 MeV n.)
—— Calculated (CEN DL-1)

---

① 本文作者：杜祥琬，在洛桑工学院的报告，1984。

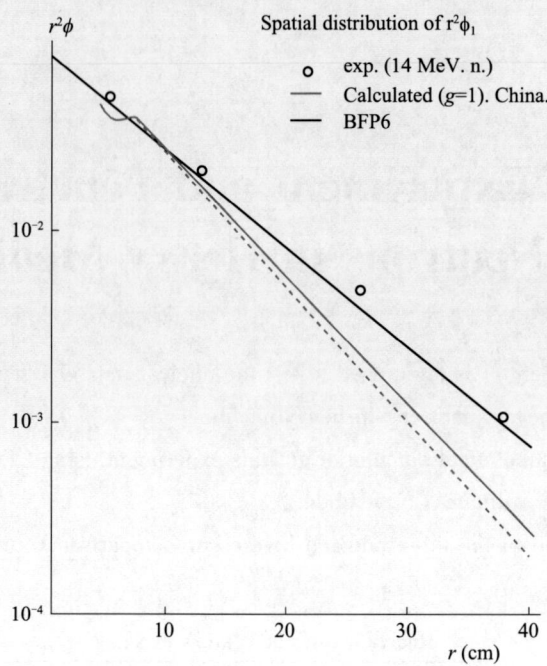

Discussions:

(1) Influence of the errors in ν, σ_f, σ_c. Sensitivity analyse[3].

(2) Energy spectrum of the secondary neutrons.

a. prompt fission neutron spectrum.

b. Exit spectrum of nonfission reactions[4].

(3) Treatment of the anisotropy of the neutron elastic scattering in the transport calculation:

——transport correction.

——high order P_N Approximation.

——BFP Method[5]:

τ', κ',

τ'', κ''.

for every A and E.

References

[1] Weale J, et al. Reactor Science and Technology. 1961, 1, 14: 91.

[2] Haight R. Nucl. Science and Engineering 1976, 61: 53.

[3] Du, et al. to be published in chinease J. of N. S. E: "Sensitivity analysis of some integral nuclear data".

[4] Wolkrenbauer W. BNWL—1835. 1974.

Sagev. Rep. on Int. Conf. on N. D and N. P. 1978. Harwell.

Egan. NBS—425. 950. 1975.

Caner. N. S. E. 59. 395. 1976.

[5] Caro M and Ligou J.

N. S. E. 83. 242. 1983.

中子输运的差分解与精确解的比较[①]

摘　要：给出了有限差分方法计算临界尺寸和中子通量的误差分析，将临界情况下的精确解推广到了非临界情况。然后，将精确解与各种差分解作了比较，考察了计算格式与空间分点对计算结果的影响，对误差的规律性和误差原因作了分析。

关键词：中子输运方程，精确解，差分解

1　引　言

目前，S_N方法是核工程中研究粒子输运问题的最常用最有力的工具。早期曾首先应用 Carlson 格式，近年来，又引进和发展了多种格式的离散纵标法，习惯上通称为 S_N 方法。这种方法虽比扩散法远为精确，但它毕竟是一种有限差分近似，其精确度如何是大家所关心的。

欲考察 S_N 方法的误差，一种办法是将计算结果与实验结果作比较，这样虽能说明一些问题，但由于因素复杂，中子计算方法本身的误差有多少不易说清。另一种是和数学上的精确解作比较。为了寻求这种精确解，三十多年来人们做了大量的工作，有一系列成果（参见文献［1］）其中，对各种一维均匀系统，给出了解析或半解析的解及其精确的数值结果。与这种精确解作比较虽有一定的局限性（例如不能检验不同性质介质交界处的方法处理误差），但在作这种比较时，S_N 计算采用与精确解数学模型完全相同的（给定的）参数，所以，不存在参数误差问题，可以检验纯粹的方法误差。

本工作就均匀裸球的计算比较了单群 S_N 差分解与精确解的差别。首先讨论临界半径和临界中子通量空间分布的计算误差，然后推广到超临界情况，考察本征值计算的误差。对不同的格式及分点影响的规律得出了一些看法。

2　临界半径计算误差

在均匀介质、散射各向同性的假设下，裸球的单群临界问题的提法为

$$\begin{cases} \mu \dfrac{\partial \varphi(r,\mu)}{\partial r} + \dfrac{1-\mu^2}{r} \dfrac{\partial \varphi(r,\mu)}{\partial \mu} + \Sigma_t \varphi(r,\mu) = \dfrac{\Sigma_1}{2} \int_{-1}^{1} \varphi(r,\mu') \mathrm{d}\mu' & (1) \\ \varphi(R_c,\mu) = 0 \quad \mu < 0 & (2) \end{cases}$$

[①] 本文作者：杜祥琬，巫德章，杨国光，王元璋（应用物理与计算数学研究所）。发表于《九所学术通报》，1980 年，第 01 期，第 1 页；《中国核科技报告》，1987 年。第 S1 期，第 1 页。

令 $C = \Sigma_f/\Sigma_t$，它表示一次碰撞的平均次级中子数，并引进无量纲长度 $\bar{r} = r/l = r\Sigma_t$，则有

$$\begin{cases} \mu\dfrac{\partial\varphi(\bar{r},\mu)}{\partial\bar{r}} + \dfrac{1-\mu^2}{\bar{r}}\dfrac{\partial\varphi(\bar{r},\mu)}{\partial\mu} + \varphi(\bar{r},\mu) = \dfrac{C}{2}\int_{-1}^{1}\varphi(\bar{r},\mu')\,\mathrm{d}\mu' & (3) \\ \varphi(\bar{R}_c,\mu) = 0 \quad \mu < 0 & (4) \end{cases}$$

各种精确解法是对方程（3）、（4）进行的。解出的临界半径 $\bar{R}_c$ 和注量率分布只依赖一个参数 C。我们在进行 S_N 计算时，用的是方程（1）、（2）。显然，两组方程是等价的。

表1和图1给出了适当空间分点下 Carlson 格式计算得到的临界半径 R_c 与精确值的比较。临界半径均以平均自由程（mfp）作单位。

表1 Carlson 格式计算临界半径与精确值的比较

C	S_4		S_8		S_{16}		精确值
	R_c	$\varepsilon/\%$	R_c	$\varepsilon/\%$	R_c	$\varepsilon/\%$	
1.02	12.050 45	0.19	12.058	0.25	12.059 68	0.267	12.027 532
1.4	1.969 82	-0.78	1.981 608	-0.188	1.984 43	-0.046	1.985 343 435
2.0	0.979 6	-1.11	0.987 7	-0.29	0.989 86	-0.075	0.990 605 57

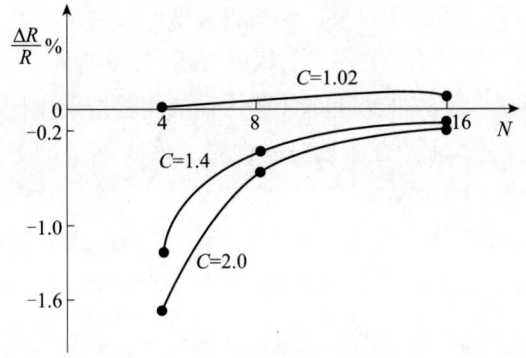

图1
$\varepsilon = \Delta R_c/R$

表2及图2给出了菱形格式计算临界半径结果与精确值的比较。

表2a 菱形格式（604-丙程序）计算的临界半径

C	S_4		S_8		S_{16}		精确值
	R_c	$\varepsilon/\%$	R_c	$\varepsilon/\%$	R_c	$\varepsilon/\%$	
1.40	1.962 23	-1.16	1.979 247	-0.307	1.984 11	-0.062	1.985 343 43
2.0	0.973 59	-1.7	0.985 735	-0.49	0.989 38	-0.12	0.990 605 57

表2b 菱形格式（S_N05 程序）计算的临界半径

C	S_4		S_8		S_{16}		精确值
	R_c	$\varepsilon/\%$	R_c	$\varepsilon/\%$	R_c	$\varepsilon/\%$	
1.02	12.026 2	-0.11	12.031	0.029	12.032	0.037	12.027 532
1.40	1.961 3	-1.2	1.978 49	-0.35	1.983 46	-0.095	1.985 343 43
2.0	0.973 4	-1.7	0.985 72	-0.49	0.989 3	-0.13	0.990 605 57

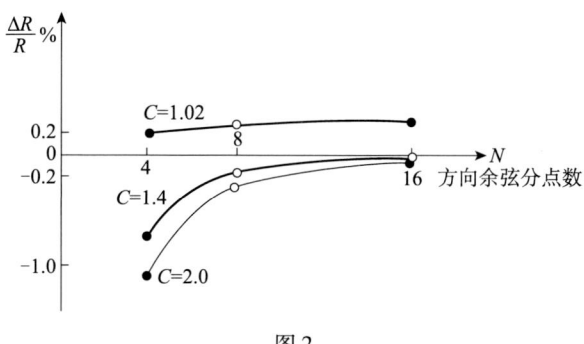

图 2

我们看到：

(1) S_4 计算的临界半径有明显的误差，且 C 值越大（临界半径越小）差分计算的误差越大。

(2) 随角度分点数 N 的增加，误差迅速变小，从 S_4 时的 $|\Delta R/R|$ 1%～2% 下降到 S_{16} 的 0.1% 左右，收敛到精确解。但需指出，C 值接近 1 时（如 $C=1.02$），临界尺寸大，差分计算的精度随 N 变化不大，S_4 并不比 S_{16} 差。这个结果与文献 [2] 相符。换句话说，对大尺寸的装置，可以用较粗糙的方法计算。

表 2 中菱形格式的结果是分别由两个程序给出的。可以看出，只要格式相同，角度与空间分点相同，不同程序间的差别是微不足道的。

指数加权格式的结果（见表 3 及图 3）说明，指数加权格式在 N 小时（如 S_4，S_8）误差比其他格式大，临界半径偏小较多；但随 N 增加也收敛到精确解，S_{16} 的结果与其他格式接近，$|\Delta R/R|$ 也下降到千分之一左右。

表 3 指数加权格式（604-丙程序）计算临界半径与精确值比较

C	S_4		S_8		S_{16}		精确值
	R_c	$\varepsilon/\%$	C	$\varepsilon/\%$	C	$\varepsilon/\%$	
1.4	1.930 63	-2.75	1.970 8	0.73	1.982 9	-0.12	1.985 343 43
2.0	0.964 705	-2.61	0.983 55	-0.71	0.989 139	-0.15	0.990 605 57

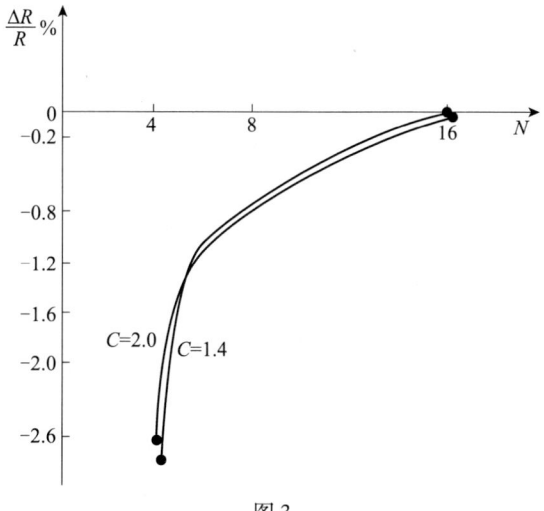

图 3

等比格式的特点是（表 4 和图 4）：它的误差与其他格式方向相反，它是从临界半径偏大的方向收敛到精确解的，而且对大的 C 和小的 C 值都收敛得好，S_{16} 的结果比其他格式误差都小。但对 $C≈1$，N 较小时，此格式误差比较大。

表 4 等比格式（SN05 程序）计算临界半径与精确值比较

C	S_4		S_8		S_{16}		精确值
	R_c	$\varepsilon/\%$	R_c	$\varepsilon/\%$	R_c	$\varepsilon/\%$	
1.02	12.056	2.85	12.034 2	0.67	12.031 56	0.033	12.027 532
1.4	1.994 365	0.45	1.987 77	0.12	1.985 38	0.002	1.985 343 43

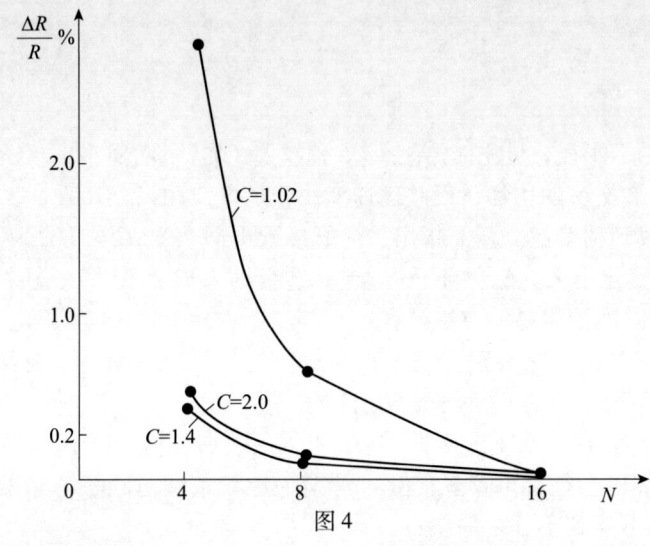

图 4

3 临界本征值计算的误差

S_N 差分解的精确度也可以由本征值计算的误差来表征。在方程（1）的左端加上 $\frac{\lambda}{v}\varphi$ 项，对给定的参数及相应于这些参数的精确临界半径 R_c，本征值的精确解显然是 $\lambda=0$。

表 5 和图 5 给出了菱形格式计算的 λ 值（取 $v=1200\text{cm}/\mu\text{s}$）$\Sigma_{tr}=0.243\,553\,7$。

表 5 菱形格式计算的 λ 值

C	R/mfp	S_4	S_8	S_{16}	精确值
2.0	0.990 605 57	8.11	2.21	0.558	0
1.4	1.985 343 43	2.29	0.62	0.13	0

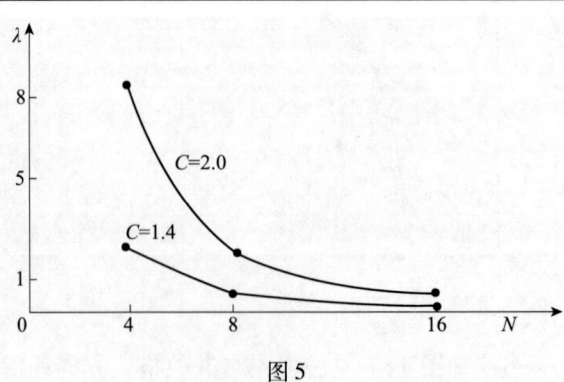

图 5

表6和图6给出了指数加权格式计算的 λ 值。

表6　指数加权格式计算的 λ

C	R/mfp	S_4	S_8	S_{16}	精确值
2.0	0.990 605 57	13.54	3.566	0.844	0
1.4	1.985 343 43	5.24	1.48	0.29	0

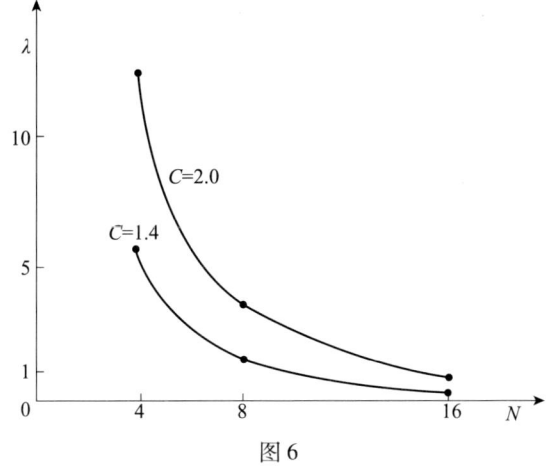

图6

从这里可以得出与上节一致的结论：

(1) C 越大（装置尺寸越小），S_N 计算误差越大，而且 N 越小，误差越大（$C=2$，$N=4$ 时 λ 的偏离可达 10 左右）。

(2) 随 N 增大，误差减小，本征值收敛到精确值（S_{16} 计算的 λ 误差均小于 1）。

(3) 指数加权格式的误差比菱形格式大。两种格式（对显著大于 1 的 C）均给出 λ 偏高的结果，这点与等比格式相反。从一节的结果推断，$C=2$ 时，等比格式计算的 λ 可能偏低 2 左右，而 S_{16} 的 λ 偏低不到 0.1。（误差 $\Delta\lambda$ 与 ΔR 之间是有联系的）。

在以上的计算中，着重分析了不同格式和角度分点数 N 的影响，约定了"取适当的空间分点数 K"。所谓"适当"，以空间步长的改变不再显著影响计算结果为原则。

表7　空间分点数影响，临界半径计算（以 mfp 作单位）

C	K	S_4	S_8	S_{16}	空间分点数不同带来的相对误差
$C=1.02$	100	12.050 45	12.058	12.059 68	
Carlson	50	12.053 64	12.060 9	12.063	<0.028
$C=2.0$	40	0.979 6	0.987 7	0.989 86	
Carlson	20	0.979 2	0.987 44	0.989 42	<0.045
$C=1.4$	80	1.961 3	1.978 52	1.983 48	
菱形	40	1.961 3	1.978 49	1.983 46	<0.002
$C=1.4$	80	1.994 73	1.988 25	1.985 87	
等比	40	1.994 36	1.987 77	1.985 338	<0.026

表7给出了一些改变空间分点数 K 时临界半径的计算结果。可见，一个自由程分 20 点左右是足够了，对大的装置分点还可以少些。这时再增加分点数带来的临界半径误差只有万分之五以下，比角度分点数变化和格式变化的影响小得多。不过，不同格式对空间分点数

的敏感程度也不同（如 Carlson 格式就特别不敏感）。具体分多少点要以计算稳定为原则。

以上的结果还启发我们：由于等比格式与菱形（或其他）格式的误差方向相反，在一定情况下，混合运用这些格式可能会提高计算的精度，并允许用较小的 N，从而节省计算时间。

4 临界裸球中子注量率的空间分布

文献 [3, 4] 的精确解还给出了中子注量率的空间分布表达式及数值结果。S_N 差分解的中子通量空间分布是否收敛到精确解的分布呢？

表 8 给出了一个菱形格式计算的典型结果。当 $C = 2$，$R_c = 0.990\,605\,57\,\text{mfp}$（精确的临界半径）时，$\lambda$ 本征值计算得到的中心归一的 $\psi(r)$。

表 8　菱形格式计算 $\psi(r)$ 分布与精确解的比较

r/R S_N	0	0.25	0.50	0.75	1.0
S_4	1	0.951 15	0.796 49	0.564 5	0.264 9
S_8	1	0.945 74	0.786 7	0.558 1	0.258 41
S_{16}	1	0.945 3	0.785 9	0.554 6	0.258 0
精确解	1	0.943 85	0.785 658	0.552 517	0.257 449

可以看到：当 N 增大时（即当 λ 趋向精确值 $\lambda = 0$ 时），中子注量率分布也趋于精确解的分布。

表 9a 和表 9b 分别给出了 $C = 2$ 时 Carlson 格式与菱形格式进行临界计算所得到的中心归一的中子注量率分布 $\psi(r)$。

表 9a　Carlson 格式计算 $\psi(r)$ 分布与精确解的比较

r/R S_N	0	0.25	0.50	0.75	1.0
S_4	1	0.947 38	0.794 6	0.565 73	0.258 956
S_8	1	0.942 87	0.787 5	0.560 58	0.257 727 8
S_{16}	1	0.941 5	0.786	0.559 3	0.257 532
精确解	1	0.943 850	0.785 658	0.552 517	0.257 449

表 9b　菱形格式计算 $\psi(r)$ 分布与精确解的比较

r/R S_N	0	0.25	0.50	0.75	1.0
S_4	1	0.950 6	0.801 8	0.573 2	0.274 5
S_8	1	0.947 78	0.795 8	0.564 2	0.264
S_{16}	1	0.945 78	0.787 77	0.557 43	0.261 1
精确解	1	0.943 85	0.785 658	0.552 517	0.257 449

可以看出，随 N 增大（即当 R_c 趋向精确的 R_c 值）时，中子注量率的空间分布总的看来也是趋向精确解的分布的，N 越小，误差越大。不过 Carlson 格式在接近 $r \approx 0$ 处的通量有点反常。

还可以看到：对固定半径的本征值计算，随 N 增加 $\psi(r)$ 的分布稍有变陡的趋势。这可以部分地解释后面将讨论的 N 增大则泄漏增加的结论（等比格式规律相反）。

本节的结果还说明：只要分点取得合适，作为通量的线性 $\int \sum \psi(r) dV$ 的一类积分是可以用 S_N 方法算准的。

5 非临界系统本征值计算误差

已有的精确解一般是对临界情况求得的。这里，我们将说明，临界问题的精确解可以推广应用于非临界问题。给出非临界系统本征值的精确值，从而可以检验差分方法求解超临界与次临界本征值的误差。

对于给定的截面，当裸球的半径 R_J 不等于临界半径 R_c 时，系统可以用以下的方程描述（其中 $\lambda \neq 0$）：

$$\begin{cases} \mu \dfrac{\partial \varphi(r,\mu)}{\partial r} + \dfrac{1-\mu^2}{r}\dfrac{\partial \varphi(r,\mu)}{\partial \mu} + \left(\Sigma_t + \dfrac{\lambda}{v}\right)\varphi(r,\mu) = \dfrac{\Sigma_1}{2}\int \varphi(r,\mu')d\mu' \\ \varphi(R_J,\mu) = 0 \quad \mu < 0 \end{cases}$$

我们可以将此非临界裸球看作是一个伪临界系统，其伪全截面 $\Sigma_t' = \left(\Sigma_t + \dfrac{\lambda}{v}\right)$；伪平均自由程 $l' = \dfrac{1}{\Sigma_t + \dfrac{\lambda}{v}}$；每次碰撞的伪平均次级中子数 $C' = \Sigma_1 / \left(\Sigma_t + \dfrac{\lambda}{v}\right)$。上述方程便是一个伪临界方程，$R_J$ 就成了伪临界半径。

对给定的半径 R_J 解本征值 λ 的问题，可以看作是对给定的 $C' = \Sigma_1/\left(\Sigma_t + \dfrac{\lambda}{v}\right)$，求伪临界半径 R_J 的问题。这个问题的精确解显然就是 $C' = \Sigma_1/\left(\Sigma_t + \dfrac{\lambda}{v}\right)$ 时的精确临界半径 R_c'（以 mfp 作单位），换算成以厘米为单位的临界半径要乘以 $l' = /\left(\Sigma_t + \dfrac{\lambda}{v}\right)$。

实例计算：

模型①：取单位质量核子数 $n = 0.00256272365$，$\rho = 19$，$\Sigma_t = 5$，$\Sigma_1 = 10$（即实际的 $C = 2$）。若取 $C' = 1.6$ 便相应于 $\lambda = 73.04$（仍取 $v = 1200$），相应的精确临界半径为 1.4760985891 mfp[4]，也就是 4.85 cm。换句话说，取 $R_J = 4.85$ cm，应得精确本征值 $\lambda = 73.04$。

模型②：若取 $\rho = 38$，其他实际参数同上，则 $C' = 1.6$，相应于伪临界半径 $R_J = 2.425$ cm，相应的 $\lambda = 146.08$。

对于这两个模型，S_N 差分解的本征值 λ 与精确值的对比列于表10。

表10 非临界本征值计算

		S_4	S_8	S_{16}	精确解
模型①	菱形格式 指数加权格式	78.044 82.7256	74.2616 75.7344	73.244 73.603	73.04
模型②	菱形格式 指数加权格式	156.097 165.087	148.546 151.134	146.5 146.88	146.08

以上结果表明：

①S_4 计算的超临界本征值误差相当大。在所取参数下，$\lambda_{精}=73$ 时，λ 偏高 ≈ 5（菱形格式）；偏高 ≈ 10（指数加权格式）；当 $\lambda_{精}=146$ 时，两种格式分别偏高 10 和 19。指数加权格式误差大。如果改变所取参数，误差值会有变化，但定性规律不变（尺寸大的模型例外）。等比格式计算的 λ 偏低，但误差幅度较小。

②随 N 的增加，差分计算的本征值 λ 收敛到精确值。S_{16} 计算的 λ 值与精确值的偏离即使在高超临界情况下也在 1 以内。对次临界问题的计算有类似的结论。

6 差分解产生误差的原因

由 2、3 节可见，S_N 方法求临界半径计算的误差与求本征值 λ 的计算误差是一致的。同一差分方法，计算的临界半径偏小，则固定半径时算得的 λ 偏高。现在，我们用本征值计算来说明差分解产生误差的原因。

单速中子输运方程可对角密度 $n(r,\Omega,t)$ 写出

$$\frac{\partial n}{\partial t}+v\Omega\nabla n+v\Sigma_t\cdot n=\frac{v\Sigma_1}{2}\int n(r,\mu',t)\mathrm{d}\mu'$$

将上式对 Ω 和 r 积分，再除以 t 时刻系统的总中子数 $N_{总}=\int\mathrm{d}\Omega\mathrm{d}vn(r,\Omega,t)$，得

$$\frac{\partial N_{总}}{N_{总}\partial t}+\frac{J}{N_{总}}=\frac{1}{N_{总}}\int(\Sigma_1-\Sigma_t)\psi(r,t)\mathrm{d}^3r$$

其中，$J=8\pi^2R_J^2\int_0^1\mu'\psi(R_J,\mu',t)\mathrm{d}\mu'$ 为裸球外界面单位时间泄漏的中子流。ψ 是中子注量率。

定义 $\lambda=\dfrac{\partial N_{总}}{N_{总}\partial t}$

$$\lambda_{\infty}=\frac{1}{N_{总}}\int(\Sigma_1-\Sigma_t)\psi(r,t)\mathrm{d}^3r=(\Sigma_1-\Sigma_t)\cdot v$$

得到

$$\lambda=\lambda_{\infty}-\frac{J}{N_{总}}$$

此式的推导是严格的，就是说精确的解应使此式满足。显然，λ_{∞} 只依赖于参数（这句话只在单群均匀球情况是严格的），与计算方法无关。所以，差分法计算的 λ 差别的原因在于 $J/N_{总}$（即比流）的差别。

实际的差分计算结果证实了这一点，表 11 和表 12 中给出了菱形和指数加权格式计算的结果。

表 11a $C=2$，$R=4.05$cm 时，菱形格式计算的泄漏中子流

	S_4	S_8	S_{16}
λ	2.64	−0.2588	−1.117
$J/N_{总}$	143.17	146.09	146.95

表 11b $C=1.4$, $R=8.1\text{cm}$, 菱形格式计算的泄漏中子流

	S_4	S_8	S_{16}
λ	0.3858	-0.494	-0.7186
$J/N_总$	57.95	58.81	59.06

表 12a 指数加权格式，$C=2$，$R=4.05\text{cm}$ 计算的泄漏中子流

	S_4	S_8	S_{16}
λ	4.7877	0.292	-1.0925
$J/N_总$	141.1	145.53	146.91

表 12b 指数加权格式，$C=1.4$，$R=8.1\text{cm}$ 计算的泄漏中子流

	S_4	S_8	S_{16}
λ	1.847	-0.029	-0.6593
$J/N_总$	56.476	58.368	58.984

表中的数据表明：

①在用 S_N 方法作本征值 λ 计算时，N 越小，比流 $J/N_总$ 越小，这与 λ 越大的结果是一致的，定量关系也正好是对的。就是说，相对于精确解，S_4 把泄漏比流算小了，因而临界度算的偏高了（等比格式相反）。

如果不是作本征值 λ 计算，而是进行临界半径计算，这时由于 $\lambda=0$，$\lambda_\infty=\text{const}$，故应有 $J/N_t=\text{const}$（与分点数 N 无关）。我们用 Carlson 格式作了大量计算，验证了这一点。

②装置尺寸越小，对角度点数 N 越敏感。因为尺寸越小，泄漏误差越大，相应地本征值计算误差也越大。

由于 λ 的误差是由泄漏计算的误差造成的，则对于带反射层的装置，差分计算的误差未必增大，因有的反射层对泄漏计算的误差有某种"抹平"作用。

至于为什么不同的差分格式和角度分点 N 会导致泄漏计算的误差，我们可以指出如下几点：

（1）泄漏计算的误差取决于对方程左端 $\mu\dfrac{\partial\varphi}{\partial r}+\dfrac{1-\mu^2}{r}\dfrac{\partial\varphi}{\partial\mu}$ 两项所作的近似，N 不同对这两项所作的差分近似显然不同。另外，对右端积分值 $\int\varphi(r,\mu')\mathrm{d}\mu$ 带来的误差也不同。

（2）插值公式的不同格式，导致注量率 φ 随 r 和 μ 的分布有差别，也造成上述两项计算的差别。装置大时，外层 r 大，一个 $\Delta\mu$ 步长内的自由程数太大，Carlson，菱形和加权格式等值公式不适用于这样的情况。

（3）Carlson 格式与其他格式还有一点不同的是：它的角度分点是 [-1，+1] 内的等分点，而其他格式为高斯点。这一点带来的差别也是不能忽视的。

最后，感谢于敏和黄祖洽同志对本工作提出的宝贵意见。何桂云同志参加了部分计算工作。

参考文献

[1] 杜祥琬. 中子输运方程若干精确解简介. 调研报告.
[2] LA-2595. The Discrete S_N Approximation to transport Theory.

[3] Kaper, Nucl. Sci. Eng. , 1974, 54: 94.
[4] Dubi A, et al. Nucl. Sci. Eng. , 1978, 66: 1; 1979, 70: 111.

A Comparison between Finite Difference Solution of Neutron Transport Equation and Corresponding Exact Solution

Abstract: The error analysis of finite-difference method in computing critical size and neutron flux is given. The exact solution in non critical case has been extrapolated from the exact solution in critical case. The exact solutions are compared with corresponding solutions obtained by finite-difference method. The influences of the computational scheme and the region step on the results have been examined. Error sources and associated regularities are discussed as well.

激光核聚变物理概述[①]

1 引 言

核聚变研究的最终目的是为人类提供未来的能源。氢弹是以不可控的形式显示了核聚变能的威力。人们正在做出巨大努力，去实现可控的核聚变。目前，核聚变反应堆的研究正处在实现高增益的前夜。虽然有不少困难，但前景光明。

受控核聚变的研究主要有两条技术途径，一条是磁约束聚变；另一条是惯性约束聚变。

惯性约束聚变是利用高功率的脉冲能束均匀照射微型聚变靶丸，由靶面物质的熔化喷溅产生的反冲力（惯性力），使靶内的聚变物质受到约束，迅速被压缩至高密度（液态氘氚密度的 1000 倍左右）和热核燃烧必须的高温（1 亿摄氏度左右），从而发生微型热核爆炸，释放聚变能。

高功率脉冲能束又称驱动器。它可分为两类：①聚焦的强激光束；②聚焦的强流离子束（包括轻离子束和重离子束）。我们将主要讨论激光聚变。

按着驱动器与靶的不同作用方式，激光聚变可分为直接驱动和间接驱动两种。

激光聚变可能有两方面的应用：①民用：用于发电，还可利用其产生的中子制造裂变材料，生产放射性同位素等；②军用：在实验室中模拟核爆，促进核武器的发展。这包括：a. 研究武器物理，校验核武器计算方法；b. 研究核爆辐射效应及其对抗措施；c. 做实验室 X 射线激光的泵浦源。

2 激光聚变的物理过程

激光核聚变的物理过程，大致可分为三个阶段：①激光与靶的耦合（激光被靶吸收或转换为 X 光）；②向内传热增压和聚心压缩；③芯部点火与热核燃烧。现概述如下：

2.1 激光与靶的耦合（吸收及 X 光转换）

激光脉冲的前沿或予脉冲，照射于靶丸表面使表面汽化；在靶四周形成一层稀薄的等离子体，这一层称作电晕区。电晕区中等离子频率等于激光频率的地方称作临界面。激光主要就是在临界面附近被吸收的。

激光吸收的主要机制有：

● 逆轫致吸收（古典碰撞吸收），这时激光功率密度 P 随 X 的变化是

$$\frac{dP}{dX} = -K_{ib}P \tag{1}$$

[①] 本文发表于《核物理动态》，1989 年，第 6 卷，第 1 期，第 34 页。

吸收系数

$$K_{ib} = \frac{4.97\eta_e\eta_i z^2 g}{n_e^2 \lambda_1^2 T_e^{3/2}}\left(1 - \frac{\omega_P^2}{\omega_L^2}\right)^{-\frac{1}{2}} C_m^{-1} \qquad (2)$$

可见逆轫致吸收主要发生在临界面附近，且对短波长 λ_1 和高 Z 靶，轫致吸收较大；此外，逆轫致吸收 $aT_e^{-3/2}$ 所以在电子温度升高时，K_{ib} 变小，因此，对高功率密度，如 $P > 10^{25} \text{W/cm}^2$ 时，逆轫致吸收变得不重要。

● 共振吸收：激光的电场与电晕区的密度梯度发生直接相互作用，产生出电子的等离子体振荡。激光电场的能量被抽运于电子的等离子体振荡。当入射光的电场矢量在密度方向有分量时，就产生这样的振荡。电荷密度的涨落是

$$in = X_{os}\nabla n_e \qquad (3)$$

$$X_{oS} \equiv \left[\frac{-eE}{m_e\omega_L^2}\right]\cos\omega_L t_0 \qquad (4)$$

这种性质的吸收显然发生在临界面附近。因为那里存在着 ω_L 和 ω_P 之间的共振。

● 其他反常吸收机制：可以概括为激光等离子体的多波相互作用过程。如三波共振。激光（横波）和电子等离子体波（朗缪尔波）及离子声波之间可能有多种共振的方式，分别成为诱导布里渊散射、诱导拉曼散射、双等离子体波衰变等。它们发生在临界面附近或密度稍低于 n_c 的地方。

既然激光吸收主要发生在临界面附近，所以人们十分重视临界面处物理状态的研究。这里，高频场的有质动力势起着重要的作用，它是孤粒子产生的原因，而后者的形成、传播、变化决定了临界面的物理状态。

激光吸收研究的目标是使大部分激光能量被靶吸收，而又不产生太多的超热电子（>10keV），后者对靶的予热会降低靶的效率。

对间接驱动靶，需先将激光能量转换为软 X 光，再由软 X 光均匀地辐照靶丸。这里研究的核心是激光—X 光转换效率，其定义为

$$\eta_X = \frac{E_X}{E_{abs}} \qquad (5)$$

$E_{abs} = E_L \cdot \eta_{ao}$ 转换效率与激光波长、强度、焦斑尺寸和靶材及转换靶（腔靶）的结构有关。

实验已经证实：用短波长激光（如 Na 玻璃激光的 2ω、3ω）、适中的强度（~10W/cm^2）和较长的脉宽。(0.1~100ns)，可获得良好的吸收效果，并可抑制超热电子，吸收系数 η_a 可达 80%，同时，用短波长（0.35μm）激光，照射全靶，在功率密度 10W/cm^2 时，η_X 可达 70%。

2.2 传热增压和聚心压缩

为达到压缩热核燃料的目的，首先必须由临界面往高密度烧蚀层传热实现增压。激光在临界面附近把能量交给电子，然后由电子传热把能量送入靶丸。因此热传导的问题是激光聚变的关键问题之一。这里热传导问题比正常的热传导复杂。已证实存在着强自生磁场的阻热作用，还可能存在着电子与离子声波湍流反常碰撞的阻热因素。

间接驱动靶是靠 X 光传热。X 光传热速率与 X 光温度 T 关系非常敏感。因为辐射流

$$F = -K\nabla T_X = -\frac{I_k c}{3}\nabla Q T_X^4 \propto T_X^{5-7} \tag{6}$$

（因辐射自由程$\propto T^{2-3}$）。可见T_X是同接驱动靶的关键物理量。

传热使靶丸的外壳（推进层）受到烧蚀，壳的炽热气体一部分外爆飞散；一部分被推向内部，聚心加速，使靶丸受到聚心冲击波的压缩（见如下示意图）：

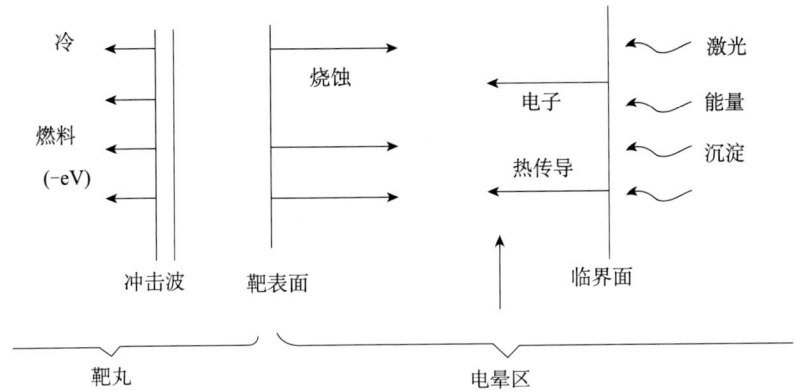

在这个聚心压缩过程中，有几个至关重要的问题：

（1）必须防止推进层与燃料交界面的 Rayleigh-Taylor 界面不稳定性的发展，避免推进层材料与燃料的混合，降低燃料效率。

（2）要控制压缩形状不大偏离球形，以免降低压缩度。

（3）要保持燃料的高压缩度，就要争取实现冷压缩，防止预热，所以要抑制超热电子的产生。

为实现以上几点，需要对驱动器和靶进行精心设计，达到尽可能好的流体力学效率，后者定义为内爆动能与被吸收的驱动能之比，即

$$\eta_h = \frac{燃料获得的能量}{被吸收的激光能量} \tag{7}$$

比较合理的估计为$\eta_h \sim 15\%$。

2.3 芯部点火与热核燃烧

经过上面的传热和聚心压缩过程，应使 DT 靶丸的燃料获得 $>10^{12}$ 大气压的压力和 $>5\text{keV}$ 的温度，DT 才能点火。

对激光聚变，可导出如下的 DT 燃耗公式：

$$f_b = \frac{\rho R}{6.3 + \rho R} \tag{8}$$

其中，ρ，R分别是经压缩后 DT 燃料的密度和半径。有可能实现的f_b约为$>30\%$，即相应的$\rho R > 3\text{g/cm}^2$（在 ICF 中常用这一判据取代通常的 Lawson 判据）。

可以证明：DT 靶丸的点火不可能是整个靶丸燃料整体同时点火，而只能是中心附近一个小区域（其质量约为总燃料的百分之几）达到 5keV 以上，首先点火。然后，由 DT 反应产生的 3.5MeV 的 α 粒子传热，点燃其余部分，形成热核燃烧。

还可以从ρR判据出发，估计对驱动器能量的要求，由

$$\rho R = \left(\frac{3\rho^2 \sigma^2}{4T} M\right)^{1/3} \tag{9}$$

其中，M 为 DT 装量，σ 为压缩比。

而驱动激光能

$$E_\mathrm{L} = \frac{MC_V T}{\eta_\alpha \eta_\mathrm{n}} \propto M \tag{10}$$

故，为了降低对 E_L 的要求，M 不能大，则由式（9），要求 σ 大，适当的估计是 $\sigma = 1000$（液态 DT 的 1000 倍），则由 $\rho R = 3$ 和式（9）得出 $M = 3\mathrm{mg}$，又经过冲击压缩和等熵压缩后的燃料温度可估计为 1keV，则由式（10）估出，E_L 约为 3MJ 的量级。

3 现状与展望

目前美国在 ICF 上每年保持 1.55 亿美元的稳定投资，主要工作在三大武器实验室（LLNL，LANL，SNL），其次是 Rochester 大学，NRL 和 KMSF。重点进行间接驱动技术研究，同时开展小规模直接驱动研究。

主要研究手段有：

（1）高功率激光器，首先是 LLNL 的 Nova 激光器，其水平是

功率	波长
100TW	1.05μm
40~60TW	0.53，0.35μm
能量	波长
120~150kJ	1.05μm
50~80kJ	0.53，0.35μm

正准备利用它，作"流体力学等当缩小型靶"研究。苏、日、西欧也在发展大激光器。

20 世纪 80 年代以来，苏联为激光核聚变研究发展了钕玻璃激光器"海豚"系列。能量从 3kJ 发展到 50kJ，功率从 1.5TW 发展到数十 TW。据悉，目前正着手建造 1MJ 的装置，并注意提高激光器的效率和重复频率。

美国直接驱动靶的研究在 UR 和 NRL 进行。有 24 路的 omega 激光器。此外，KrF 激光器也是一种有希望的驱动器。正在 LANL 发展，目前水平是单路 10J 不需倍频，但必须作时间调制，压缩脉宽。

（2）利用地下核试验提供的强 X 光源，作 ICF 小囊内爆动力学研究。保密的 Halite-Centurion 计划估计就是作这项研究的。

间接驱动和直接驱动靶均取得了初步实验结果。前者中子产额为 5×10^{10}，后者达 2×10^{13}。而且与理论计算符合得不错。

间接驱动靶的黑洞物理的研究，证实了理论预期的结果。如辐射输运、超热电子产生等。黑洞的温度已接近高增益靶设计的要求。

制靶技术取得进展。如制造冷冻 DT 靶，可降低高增益靶的增熵；又如制作高精度的 DT 球壳技术等。

一些水平很高的理论计算程序已发展起来并得到了应用。这里需要很多原子（离子）

的微观数据。

1988年8月,美国LLNL的E. Storm等在意大利一次国际会议上透露:
"美国利用地下核爆炸产生的X射线来模拟未来强激光所驱动的DT靶丸聚变,获得成功。"使用的X射线能量为5~10MJ,DT聚变的结果与理论计算相符。达到了接近一维的理想压缩和燃烧。这表明,用Nova的实验结果核验过的理论计算作的外推是正确,只要建造10MJ的激光器(称Athena),就能实现内爆高压缩和显著聚变(燃耗达~30%)。"上述结果使我们确信:10MJ、三倍频钕玻璃激光器驱动的ICF是可行的,效费比是高的,美国将加速实现这个计划。"

这一情况值得我们注意。

我国也开始了激光聚变的研究工作。在激光器的研制、理论模拟计算、制靶、打靶实验与诊断等方面,都取得了初步结果。

实现惯性约束聚变还有很长的路要走。但似乎没有不可克服的障碍会阻止它的实际应用。

参考文献

[1] 于敏. 关于激光聚变研究工作现状, 1978.
[2] 于敏. 惯性约束聚变的展望, 1987.
[3] Duderstadt J, Moses G. Inertial Confinement Fusion, 1982.
[4] Johauson T H. 惯性约束聚变—回顾与展望. 黄世明译. 1984.
[5] Storm E. Progress of Inertial Confinement Fusion at LLNL, IAEA 11th Conference on plasma physics and Controlled Nuclear fusion Research. Kyoto, Japan, 1985, Nov, 13-20.
[6] Review of the department of Energy's ICF Program, March 1986, NAS, Washington D. C.
[7] Storm E, et al. Progress in Laboratory High gain ICF: Prospects for The future. VCRL-preprint, 1988.

激光驱动的 ICF 物理研究[①]

惯性约束聚变是近年来发展迅速、具有科学意义和应用前景的研究领域。本文概述了激光驱动的惯性约束聚变的物理过程和值得研究的物理问题；讨论了激光聚变物理与核武器物理的联系，说明军用研究是激光聚变研究近、中期应用的重要方面；介绍了中国工程物理研究院的激光聚变研究工作。

实现受控核聚变的途径主要有磁约束聚变（MCF）和惯性约束聚变（ICF，inertial confinement fusion）两种。

惯性约束聚变是利用高功率的脉冲能束，直接或间接地均匀照射微型聚变靶丸，由靶面物质的烧蚀喷射产生的反冲力（惯性力），使靶内的聚变燃料迅速被压缩至高密度（液态氘、氚密度的 1000 倍左右）和热核燃烧所必须的高温（10^8K），在惯性约束时间内发生微型热核爆炸，释放聚变能（见图 1）。

高功率脉冲能束又称驱动源。它可分为两类：①聚焦的强激光束；②聚焦的强流离子束（重离子束或轻离子束）。目前可实际应用的驱动源是强激光束。本文将主要讨论激光聚变。

20 世纪 60 年代初，就提出了激光聚变的设想。70 年代以来，实验室激光聚变取得了举世瞩目的进展，美国领先，其次是日本、法国、英国和苏联，我国也达到了一定水平。1985 年以来，美国的 ICF 研究发展较快，它一方面利用世界上最大的钕玻璃激光系统 NOVA 开展了与理论研究密切结合的实验研究；另一方面，两个武器研究所（LLNL 和 LANL）执行保密的 Halite-Centurion 计划，利用地下核试验，模拟间接驱动，获得了实现高增益激光聚变的关键数据，展示了激光聚变可能实现的前景。1988 年 8 月美国公布了这个消息和部分数据，引起了全世界聚变界的注意。

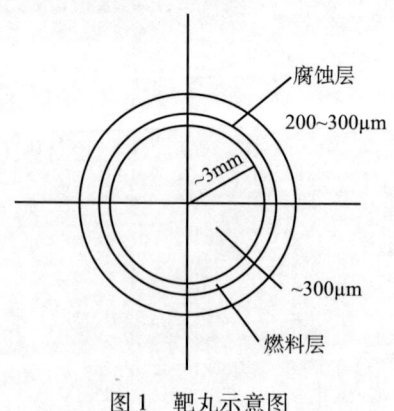

图 1　靶丸示意图

[①] 本文作者：陶祖聪，杜祥琬，彭翰生，贺贤土。发表于《物理》，1991 年，第 20 卷，第 8 期，第 467 页。

按照驱动源与靶的不同作用方式,激光聚变可分为直接驱动和间接驱动两种。直接驱动是将多束驱动激光脉冲直接辐照到靶丸上,其激光强度约为 $10^{14} \sim 10^{15}\,\text{W/cm}^2$,使靶丸形成一个尽可能均匀的球形内爆压缩过程;间接驱动则是先将驱动激光脉冲能量转换成软 X 射线能量,再用后者驱动靶丸的内爆压缩过程,故间接驱动又称辐射驱动。两种方式各有特点,目前都受到相当的重视。

1 激光聚变物理过程概述

激光核聚变的物理过程,大致可分为三个阶段:激光与靶的耦合(激光被靶吸收或转换为 X 光后被靶吸收);向内传热增压和聚心压缩;芯部点火与热核燃烧。现概述如下[1-3]。

1.1 激光与靶的耦合(吸收及 X 光转换)

激光脉冲的前沿或预脉冲照射于靶表面使表面汽化,在靶四周形成一层稀薄的等离子体,这一层称作电晕区。在电晕区中,等离子体频率等于激光频率的地方称为临界面。激光主要就是在临界面附近被吸收的。

激光吸收的主要机制如下。

1. 逆韧致吸收(古典碰撞吸收)

这是理想的吸收机制。吸收系数的表达式是

$$K_{ib} = \frac{4.97 n_e n_i z^2 g}{n_e^2 \cdot \lambda_1^2 T_e^{3/2}} - \left(1 - \frac{\omega_p^2}{\omega_1^2}\right)^{-\frac{1}{2}} \tag{1}$$

其中 ω_p 和 ω_1 分别为等离子体频率和激光频率,λ_1 为激光波长,T_e 为电子温度。可见逆韧致吸收主要发生在临界面附近,且对短波长激光 λ_1 和高 z 靶吸收系数较大。此外,逆韧致吸收正比于 $T_e^{-3/2}$,所以在电子温度升高时,K_{ib} 变小。因此,在长波激光作用下和在高功率密度(如 $P > 10^{15}\,\text{W/cm}^2$)时,逆韧致吸收变得不重要。我们所不希望的反常吸收过程就会严重影响吸收质量。

2. 共振吸收

激光的电场与电晕区的密度梯度发生直接相互作用,产生出电子的等离子体振荡。激光电场的能量被抽运给电子的等离子体振荡。当入射光的电场矢量在密度梯度方向有分量时,就产生这样的振荡。这种性质的吸收显然发生在临界面附近,因为那里存在着 ω_1 和 ω_p 之间的共振。

3. 其他反常吸收机制(参量激发)

可以概括为激光等离子体的多波相互作用过程,如三波共振。激光(横波)和电子等离子体波(朗缪尔波)及离子声波之间可能有多种共振的方式,分别诱导产生布里渊散射、拉曼散射、双等离子体波衰变和自生磁场等。它们发生在亚临界区或密度低于四分之一临界密度 n_c 的地方。

激光吸收研究的目标是使大部分激光能量被韧致吸收,尽量减少反常吸收,确保不产生太多的(能量大于 10keV 的)超热电子和快粒子等,因为它们对靶丸的预热会降低靶丸的效率。

对间接驱动靶，需先将激光能量转换为软 X 射线，再由软 X 射线均匀地照射靶丸。这里，研究的核心问题是激光—X 射线转换效率，其定义为

$$\eta_X = \frac{E_X}{E_a} \tag{2}$$

式中 E_X 为产生的 X 射线的能量，$E_a = E_1 \cdot \eta_a$ 是被吸收的激光能量，η_a 为吸收效率（见图2）。

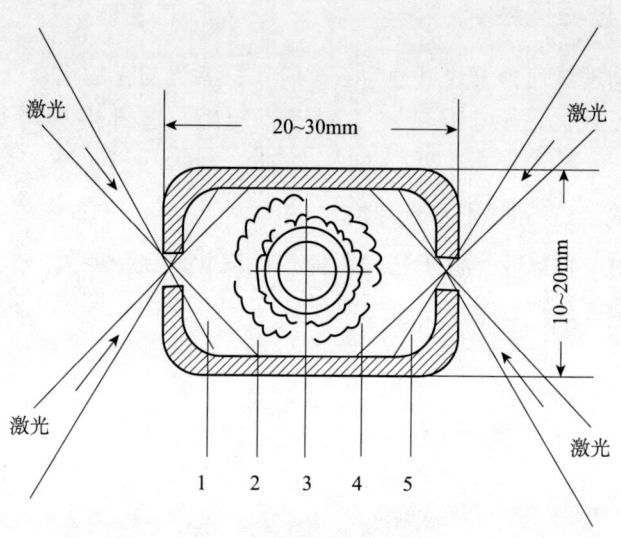

图2　间接驱动示意图
1，5 为吸收转换区；2，4 为 X 射线通道；3 为内爆压缩区

转换效率 η_X 与激光的波长、强度、焦斑尺寸和靶材及转换靶（腔靶）的结构有关。实验已证实：用短波长激光（如 Nd 玻璃激光的 3ω）、适中的强度（约 10^{14-15} W/cm²），可获得良好的吸收效果，并可抑制超热电子，吸收效率 η_a 可达80%。因此，近年来在驱动器的研究中，除三倍频的钕玻璃激光外，KrF 准分子激光器也受到很大重视。

在间接驱动腔靶中，研究激光的吸收，激光向 X 射线的转换，X 射线的输运，以便在靶丸周围创造一个较"干净"且温度分布较均匀的辐射场环境。这是黑洞物理的主要内容。

1.2　传热增压和聚心压缩

为了达到压缩热核燃料的目的，首先必须由临界面往高密度烧蚀层传热实现增压。在直接驱动情况下，激光在临界面附近把能量交给电子，然后由电子传热把能量送入靶丸。因此热传导的问题是激光聚变的关键问题之一。这里的热传导问题比通常的热传导复杂，已证实存在着强自生磁场的阻热作用，还可能存在着反常的阻热因素。

间接驱动靶靠 X 射线传热。X 射线传热速率与 X 射线温度 T_X 关系非常敏感。由于辐射自由程 $l \propto T_X^{2-3}$，所以辐射流

$$F = -K\Delta T_X = -\frac{lc}{3}\Delta \sigma T_Y^4 \propto T_X^{5-7} \tag{3}$$

可见，T_X 是间接驱动靶的关键物理量。

传热使靶丸的外壳（推进层）受到烧蚀，壳的炽热气体一部分外爆飞散，一部分被推

向内部，聚心加速，使靶丸受到聚心冲击波的压缩。

在这个聚心压缩过程中，有几个至关重要的问题：①必须防止推进层与燃料交界面的Ragleigh-Taylor界面不稳定性的发展，避免推进层材料与燃料的混合；②要控制压缩形状基本保持球形，以免降低压缩度；③争取实现冷压缩，防止预热，以达到高压缩度，为此要抑制超热电子的产生。

为实现以上几点，需要对驱动器和靶进行精心设计，达到高的流体力学效率。它定义为内爆动能与被吸收的驱动能之比，即

$$\eta_h = \frac{燃料获得的能量}{被吸收的激光能量} \tag{4}$$

比较合理的估计为 $\eta_h \sim 15\%$。

1.3 芯部点火与热核燃烧

经过上面的传热和聚心压缩过程，应使 DT 靶丸的燃料获得大于 10^{12} atm 的压力和大于 5keV 的温度，DT 才能点火。

可导出如下的 DT 燃耗公式：

$$f_b = \frac{\rho R}{6.3 + \rho R} \tag{5}$$

其中 ρ, R 分别是经压缩后 DT 燃料的密度和半径。有可能实现的 $f_b > 30\%$，即相应的 $\rho R > 3 g/cm^2$（在 ICF 中常用这一判据取代通常的 Lawson 判据）。

可以证明，DT 靶丸的点火不可能是靶丸燃料整体点火，而只能是中心附近一个小区域（其质量约为总燃料百分之几，温度达到 5keV 以上）首先点火。然后，由 DT 反应产生的 3.5MeV 的 α 粒子传热，点热其余部分，形成热核燃烧。激光聚变的增益定义为

$$G \equiv \frac{DT 聚变放能}{激光能量} \tag{6}$$

已有的研究表明，当激光能量达数 MJ 时，间接驱动可以实现 $G \sim 100$ 的高增益[4]。

2 激光聚变与核武器物理

核武器物理的部分问题可在实验室条件下进行研究。由于核试验逐渐受到限制并有可能最终停止，所以核武器研究的可能发展趋势之一是转入实验室研究。而 ICF 正是热核武器物理问题研究的主要的实验室手段。

实验室微聚变相当于一个微型氢弹爆炸。间接驱动 ICF 中的辐射输运、压缩、爆聚和热核燃烧等物理过程，以及由它造成的辐射环境在许多方面与热核武器很相似，因此可以利用激光聚变作为缩小尺度情况下研究核武器物理和武器效应的实验室手段。

有可能利用 ICF 研究的武器物理问题有以下几方面。

2.1 核武器物理过程的分解研究

（1）辐射输运和辐射驱动内爆动力学研究对核武器设计具有重要意义。间接驱动方式的激光聚变在结构原理上与氢弹类似，不同的只是这里的源区不直接释放辐射能，而是首先吸收激光能量，然后将激光能量转换成软 X 射线辐射能。以后的各过程，从辐射输运过程，靶丸的内爆压缩过程，直到次级（靶丸）的热核反应过程，与氢弹均十分相似。因此，

激光聚变研究的成果，可以直接或间接地用到核武器的研究发展中去。例如，如何做到球对称的压缩？如何实现等熵压缩或控制增熵以提高热核燃料的压缩度？如何创造使燃料中心点火的条件及燃烧具有什么规律？存在哪些二维效应以及如何控制流体力学不稳定性等非理想因素的影响等，都可从 ICF 的研究中得到启示。而且，由于二者有这样高度的类似，用于武器设计的大型数值模拟计算程序（一维和多维计算程序）可以通过 ICF 的研究得到很好的校验。

尽管 ICF 的研究对深入理解武器物理很有帮助，却不能完全取代核试验。ICF 辐射腔中的驱动温度比较低（$\sim 3 \times 10^6$K），核武器中的辐射温度要高得多，而能量密度 $\propto T_R^4$（辐射温度），故二者的物理状态不同。此外，二者在要求方面也有差异，武器有许多结构设计上的问题，如小型化、精确设计等，要经过核试验检验，武器的可靠性问题，需经试验后才能定型。

ICF 物理研究也有比武器物理研究困难的一面。例如，武器中辐射能量充分，而激光聚变中由于激光能量有限，相应的辐射能量不充分，故必须要求各个过程都有高的效率，以降低对驱动器的要求。所以，从某种意义上说，ICF 的物理问题比武器更复杂，其研究成果有可能对采用新原理的武器研究有所启发。

（2）核武器设计参数的研究：通过激光聚变的研究，有可能获得一系列对武器设计有用的参数。例如，千万大气压级的物质高压状态方程参数，几百万度辐射温度下物质的光学不透明度参数等。这些参数的精确化对提高武器设计的水平至关重要。它们难以通过其他手段获取，但却有可能通过实验室的 ICF 研究获得。

2.2 核爆炸效应的研究

实验室 ICF 产生的辐射最接近真实的核爆炸的辐射场，它包括中子、γ 射线及硬 X 射线和软 X 射线，能允许人们反复地研究核爆炸条件下各种射线辐照的综合效应及其对抗措施。

通过实验室 ICF 实验，可以校准地下核爆炸中使用的各种诊断测量仪器，从而发展核爆诊断技术，提高诊断测试水平。利用 ICF 实验产生的高能中子和高能 X 射线，可以发展中子针孔照相技术和高能 X 射线照相技术。

实验室激光聚变还有可能提供相当强的硬 X 射线，从而成为 X 射线激光研究的泵浦源。输出 10^3MJ 聚变能的高增益靶丸，产生的硬 X 射线功率密度有可能达到 $10^{16} \sim 10^{17}$W/cm^2，已接近核爆炸泵浦 X 射线激光的泵浦源的水平，可以成为在实验室实现短波长 X 射线激光的有力工具。

3 我国的激光聚变研究

70 年代末，在王淦昌教授等著名科学家倡导下，中国工程物理研究院就着手激光聚变研究实验室的筹建工作。经过十多年的努力，在器件、诊断、理论、制靶和实验诸方面都取得了举世瞩目的进展，形成了我国自己的研究体系，并且造就了一支实力雄厚的科技队伍。

3.1 器件

激光聚变研究带动了我国高功率钕玻璃激光技术的发展。根据中国工程物理研究院的需要，中国科学院上海光学精密机械研究所于 1984 年和 1986 年先后研制成功了 LF-11

（1.06μm，70J，0.3~0.8ns）和 LF-12（1.053μm，2×800J，0.1~1.0ns）两台激光器。LF-11 激光器经中国工程物理研究院改进提高，已成为我国目前唯一的一台高功率倍频激光器（0.53μm）。该激光器承担着大量的激光等离子体相互作用的基础实验研究工作，几年来打靶五千余发，取得了一大批实验数据。LF-12（神光）装置，就其主要技术指标——能量而言，已达到国际中等水平。它主要承担综合性总体实验，在该激光器上已成功地进行了黑洞物理和直接与间接驱动出中子的实验等。

3.2 诊断

激光器提供了产生等离子体的手段，而认识等离子体的特征则需发展相应的诊断技术和设备。激光聚变等离子体有其自己的特点，其空间尺度很小（几个 μm 到几百个 μm），时间过程极短（ps—ns），被测对象复杂，包括具有一定能谱的离子、电子、中子、X射线和各种非线性过程产生的散射光等。中国工程物理研究院发展了高时空分辨、单次脉冲、快速记录和具有抗干扰能力的数十种百余道诊断仪器，并建立了一些标定源。其整体规模和性能已达到国际偏上水平，即使在世界著名实验室中也是不多见的。对诊断技术和设备不断提出的各种新需求，已经促进并在一定程度上支持了我国某些高技术的发展，如 ps 分辨高速条纹相机技术和 X 射线光学技术等[5]。

3.3 理论

研究激光聚变这种复杂过程，理论分析和数值模拟（计算机实验）与物理实验一样，是必不可少的一个方面。中国工程物理研究院利用激光聚变与核武器物理过程的相似性，发展了大型程序，利用计算机对激光吸收、X 射线转换、辐射输运等黑洞物理和内爆动力学过程进行模拟，既对实验结果进行系统分析，加深对物理规律的认识，又可预言和优化实验条件，为实验提供充分依据。

3.4 制靶

激光聚变实验所用的靶子，尺寸小（仅数百微米），结构复杂，精度高，种类多（平面靶、孔靶、空腔靶、直接驱动靶和间接驱动靶等），制备过程涉及多种学科和技术，难度很大。中国工程物理研究院逐步建立起微加工实验室，配置了必要的加工设备和检测装置，摸索并形成了整套制靶工艺，研制出大量体现一定物理思想的精巧的靶子，满足了历年实验的需要。

3.5 实验

多年来，中国工程物理研究院在 LF-11 激光器上进行了大量的平面靶实验和黑洞靶的分解实验，系统地研究了不同激光参数脉冲与金靶的相互作用，测定了亚千 X 射线谱、转换效率以及超热电子的特性。为使激光束有效地注入腔靶，在平面孔靶上进行了不同条件下的等离子体堵口研究。这些基础物理实验为在 LF-12 激光器上进行总体实验打下了可靠的基础，并为检验理论计算提供了依据。1986 年以来，在 LF-12 激光器上进行的四轮黑洞物理和直接与间接驱动出中子实验，取得了可喜的成果。

1. 直接驱动

1986 年在 LF-12（神光）装置上，做了两路直接驱动打 DT 气靶丸实验，每路 50~100J，脉宽 80~105ps，D 与 T 的混合比为 2:1，玻璃气球直径 80~106μm，壁厚 0.7μm，气压 10atm，记录到中子产额为 5×10^6。

2. 黑洞物理

在间接驱动研究方面，首先开展了黑洞物理基础研究，进行了激光吸收和 X 射线转换的实验，诊断了等离子体特性、高能电子和 X 射线的分布，用 X 射线针孔相机与条纹相机进行了时间分辨的测量。结果表明，黑洞靶的吸收激光效率 η_a 可达 80%（而同样功率密度下的金平面靶的 η_a 只有 40%）。由于腔靶对等离子体的约束，黑洞靶中的 X 光转换效率也比平面靶时高得多，约达被吸收能量的 40%~50%。

转换得到的软（亚 keV）X 射线是驱动靶丸的能源。我们利用入射孔和诊断孔来测量软 X 射线，看到后者很接近黑体谱（图 3）。入射激光转换成 X 射线的区域的信息由入射孔量得的辐射温度给出，后者的平均值为 155eV，而由诊断孔量得的是靶丸放置区的辐射温度，其值为 130eV，达到了理论预期结果。这为下一步进行辐射驱动出中子实验打下了良好基础。

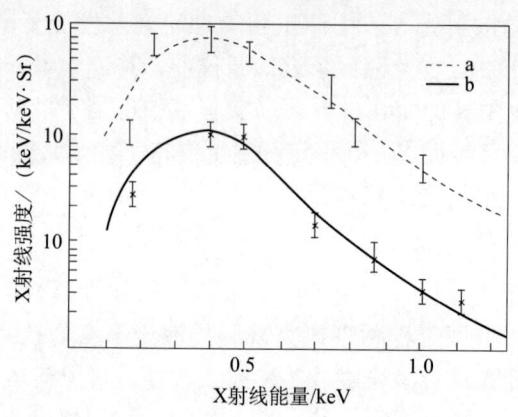

图 3　黑洞靶的亚千 X 光谱

a 为激光入口内的 X 射线；b 为诊断孔内的 X 射线

3. 间接驱动出中子实验

1990 年 10 月，在 LF-12 装置上以两束激光对打方式进行。每路激光能量为 600~700J，脉宽为 0.6~0.8ns，实验采取措施避免了散射激光和快粒子的干扰，得到了间接驱动出单发中子 10^4 个。还进行了激光斜入射腔内壁的混合型驱动（即激光与辐射共同驱动）实验，记录到单发中子 10^5 个，由记录到的中子波形与 X 射线波形的峰间时间差证实（图 4），得

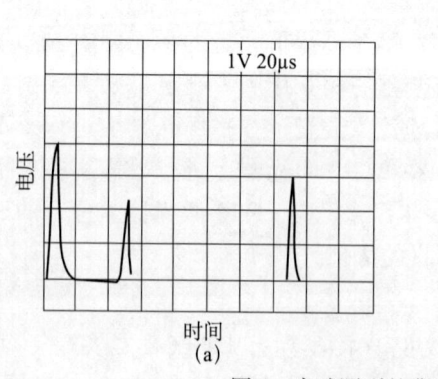 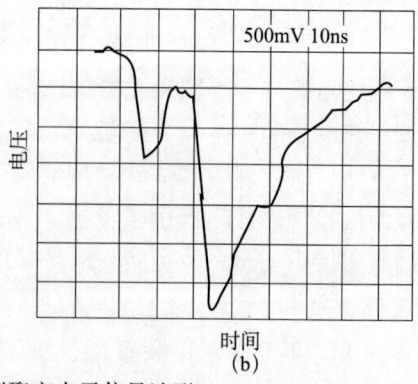

图 4　实验测到的典型聚变中子信号波形

（a）慢法探头信号仿；（b）快法探头信号

到的中子为 14.1MeV 的聚变中子。这次实验使我们更深刻地体会到：创造一个"干净"的辐射环境是间接驱动实验成功的重要条件。在"神光"这样的小装置上获得上述结果，在国际上也是难得的。它表明了我国进行实验、理论、器件、诊断及制靶互相配合的整体研究的能力，标志着我国激光聚变的研究工作迈上了一个新的台阶。

作者感谢于敏、胡仁宇研究员对本文所提的宝贵意见。

参考文献

［1］ Duderstadt J, Moses G. Inertial Confinement Fusion. A Wiley-Interscience Publication, 1982：29-62.
［2］ 常铁强等. 强激光与粒子束, 1989, 1-3：195-209.
［3］ 杜祥琬. 核物理动态, 1989, 6-1：34-37.
［4］ Storm E, et al. Paper on the 8th Session of the International seminars on Nuclear War, Erice, Italy, 1988.
［5］ 胡仁宇, 郑志坚. 强激光与粒子束, 1990, 2-1：1-15.

建议在油田发展核供热堆[①]

1 问题的提出

我国石油工业对国民经济作出了重大贡献。但我国石油资源并不很丰富。东部各大油田都已进入了中期或晚期，维持稳产已是十分艰巨的任务。新疆油田刚开发，形成可观的产量还有一个相当长的过程。"八五"计划中，我国石油产量的增长率远低于其他行业，"九五"也难改观。千方百计节约石油、天然气已刻不容缓。

目前，各油田有大约14%的原油和天然气被消耗于油田自身所需的各种供热源上，如高凝油与稠油开采、输油、生活供暖等等。用别的能源将宝贵的原油和天然气替代下来，有相当大的潜力可挖。如果改用烧煤，则会造成大量运输、污染和处理炉碴的难题，而且各油田能得到的煤都是议价煤，经济上不合算。改用核能没有运输困难和污染问题，只是基建投资较大，但长期的运行费用很小，总的经济效益是合算的。

2 核供热是干净、安全的

各种能源对环境的影响与运输量对比如表1所示。

表1 10万千瓦供热站对环境的影响

从烟囱排入大气 （吨/年）	烧矿物燃料的热水锅炉			核供热堆
	石油	煤	天然气	
二氧化碳	150 000	187 500	240 000	0
氧化硫	925	375	2.5	0
氧化氮	375	500	200	0
重金属	37.5	0.5	0	0
放射性影响	变化的，有时高	一般高于天然放射性本底	轻微的氡放射性	少于天然放射性本底的1/4000
灰（吨/年）	62.5	~10 000	10	0
高放射性废物（乏燃料）	0	0	0	0.25 米^3/年
燃料运输	46 250 吨/年	72 500 吨/年	0.5 亿米^3/年	2.5 吨/年

由表1可见，核能是干净的。当然，它也有缺点，产生了高放射性的废料，但量不大，可以长期贮存。

在日常运行中，核供热堆都选用有固有安全性的堆型，而且还有一系列以防万一的安全措施，可以放心地建在闹市区。

[①] 本文作者：孙汉城（中国原子能科学研究院研究员），何祚庥（中国科学院理论物理所研究员、学部委员），杜祥琬（北京应用物理与计算数学研究所研究员）。发表于《现代物理知识》，1992年，第4卷，第3期，第20页。

例如加拿大 Slowpoke-3 型堆，平时堆自动安全运行，对环境辐射影响可忽略不计（比安全规定还好三个量级），万一有事故时，可以依靠非能动作用自动安全停堆，停堆后又靠非能动作用导出停堆后的余热。堆芯设置在一个水池中，单靠池水的自然循环导热，也可维持堆芯冷却相当长时间。即使运行人员离开现场一星期或更长时间，堆仍处在安全状态。所以这种堆俗称"傻瓜堆"。

3 核供热堆系列的四个层次

根据不同的应用对象，可按供热水（或汽）的温度，将核供热堆分为四类，即四个层次。

（1）为小区域生活采暖用的。供 80℃ 左右的热水。

由于油田生活区大多数分散，宜建这一类小堆。

最佳堆型为加拿大 Slowpoke-3 型，常压池式自然循环供热堆。我国核工业总公司北京核工程研究设计院曾与加拿大合作设计这种堆型，我国核工业总公司原子能科学研究院有研制与生产出口微型堆（相当于 Slowpoke-2 型）的经验。核工业总公司系统有多台池式堆的运行经验。这种堆完全国产化是没有问题的。为加快进度，继续与加拿大合作也是可以考虑的。

建一个一万千瓦的 Slowpoke-3 堆，中加合作，建设投资约 1700 万元，工期 1.5 年，可供 15 万平方米建筑面积采暖，与 17 吨热水锅炉相当。反应堆可用 30～40 年，核燃料（5% 浓缩铀）每九年更换一次（以每年运行半年采暖计），经济性比烧议价油便宜。

低温供热堆在半年运行期间，一般不需要停堆检修，但为防万一，一个地区以建双堆为宜。由于一些基建设施公用，建双堆总共 3000 万元就够了。建单堆、双堆与建燃油气炉的经济性对比如表 2 所示。以辽河油田管理局所在地兴隆台地区为例。该地区地理上分三片，共建 10 个 1 万千瓦的供热堆，建议先集资 3000 万元，建 2 个 1 万千瓦的堆作示范，以后再增建。

表 2 核低温供热堆与燃油气炉经济性对比

	燃油气炉		Slowpoke-3 堆型	
	1 台 17 吨炉	2 台 17 吨炉	单堆（1 万千瓦）	双堆（2×1 万千瓦）
利息（年息10%，万元/年）	26	52	170	300
折旧费（万元/年）	26	52	57	100
燃料费（万元/年）	292	584	40	80
总和（万元/年）	344	688	267	480

注：运行费用两者相仿，未计入对比

（2）为采油生产供热用的低温供热堆，引出 150°C 左右的热水或蒸汽。

油田生产中需用大量 90°C 或更高的热水，用于高凝油开采，管道加温等。最佳堆型为瑞典的 SECURE-H 型，（加压池式硼水控制供热堆），引出 150°C 的热水输送到数公里以外，供数十平方公里油井生产用，建一个 10 万千瓦的堆投资不到 1 亿，工期 3.5～4 年；20 万千瓦的投资 1.5 亿，工期 4 年，北京核工程研究设计院与瑞典也有合作设计经验。这种堆也是绝对安全的"傻瓜堆"。清华大学参照德国经验研制成功的一体化壳式供热堆也属于这种类型。但一体化壳式堆的安全性不如 SECURE-H 与 Slowpoke-3。如原苏联规定，SE-

CURE-H 等型可建在城市，而一体化壳式堆必须远离城市边界至少 5 公里。

（3）热电联供堆，供 9MPa 的蒸汽和 290°C 的热水。除发电外，给热网提供上述蒸汽参数可满足大部分工业蒸汽用户的要求，包括石油化工企业的要求。

建议选用瑞典 SECURE-P（PIUS）型，这种堆目前还在研制阶段，北京核工程研究设计院参与了中瑞合作设计。

（4）高温气冷堆。

为开采稠油，（约占总量的 1/4），需用大量 350°C 的高压水蒸气注入油井作吞吐（开采前期）或 300°C 水蒸气作气驱（开采后期）。初期 1 吨蒸汽可出 1 吨多油，后期约 4 吨汽才出 1 吨油。

辽河油田稠油问题更为严重，约占 1/3。他们有燃天然气热采锅炉 74 台，年耗天然气 4.5 亿立方米。因天然气不够用，90 年冬停了 20 多台锅炉。预计"八五"末，"九五"初将需 125 台锅炉，年耗天然气 11 亿立方米，气源难以解决。建议部分地改用核能，建高温气冷堆，这种堆是负温度系数（即当温度升高时，堆的反应性下降）的固有安全的。高温气冷堆是热电两用型，在发电的同时提供 400°C 以上的高压水蒸气。为缩短工期，可中德合作，工期 5 年，标准设计是 20 万千瓦的模块堆。

以辽河油田为例，其中曙光油田可以建一个 4×20 万千瓦的，投资 14 亿，年产油 100 万吨（按 1 吨油/4 吨汽的保险估计）、发电 9 亿度（电功率为 15 万千瓦，按每年发电 6000 小时计）。高升油田可建一个 2×20 万千瓦的，投资 10 亿，年产油 50 万吨，发电 4.5 亿度（电功率 7.5 万千瓦）。投入产出初步估计如表 3 所示。

表 3 高温气冷堆开采稠油的投入、产出比较

		2×20 万千瓦	4×20 万千瓦
投入	利息（亿元/年）	1.0	1.4
	折旧（亿元/年）	0.333	0.467
	燃料（亿元/年）	0.28	0.56
	运行维修（亿元/年）	0.242	0.364
	总计（亿元/年）	1.855	2.791
产出	原油（亿元/年）	1.225	2.45
	电（亿元/年）	0.9	1.8
	总计（亿元/年）	2.125	4.25

注：原油 90% 按平价油 200 元/吨，10% 按议价油 650 元/吨计，电按平价、议价平均 0.20 元/度计

如表 3 所示，产出明显大于投入。目前将宝贵的化工原料——天然气烧掉来换稠油，经济上是亏损的。若改用核能，将扭亏为盈，且省下大量天然气支持化工工业。也不受我国天然气源不足的限制。总之在上述四类供热堆中，第 1、2 两类已可直接进入工程阶段，投资也不大，建议在近期内实现。第 3、4 类尚在研究阶段，需国家加强研究投资开发，然后付诸工程。第四类高温气冷堆尚有 863 高技术支持，第 3 类尚待落实。

中国工程物理研究院的核物理、核技术及相关学科的研究[①]

摘　要：本文概要地介绍中国工程物理研究院的核物理、核技术及相关学科的研究与发展。内容包括九个方面：脉冲核反应体系的诊断学；中子学（微观与积分中子核数据、粒子输运）；高离化态原子物理学；激光惯性约束核聚变与高温高密度等离子体物理；X 射线激光；加速器物理与技术（含自由电子激光与微波研究）；核电子学；核军备控制物理学及核技术应用等。

关键词：核物理，核技术，中国工程物理研究院

中国工程物理研究院（CAEP）是一个多学科的科学技术综合研究机构，包括十余个研究所和一个研究生部。三十多年来，在党中央、国务院的亲切关怀和全国各兄弟单位与部门的大力协同、支持下，为执行我国的核计划、发展我国尖端科学技术事业进行了大量研究，取得了一系列具有我国特色的成果。这些成果是集体智慧的结晶，它凝结了杰出的老一辈科学家的心血，也浸透了一批中青年科技工作者辛勤劳动的汗水。

核物理、核技术及其相关学科是我院的重点学科领域之一，是一个具有明确应用背景和需求牵引的应用基础学科。主要研究内容有：脉冲核反应体系的诊断学、中子学、高离化态原子物理学、激光惯性约束核聚变与高温高密度等离子体物理、X 射线激光、加速器物理与技术、核电子学、核军备控制物理学以及核技术应用等。其中，有关实验物理工作主要在核物理与化学研究所，核电子学与核技术应用主要在应用电子学研究所，而流体物理所与位于上海的激光等离子体物理所也有一部分有关工作，理论和数值模拟的工作集中在北京应用物理与计算数学研究所。

1　脉冲核反应体系的诊断学

在脉冲的核裂变与核聚变系统中，核反应是和爆轰、高温高压流体运动、辐射及粒子输运等相互伴随的，全部过程在极短的时间内完成，这个"极短"的过程又常常包含几个性质不同的发展阶段。了解这一反应的全过程，掌握其中多种因素的内在联系与变化规律，是十分重要和有趣的。脉冲核反应体系的外部可观测量携带有内部反应情况的信息，但这些信息常常不能简单直接地给出关于内部反应情况的判断，需要通过诊断理论的研究去建

[①] 本文作者：于敏，胡仁宇，杜祥琬，江文勉，郑绍唐，力光伦（中国工程物理研究院）。发表于《核物理动态》，1995 年 12 月，第 12 卷，第 4 期，第 1 页。

立它们之间的联系。诊断理论的研究告诉我们：测哪些外部的可观量，能判断或推算出哪些内部的特征量，怎样进行这样的推算和判断，均需有一套完整的原理和方法。为此，发展了整套我国自己的诊断原理和方法学。发展了瞬态脉冲辐射诊断测量技术。三十年来，发展了一系列测量瞬态脉冲中子、γ与X射线的能谱、时间谱、时间能量二维谱及相关特征量的测量方法，可以在电磁干扰及高本底混合辐射场中提取有用的信息，还发展了高精度的同位素分析与核化学分析方法。这些测量与分析手段与诊断理论相结合，可给出反应体系鉴别发展阶段的特征物理量、体系的空间变化图像、温度分布及高温高密度等离电子体中的非平衡与非线性过程等。

为满足测量方法的要求，研究与发展了各类适用的核辐射探测器。如电流型核辐射探测器输出线性电流大、时间响应快和探测灵敏度配套。根据不同要求研制的探测器种类有：Si-PIN二极管探测器、Au-Si和Al-Si面垒型探测器、GaAs：Cr光导探测器以及InP：Fe光导探测器等。此外，还研究掌握了信号的长距离传输与变换技术，如模拟信号的长距离电缆与光纤传输技术，模拟信号转换为数字信号的传输技术以及时间信号的关联技术等。

2 中子学

中子学（微观与积分中子核数据、中子与γ输运等）的精度对核工程的设计与分析具有重要意义。首先是要提高中子核数据的精度，作为中国核数据中心的发起与支柱单位之一，我们分析了使用中的核数据存在的问题和改进方向，促进各协作单位不断提高了各种中子核截面、双微分截面及散射角分布的质量，同时也不断完善了裂变产物产额、轻核聚变截面、核结构与衰变数据以及带电粒子核反应截面等。在微观核数据的基础上，制作并不断改进了多群参数，发展了全套群参数制作、检验、调整及敏感度计算软件，通过中子积分实验的检验分析，评估并不断提高了群参数的精度。

在粒子输运方面，主要研究中子、γ光子与各种带电粒子在介质中输运的数学描述与物理规律，输运方程的各种解法及其在核工程、核科学技术等方面的应用。中子与γ光子的输运理论不仅在核反应堆、聚变裂变混合堆及其他核工程设计中有重要的应用，近年又在核测井以及用中子方法检查隐藏爆炸物的研究中有新的开拓。在一些核工程问题及惯性约束聚变研究中还涉及电子、α粒子等带电粒子的输运问题，受控聚变研究中也关心一些轻离子的输运问题，这就是我们对带电粒子输运也感兴趣的原因。相应地发展一整套适应多种应用研究的粒子输运软件系统。

开展了系统的临界、次临界参数研究与中子学积分实验。高浓铀、钚金属材料的加工、使用、贮存与运输中确保临界安全的重要性是显见的。三十多年中先后建造了若干单体次临界装置，多体次临界装置与临界装置及快中子脉冲堆。这些由高浓铀、钚金属构成的活性区还具有灵活配置的特点，适于多种实验的要求。在这些装置上取得了数百个临界安全参数，提供了大量的临界安全判据，也为裂变谱段的中子群参数提供了积分检验。在快中子脉冲堆上正在开展核辐照效应及堆泵浦气体激光研究。

在加速器上开展了聚变中子学积分实验，先后完成了造氚率、裂变率、造钚率、穿透率及泄漏中子能谱等基准实验与工程模拟实验。1987年起，参与国家863高技术的聚变裂变混合堆包层中子学研究活动，开展Be和Pb的14MeV中子倍增率实验研究，其中Be的实验为中、美、日、俄国际合作项目。Be、Pb 中子倍增率实验已被 IAEA 采纳为基准实验。在中美关于核聚变合作的 17 个项目中，承担了"关于 ITER 和美国能源部建议的聚变堆包层及屏蔽系统的中子学积分实验"。

3 高剥离态原子物理学

该领域研究的应用背景是热动平衡及非热动平衡的高温稠密等离电子体系统辐射与电子输运过程的研究、惯性约束聚变及 X 光激光的研究。理论原子物理关心的问题包括非相对论性与相对论性原子的结构理论、多荷电离子光谱学、电子离子碰撞、光子离子碰撞、谱线结构及双电子复合理论等。应用中除需要的原子结构与各种碰撞截面数据外，往往还需要辐射平均自由程、电子热传导系数及各种过程的速率系数，因此，还要花大力气加工制作这些参数。

实验研究了高离化态原子谱学。利用 0.3TW 高功率钕玻璃激光器，多个不同晶格常数的平晶摄谱仪与光栅谱仪观察了铁周期元素钛、铁、镍、铜、锌和锗及四个高 Z 元素铪、钽、钨与铼的高离化态原子发射谱，侧重于类氖和类镍谱，以及附近几个电离级离子线跃迁和带结构，分别用组态相互作用 Hartree-Fock 方法和多组态 Dirac-Fork 方法分析辨认发射谱中的线跃迁，来分辨跃迁组理论模型处理发射谱中的带结构，波长的实验误差，平晶谱仪为 $\pm 0.002 \sim 0.01$Å，光栅谱仪为 ± 0.05Å。辨认归类了从类纳至类氦离子数百条跃迁线。对于四个高 Z 元素，理论计算与实验测量比较表明用未分辨跃迁组理论模型能很好地解释发射谱的带结构。实验还观察到有利于复杂谱辨认，并可用于高 Z 元素激光等离子体诊断的带结构特征量。

由于离子有不同离化度，各种离化度的离子又有千变万化的组态，因此，原子数据的数量十分浩繁。这就决定了国内与国际合作研究的重要性与建立数据库的必要性。从 1987 年起就有 10 个单位自愿成立了以北京应用物理与计算数学研究所为首的"中国原子分子数据研究联合体"（CRAAMD）。国际上，CRAAMD 是维也纳国际原子能机构原子分数据网络成员之一，我们还与国际上主要的几个原子分子数据研制单位建立了经常的联系，出版不定期的简讯与 Bulletin。各类数据的存取、管理靠计算机完成，我们已初步建立了一个小规模的原子分子数据库。

原子物理的研究得到了国家 863 计划和自然科学基金的支持。一个新的与原子物理相关的研究方向是强场物理。激光技术的发展、高亮度源的建立，开拓了强场物理的新领域。由于辐射场与原子库仑场强接近或远远超过，原子和强辐射之间的能量耦合将会出现复杂的非线性过程，原来在原子物理中通用的微扰多光子过程已不能解释这些新的物理现象。这些现象又是在等离子体背景下发生的，它与等离子体背景耦合形成了现象的复杂与多样性。作为物理学基础研究和具有应用前景的课题，其前景是很吸引人的。

4 激光惯性约束聚变与高温高密度等离子体物理

20 世纪 70 年代末，在王淦昌教授等著名科学家倡导下，我院即着手于激光聚变研究实验室的筹建。经过近二十年的努力，在器件的诊断、理论实验和制靶诸方面均取得显著进展。

根据我院研究的需要，在中科院上光所的参与下，于80年代先后研制成功了LF-11和LF-12两台激光器。经改进提高，LF-11已成为我国目前唯一的高功率倍频激光器。而LF-12升级后（称神光Ⅱ），将于1997年拥有$\geq 2TW$、3ω打靶能力。为了对激光聚变的辐射场和高温高密度等离子体进行诊断，发展了高时空分辨与高能谱分辨、单次脉冲、快速记录和具有抗干扰能力的数十种百余道诊断仪器，并建立了一些标定源。激光靶制备微工艺、靶材研制、高压充气技术及靶参数测量技术也同步得到了发展。可以制备充高压氘氚的玻壳靶丸、高分子材料靶丸，进行各种涂层，以及体现不同物理思想的精巧的黑腔靶丸组合体及台阶靶等。

利用激光聚变与核武器物理过程的类似性，发展了激光聚变的理论研究和数值模拟软件；利用计算机对激光吸收、X射线转换、辐射输运等黑洞物理和内爆动力学过程进行模拟、预言和优化实验，对实验进行系统分析，加深对物理规律的认识。多年来，在LF-11上进行了大量的平面靶实验和黑洞靶的分解实验，得到了一些规律性的认识。1986年后，在LF-12上进行了黑洞物理实验和直接与间接驱动中子实验，均取得了可喜的成果，还进行了千万大气压下状态方程的实验研究。今后，利用神光Ⅱ和计划中的神光Ⅲ将可进行更为精密的物理工作。惯性约束聚变在863计划立项后，更进一步加强了我院这方面的工作与国内各兄弟单位的协作。

5 X射线激光研究

在国家863计划的支持下，我院X射线激光的研究取得了进展。1988年底，获得了光电离俄歇效应泵浦Xe的108.9nm波长激光输出，这是我国首次获得真空紫外波段的激光输出。1989年观察到三体复合机制类锂铝软X光激光增益现象，同年又获得电子碰撞激发类氖锗X光激光增益，从而使我国在该领域进入世界先进行列。1990年，实现了类氖锗激光双程放大。在理论与实验的密切配合下，巧妙构思实现了双靶对接、四靶串接和四靶串接并加反射镜的实验，有效地克服了X光激光在靶等离子体中折射的影响，获得了增益长度积$GL=17$的激光输出，达到深度饱和。接着采用行波放大，使X光激光的发散角减小到1mrad，获得高亮度的类氖锗软X光激光输出。1995年，在降低驱动源能量和克服X光激光多线干扰方面又取得新进展，利用预脉冲主脉冲驱动模式，获得了类氖钛的波长为32.6nm的激光单线和类氖锌的波长为21.2nm的0~1跃迁线。这一连串的进展引起了国内外同行的注目。

6 加速器物理与技术

三十多年来，出于不同的应用目的研制了多种类型的电子加速器，最具代表性的设备是闪光-1强流电子束直线加速器（Marx电压8MV，束流100kA，脉冲宽度约80ns）。这台加速器已运行了十二年，目前仍是亚洲最大的一台脉冲线电子加速器，运用这些脉冲功率设备，成功地进行了高速瞬态过程的闪光照像、电磁脉冲（EMP）及内电磁脉冲（IEMP）的实验研究、电子元器件及电子系统的辐射效应模拟实验和抗辐射技术研究、核辐射探测器件的刻度等。

强流直线感应加速器是我院加速器技术的特色之一，其代表性装置是10MVLIA，其主要性能指标为：电子束能 10MeV，束流 >2kA，脉宽 60ns（FWHM），运行状态好，是进行闪光照像的更有力设备，在完成我院科研任务中发挥了重要的作用。

在利用加速器技术研究自由电子激光和微波方面，也取得了成绩。在输出高品质的电子束流的基础上，相继实现了无引导场的 Raman 型 FEL，基于感应型加速器的 FEL 放大器饱和增益实验，达到亚洲领先水平。基于射频加速器的远红外 FEL 理论和实验研究正在进行。微波实验研究，首先在闪光-1 加速器上进行了虚阴极振荡产生微波的机制研究，得到了较高的峰值功率输出。

7 核电子学

7.1 电子测量仪器

电子测量仪器研制的主要方向为单次高速瞬变信号的采集、传输、记录及处理的现场测量仪器和专用设备。代表产品有 80 年代投产使用的以硅靶扫描转换管为基础的数字式高速波形记录系统（BSC-100 硅靶示波器系统）及近期研制成功的 1000MHz 微同道板示波器，高精度大量程 32 路时间间隔测量仪。作为国家暂行计量标准的精密时间间隔产生器和稳幅脉冲产生器等。这些仪器目前仍代表着国内电子测量仪器的最高水平。

7.2 抗辐射电子学

抗辐射电子学是研究核辐射环境与电子学系统相互作用的效应、机制和防护技术的一门边缘科学，也是随核武器技术同步发展的一门应用科学。为了提高电子系统在核环境下的生存能力和减小易损性，从 60 年代起开始对电子元器件和电子系统进行辐射效应和加固技术的研究，获得大量元器件的中子、γ 和 EMP（电磁脉冲）损伤阈值数据，编著了"半导体二极管、三极管辐射效应手册"，主持制订了六项本专业的国家军用标准。在实验研究中研制生产的模拟量光纤数据传输系统已在核研究和其他领域得到广泛应用，建立了核 EMP 和电离辐射环境模拟设备，可对造成电子系统损伤的因素进行实验室研究。

8 核军备控制的科学技术问题

在国际核军备控制的研究与讨论中有许多热点问题，包括核政策、核不扩散问题。全面禁核试核查技术，核武器裁减核查技术和核材料处理技术研究等。其中，许多科学技术问题属于应用核物理的研究范围。因此，这一研究方向也是核物理学科研究的自然开拓。这一研究工作的开展将为我国核政策的制定与在国际核军控活动中应采取的对策的确定提供科学依据，因而日益受到有关各方面的重视。军备控制科学技术问题的研究还可为保证军控条约的实施提供技术保障，使军控条约可以在防止违约行为方面作更为充分的考虑。我院已建立了从事核军控科技问题研究的"科学与国家安全研究项目"（Program for science and National Security Studies），并发展了国内外的学术交流。

9 核技术应用

为了使科学技术面向经济建设，加速军用核技术向民用转移，我院在核技术应用方面也做了一些工作。

(1) 发挥专业优势,研制生产石油测井应用的"C/O"测井中子管发生器(包括中子管,电源及电子学部件),实现了该产品的国产化和在国内推广应用,并按"国家八五重点技改项目"的计划要求,完成了生产线的建设,扩大了生产能力。

(2) 开展就用于机场安全检查的"快中子探测炸药"技术方案的研究。此项目已列入公安部主持的"国家八五科技攻关计划",正在按合同要求开展研究工作。

(3) 与工农业生产相结合,采用由中子管组成的中子活化分析系统开展探矿、无损在线检测和生物辐照刺激光生长实用化研究。

(4) 利用辐射加工工艺,研制高质量、低成本、国产化的新型印染助剂:增稠剂。目前,已进入中试和小批量生产阶段。此外,还有高分子材料辐照交联、宝石改色着色、单晶硅掺杂和核孔膜等的开发与生产。

(5) 离子注入材料改性研究已取得实用成果,提高了金属、切削刀具的硬度和寿命。

(6) 开展将脉冲功率技术用于环境净化工程的研究。

(7) 在3MW反应堆及加速器上开展了中子活化分析、离子束分析技术和中子照像等应用研究。为环境调查、微量元素与疾病、材料学科、刑侦、地质成矿、标样研制及工业生产工艺改进提供服务。

(8) 同位素仪器仪表开发,如线轧钢薄板监测仪、感烟型离子火灾警器和同位素与标记化合物研制等。

根据形势发展的要求,今后将重点加强若干分支学科的应用核物理及相关领域的研究,如实验室内激光驱动核聚变的研究、X射线激光、自由电子激光及微波的理论和实验研究;高剥离态原子物理的研究、核军控科学技术的研究以及加速器与其他核技术的开发应用。努力在新的形势下,为国家科学技术和国民经济的发展作出新的贡献。

Study on Nuclear Physics, Nuclear Technology and Related Disciplines at CAEP

Abstract: This paper briefly introduces the research and development of nuclear physics, nuclear technology and related disciplines at CAEP. It contains nine brenches: diagnostics of pulsed nuclear reaction assembly, neutronics, multi-charged atomic physics, laser fusion and plasma physics, X-ray laser, accelerator physics and technology, nuclear electronics, nuclear arms control physics and applications of nuclear technology.

Key Words: nuclear physics, nuclear technology, China Academy of Engineering Physics (CAEP)

热等离子体内原子物理研究概况与原子分子数据的联合研制[①]

摘　要：本文着重介绍了两种基本原子模型的用途、研究现状及其发展趋向。这两种模型是：平均原子模型和细致组态计算模型。关于热等离子体内的原子物理过程，本文介绍电子同高电荷离子的碰撞以及双电子复合过程的研究现状，简单介绍了实验情况。此外，还介绍了中国原子分子数据研究联合体（CRAAMD）的工作概况。

关键词：原子模型，原子物理过程，联合研制

1　引　言

原子物理属基础研究学科，同时又具有极强的应用背景。20世纪20年代是原子物理的黄金时期。1935年以后发展趋于缓慢，许多物理学家转向核物理与电子学中出现的新问题。50年代开始复兴。从60年代起实验技术与工具的不断发展，出现了新光源（激光、同步辐射光源）、新的探测方法与手段（电子谱仪、离子阱、电子与离子交叉束技术等）和新的理论方法（如用量子亏损理论、多体微扰论、群论等以很高精度计算孤立原子的结构）。到80年代，国际上出现了"原子物理热"。这种局面的出现与近年高新技术迅猛发展直接相关。尤其是X光激光、可控聚变和天体物理的研究，需要大量的、高精度的原子离子结构及相互作用运动学数据。无论从精度和数量上来说，这都是具有挑战性的任务，它迫使国际上一大批原子物理学家投身于"高温等离子体内原子物理过程"的研究。

2　原子模型

由于实际应用对原子数据的需求量十分庞大，主要靠理论计算提供，但为使数据可靠，必须在一些点上有实验数据的检验。研究等离体内的原子结构，理论上基本分两大类型，一是平均原子（Average Atom，AA）模型，再是细致组态计算（Detailed Configuration Accounting，DCA）模型。

2.1　AA 原子模型

AA 模型研究的是大量原子（离子）的统计性质。应用最广泛的是"离子球模型"。离子球的平均半径 R_0 由 Wigner-Seitz 边界决定（与密度有关）。离子球均匀地占满等离子体系

[①] 本文作者：孙永盛，郑绍唐，杜祥琬（北京应用物理与计算数学研究所）。发表于《核物理动态》，1995年12月，第12卷，第4期，第6页。

统，彼此相接，但不交迭。每一个离球内包含束缚电子和自由电子，整个离子球保持电中性。对于局部热动平衡（LTE）系统，离子球内的电子服从Fermi-Dirac分布，以此考虑了环境温度对原子结构的影响。决定离子能级结构的关键是系统内部的作用势。60年代以前，AA模型用得最多的是Thomas-Fermi（TF）势及各种修正的TF势[1-4]。70年代，Rozsnyai最先把Hartree-Fock-Slater（HFS）自洽势用于相对论AA原子模型[5]研究，其中，除直接库仑作用外，还考虑了电子关联和交换效应。在他之后，许多国家，包括俄、英、法、德、以色列等国先后建起了含温、有界原子的HFS计算系统。我们国家起步较晚，进入90年代，才掌握了这种工具[6]。AA模型在国防课题任务需要的大量数据研制中是很有实用价值的，正因如此，与此相关的计算程序及其计算细节，国际上都未公开发表。由于这种模型提供的结构参量表现的是统计性质，所以实验上无法对其结构参量进行直接检验，但对由它给出的等离子体宏观物理量，如等离子体的电导率及辐射不透明度等，均可进行综合性实验检验。国外曾利用地下核爆做过这种检验，近年西方国家也试图在实验室内进行这种检验[7-10]。

AA原子模型的研究工作还在继续深化。比如，为了解决离子球模型在高密度下可能出现离子球间的交迭，从而使离子球保持电中性的假定不再成立的问题，英国Crowley提出了推广的新离子球模型；为了提高AA模型的计算精度，Rozsnyai提出在HFS自洽场中，去掉Slater近似；此外，以AA模型单电子波函数为基础，利用Slater行列式组成反对称化的组态波函数，用于分析热等离子体光谱比起从孤立原子（或自由原子）出发的理论系统更符合实际情况，应具有更高的精度。基于AA原子模型还有大量工作可做。

2.2 DCA原子模型

为了研究非局域热动平衡（non-LTE）等离子体动力学过程及等离子体状态诊断，人们需要各种离化和激发状态下的原子数据，包括能级、辐射波长、振子强度、光电离截面、电子碰撞激发、碰撞电离截面、双电子复合截面等。这些涉及单个原子（离子）结构及行为的微观参量，只能用DCA模型计算。DCA模型的原子结构程序国际上已发表了不少，并且随着工作的深入还在完善，不断发表。国际上流行最广的是4大程序系列，即准相对论框架下的Cowan程序和Fischer程序，完全相对论的Grant程序和Desclaux程序。这些程序都是Hartree-Fock多组态的。我们国家的许多学者都掌握了上述程序，有些在原有基础上还进行了改进与发展，并且利用它们作出了有特色的工作。但是从高技术研究工作对原子数据的需求来说，仅会运用上述程序是远远不够的。比如，在类钠Ti、Fe、Ni和Cu离子的实际研究中，常用的相对论多组态Dirac-Fock程序算出的能级寿命和跃迁几率同实验测量结果并不符合，当考虑了类Na离子的共振跃迁过程以后，计算结果就同实验测量符合得很好。共振跃迁属两步过程，某些特殊离子状态下，其共振线是很强的，在等离子体动力学描述以及等离子体状态诊断中，共振现象是必须考虑的。由于共振过程涉及双激发态（甚至多激发态）问题，所以近年双激发态的研究成了离子谱学研究中的热门课题。为研究这类问题，人们发展了多种方法，日本学者为研究双电子系统的动力学过程，发展了"超球坐标强耦合方法"（HSCC），我国台湾地区黄克宁教授等在Desclaux程序基础上发展了"多组态相对论随机相位近似"方法，他们用这种办法研究多电荷重离子的光激发与光离化过程与实验测量结果符合非常好。对双激发过程研究得较早，比较好的是由Hagelstein和

Juug（1984）创立的 YODA 程序（在 LLNL）。多年来该程序成了 LLNL 发展非平衡动力学的支柱程序，它至今尚未正式发表。但从作者发表的多篇研究报告中可以看出，该程序使用的数值方法与 Grant 程序是类似的，需考虑众多物理因素，包括：Breit 效应、自能效应、QED 效应、真空极化等。该程序功能齐全，除一般的离子谱数据之外，电子碰撞过程、Auger 速率及其他共振过程都可用它计算。Hagelstein 除了最早建立 YODA 程序之外，在双电子复合计算中做了一项很好的工作，对于从能级到能级之间的双电子复合速率系数的计算，本来是很繁杂的过程，他提出了一个只用 3 个近似参数就可描述的方法。用这个方法他具体计算了类氖 Se 的例子，而且精度很高。这对于研究非平衡动力学过程来说非常方便。根据 Hagelstein 的思路，我国李世昌研究员等，利用 Cowan 准相对论多组态原子结构程序，给出了类氖 Ge 离子，类钠 Ge 离子和类氖 Ti 离子从能级到能级的双电子复合速率系数。同 Hagelstein 全相对论的结果比较，最大误差不超过 18.0%。涉及双激发态的问题很多，各国学者都在竞相研究。

3 电子离子碰撞过程研究

电子离子碰撞激发和电离是热等离子体内最重要的物理过程之一。60 年代后，研究得很多，并对不同的对象，发展了许多方法。常用的有强耦合（Close-Coupling）近似、扭曲波（DW）近似、库仑-玻恩（Coulomb-Born）近似、库仑-贝塔（Coulomb-Bethe）近似及激发共振近似等。其中，最常用的是 CC 近似和 DW 近似。CC 方法计算程序的编制共有 4 种方法，即 R 矩阵方法、代数法、非迭代方法以及变分方法。对于低能电子离子碰撞问题，CC 方法算出的结果最精确，因为在低能情况各通道之间的耦合作用很强，CC 近似充分描述了这种效应。但是这种方法太费机时，人们只把它作为其他方法的检验。研究 DW 方法的报告很多，用 DW 方法研究电子离子碰撞最有成效、成果发表最多的是宾西法尼亚大学 D. H. Sampson 教授领导的研究小组。该组使用的计算程序主要是中国访问学者张洪麟先生编制的。几年来该组发展了一套全相对论多组态扭曲波近似的电子离子碰撞快速计算程序。1985 年到至今，Sampson 同张一起发表了大约 30 篇文章，提供了大量电子离子碰撞激发和电离数据，这些数据的精度已得到 LLNL 电子束离子阱（EBIT）上的实验测量结果验证。实验测量了钛、铬、锰、铁四种元素的类氦离子 Ti^{20+}、Cr^{22+}、Mn^{23+}、Fe^{24+} 的电子碰撞激发截面，实验结果同 Smpson 的理论计算在 10% 之内相符。

4 实验研究

实验工作的进展，实验测量的水平，同实验设备情况直接相关。高电荷离子实验设备中首要的部件是离子源。离子源的种类比较多，比如，原来用于核物理研究的串列加速器、重离子加速器，传统的真空火花离子源、ECR 源、电子束离子源（EBIS）、电子束离子阱（EBIT）及电子回旋共振离子源（ECRIS）等，这些设备都可提供不同离化度的离子。此外，激光与物质相互作用产生的等离子体也是重要的测量对象。其中，对于作高电荷离子物理实验最好的设备是几年前在美国 LLNL 实验室研制的 EBIT，这种设备剥离能力最强，原子剥离程度容易控制，体积小，造价比较低。据研制者称，用 EBIT 可把周期表中的所有元素，随意剥离到人们要求的程度，及至把原子（$Z = 92$）剥成裸核。这几年也确实看到了来自 LLNL 的多种元素离子的光谱测量报告, 计有 Eu^{53+}、W^{64+}、Au^{69+}、Hg^{70+}、Th^{80+} 等。今年已看到在 EBIT 上测出 U^{90+} 和 U^{91+} 离子的电子碰撞电离结果。

目前，高电荷离子物理实验常用的技术是交叉束（或平行束）技术和束箔光谱技术（BFS）。交叉束方法由于反应产额低，要求靶室具有高真空度以提高信噪比，因而这种实验装置的真空系统必须是很先进的。束箔光谱可以说是测量离子结构、辐射波长、振子强度的标准方法。但是 70 年代发现，在用 BFS 方法测定能级寿命时，因为对激发态没有进行选择，许多能级产生串级效应，致使测量存在系统误差。这一问题已用联合分析初始能级衰变曲线的办法（ANDC）解决。

我国也开展了此类研究，建造了相关的设备，主要有：由于敏院士主持的"七五"国家自然科学基金重大项目"电子与离子、原子、分子微观相互作用过程的实验和理论研究"中，由复旦大学物理二系建成了我国第一个离子束与电子束交叉实验系统。中国原子能科学院核物理所建起了束箔光谱装置，为我国薄弱的原子物理基础填补了一些空白。

5 原子分子数据的联合研制

在我国 863 计划提出不久，为调动全国原子物理学界的技术力量，共同完成我国高新技术所需原子参数的研制任务，1987 年 2 月由北京应用物理与计算数学研究所牵头，联合复旦大学等国内十个单位的原子物理学工作者成立了"中国原子分子数据研究联合体"（CRAAMD）。

联合体得到了国防科工委、国家科委和原核工业部的经费支持，工作上受到了朱光亚主任的关心与指导，于敏、黄祖洽、杨福家、李家明等院士直接参与了联合体的有关活动。八年来，联合体作了不少事情，这里仅把与本题相关的部分情况介绍给读者。

5.1 课题研究

虽然联合体的成员只有 10 个，但实际参加联合研究的涉及全国 17 个单位，21 个课题组。八年中，联合体同这些研究组先后签定研究合同（课题）28 项，投入研究经费总计约 50 万元。这 28 个课题内容，除少部分是与航天技术有关的之外，其他绝大部分题目都是同 X 光激光与惯性约束聚变研究相关的。当然，"相关"之中包括两种情况，多数题目在合同执行期间就可向用户提供数据服务，少数课题需要晚些时候才能提供数据服务，这种题目带有基础预研性质。例如，复旦大学物理二系王炎森小组，近两年一直从事"电子离子碰撞电离截面的理论计算"工作，该组提供 C、O、Al、Fe 等元素类氢、类氦、类锂离子的电离截面，已直接用于 X 光激光机理研究。吉林大学潘守甫研究组"关于复合机制原子参数的评估"工作，为 X 光激光复合机制研究提供了多种急需参数。武汉物理所吴礼金组正在承担全相对论电子离子碰撞快速计算程序的编制任务，该程序类似于前面提到的 Sampson-Zhang 程序，它对我国电子离子碰撞研究将是一个很大促进。

为满足高新技术研究对原子（离子）数据的需求，在国外也是采用协作、联合的办法。为保证第一个国际热核反应堆（ITER）设计对原子分子数据的需求，1988 年国际原子能机构（IAEA）专门成立了原子分子数据组（A+M Unit）。该小组一成立就着手建立世界性的（包括 CRAAMD 在内）原子分子数据网络，以便集中全世界原子数据方面的力量，共同完成这一历史性的任务。

5.2 国际学术交流

为加快我国原子物理研究的步伐，1988 年秋我们请美国 Los Alamos 研究所著名原子物理学家 R. D. Cowan 来华讲学两周，并帮助我们运行他自己编制的原子结构与光谱计算程序。在以后的几年中，一方面自己开发应用 Cowan 程序，为高技术研究提供了大量数据，同时在国内 9 个单位 11 个课题组推广了 Cowan 程序。现在国内许多学者，特别是青年学者，都已掌握了此程序。在 Cowan 程序的基础上，北京应用物理与计算数学研究所已建起了双电子复合速率系数计算系统，使用了 Cowan 程序提供的波函数。该所方泉玉等已建起了准相对论扭曲波近似下的电子离子碰撞激发与电离截面的计算系统。其他许多单位，也用 Cowan 程序作了很好的工作，这里不一一列举。

1993 年 5 月，我们请美国宾西法尼亚州立大学 D. H. Sampson 教授来华讲学三周，讲授关于电子离子碰撞全相对论扭曲波快速计算理论及其编制程序的技术关键。参加听课的人员来自全国 6 个单位，共约 20 人。Sampson 教授工作认真，每次课前他都印发讲义手稿，他把电子离子碰撞的基本理论，全相对论扭曲波的主要公式，以及提高计算速度的多种技巧，全部传授给了我们。他的这些技巧对于我国电子碰撞准相对论扭曲波计算程序以及不久即将完成的全相对论扭曲波计算程序的编制都有直接的帮助。

5.3 组织联合基金申请

为尽快改变我国原子物理学研究基础薄弱的局面，联合体成立不久，就积极组织大的课题研究，联合向国家进行基金申请。具体操办了国家"七五"期间重大基金项目的联合申请与争取立项工作。由于敏主持的国家自然科学重大基金项目："电子与离子原子分子微观相互作用的理论与实验研究"就是国内原子物理学界联合申请的第一个重大基金项目。该项目下设 7 个课题，由国内七个研究单位承担，实际参加人数共 78 人。1987 年 7 月立项，1994 年底国家自然科学基金委已对项目进行验收，并评为优秀。在此期间，复旦物理二系建的电子离子交叉束碰撞实验装置已达国际水平。由中国科技大学近代物理系研制的中能高分辨电子能损谱仪和（e，2e）电子动量谱仪，是世界同类装置中最好的之一，它们均用电子作探针深入物质结构的原子结构层次进行研究。

参考文献

[1] Feynman R P, et al. Phys. Rev., 1949, 75: 1561.
[2] Cowan R D, et al. Phys. Rev., 1957, 105: 144.
[3] Carson T R, et al. Montyly Notices Roy. Astron. Soc., 1968, 140: 483.
[4] Zink J W. Phys. Rev., 1968, 176: 279.
[5] Rozsnyai B F. Phys. Rev., 1972, A5: 1137.
[6] Sun Yongsheng, et al. JQSRT, 1994, 51 (1-2): 411.
[7] Desilva Alan W, et al. Phys. Rev., 1994, E49: 4448.
[8] Benage J F, et al. Phys. Rev., 1994, E49: 4391.
[9] Springer P T, et al. JQSRT, 1994, 51: 371.
[10] Erskine D, et al. JQSRT, 1994, 51: 97.

Survey of Atomic Physics Researches in Hot Plasmas and Associated Research for Atomic and Molecular Data

Abstract: The uses, status and tendency of the two essential atomic models were presented emphatically. They are the average atom (AA) model and the detailed configuration accounting (DCA) model. Concerning atomic processes in hot plasmas, the electron-ion collision and the dielectronic recombination were introduced especially. The experimental status were presented briefly. The general situation of Chinese Research Association of Atomic and Molecular Data (CRAAMD) was presented in this paper.

Key Words: atomic model, atomic physics process, associated research

浅谈现代物理学与工程技术

——献给 2005 世界物理年[①]

摘　要： 在现代社会进步的历程中，基础性很强的物理科学和应用性很强的工程技术，扮演着不同的角色。但它们之间却存在着紧密的相互联系和深刻的相互作用。文章首先以物理学与核能、激光、航天三个领域的关系为例，说明现代物理学对许多工程技术领域的开创起着先导和引领的作用，而工程技术不仅直接地创造生产力，而且反过来开拓并深化了物理学研究的疆域，为之提供了更加丰富、精致的环境条件和更有力的研究手段。进一步阐明现代物理学与工程技术的这种关系具有普遍性和发展性。物理学与工程技术不仅互相促进、携手并进、相互渗透，而且与哲学、社会科学密切相关，共同推动着经济与社会的发展，从生产方式、生活方式和思想观念上深刻地改变着人类文明的进程。物理学与工程技术在认识世界和改造世界中所担负的责任，要求物理学家和工程技术专家应该具备一些共同的优良品格：高度的社会责任感和为科技事业献身的精神，唯真求实、开拓创新以及科学的思维方法与哲学造诣等。

关键词： 物理学，工程技术，相互联系

在人类历史上，技术的出现先于科学。自有了人类，就有了原始的生产活动和基于经验的简单的技术与工具。而科学知识的逐渐形成有两个源泉：一是由于生产发展的需要，人们把生产实践中积累的感性认识，通过思考，整理成规律性的理性认识；二是人类对客观世界的好奇心和求知的兴趣，基于对自然界的观察、分析和归纳，发现其内在的规律。发展到近代和现代，从16世纪的哥白尼，到17世纪的牛顿；从19世纪的麦克斯韦到20世纪的爱因斯坦，科学不仅成为独立的存在，而且有了完整的体系[1]。科学（首先是物理科学）的革命，引发了生产技术的革命，使人们对基础科学、应用科学、工程技术和生产活动的关系，有了新的感受和认识。

在现代社会进步的历程中，基础性很强的物理学和应用性很强的工程技术，扮演着不同的角色。但它们之间却存在着紧密的相互联系和深刻的相互作用。物理学对许多工程技术领域的开创起着先导、引领的作用，而工程技术不仅直接地创造生产力，而且反过来开拓、深化了物理学研究的疆域，并为之提供了更加丰富、精致的环境条件和更有力的研究手段。物理学与工程技术不仅互相促进、携手并进、相互渗透，而且与哲学、社会科学密切相关，共同推动着经济与社会的发展，从生产方式、生活方式与思想观念上深刻地改变

---

① 本文发表于《物理》，2005年，第34卷，第7期，"世界物理年专稿"，第480页。

着人类文明的进程。

本文先以核能、激光和航天三个领域为例，说明物理学与工程技术的关系；进一步阐明物理学与工程技术的紧密联系和相互促进的这种关系具有普遍性；最后讨论了物理学家和工程技术专家所应具备的一些共同品格。

1 物理学与核能工程技术

1.1 原子核物理学的新发现是核工程技术的基础与先导

20世纪初叶，是物理学革命的年代。爱因斯坦1905年发表的多篇著名论文，是光辉的篇章，是物理学发展的新的里程碑，是对现代物理学的基础性、开创性的贡献。

他在《论动体的电动力学》一文中，提出了高速运动下的相对性理论，提出了四维时空的新概念。作为相对论的一个推论，在《物体的惯性同他所含的能量有关吗？》一文中，爱因斯坦又提出了质能关系及其著名表达式 $E = mc^2$，开创了原子核物理和核能应用的新时代。

在此之前，19世纪末，相继发现了X射线、放射性和电子。在此之后，1911年卢瑟福提出了原子的核式模型，1913年玻尔完善了原子结构理论，1932年，查德威克发现中子，同年，海森伯和伊凡宁柯分别独立提出了原子核由质子和中子组成的模型。1934年约里奥-居里夫妇成功地用人工方法产生了放射性同位素。又经过科学家们几年曲折的研究和严谨的分析，1939年初宣布了哈恩和斯特拉斯曼在实验上发现中子轰击下的铀核裂变以及梅特纳和弗里什的理论解释。对核结构和核质量的研究，导致了人们对原子核结合能随原子量变化规律的认识。这一规律表明：第一，当一个重核分裂成两个中等质量的核时，会释放能量；第二，某些轻核聚合成一个较重的核时，也会释放能量。释放能量的大小，不难由爱因斯坦的质能关系式估计，$E = \Delta Mc^2$，ΔM 即裂变或聚变反应时，原子核质量的变化，称作质量亏损，而一次核聚变时放出的能量要比核裂变时大四倍以上。

这些原子核物理的发现，奠定了裂变核能与聚变核能应用的基础。而核能应用的实现还必须进一步解决一系列应用物理学和工程技术上的问题。

1.2 核武器与核能

在第二次世界大战期间发现的核裂变能（起初称原子能），首先被用来制造原子弹。为此，还必须突破诸多的关键问题，例如：

可裂变材料的选取和制备（分离）；确定实现链式裂变反应所必须的裂变物质的最小体积（临界体积）或临界质量；达到临界与裂变点火的技术途径；高能炸药研究，爆轰物理规律及其精确的时空控制；将流体力学、中子核物理等耦合在一起的全过程数值模拟计算方法，相应的整套物理参数，以完成物理设计；核部件与非核部件的加工，材料相容性研究及结构工程设计；核试验的方法，核试验诊断理论与测试技术。

核聚变放能是氢弹的物理基础。但要制成氢弹，还必须在原子弹成功的基础上，创造性地解决一系列困难的问题，例如：

必要的热核燃料（如氘和氚或锂等）的制备；两个轻核的聚变不同于中子轰击重核实现裂变，它必须克服库仑位垒，为此需解决如何利用原子弹爆炸的能量产生高温、高压来点燃聚变材料,并使之自持燃烧;掌握辐射输运的规律、辐射流体力学及高温高密度等离子体物理、相应的状态物理、高剥离度原子物理参数等;利用适当的材料和巧妙的构形实现热核爆炸。特殊效应的核武器(如中子弹等)还需进行特殊的设计,这里不再赘述。

这些问题的解决是物理工作和工程技术紧密交叉结合的过程,例如核爆炸的物理诊断学,就是为了弄清核武器爆炸后快速而复杂的物理过程、各种物理量随时、空的变化规律,从而做到不仅知其然,而且知其所以然。

有意思的是,包括中国在内的几个核国家突破氢弹的工作是在各自独立、完全保密的情况下进行的,结果却是"英雄所见略同"。

明智的人类应把核能引向和平利用的方向,作为洁净的能源,为人类造福。目前已作出实际贡献的核能是基于核裂变反应堆的核电站。与核武器不同,核电站由核岛和常规岛两大部分构成,在核岛内要使核能以可控的、安全的、长期持续的形式释放出来,再通过常规岛转换成电能供人使用。因此,在核燃料的选择、制备、控制方法、结构设计、安全设计等方面要解决一系列的工程、技术问题。

基于核聚变反应堆的聚变电站是解决人类未来能源问题的一个希望。它既要实现热核燃料的"点火",并有净能量输出,还必须控制热核聚变反应的速率。是一项有难度的大科学工程,目前处于前期实验研究阶段。

1.3 核工程技术的发展深化着物理学的研究

仅以核武器为例。核爆炸造就了一个极端物理环境:瞬时的快变的高温高密度等离子体和混合辐射场。核武器物理的研究揭示了高温高密度等离子体的某些特有规律,如随着热核反应的发展,开始时的"平衡点火",会发展成"非平衡燃烧",即可以出现离子温度与电子温度的分离,氘氚核具有离子温度 T_i,它可远远大于电子温度 T_e 和辐射温度 T_R,而热核反应率 $\langle \sigma V \rangle_{DT}$ 是按照 T_i 起反应的。需要用"三温方程"描述这个时候的状态。在一定条件下,辐射场本身也可能是非平衡的。需要从理论上和诊断上弄清"非平衡燃烧"发生的条件,才能进行正确的设计和分析试验结果。再如,一般情况下,可用线性的玻尔兹曼方程来描述中子输运过程,但在发生剧烈热核聚变的区域和时间内,聚变产生的高能中子密度极高,达到可与核密度相比较的程度,中子之间的碰撞已不可忽略,于是提出了非线性中子输运方程及其解法。

在半个世纪的核武器物理和工程发展的过程中,还形成了一个新兴的交叉学科——高能量密度物理学[2]。广义地说,"高能量密度"是指能量超过 10^{11} J/m^3,或压力超过 1 兆巴,温度超过 400eV,电磁波强度超过 3×10^{15} W/cm^2 的物质状态。而在核武器物理领域,"高能量密度"特指温度超过 10^3 eV,压力超过 10^7 atm(1atm = 1×10^5 Pa),高密度的物质状态,这是核爆状态的典型物理环境。进行高能量密度物理研究的装置包括激光惯性约束聚变装置、基于脉冲功率技术的Z箍缩装置和研究流体动力学与辐射流体力学的长脉冲(几微秒)功率装置(如美国的Atlas)。研究的内容包括:材料特性研究(如物态方程、辐射不透明度等);可压缩流体动力学(如高马赫数流、强冲击波现象和高速压缩效应);辐射流体动力学(特别是超高温流物质);惯性约束聚变点火;天体物理(如γ射线爆发、超新星爆炸现象)等。这又是一个以大科学工程为技术手段进行物理学基础研究和应用基础研究的典型。

2 物理学和激光技术与工程

2.1 光物理的基础研究孕育了激光器的诞生

19世纪的科学家们进行了关于电磁波的卓越的研究（包括理论和实验），1905年爱因斯坦在《关于光的产生与转化的一个启发性观点》一文中，把1900年普朗克引入的能量量子的概念推广到辐射的发射和吸收，提出了光量子和光电效应的概念，揭示了辐射的波粒二象性。1916年，爱因斯坦在解释黑体辐射定律时，提出了受激辐射的概念。随着微波波谱学的进展，1954年研制成第一台微波激射器，1958年美国的汤斯和苏联的巴索夫及普罗霍洛夫等提出了激光的概念和理论设计。在竞相研制世界上第一台激光器的努力中，美国的梅曼首先成功，在1960年研制成第一台红宝石激光器。同年末，贾万等研制成氦氖激光器。我国的第一台激光器也于1961年在中国科学院长春光学精密机械研究所创制成功。从此，激光从物理学的基础性、探索性研究大踏步地走向新技术的开发和工程应用。

2.2 激光技术与工程的迅速发展及其深刻影响[3]

与普通的非相干光截然不同，激光由于它的方向性、单色性、相干性和高亮度的特性，成为一把利器，给光学应用领域带来了革命性的变化。

激光器的品种迅速增加。四十多年来，固体激光器、半导体激光器、半导体激光泵浦的固体激光器取得显著进展；化学激光器除HF/DF激光继续发展外，新兴的氧碘化学激光器迅速走向成熟；CO_2激光、燃料激光、氦氖激光等应用广泛，出现了自由电子激光器，X射线激光器、准分子激光器和金属蒸气激光器等。

激光器的输出水平不断提高。输出功率不仅有各种中、小功率器件，也发展了高功率、高能量的激光器；脉冲体制从连续波、准连续波到各种短脉冲、超短脉冲的激光，连续的高能激光单次输出能量已达百万焦耳以上，超短脉冲已从纳秒、皮秒、发展到飞秒甚至阿秒，脉冲激光功率密度则可高达$10^{20}W/cm^2$以上；输出激光的频率覆盖着越来越广的范围，长至亚毫米（太赫兹），短至X射线，γ激光也在探索中，分立的激光谱线达几千条；输出激光的光束质量，好的可达近衍射极限。

激光的应用范围不断拓宽。在科学研究、工业加工、通信、医疗、农业、信息、军事及精密测量、计量基准、文化娱乐等领域，完成了并正在发展着大量过去无能为力的工作。激光应用的开创性表现在：①激光光谱技术比传统光谱技术分辨率提高了百万倍，灵敏度提高了百亿倍，把人类认识物质世界的历史翻开了新的一页。②激光为信息技术的发展作出了新贡献，它开拓了丰富的频率资源，布满全球的光纤网，加上卫星通信网，形成了人类信息高速公路的基础。光存储、激光全息、激光照排、打印及条码扫描技术等，提供了全新的多样化的信息服务。③激光可在很小的区域上聚焦很高的功率密度，因而在工业制造中可进行精确的切削和表面改性，做精密的医疗手术以及作用于微型靶实现激光核聚变。④激光技术开辟了崭新的军事应用，包括激光瞄准、制导、测距、激光雷达、激光陀螺、激光引信、激光致盲传感器，甚至高能强激光武器等。

激光技术和相关技术的集成已形成了若干重大的激光工程。有代表性的如全球规模的激光通信；用于研究核聚变物理的激光聚变点火工程；作为定向能武器代表的强激光武器

(包括地基、空基和天基系统),可用于反导弹和空间对抗;以及激光分离同位素等。

2.3 激光应用本身及其提供的研究手段又促进了物理学的发展

随着高功率激光技术的发展,非线性光学已成为一个重要研究领域,人们逐渐认识了激光与介质(包括大气)相互作用时产生各种非线性效应的物理本质和规律,它们产生的条件、特性、机理,如受激拉曼散射、自聚焦、热晕、光学和频与倍频、相干瞬态光学效应等,相应地发展了各种非线性光学材料及非线性光学效应的各种应用,如用于扩展激光的波长范围,发展非线性光学相位共轭技术,光学双稳则为研究自然界普遍存在的、包括混沌在内的非线性系统中的动力学行为提供了实用的手段;超短、超强激光将对强场超快科学、相对论非线性物理、天体物理及宇宙学的研究提供新的手段和极端条件;激光光谱学的高灵敏度和高分辨率使其可用于对物质的结构、能谱、瞬态的变化和微观动力学进行深入研究,进一步认识原子和分子的超精细结构,更精确地确定基本物理常数的数值;也正是借助激光,1995年人们利用激光冷却的办法,在实验室实现了爱因斯坦1926年预言的玻色-爱因斯坦凝聚;激光还在物理学与其他基础科学的交叉学科研究中,发挥了巨大的推动作用,如化学物理学、生物物理学(以激光为手段的分子雷达成为生命活细胞研究的工具就是一例),等等。

3 物理学与宇航工程

3.1 物理学为宇航奠定理论基础

探索宇宙奥秘,利用太空资源是极其诱人而有价值的事业。现在,"航天"已成了家喻户晓的热门话题。追根朔源,宇航学的开端与物理学的进展密不可分。正是物理学的基础和现代技术的发展才使"嫦娥奔月"的佳话和"万户"航天的理想得以变为现实。

早在17世纪,开普勒通过计算,发现行星沿椭圆轨道运行等开普勒三定律。同一世纪,牛顿力学形成体系,认识了万有引力定律,这些物理学的成就为后来确定人造卫星的轨道提供了理论基础。20世纪初叶,齐奥尔科夫斯基给出了三个宇宙速度的概念并精确计算了它们的数值。此后,在经历了一系列关于火箭和导弹研究实践的基础上,苏联于1957年10月成功发射了世界上第一颗人造卫星,这是人类航天历史上的一个里程碑[4]。

3.2 航天有赖众多关键技术的突破和集成,是复杂的系统工程

从大的方面说,航天包括运载火箭、应用卫星和卫星应用、载人航天和深空探测等几大方面。每一方面都是多项技术的集成。仅就应用卫星来说,又包括资源卫星、气象卫星、通信卫星、导航卫星及各类科学实验卫星和军用卫星等多种。除大型卫星外,还在开发微小卫星技术,以及卫星组网和编队飞行技术。而每类卫星都涉及一系列关键技术,例如[5]:

卫星结构设计,为人造卫星各分系统提供机械支撑,要求重量轻并能承受空间飞行力学环境;姿态控制技术,如三轴稳定技术,自旋稳定技术等;变轨技术,如从轨道返回地球表面,从低轨道进入地球同步轨道,以及快速变轨技术等;热控制技术,如空间被动式温控技术、主动式温控技术、再入大气层防热技术等;电源技术,包括短期飞行用的化学电池和长期飞行用的太阳能电池阵等;卫星测控技术,包括超短波、微波测控技术、统一载波测控技术等,以实现卫星的跟踪、遥测和遥控;卫星回收技术,如弹道式卫星再入回

收技术、软着陆技术等；有效载荷技术，主要是遥感技术和通信技术，如 CCD 相机技术、通信转发器技术、空间环境探测器和微重力科学实验技术等；卫星总体技术，包括总体设计、总装测试、环境模拟等。此外，还必须建立配套的基础设施，如卫星发射基地、卫星测控网站和应用站等。

随着航天技术的发展，卫星的应用将产业化、规模化，而新一代高水平的航天器将陆续出现，并走上更远的征程，探索太阳系其他星球、银河系乃至更深远处宇宙的未知。

3.3 航天工程技术和遥感技术为物理学的研究开辟新天地

关于宇宙起源学：宇宙存在 3K 温度背景的微波辐射、哈勃红移的测量、宇宙中氦元素丰度的测量，这三条为宇宙大爆炸理论提供了支持。尽管有待研究的问题还很多。

探月和登月，大大增加人们对月球物理环境的了解；美国的"勇气"号和"机遇"号火星车对火星的探测，证实了火星上曾经有水，火星上发现有针铁矿石、卷须云、硫酸盐和卵石，是有过水的证据，这不仅为火星的研究提出了更多课题，也对地球物理的研究有新的启示；搭载在卡西尼号土星探测器上的惠更斯土卫六探测器，在太阳系空间飞行了 7 年，行程 40 亿公里，最终进入土卫六大气层，并安全降落在土卫六表面。复杂精准的工程技术的成功，打开了新的科学探索之门：惠更斯探测器不断把数据发往卡西尼探测器，并由后者中继发往地球，人们正在揭开土卫六的奥秘，同时由于土卫六与地球有若干相似之处，所以还可能对生命起源的探索提供线索；"伽利略"号探测器对木星的探测和所获取的木星的信息，是科学技术史的另一曲凯歌。航天大大开阔了人类认识世界的眼界。

人们还在借助航天航宇工程和探测技术研究一系列物理学尚不明白的重大问题，如寻觅宇宙中的反物质，弄清暗物质和暗能量的起源和本质等。利用外空的微重力、高真空、超洁净环境，研究微重力科学，对地球、太阳、宇宙天体及外空环境进行全新的观测研究。还可能提供关于"空间"和"时间"的新的认识，为物理学乃至哲学的发展开拓新的天地。

4 物理学与工程技术的紧密联系和相互促进具有普遍性

在近代人类认识自然和改造自然的过程中，科学和工程技术一直是紧密相联、互相促进的。作为基础科学之一的物理学，既起着引领、开拓工程技术新领域的作用，又得益于工程技术的发展，这种关系不限于前面重点讨论的三个领域，而是具有普遍性的。

认识微观物理世界的基本粒子物理学与大型加速器工程相伴发展，是一个典型的例子。最近的一个期待是，将在欧洲核子研究中心（CERN）建成的大型强子对撞机（IHC），有希望为弦理论提供证据，这不仅会促进粒子理论模型的进步，还可能影响宇宙学的发展。

低温物理的一个光辉篇章是超导体的研究[6]。从 1911 年发现超导现象，到 1957 年 BCS 超导理论问世，人们对超导有了较为完整的认识。20 世纪的最后十几年，高温超导研究取得重要进展。在这几十年的过程中，超导的技术应用迅速发展，它正在电能输送、加速器应用、贮能、超导磁悬浮列车、生物磁学及医学等领域得到应用，不仅为科学研究，也为国民经济的发展提供有力的支持。

纳米科技是在物理与技术紧密结合的过程中发展的一个重要领域，并且很典型地体现了从量变到质变的哲学。

物理学的一个重要发展趋势是同其他学科的交叉,前面已提到生物物理学,这是一个重要的研究方向。物理学与计算数学和计算机技术的交叉结合,还产生了计算物理学。量子理论与信息科学与技术的交叉是另一个方向,它导致量子通信的概念、量子调控技术和量子信息论的产生,并迅速走向技术,包括新的光通信技术——量子通信、光学量子计算等。这个方向上的一个重要基础研究成果"五光子纠缠和终端开放的量子态隐形传输",不仅被中国科学院和中国工程院的院士们评选为"2004年中国十大科技进展"之一,也被美国物理学会评选为"2004年度国际物理学重大事件"和欧洲物理学会评选为"国际物理学十大进展"之一。可以期待,若干年后,将会出现实用的网络化量子通信和量子计算。信息的获取和传播将超越人们的感官和神经系统的生理极限。

在研究工作的方法论方面,物理学与工程技术也有深刻的相互渗透和借鉴[7]。例如,以算子理论为基础的数值方法,不仅应用在电磁场理论中,也同样应用于声学、流体力学、材料力学及岩土力学等工程科学领域,说明波理论是宏观物理学中的一个普遍性问题;许多国际计量标准(如长度单位米)都从基于欧氏空间概念的经典直观量,改成了基于波函数空间概念的电磁量,这样波函数空间的数学概念已经与人们的生产和生活紧密联系起来了。再如,波粒二象性中波的物理图像,人们也在用传统工程科学领域的方法,如从流体力学、气体动力学和宏观电磁场理论出发,来研究波的理论。这可能是有道理的,因为经典物理学中关于波的物理图景和质点动力学的物理图景,都应该是反映物质运动客观形式的。波的量子性并不是光所独有的,机械波在与其他物体相互作用过程中也存在量子性,声子就是对声波在相互作用过程中能量状态不连续性的描述。

前沿的物理学研究有一部分属于纯粹物理学,在相当时期内不一定用于生产实践,但也有一部分应用性很强,而人类的生产实践不仅是发展科学技术的基本推动力,也为科学理论的验证提供着无限的舞台。物理学研究,尽可能地与工程技术相结合,是相得益彰十分重要的。

科学技术认识和改造世界的作用,也包括认识和改造人类自身,使人类逐步认识自己(如脑认知科学),同时逐步掌握、适应并运用客观规律,从而掌握自己的命运,学会用科学发展观指导社会发展的实践,同自然和谐相处,获得持续发展的自由。在今日的中国,科学与工程技术密切结合,推动节约型社会和环境友好型社会的建立,就是一个紧迫而长期的重要使命。

人类认识世界的过程没有尽头,人类改造世界的过程也没有终点。正如爱因斯坦所说:"我深信深化理论的进程是没有止境的。"物理学既老又新,物理学不是一切,但几乎一切都离不开物理学。物理学过去、现在和将来都是富有生命力的科学。

5 物理学家和工程技术专家的共同品格

无论是认识世界还是改造世界,其根本目的都应该是造福于全人类。有幸从事物理学研究或工程科技事业的人(其实有一批物理学家同时又是工程科技专家),一个首要的共同品格是具有高度的社会责任感和为科技事业献身的精神。周光召在谈到爱因斯坦时说:"我们纪念这位伟人,不仅要了解他在科学上作出的重要贡献,更要学习他在任何困难条件下都一心为科学而献身的精神,学习他为实现社会公正而无私无畏的奋斗精神。"爱因斯坦说过:"照亮我的道路,并且不断地给我新的勇气去愉快地正视生活的理想,是善、美和真。

人们所努力追求的庸俗的目标——财产、虚荣、奢侈的生活——我总觉得都是可鄙的。"在新中国半个多世纪的科技发展中，有过"健康生命全不顾，精忠报国重天山"的邓稼先；有因飞机失事被烧死的时刻，与警卫员紧紧抱在一起，使两人腹部间装有重要机密资料的公文包完好无损的郭永怀等等一大批可敬的科学家。他们不仅创造了载入史册的业绩，也创造了与崇高的事业相称的核心价值观："铸国家基石，做民族脊梁。"他们在我们的内心留下了永远贵重的精神财富。与高水平的科技工作相应的高尚的人文精神，是支撑科学家群体向高处登攀的神圣情怀。不久前，美国科学家为了不影响对可能存在的外星生命现象的探索，决定让"伽利略"号探测器在运行了 14 年之后在木星大气层中焚毁，使人们看到了当年伽利略对真理负责、对人类负责精神的延伸，读出了科学家人文精神在新世纪的标高[8]。

唯真求实是科学精神的基本内涵，是科技工作者的基本品格。无论搞基础还是搞应用，都必须脚踏实地、潜心钻研。以自由电子激光研究为例，国内外都经历过做来做去还是出不了光的"黎明前的黑暗"，只有把从头到尾的每一个参数都精密地做到位了，才能取得硬碰硬的成功。最近我国 THz-FEL 研究在经过八年不懈努力之后终获突破，再次使人感受到："自由电子激光不自由。""一百件事，做好了九十九件，还是出不了光，必须百分之百。"所以，精密的高科技研究，容不得一点浮躁，不允许半点马虎。在今天的中国科技界，尤其要提倡远离浮躁、静心钻研的学风。

创新是科学技术的灵魂。20 世纪物理学的伟大首先在于它突破了已有的概念，创立了革命性的新理论。但这并不意味着新探索的终结，人类的未知远多于已知。正如恩格斯所说："我们还差不多处在人类历史的开端，而将来会纠正我们错误的后代，大概比我们……纠正其认识错误的前代要多得多。"工程技术领域的发明创造和集成创新也将是永无止境的。对已有的成果说"不"，对权威说"不"，既需要有敢想敢说、追求真理的勇气，更需要有严谨深入的实干精神。整个科学技术史是不断创新的历史、不断跨越的历史、人才辈出的历史。自主创新能力是核心的竞争力，在今天的中国更要提倡开放的自主创新。一些已进入耄耋之年的老科学家还在不断思考新问题，是我们的楷模；而创新的责任则更多地落在青年科技工作者的肩上。彭桓武先生总结的 16 字诀[9]："主动继承，放开拓创，实事求是，后来居上"和他在《香山恋》一词中写的"愿宁静而致远，求深新以升腾"可作为我们的座右铭。

科学研究和工程技术实践都需要正确的认识论和方法论的指导，需要哲学的思维和智慧。辩证唯物主义哲学不仅是思想方法、思维武器，也是可以转化为物质的精神力量。自然科学与哲学和社会科学的紧密结合，不仅有利于科学技术的进步，而且对培养高素质的青年人才具有重要意义。科学的思想方法和精深的哲学造诣是科技工作取得成功的要素之一，也是历史上许多卓越学者的共同品格之一。

最后，我想以爱因斯坦悼念居里夫人时说的一段话作为本节的概括："第一流人物对时代和历史进程的意义，在其道德品质方面，也许比单纯的才智成就方面还要大。即使是后者，它们取决于品格的程度，也远超过通常所认为的那样。"

6 结束语

在科学技术的整体结构中，以物理学为代表的基础科学起着革命性的引领作用，永远是一个重要的层次；工程技术不仅是科学与生产力之间的桥梁，而且为基础科学的发展创建新的舞台，提供新的手段；学科的交叉，科学与工程技术乃至企业生产实践的紧密结合，不仅会相得益彰，而且会有助于提高国家的自主创新能力和国际竞争力；基础科学、工程技术与哲学、社会科学的结合，对倡导科学精神、培育优良的科学道德与学风，使全社会树立科学发展观，实现以人为本的全面、和谐与可持续发展具有深远的意义。

参考文献

[1] 李佩珊，许良英. 20世纪科学技术简史. 第二版. 北京：科学出版社, 1999.
[2] 全俄实验物理研究院. 高能量密度物理文集. 华欣生，等译. 绵阳：中国工程物理研究院, 2004.
[3] 杜祥琬. 高技术要览——激光卷. 北京：中国科学技术出版社, 2003.
[4] 贾乃华. 宇航物理. 北京：科学出版社, 1990.
[5] 闵桂荣. 中国人造卫星发展回顾. 见：宋健. 中国科学技术回顾与展望. 北京：中国科学技术出版社, 2002, 354.
[6] 章立源. 物理通报, 2005（1）：9.
[7] 宋文淼. 中国工程科学, 2004, 6（6）：14.
[8] 奚明华. 有感于"伽俐略"涅槃. 科学时报, 2005年2月7日.
[9] 彭桓武. 物理天工总是鲜——彭桓武诗文集. 北京：北京大学出版社, 2001.

Modern Physics and Engineering Technology for the World Year of Physics 2005

Abstract: In the course of progress of the modern society, physics as part of fundam ental science, and engineering technology, which is on the applied side of the scientific spectrum, have played different roles, However, there are strong correlation and close interactions between them. By exam ining the relations between physics and nuclear energy laser technology, and astronautics, the paper shows that modern physics has taken a leading role in opening up new areas of engineering technology. And conversely, while directly raising productivity, engineering technology has also provided new conditions and environment and more powerful means with which the research of physical science has been explored both more vastly and deeply. The paper further stipulates that, while benefiting each other by mutual progress and interpenetration, physics and engineering technology work hand in hand with philosophy and other social sciences, jointly promoting economic and social development Faced with lofty historical duties in the process of understanding and transforming the world, physicists and engineers are required to possess some common, good qualities.

Key words: physics, engineering technology, correlation

让核技术为国家可持续发展再创辉煌

摘　要：概述了对核科学技术发展及应用方向的认识，包括核技术与能源、核技术与医疗卫生、核分析技术、核辐射技术、宇航与航海核动力等5个方面，讨论了它们对国家可持续发展的意义。概括了核科学技术发展的三部曲及发展前景。

关键词：核科学，核技术，核工程，可持续发展

在20世纪的科学技术史上，核科学、核技术、核工程是一个占有特殊地位的领域，对人类的文明、进步产生了多方面的深远的影响。半个世纪以来，新中国的核科学技术从无到有，发展壮大，为增强国家的国防实力和经济实力，创造了辉煌的业绩。在新的世纪，在保持我核武器有效性的同时，核科学技术的发展和应用会走出更宽阔的道路，为国家经济、社会发展和人民生活的改善作出更多的贡献。

下面，围绕国家可持续发展的需求，谈几点有关核技术应用的认识。

1　核技术与能源

核电是清洁能源，在世界的电力供应中，核电已占到16%。我国已确定了"积极发展核电"的方针。目前核电在全国电力中的比重只有1%多一点，2020年可望达到4%（约40GW）。再往后，能占到5%～10%时，就更为举足轻重。目前和今后几十年核电的发展是以压水堆为主的核裂变能发电。高温气冷堆也开始作出贡献。我国也启动了快堆的研究，快中子堆不仅可以利用天然铀当中的主要成份^{238}U，而且可起到增殖核燃料的作用。这几种基于核裂变能的核电站将在今后几十年中对我国清洁能源作出贡献。

图1　秦山核电站

21世纪下半叶，受控热核聚变能有可能开始作出贡献。现在就应对它的前期研究给以战略上的重现。目前看来，磁约束是实现受控热核聚变的较有希望的技术途径，我国在加

---

① 本文发表于《中国工程科学》，2008年，第10卷，第1期，第9页。

强国内研究的同时，参加了以国际热核聚变实验堆（ITER）项目为代表的国际合作，这条技术路线将经历实验堆、演示堆和商用堆几个阶段，通过几十年的努力，证明其可行性。惯性约束聚变的几条技术途径也在探索中。受控核聚变一旦成功，将为人类未来洁净能源的可持续发展开创光明的前景。

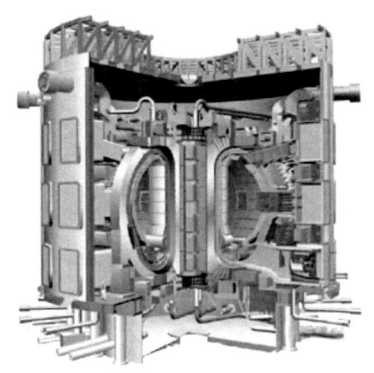

图 2 ITER 装置示意图

2 核技术与医疗卫生

现在已在医院推广应用的核磁共振（NMR）就是核技术应用于医疗诊断的一个范例。其发明者已因此获诺贝尔物理学奖。

分子核医疗正在并将要改变医药学，正电子发射断层显像技术（PET）就是一个代表[1]，它应用正电子核素化合物为显像剂，研究活体的生理、生化、化学递质、受体乃至基因改变，实现了活体内分子水平的研究，代表了当代最先进的无创伤、高品质景象诊断及指导治疗的水平。目前已成为诊断和治疗肿瘤、冠心病和脑部疾病等这三大疾病的最优手段。此外，各种放射医疗技术有很大发展，医用 CT（X 光机）已广泛应用于（头颅、牙科等的）放射学诊断；中子治疗、π 介子治疗已进入临床应用；放射性同位素药品已实用；质子治疗也在实验阶段。可以说，核医学的发展是医学现代化的重要标志。

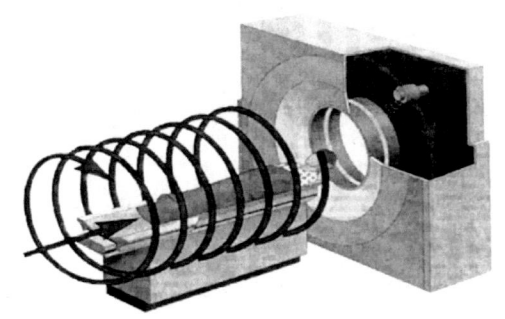

图 3 医用螺旋 CT 示意图

3 核分析技术的多种应用

核分析技术是应用中子活化、X 荧光、同步辐射 X 荧光、质子激发 X 荧光和外束等手段分析样品的物理、化学性质的技术。

用于考古学：核分析技术可提高古陶瓷分析鉴定结果的准确性，我国是文明古国，出土文物价值连城，也就有人制造赝品。通过建立古文物的标准数据库和陶瓷标本库，应用核分析手段可鉴别真品和赝品。

用于国家安全、材料科学、环境保护等：核分析技术可应用于海关安检、反恐监测等；应用材料中成分及杂质元素的分析测试技术，可对材料进行快速定性分析及准确定量分析；同位素质谱计可进行样品的同位素分析和含量分析。核分析技术还可用于环境中有害气体和放射性的监测等。

4 广泛应用的核辐射技术

在农业领域有核辐射辐照种子、保鲜技术等。在工业领域应用更广，如工业CT作无损检测，目前已发展到第三代，其特征是阵列（线或面）探测器、宽扇形束或锥形束以及旋转扫描方式等。它基于小加速器产生的电子束转换成X射线。而高能工业CT的特点在于射线能量高、穿透能力强，可检测尺寸大、密度高的工件，还可实现对实用原型的无损逆求。已发展了便携式数字式X射线实时成像系统（MDR）。我国的技术已打破了国际禁运封锁，可用于数字输油管道检测，固体火箭发动机中高能固体燃料、坦克发动机缸体、贫铀穿甲弹的检测等。进一步发展的超高分辨率显微CT系统，将能达到光学显微镜的分辨率，其空间分辨力将小于$1\mu m$。

核电子学仪器：如γ能谱仪，γ测井仪，γ定向辐射仪，β-γ编录仪、深浅孔γ测量仪、矿车放射性测量仪等，可用于地质勘探找矿及冶金、环保、建筑等领域。石油测井中子发生器已用于采油工业。

在科学研究领域，基于脉冲功率技术的脉冲X光机，可对各种爆炸过程进行X光瞬间照像，得到不透明物体内部的动态变化过程。电子束辐照可用作材料改性。单晶硅中子辐照掺杂技术，可获得不同电阻率的单晶硅材料，用于电子元器件制造。

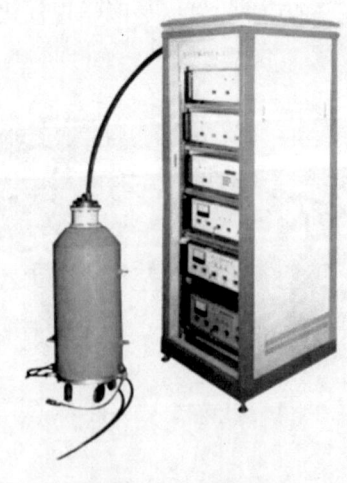

图4　X光机

各种核探测器对宇宙线、基本粒子物理、外星探测及多项实验室的基础研究，起着不可或缺的作用。

5 宇航和海洋核动力

太空是人类正在迅速进入的新疆域。在新的世纪里，宇航会有更大的发展，这是人类认识未知的需要，是和平利用空间的需要，也有着竞争空间优势的背景。

越是进入深空，走向比太阳系星球更遥远的太空，宇航动力的要求就越高。由于太阳能电池寿命的局限性，利用空间核反应堆作动力可能是一个方向。这是核工程技术与宇航技术的结合。

海洋是人类活动的另一个重要疆域，核动力也将为人类航海助一臂之力，核潜艇已成功应用了核动力，未来还会有更广的应用。

6 结 语

综上所述，核技术有广阔的用武之地，可以为国家可持续发展作出多方面的贡献。从人类历史发展长河的角度来审视核科学技术发展的轨迹，可以说它是一个悠长而动人的三部曲：

（1）20世纪初叶，是引人入胜的核科学发现阶段，包括核结构、放射性、核裂变、核聚变等核物理学的革命性的新发现；

（2）20世纪中叶，是以核武器研制成功为标志的震撼世界的核能释放阶段，它在军事、政治、科技等领域产生了重大而深远的影响；

（3）和平的理智的为人类可持续发展开创新路的核科学技术与工程的广泛应用和不断创新的阶段。本文上述的5个方向均属于这个阶段的内容。我想，今后核科学技术的发展主要应该是这第三部曲的延续和开拓，前景广阔。

让核科学技术为国家和人类的美好明天再创辉煌！

参考文献

[1] 李佩珊，许良英. 20世纪科学技术简史. 北京：科学出版社，1999.

Let Nuclear Technology Create New Brilliancy for China's Sustainable Development

Abstract: This paper summarizes the development and application directions of nuclear technology, including five aspects: nuclear technology and energy, nuclear technology and medicine, nuclear analysis technology, nuclear radiation technology, astronautics and voyage's nuclear power, etc. The paper discusses the importance of them to sustainable development and generalizes the development trilogy of nuclear science and technology and its prospect.

Key words: nuclear science, nuclear technology, nuclear engineering, sustainable development

核的三部曲[①]

一谈到核科学技术，许多人立刻会联想到核武器，因此核科学技术让人们首先想到的是它的军事和政治意义。但事实并不完全是这样，核科学技术可以说是20世纪最有分量的创新成果之一，它已经在广泛的和平应用领域得到了许多成果，还将继续为人类开创一个十分光明的前景。从人类历史发展长河的角度来看，核技术的发展轨迹就是一部悠长而动人的三部曲。

第一乐章：20世纪初叶，是引人入胜的核科学发现时期，涌现出了包括核结构、放射性、核裂变、核聚变等核物理学的革命性发现

1905年，爱因斯坦在狭义相对论中提出了著名的质能方程，把质量与能量联系了起来。但当时人们并不知道如何从质量中释放能量，也不了解原子的结构。1911年，卢瑟福提出了原子结构的"太阳系"模型：带正电的原子核犹如太阳，集中了大部分质量，带负电的电子则像行星一样绕着原子核旋转。这个构想在1913年被玻尔发展成了系统的原子结构理论。

为了研究原子核的内部结构，科学家用各种粒子轰击原子核。1919年，卢瑟福用α粒子轰击氮原子，使氮转变成氧。1934年，约里奥·居里和伊伦·居里又用α粒子轰击铝，发现了人工放射性。1932年，英国物理学家查德威克发现了中子，这种粒子质量大，又不带电荷，成了轰击原子核最有威力的"炮弹"。

1934年，意大利物理学家费米用中子轰击了当时已知的最重元素铀，目的是要人工创造比铀更重的元素。经过中子轰击后，铀原子变成了其他原子，不过直到1938年，哈恩和斯特拉斯曼等几位化学家才发现新原子比铀轻得多，铀原子其实发生了裂变。不久，科学家们进一步发现，核裂变消耗一个中子有可能产生两个中子，如果条件合适，裂变反应就可以持续不断地发生下去。原子核裂变时总质量会稍有减少，这部分质量就像爱因斯坦的质能方程预言的那样，转化成巨大的能量释放出来。

核裂变及后来核聚变的发现，为核能及核技术的应用奠定了理论基础，为人类开创了一个非常广阔的应用前景。不管是重核裂变还是轻核聚变，都可以释放出巨大的能量。运用逐渐成熟的技术手段，我们可以向原子核索取这些能量，让它们服从于人类的需要。核裂变发现不久，第二次世界大战在欧洲战场全面爆发，武器成了当时人们最需要的东西。在这种特殊的历史背景下，核技术被率先发展为武器，应用于军事领域。核科学技术的发展也由此迈入了第二阶段。

[①] 本文发表于《环球科学》，2007年12月号，第34页。

第二乐章：20 世纪中叶，以核武器研制成功为标志的震撼世界的核能释放，在军事、政治、科技等领域产生了重大而深远的影响

1945 年，美国成功研制原子弹，并在日本的广岛和长崎两次投掷，造成了巨大的伤害。原子弹的能量主要由核裂变提供。几年后，氢弹也研制成功，它们的能量主要由核聚变提供。原子弹和氢弹让人们认识到了核武器的巨大杀伤效应，突出核爆炸的某种辐射效应、而抑制其他破坏效应的技术设想层出不穷。比如，中子弹试图将核武器的中子辐射效应充分发挥，冲击波却很小，主要对人造成杀伤。以中子弹为代表的增强辐射类核弹头，可以算是第三代核武器。

所谓的"干净核武器"也是第三代核武器的发展方向之一。核裂变的产物带有放射性，是有危害的，"干净核武器"就是要大大减少核武器里的核裂变成分。现在的氢弹还离不开核裂变，因为利用裂变释放的能量才能创造一个高温高压的环境，促使核聚变反应的发生。完全摆脱核裂变，研制真正干净的纯聚变弹，目前尚未做到。增强 X 射线弹、核电磁脉冲弹、核激励高能激光器也都是核武器发展中的新概念，人们已进行了一些研究工作。

不过，人类不应该再把精力放在研制花样更多的核武器上了。善良的人们希望销毁核武器。但也有一些国家怀着各种目的，比如垄断自己的霸权优势，想要拥有并维护核武器。从一开始，我国就诚恳地表明，希望大家都销毁核武器。我们最终的目标是实现一个"无核"世界。但在这个理想世界还没实现之前，为了国家利益，我们不得不保持有限的核力量。科学是一把"双刃剑"，可以起到破坏作用，也可以用来为人类造福。人类用自己的智慧掌握了核科学和核技术，应该理智地把它用到对人类有利的地方去。这就是核科学技术发展的第三个阶段。

第三乐章：核能与技术的理智及广泛的和平应用，今后核科学技术的发展主要是这一阶段的延续与开拓

核科学技术拥有十分宽阔而光明的和平应用前景。从长远来讲，核能是解决世界能源危机的关键因素之一。到现在为止，人类可利用的核能都是基于核裂变反应堆释放的能源。用于发电的核能不是像核武器那样爆炸式破坏性的，而是一种可控的核裂变，让能量逐渐释放出来，变成热能，用来发电。核能目前在全世界电力中已占到 16%，在法国占到 70%。我国台湾省也发展了核电，大陆在核能发电方面也初见成效，现在已经确立了积极发展核能核电的方针。

核能是比较清洁的能源，这是相对于火电厂而言。虽然核废料有放射性，但如果管理得当，对环境的影响要比火电厂干净得多。但核能并不是可再生能源，因为核材料也是一种有限的资源。基于裂变的核能有局限性，因为它们需要铀资源。虽然快中子反应堆可以增殖，有一定的制造核燃料的能力，但作用毕竟有限，不像可再生能源那样可以无穷无尽地使用。因此核能要想长远为人类做出贡献，就要依靠热核聚变反应堆。

核聚变会产生大量的能量，这和氢弹的原理是一样的。核聚变核电站提供的能量会多很多，而且不会产生裂变产物的放射性和核废料等问题，所以这种能源更干净。核聚变的反应原料可以从海水中提取，虽然不是取之不尽，但至少可以满足人类上万年的能源需求。

另外，月球上的氦-3也是可以利用的原料。如果核聚变反应堆能够实现，就会为清洁能源创造一个广阔和光明的前景。

但是核聚变反应堆的研究代价相当高，技术难度也大，连美国和西欧等发达国家都无法独力承担。因此，国际社会共同发起了ITER计划，即国际热核聚变实验堆计划，美国、俄罗斯、西欧诸国、日本和中国都会参与其中，共同分享研究成果。不过这还只是试验反应堆，此后还必须建造演示堆，最后才可以实现商用堆，每一步都需要花费10~20年才能完成。目前国内外专家的共识是，核聚变用于发电至少还要50年才能实现。

除核能以外，核技术的概念更广阔，还有许多方面的应用。很多放射性治疗和诊断手段都来自于核科学领域，比如正电子发射断层显像技术和CT技术。核技术也可以应用在工业探测领域，比如对管道的无损检测。核辐射照射种子也有利于农业的育种培育。在未来的太空探索领域，空间核反应堆也可以为闯出太阳系的航天器提供持续的能量和动力。

总之，核科学技术是一个巨大的进步，是改造世界造福人类的手段。如果人类能理智地不使用核武器，它并不会带来什么危害。核技术，特别是核能的和平利用，将给我们带来一个前景光明的未来。

《核辐射探测器及其实验技术手册》再版序言[①]

在 20 世纪的科学技术史上，核科学技术是一个占有特殊地位的新领域。20 世纪初叶是基础研究领域的核科学取得革命性突破的年代，其标志是关于原子核结构、放射性、核裂变、核聚变等的一系列新发现；20 世纪中叶，则是核能工程技术领域重大创新的年代，以核武器、核电站、核动力舰船的成功研制和实际应用为标志；接着是非动力核技术的迅速进步，包括加速器技术、同位素技术、核辐射技术等的不断创新和广泛应用，为工农业生产、医药卫生事业和科学研究作出了重大的贡献。

无论是核科学基础研究的发现，还是核能工程与核技术的创新，都离不开核辐射探测器。在中子的发现、放射性的发现、核裂变的发现、核爆炸的测试、核电站的监测、宇宙线的研究等一系列科学技术的重大事件中，核辐射探测都起到了十分关键的作用，核技术在国民经济和社会发展中的应用，更是离不开核辐射探测技术。核辐射探测技术的不断进步和广泛应用，使核辐射探测器不仅成为科学仪器中的一大门类，而且发展成为一门独立的核科技领域的新学科。如门捷列夫所说："科学是从测量开始的。"科学仪器既是认识世界的科学手段，又是改造世界的重要工具，大大增强和扩大了人的眼睛和双手的能力。探测器等科学仪器的创新是科技创新的重要组成部分，一种新型探测器的创制常常是基础科学成果和技术新成果集成的结果，体现着新概念、新理念、新方法、新技术。科学仪器是一个不断创新、迅速进步的领域。核辐射探测器近二十年来品种不断增加并更新换代，性能不断提高，生动地说明了这一点。

核辐射探测技术和实验核物理专家汲长松教授编著的《核辐射探测器及其实验技术手册》，全面介绍了各类核辐射探测器，包括它们的原理、分类、性能及其实验技术，是一部十分有用的工具书。1990 年出版以来，受到广大从事核技术的科技工作者的欢迎。《国防科技名词大典·核能》和高等院校《核物理实验方法》教材将该书列为"核辐射探测器"的基本参考文献。应读者要求，原子能出版社现予再版。作者根据十七年来核辐射探测器的新进展，对内容进行了增删，对数据作了必要的更新，并扩充了探测器试验方法方面的内容。相信本书的再版会对我国核技术的发展与人才培养起到积极的作用。

特作此序，向《核辐射探测器及其实验技术手册》一书的再版表示热烈的祝贺。

[①] 本文作者：杜祥琬，写于 2007 年 10 月 1 日。

我国工程物理学的历史篇章

——为中国工程物理研究院建院 50 周年而作[①]

1 历史的回眸

工程物理一词源于苏联。半个多世纪前，原子能科学技术是一个敏感的领域，苏联学者用工程物理来称呼原子能这个领域。这一表述在学科上也是有道理的，原子能是以核物理为核心，又包括相关工程技术的一个大学科领域。

新中国的原子能事业，最有标志性的源头是 20 世纪 50 年代中央关于研制核武器的决策。在这一决策下，启动了有关的工业项目和科学研究，1958 年组建了我国的核武器研究院，现称中国工程物理研究院。回眸过去的 50 年，值得用历史的眼光对我国核武器事业的意义进行再认识，从中国历史发展的轨迹来认识它的战略地位。大家知道，中国古代的历史曾经很辉煌，经历长时间封建社会后落伍了。19 世纪至 20 世纪多国列强入侵，中国人经历了深重的灾难，战争连绵不断。1820 年，中国的国民生产总值（GDP）曾占全世界的 1/3，而 1949 年，GDP 只占 4%，100 多年间大大落后了。在这样的情况下，新中国站起来了，但是很脆弱，刚刚打完朝鲜战争，国内经济非常困难，脚跟还没有站稳。

在这样一个历史背景下，中央为什么决策搞核武器？现在回头重新认识，它是中国由衰败走向振兴、从受人踩躏走向独立自主的历史性决策，是中国发展史上非常重要的战略步骤。由支离破碎的旧社会走向新社会，新中国面临生存问题；而我们要从经济上强大起来，路程很漫长。当时，有的大国对中国不止一次进行核讹诈、核威胁，扬言"要对中国动用核武器"。中国要站稳脚跟，必须有一定的国际地位！中央经深思熟虑后决定搞核武器，是国际战略大背景下意义重大的政治决策。

在这个历史大背景下，有了核武器研究院的建立。核武器的发展和成功是中国由衰败到振兴的一个里程碑。50 年的努力，我国的核武器事业有了很大的发展，在新中国成立 15 周年时，1964 年成功爆炸了第一颗原子弹，从中央决策到研制成功只用了 6 年时间；又经两年零两个月，成功进行了氢弹原理试验，成为在比较短的时间里成功掌握核武器的国家。中国有了一个受人尊重的地位，从历史作用上看不但站起来了，而且也挺起了腰杆，这是件意义深远的事。接着我们又通过次数有限的核试验，独立自主实现了核武器的小型化，掌握了中子弹设计技术，研制成功多个型号的导弹核武器并装备部队，走出了一条中国特色的核武器发展道路。

[①] 本文发表于《物理》，2009 年，第 38 卷，第 12 期，第 881 页。

我国核武器的成功有着双重意义：①我们掌握了核武器，成为核国家，提高了国际政治地位，这是它本身的意义；②更深远的意义是，核武器在那样困难的情况下做成功，大大增强了中国人的自信心。中国人完全可以靠自己的力量干成大事，咬紧牙关许多困难可以克服。几百年受人凌辱的中国人，因此大大增强了对自己国家的信心。2000 年，中国工程院组织国内 600 位专家评选了 20 世纪中国 25 项最重要科技成果，"两弹一星"评为第一位，定为中国历史上最有标志性的成就之一。还需要提及的是，我国发展核武器的"一点儿方针"非常英明，要做成但决不多做。美苏核武器做得太多了是个包袱，我们只搞一点，花钱不多，掌握了此技术，又没对国家经济建设造成影响。

这个事业是全国支援的结果，特别是人才支援。当年从全国调进精兵强将到院内工作，如从中国科学院和高等院校调人。一大批从事核地质、核材料、核试验场建设、核试验测量的人们为事业奉献了青春乃至终身；还有原子能院等单位在基础研究方面作出了贡献。50 年的事业，靠全国大协作，靠几代人的努力，是集体智慧的结晶；更多的是无名英雄，这是时代的特色。其实各核大国都有这样一批人，有名无名地在历史上留下深深而坚实的脚印。我曾题词给战友们："草原山沟戈壁，留下坚实足迹，中华富强史册，写入浓重一笔"，概括了这支优秀队伍干成的事业。

很多好东西都是逼出来的，外国人不告诉你，你自己必须搞成。中国人只要有统一的意志和决心，发挥聪明才智，完全可以创造条件完成国家交给的重任。当年的院、所领导多半只有 30~40 岁，但在我们眼里已是老专家了。他们带领刚出校门的年轻人工作，干起来并干成了核武器。"自主创新"这个词在这几年用的比较普遍，那时已是大家的实际行动了，只有靠"自主创新"，才能找到路子，才能做成核武器。

献身核武器事业的几代人，把个人的前途、命运与祖国的兴衰紧密地联系在一起，不仅创造了载入史册的业绩，而且创造了与这一伟大事业相称的"两弹精神"这一宝贵精神财富："爱国奉献、艰苦奋斗、协同攻关、求实创新、永攀高峰"。而"铸国防基石、做民族脊梁"十个内涵深刻的大字，已成为这支队伍的文化和代代传承的价值观。

2 学科的内涵

20 世纪初叶，物理学取得了革命性的进展，其中也包括对原子、原子核、质能关系、核裂变等原创性的发现，为原子能（核能）的应用奠定了基础。由于时代背景的原因，核能的知识首先被用于制造原子弹，为此，还必须突破诸多的关键技术问题[1]，例如：可裂变材料的选取和制备（分离）；确定实现链式裂变反应所必须的裂变物质的最小体积（临界体积）或临界质量；达到临界与裂变点火的技术途径；高能炸药研究，爆轰物理规律及其精确的时空控制；将流体力学、中子核物理等耦合在一起的全过程数值模拟计算方法，相应的整套物理参数，以完成物理设计；核部件与非核部件的加工，材料相容性研究及结构工程设计；核试验的方法，核试验诊断理论与测试技术等。

核聚变放能是氢弹的物理基础。但要制成氢弹，还必须在原子弹成功的基础上，创造性地解决一系列困难的问题，例如：必要的热核燃料（如氘和氚或锂等）的制备；两个轻核的聚变不同于中子轰击重核实现裂变，它必须克服库仑位垒，为此需解决如何利用原子弹爆炸的能量产生高温、高压来点燃聚变材料，并使之自持燃烧；掌握辐射输运的规律、辐射流体力学及高温高密度等离子体物理、相应的状态方程、高剥离度原子物理参数等；还必须利用适当的材料和巧妙的构形实现热核爆炸。特殊效应的核武器（如中子弹等）还需进行特殊的设计，这里不再赘述。

综上所述可见，核武器是物理学的基础研究成果转化为应用成果的范例，是物理学与工程技术密切结合的成功范例。这里说的物理学，涉及核物理、原子物理、流体力学、辐射流体力学、爆轰物理、等离子体物理、反应堆物理与技术、加速器物理与技术、材料科学、凝聚态物理、结构力学、光学、计算物理与计算数学等，涉及的工程技术还包括核地质、核材料制备、化学化工、核电子学、光电子学、核测试技术、精密机械加工、自动控制、核试验工程、脉冲功率技术等。所以，核武器的成功是多学科的科学家、工程技术专家、系统工程的领导者和管理家们集智攻关、大力协同的结果。

工程物理学还应该包括核动力（如核潜艇中）的应用和意义重大的原子能的和平利用，特别是核能发电所涉及的大量研究工作。首先是已为洁净能源作出贡献的基于核裂变反应堆的各类核电站，也包括处在前期研究阶段的受控热核聚变能的研究，以及其他核工程技术应用，这可以由一个专门的篇章来展开，本文从略。

总之工程物理学是一个以实现核能应用为主要目的的交叉学科领域，是基础学科与工程技术合奏的交响乐，是20世纪人类最有标志性的科学技术进展之一。

在工程物理学的发展历程中，物理学起着明显的引领作用，而工程技术不仅直接创造生产力（战斗力），而且还有着反哺物理学的作用：开拓了新的研究疆域，造就了新的极端研究环境，提供了新的研究手段，从而深化着物理学的研究。例如，核爆炸造就了一个极端物理环境：瞬时的快变的高温高密度等离子体和混合辐射场。核武器物理的研究揭示了高温高密度等离子体的某些特有规律，如随着热核反应的发展，开始时的"平衡点火"，会发展成"非平衡燃烧"，即可以出现离子温度与电子温度的分离，氘氚核具有离子温度 T_i，它可远远大于电子温度 T_e 和辐射温度 T_R，而热核反应率 $<\sigma V>_{DT}$ 是按照 T_i 起反应的，需要用"三温方程"描述这个时候的状态。在一定条件下，辐射场本身也可能是非平衡的，需要从理论上和诊断上弄清"非平衡燃烧"发生的条件，才能进行正确地设计和分析试验结果。再如，一般情况下，可用线性的玻尔兹曼方程来描述中子输运过程，但在发生剧烈热核聚变的区域和时间内，聚变产生的高能中子密度极高，达到可与核密度相比较的程度，中子之间的碰撞已不可忽略，于是提出了非线性中子输运方程及其解法。

半个多世纪的核武器物理和工程发展的过程中，还形成了一个新兴的交叉学科——高能量密度物理学。广义地说，"高能量密度"是指能量超过 $10^{11} J/m^3$，或压力超过1兆巴，温度超过400eV，电磁场强度超过 $3\times10^{15} W/cm^2$ 的物质状态。而在核武器物理领域，"高能量密度"特指温度超过 $10^3 eV$，压力超过 $10^7 atm$，高密度的物质状态，这是核爆状态的典型物理环境。进行高能量密度物理研究的装置包括激光惯性约束聚变装置、基于脉冲功率技术的Z箍缩装置和研究流体动力学与辐射流体力学的长脉冲（几微秒）功率装置（如美国的Atlas）。研究的内容包括：材料特性研究（如物态方程、辐射不透明度等）；可压缩流体动力学（如高马赫数流、强冲击波现象和高速压缩效应）；辐射流体动力学（特别是超高温流物质）；惯性约束聚变点火；天体物理（如γ射线爆发、超新星爆炸现象）等。这是利用工程技术建设的大科学平台进行物理学基础性研究的典型。

核武器的发展和围绕核武器的国际政治斗争还催生了军备控制的物理学研究。20世纪中叶，美、苏的核军备竞赛，使人类面临核战争的威胁。60年代后期，美、苏核力量的相对平衡又起着相互制约、遏制大战的作用，于是他们在军备竞赛的同时，也把核裁军谈判作为政治斗争的工具。冷战结束后，两个核大国拥有的庞大核武库成为沉重的包袱，关于军备控制的谈判空前活跃起来。无论是禁止核试验条约的谈判、防止核扩散的谈判还是裁减核弹头的谈判，都涉及大量的科学技术问题。80年后期，中国科技工作者开始进入核军备控制领域，并进行了专门的研究；特别是各种军控条约的核查技术，涉及核辐射探测、中子物理学、核材料与核弹头的识别、核爆炸的鉴别等物理与技术问题，以及与核武器有效性有关的弹道导弹防御技术、空间武器的控制及应对核恐怖等深层次的问题。

3 新时代的创新发展

在核禁试条件下，保持我国自卫核威慑能力的有效性，根本出路在于加强自主创新能力的建设。为此，中国工程物理研究院实施了核武器的研究重点和研究方式"两个转移"的发展战略，为提高核心竞争力，采取了一系列的措施[2]：①是把工程研究、理论研究和基础性研究结合起来，而且更注重基础性的研究，通过这些现代化的研究手段，支持发展高置信度的数值模拟能力；②是把实验和理论结合起来，通过实验研究，为数值模拟、理论研究提供一系列重要参数；③是把工程研究和掌握物理规律、研究内在机理结合起来，在提交工程设计报告或实验报告的同时，提供数字仿真计算的分析结果，并对结果作出科学预测。

在新的世纪，国际大国进行了军事战略调整，20世纪是"核霸权"，21世纪是"双霸权——核和非核，核威慑加空间威慑"，军事大国企图让我们处在它的威慑之下。我们必须保卫自己国家的独立性，保持有限核力量的有效性，除核武器外要有一些非核手段，这就是高技术的含义。863计划21年发展的历史说明，我们的战略方向选择的很对很准确。

为适应新世纪新形势的要求，工程物理研究院提出了建设"三个基地、一个体制"的新蓝图：建成国际一流的核武器研制与相关科学技术研究基地；国内领先的高新技术武器研制与相关科学技术研究基地；科技领先的军民两用技术产业化促进基地；建立起制度不断完善、机制不断创新的更高水平的军民结合新体制。为此，对学科发展进行了重大战略调整，建成冲击波物理与爆轰物理实验室、高温高密度等离子体物理实验室、计算物理实验室、强辐射实验室、强激光技术实验室、表面物理与化学实验室等重点实验室和若干军转民工程技术中心，为推动基础研究、应用基础研究、预先研究、军民两用技术研究和人才培养发挥着重要作用。

战略高技术是我国、也是中国工程物理研究院20世纪末开拓的新科技领域，21世纪初更加显示出它的重要性。这也是一支科技队伍不断创新的体现，创新是单位的生命力和价值所在。为国家不断作贡献，不断有新的队伍成长，才能不辜负国家对我们科技工作者的培养。20多年来，由于坚持不懈的奋斗，从理论到试验，从技术到工程，都取得了里程碑意义的重大进展。

高技术的发展，是新时代的特征。我们要继承"两弹一星"精神大力协作，还要善于竞争又善于协同，因为新时代已是"市场经济"年代。作为国家级研究院，首先要着眼国际竞争，面对国际竞争要有思想高度，我们要走到世界的前列，这不只是一个单位的利益，也只有这样才能团结国内多个单位和人才一起干事业。中华民族的历史走到了新的振兴时期，高技术是国家利益的体现，下一步要上新的台阶，谱写新的篇章。开拓高技术领域，是国家的需要，也是中国工程物理研究院自身发展的需要和责任。

展望事业的未来：①要在核武器方面不仅保持它的有效性，而且不断有新的认识，储备新的能力。一旦国家需要时，这个领域里有高水平人才继续为国家做工作。现在实验室工作多一些，虽不像当年核试验显示度高，但学科上更加深入更加专业，有点静悄悄的味道。不忙于试验，坐下来进行更深入的研究，更有利于培养人才，继续在核领域保持高水平。②在新开拓的高新技术领域，团结全国的专家，继续取得突破进展，创建新的实用的工程技术和装备。③从核到高技术的科学技术储备，都对国家经济建设有着重要意义。做好"军转民"，服务于解决国家可持续发展的瓶颈问题。

事业的发展要有大的战略思维，有新的构建；在开放时代有新的创新，不仅是科学技术的创新，也要有管理体制和文化精神上的创新。

参考文献

[1] 杜祥琬. 物理，2005，34：480.
[2] 赵宪庚，张克俭. 国防科技工业，2008，特刊：28.

军民科技融合和国防科技的创新发展[①]

1 军民同源是一个朴素的真理，军民融合是科技发展的固有本性

科学技术的发展是一个链条，从源头的科学发现、技术创新，经过中间的技术发展、突破、成熟，多项技术的集成、工程化，直到产生可应用的产品（商品、武器等）。其源头本是不分军民的原始性创新，而在发展的全过程中，虽有最终应用上的军民之分，却也始终贯穿着军民两用性或军民转换互动。军民融合是科技发展的固有本性之一。

在人类科学技术的进步史上，有众多的实例可以说明，军用和民用技术起源于同一科学发现或技术发明，只是由于应用领域的不同走上了彼此不同却又相互促进和转化的技术发展道路。例如火药的发明，源于伏火炼丹，后被用于军事，发明了火药箭、"发机飞火"（即用抛石机投扔火药包）和火枪等，导致了热兵器时代的诞生；同时在民用领域也被广泛用于开山、开矿、筑路等，为改善民生作出了重要贡献。核科学的发现以及核技术的发展，既是核武器出现的前提和基础，也促使核电和多种民用核技术的产生和发展。又如激光器，其原理在1916年被爱因斯坦发现，1960年被首次成功制造。今天，激光技术不仅被广泛应用于工业、医学、信息等多个领域，给人们的生活和生产带来巨大变化，也被应用于军事领域，催生了激光武器这一高性能武器的诞生，同时民用和军用领域之间的相互促进，也推动了激光技术整体的快速发展。此外，以计算机技术、通信技术、互联网技术等为代表的IT技术，在改变了社会生产和生活方式的同时，也促进了武器装备的信息化，甚至催生了战争形态的新概念。而航空、航天、航海等领域的科学技术，始终是在军民共同的需求牵引下发展，又不断推动了在军和民各自领域的应用。

历史表明，科技发展，军民同根同源，而军民融合之所以是科技发展的固有本性，除了其同源性之外，还在于科学技术普遍具有的军民两用性、军民技术的可转换性以及军民两种需求是科技发展的联合动力。

对于国防科技的发展而言，实现军民融合有利于充分利用民用科技资源和民用科技成果，加快国防科技的创新与发展；有利于降低军事装备全寿命费用，提高国防建设投入的使用效益；有利于发挥军事需求对科技发展的牵引作用，促进创新能力和核心竞争力的提升。因此，军民融合式发展已成为发达国家和发展中国家的普遍共识。例如，自上世纪90年代以来，在美国政府出台的一系列经济振兴计划中，很重要的内容就是实施军民结合战略，确立了发展军民两用技术在美国现行政策中的核心地位，并强调军民结合是国防科技发展的关键。

[①] 本文发表于《国防》，2011年，第1期，第8页。

当今世界，随着科技革命、产业革命和新军事变革的不断发展，军用技术与民用技术的界限越来越模糊，可转换性越来越强、重叠度也越来越深。在美国国防部和商务部列出的关键技术中，有80%是军民重叠的技术。因此，科学技术的迅猛发展使军民融合从客观上成为可能和必须。

正是在这样的背景下，党的十七大报告明确提出了国防建设要"走出一条中国特色军民融合式发展路子"的目标。这一目标的提出是顺应世界新军事变革发展大势和国内经济社会发展的必然要求。与单纯意义上的军转民或者民为军用所不同，"军民融合"更强调科研、技术与制造的融合以及与军用技术紧密关联的高端产业的融合。可以说，科学技术融合是军民融合的基础和重要环节。推动科技资源体系的军民融合，加强国防领域和民用领域在科技成果、人才、资金、信息等要素方面的融合，是促进我国国防、经济和科技的全面协调可持续发展的必然选择。

2 军民融合的历史经验、面临的机遇和挑战

2.1 在新中国的科技发展史上，有着军民融合的成功典范

新中国成立60年来，我国的国防科技工业取得了巨大成就，其中离不开我们所采取的军民融合式的管理体制。"两弹一星"就是军民融合的成功典范。"两弹一星"采取的是由中央集中统一领导、顶层统一指挥、军民资源联合支持的管理模式，这一模式最大限度地提高了对有限资源的利用效率、保证了各方的协同配合，使我们在当时物质技术基础十分薄弱的条件下，在较短的时间内从无到有，完成了这一非凡壮举。

"863—国家高技术研究发展计划"的启动也采取了军民一体化的顶层设计，成立了军民联合的领导小组。实践表明，这一组织形式不仅推动了军民两用高技术本身的发展，也在改革开放的新形势下推动了强强联合的国家队的形成和科技管理体制改革的不断完善。

2.2 军民融合面临的新机遇

1. 军民融合是加快转变经济发展方式的迫切要求

2007年以来，席卷全球的国际金融危机对我国经济造成了巨大冲击。我国经济发展中沿袭的过度消耗资源和能源的粗放型增长方式已经难以为继。加快转变经济发展方式，提高自主创新能力和核心竞争力，离不开工程科技的强大支撑，也对军民科技融合提出了更为迫切的要求。

根据2009年中央经济工作会议部署，加快战略性新兴产业发展已成为今后经济工作的重大任务和主攻方向之一，并已将信息、新能源、新材料、生物技术、高端制造等领域列为重点发展对象，其中的信息技术、航空航天技术、新材料技术、新能源技术是典型的军民两用技术，不仅具有良好的经济技术效益，而且能够对相关领域的科技发展起到巨大带动作用。这将为推进军民融合发展提供十分难得的机遇。

我们要通过军民科技融合，促进先进军事科技向民用领域的应用和转化，改造和提升传统产业，依靠技术创新提高产品的价值含量，推动产品向价值链的高附加值环节延伸，提升传统产业的竞争力。

我们要通过军民科技融合，利用先进的军工技术，发展具有战略意义的高新技术产业，

利用军民两用技术培育战略性新兴产业,促进产业结构调整升级,抢占国际竞争制高点,为促进经济社会的健康发展作出应有的贡献。

2. 建设创新型国家,为军民科技融合创造了有利条件

提高自主创新能力、建设创新型国家已经成为我国的一项基本国策。在这一背景下,国家将对关系战略安全和整体竞争力的关键技术给予更大力度的支持,作为其中重要内容的军民两用技术也将得到重视和发展。尤其是在《国家中长期科技发展规划纲要》已确定的十六个重大专项中,其中就有多项与国防科技相关。重大专项的实施对于突破一批军民两用关键技术和国防技术、带动军民结合战略性产业的发展将发挥重要作用,同时将进一步统筹军民科技资源,对于军民科技融合的深入发展起到促进作用。

2.3 军民融合存在的问题和挑战

当前,我国在军民融合尤其是军民科技融合方面还存在不少问题。主要表现在缺乏军民统一的顶层设计和领导管理体制;科研投入上,资金使用分散、缺乏对资金和项目的协调,多头管理、无人负责;在科研人力资源的组织上,条块分割导致人才队伍分散,低水平重复研究问题严重;在科研的组织管理上,产、学、研、用的各环节内部相互封闭,外部则存在各自研究系统的割裂,重短期效果,科技创新体系建设亟待完善。这些问题极大地阻碍了军民科技资源的优化配置,严重影响着国防科技的创新发展,必须充分关注并予以解决。

3 军民统领、创新体制机制

3.1 军民融合式国家创新体制机制建设的关键在于"军民统领"

促进军民融合的关键在于体制机制的创新。创新型体制机制建设的关键在于"军民统领"。军民统领的内涵是指:军民统一领导下的顶层设计以及军民统一领导下的国防科技管理。具体体现在成立一个由国务院和中央军委双重领导的管理机构,负责对国防科技的发展进行战略谋划、科学决策、统筹资源、集中管理。同时有一个高层次的专家集体,对上提供决策咨询,对下能从国家利益的高度进行指导和协调。

军民统领能够充分体现中国特色社会主义制度的优越性,"集中力量办大事",从源头上促进军民科技的紧密结合,在制度上切实保证军民科技资源的高效配置和综合集成,提高国防科技的整体运行效率。

历史上,"军民统领"曾有过"两弹一星"的成功实践。在21世纪的新形势下,军民统领仍然适用,但需要在管理机制上不断创新,要充分利用改革开放带给我们的各种有利条件,发挥市场经济环境的活力以及人才、信息和科技资源全球化带来的各种机遇,推动国防科技的不断发展。

3.2 不断完善有利于科技发展的军民融合式科技创新体系

一是要把军民科技融合纳入开放式的国家科技创新体系建设中。不断优化资源配置,鼓励和引导民用科技力量广泛参与军品科研生产,以需求带动民用科技能力的提高;同时,通过国防工业部门适度参与民用产品的科研生产,提升民用产品的技术水平,从军民两方面保证国家核心竞争力的不断提高。

二是要着力在基础研究上推进科技创新。在军方装备采办的各个阶段，包括基础研究，预先研究，装备需求形成，立项论证，方案探索，部件开发，工程研制、设计、生产、维修保障各阶段，充分考虑利用民用技术、工艺和产品，逐步建立起军民一体的高新技术研发体制。

三是要充分发挥军工技术和民用技术的各自优势，大力培育战略性新兴产业，努力提升传统产业的技术水平与生产效率，加快经济发展方式的转变，为保障国家安全和促进经济社会的可持续发展作出更大的贡献。

3.3 走中国特色的军民融合式发展道路，进一步强化相应的文化和精神建设

精神支柱是发展的灵魂。精神力量是推动事业发展的强大动力。"热爱祖国、无私奉献，自力更生、艰苦奋斗，大力协同、勇于登攀"的"两弹一星"精神以及"特别能吃苦、特别能战斗、特别能攻关、特别能奉献"的"载人航天"精神，无论过去、现在和将来都应是我们的宝贵精神财富。在新形势下，要继续重视文化和精神建设，加强教育，使各级管理者和科技工作者具有高度的时代使命感和民族振兴责任感，通过军民融合体制机制建设，使国家利益最大化。

核科学是美丽的[①]

核科学技术是 20 世纪人类最重大的创造之一。是科学技术史上的辉煌篇章。对世界文明进程带来了多方面、深刻而长远的、战略性的影响。

1 核科学的美丽开端

20 世纪初叶,是引人入胜的核科学发现时期,引起了物理学的革命性变革,乃至整个科学技术的重大变革。这是核科学技术史的第一乐章。原子核物理学的新发现是核工程技术的基础与先导。

一个世纪之前,人们还不了解自然界最基本的物质结构,不了解原子,更不认识核。

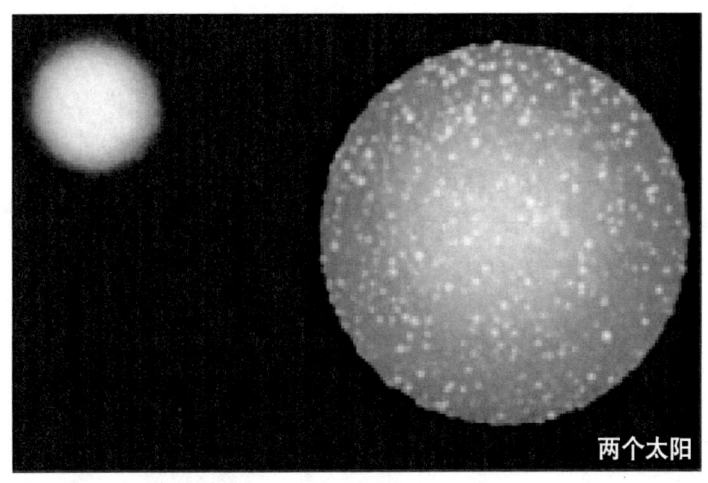

两个太阳

聚变

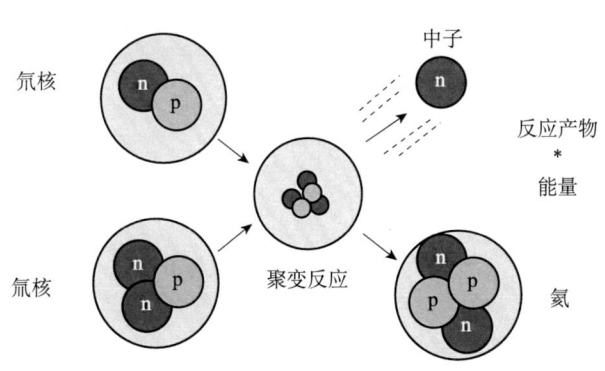

[①] 本文发表于《中国军转民》,2011 年,第 9 期,第 44 页。

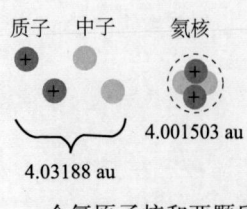

一个氦原子核和两颗质子、两颗中子质量之和的比（质量亏损）

19世纪末，相继发现了X射线、放射性和电子，1905年，提出四维时空的新概念；质能方程 $E = mc^2$，1905年，爱因斯坦在狭义相对论中提出了著名的质能方程，把质量与能量联系了起来。但当时人们并不知道如何从质量中释放能量，也不了解原子的结构。"原来原子像一个小太阳系"人们开始进一步深入，力求认识原子核。为了研究原子核的内部结构，科学家用各种粒子轰击原子核。1919年，卢瑟福用α粒子轰击氮原子，使氮转变成氧。1932年，英国物理学家查德威克发现了中子，这种粒子质量大，又不带电荷，成了轰击原子核最有威力的"炮弹"。1934年，约里奥·居里和伊伦·居里又用α粒子轰击铝，发现了人工放射性。1919年，卢瑟福用α粒子轰击氮原子。1934年约里奥-居里夫妇成功地用人工方法产生了放射性同位素。1932年，查德威克发现中子；海森堡和伊凡宁柯分别独立提出了原子核由质子和中子组成的模型。1934年，意大利物理学家费米用中子轰击了当时已知的最重元素铀，目的是要人工创造比铀更重的元素。1938年，哈恩和斯特拉斯曼在实验上发现中子轰击下的铀核裂变以及梅特纳和弗里什的理论解释，经过中子轰击后，铀原子变成了其他原子，不过直到1938年，哈恩和斯特拉斯曼等几位化学家才发现新原子比铀轻得多，铀原子其实发生了裂变。这里提及的每一件事都是历史性的原始创新。

不久，科学家们进一步发现：如果条件合适，裂变反应就可以持续不断地发生下去。原子核裂变时总质量会稍有减少，这部分质量就像爱因斯坦的质能方程预言的那样，转化成巨大的能量释放出来。

对核结构和质量的研究，使人们认识到原子核结合能随原子量变化的规律：一个重核分裂成两个中等质量的核时，会释放能量；一些轻核聚合成一个较重的核时，会释放能量；$E = \Delta MC^2$（ΔM——质量亏损），一次核聚变时放出的能量要比核裂变时大四倍以上。

核裂变及后来核聚变的发现，为核能及核技术的应用奠定了理论基础，为人类开创了一个非常广阔的应用前景。

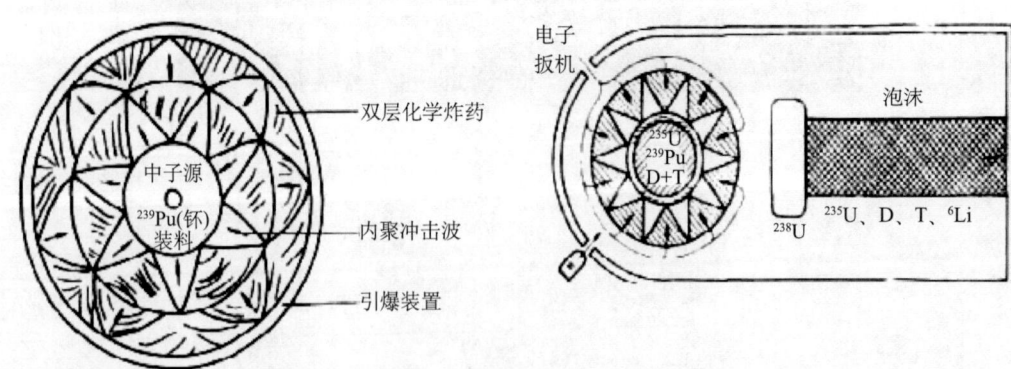

正是20世纪初叶核科学的辉煌原创引领了后来的核技术、核工程。不管是重核裂变还是轻核聚变，都可以释放出巨大的能量。运用逐渐成熟的技术手段，我们可以向原子核索取这些能量，让它们服从于人类的需要。

核裂变发现不久，第二次世界大战在欧洲战场全面爆发，武器成了当时人们最需要的东西。在这种特殊的历史背景下，核技术被率先发展为武器，应用于军事领域。核科学技术的发展也由此迈入了第二阶段。

2 核科学的惊世之作

20 世纪中叶，以核武器研制成功为标志的震撼世界的核能释放，在军事、政治、科技等领域产生了重大而深远的影响。

核科学虽然为核工程技术打下了基础，但核工程技术的实际应用却必须解决一系列困难的工程技术问题,才能转化为实际的生产力和战斗力。

核裂变能(原子能)被用来制造原子弹时,必须突破诸多的关键问题:可裂变材料的选取和制备;确定实现链式裂变反应所必须的裂变物质的最小体积(临界体积)或临界质量;达到临界与裂变点火的技术途径。

高能炸药研究,爆轰物理规律及其精确的时空控制;将流体力学,中子核物理等耦合在一起的全过程数值模拟,整套物理参数;核部件与非核部件的加工,材料相容性研究及结构工程设计;核试验的方法,核试验诊断理论与测试技术等。

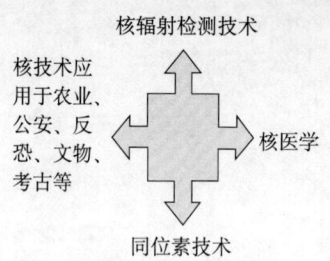

美国"弗吉尼亚"级攻击核潜艇

法国新一代核潜艇"可畏号"下水

田湾核电站

秦山核电站全景

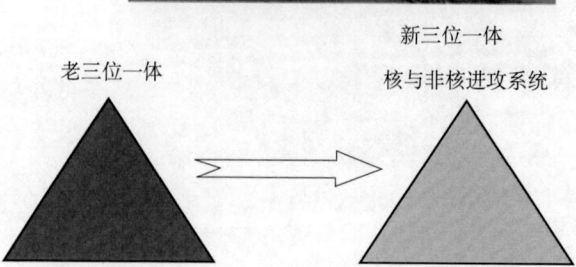
美国的战略调整(老新三位一体)

核聚变放能是氢弹的物理基础。制造氢弹必须创造性地解决一系列问题：必要的热核燃料（如氘和氚或锂等）的制备；如何利用原子弹爆炸的能量产生高温、高压来点燃聚变材料，并使之自持燃烧；掌握辐射输运的规律、辐射流体力学及高温高密度等离子体物理、状态方程、高剥离度原子参数；利用适当的材料和巧妙的构形实现热核爆炸；特殊效应的核武器（如中子弹等）还需进行特殊的设计等。

问题的解决是物理工作和工程技术紧密交叉结合的过程：如，核爆炸的物理诊断学，就是为了弄清核武器爆炸后快速而复杂的物理过程、各种物理量随时、空的变化规律，从而做到不仅知其然，而且知其所以然。有意思的是，几个核国家突破氢弹的工作是"英雄所见略同"。

1945 年，美国成功研制原子弹，并在日本的广岛和长崎两次投掷，造成了巨大的伤害。原子弹的能量主要由核裂变提供。几年后，氢弹也研制成功，它们的能量主要由核聚变提供。

原子弹和氢弹让人们认识到了核武器的巨大杀伤效应，突出核爆炸的某种辐射效应、而抑制其他破坏效应的技术设想层出不穷。

中子弹试图将核武器的中子辐射效应充分发挥，冲击波却很小，主要对人造成杀伤，以中子弹为代表的增强辐射类核弹头，可以算是第三代核武器。所谓的"干净核武器"也是第三代核武器的发展方向之一。核裂变的产物带有放射性，是有危害的，"干净核武器"就是要大大减少核武器里的核裂变成分。

人类不应该再把精力放在研制花样更多的核武器上了。善良的人们希望销毁核武器。但也有一些国家怀着各种目的，比如垄断自己的霸权优势，想要拥有并维护核武器。

从一开始，我国就诚恳地表明，希望大家都销毁核武器。我们最终的目标是实现一个"无核"世界。但在这个理想世界还没实现之前，为了国家利益，我们不得不保持有限的核力量的有效性。

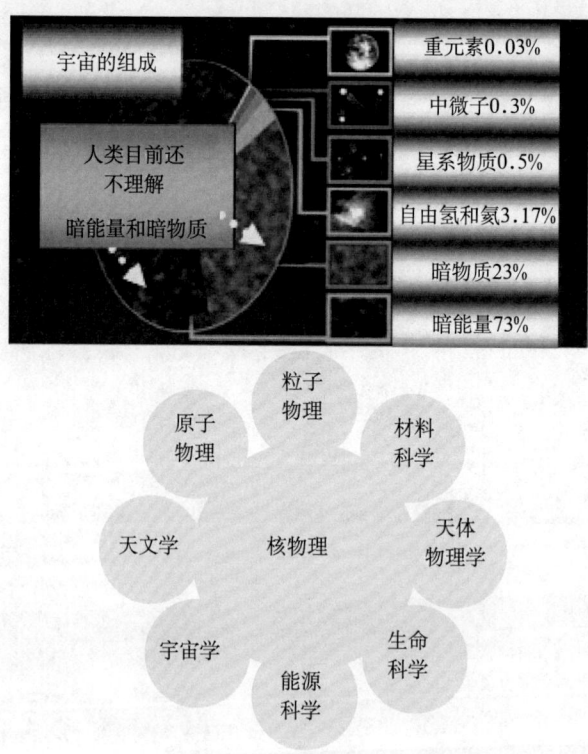

核物理学关联其他众多领域的发展

核武器成功后不久，一些国家就推进了核能的和平利用。我国起步较晚，但近20年来，也取得了长足进展。核技术得到广泛应用，社会和经济效益显著。

在核工程技术的实践中，又提出了新的物理概念和研究领域，创造新的极端物理环境，也提供了新的研究手段。

核工程技术的发展反哺了基础核科学。瞬时快变高温高密度等离子体的特有规律：非平衡、非线性中子输运方程、高能量密度物理学。

从事核事业的人们，不仅创造了载入史册的业绩。也创造了与伟大事业相应的崇高的价值观。这是一笔无比宝贵的精神财富。

神光Ⅱ装置

美海军要靠核动力巡洋舰实施称霸远洋战略

核动力火星车

美国海军的一艘核动力研究潜艇"NR-1"号

3 核科学的光明未来

（1）当今及可预见未来核武器的重要作用及威慑战略的演变。

（2）基于核裂变反应堆的核电将为人类作出重大贡献。目前主要是热堆，进一步发展快堆，可与受控核聚变相衔接。

（3）受控核聚变的光明前景和战略意义，我国已参加 ITER 国际合作计划。

（4）惯性约束核聚变：途径和意义。

（5）核技术的广泛应用。同位素技术、核医学、核辐射检测技术，核技术应用于农业、公安、反恐、文物、考古等。

（6）宇航及远洋、深海航行核动力，除核潜艇外，还在发展宇航核动力。（因太阳能电池应用的局限性）

（7）激光强场打开了激光核物理新领域——交叉学科的生长点。可引发多种核反应，产生多种核粒子，可称场核反应（概念上有别光核反应），另外还有核天体物理、放射性核束物理……

（8）核技术手段与前沿基础科学互相牵引、支撑、促进。

①各类加速器技术为基础科学提供强有力手段。

②日内瓦的大型强子对撞机（LHC）。

③同步辐射与自由电子激光。我国还有：合肥同步辐射光源，上海新光源。

④对物质世界基本结构的认识:未知多于已知。

2008 年诺贝尔物理学奖(三四十年前的预言被证实)

美日三科学家获 2008 年度诺贝尔物理学奖:

美费米研究所的 Yoichiro Nambu:亚原子物理学中自发破缺对称机制;

日本 KEK 的 makoto Kobayashi 和京都大学理论物理所 Toshihide Maskawa 发现对称破缺的起源,预测至少三种夸克家族的存在。

更多的未知:反物质、暗物质、暗能量、宇宙起源……离不开核科学技术,也将深化、发展核科学技术。

4 结束语

核科学的发现引领了核工程、技术、产业的发展,而后者不仅直接创造生产力,同时又反哺促进了核科学的深入发展,进入了一个空前蓬勃的发展时期。核科学是美丽的,核科学为认识世界和改造世界,为人类的可持续发展将不断作出新的贡献!核科学是值得为之献身的事业!

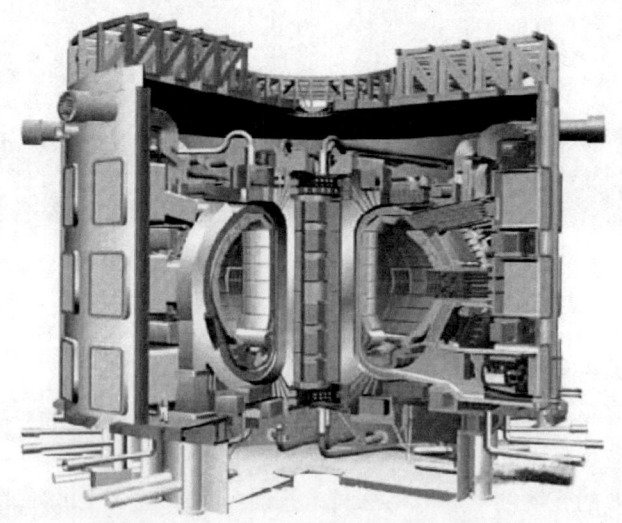

ITER 装置示意图

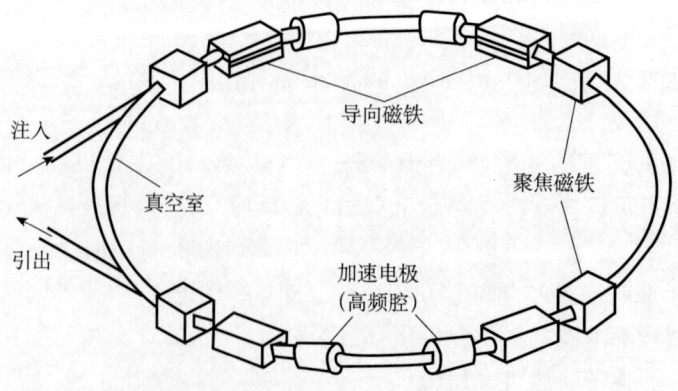

如 J-parc 强流质子加速器用于基本粒子、中子物理研究

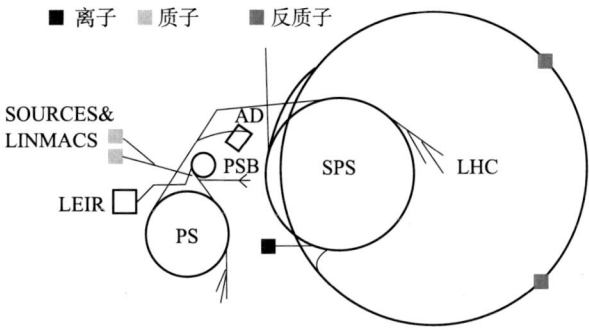

日内瓦的大型强子对撞机（LHC）

对物理学和物理教学的几点认识（上）[①]

作为一名物理学工作者，结合自己的体会，我跟大家谈谈对物理学和物理教学的几点认识。

1 对物理学的五点认识

1.1 物理学是对物质世界的构成和运动规律进行研究的科学

物理学是科学之基，是人类认识世界的基础科学。其实人类最早出现的是技术，还不是科学。比如从石器时代人们做一些比较简单的工具，那就是简单的技术。后来才有了比较简单的科学。但是从最早的记载，在有甲骨文的时候，我国就有了所谓像超新星爆发那样的事件的记载。而第一次出现物理这个词，我知道的就是杜甫的诗，"细推物理须行乐，何须浮名绊此身。"这句话讲得非常好。当然这位唐代的诗人所指的物理是一般事物的道理，就是广义的科学。但他是第一次用了物理这个词。细推物理须行乐，做物理是愉快的一件事，那么，何必要为一点浮躁的名声绊了自己的脚步。这句话，至今都非常有现实意义。后来有大物理学，化学也好、力学也好、天文也好，都是包含在物理学里面的。现在的物理学可以说是比较狭义的一个物理学了。像化学、力学、光学这些都独立出去成为专门学科了。

但不论这个物理概念的广义也好、狭义也好，它始终没有离开一个基本特征，它的地位就是科学之基，实际上是基础科学这样的一个地位。物理学不是一切，但是一切都离不开物理学，这是我的一个体会。从物理学作为各个学科的根基，然后发展到技术，然后到工程。工程是各种技术为了达成某种目的的一种集成，然后到产业。比如说电网就是一个庞大的产业。电网里头有许多物理学。人们的日常生活可以说是到处可见物理学，再到人们的精神世界，脑科学。认知科学以及人们的精神各个方面，涉及生物物理学。所以，从科学到技术、到工程产业、到生活、到精神都离不开物理学，少不了物理元素。因此，对于任何一个生活在这个物质世界的人，物理学都是良师益友。学好物理学，不管是做不做物理学都非常有益：这里不仅包括物理学的一些具体知识，也包括重要的一些概念。它是对于物质世界的一些基本理解和认识。这对我们做好任何工作都是非常有益的。

1.2 物理学是充满了认识论和方法论哲学内涵的一门学科

物理学是对物质世界的刨根究底。不仅要知其然，而且要知其所以然。这也是一种物理学思维的习惯。它一方面包含了唯物的认识论，就是要对事物的因果关系问得很清楚。

[①] 本文发表于《物理通报》，2011年，第7期。

另外也包含着一些辩证的方法论。比如说量变到质变，有很多地方都可以很好地理解这个辩证法。从经典的牛顿力学到量子力学。材料，从宏观的材料到微观的材料，到纳米尺度，就不光是一个量的变化，它有很多质的变化。再如对立统一论，正物质、反物质、正电极、负电极，要全面认识一个世界，就离不开这个辩证关系、对立统一的关系。再就是否定之否定，人类社会有很多否定之否定的事例。比如说能源，最早就是可再生能源的原始利用。后来人类发现了化石能源，像煤炭、石油，这才转向了以化石能源为主。现在又"否定"了，又要从化石能源回到可再生能源。但是它不是一个简单的回归，这个否定之否定成了一个螺旋式上升，以更高的形式使用可再生能源；已经不是原始的那个可再生能源利用方式，而是以现代化的工业方式来利用可再生能源，就是使用新材料、科学技术手段来利用太阳能、风能、生物能。这是一种人类轨迹，能源领域轨迹的一个否定之否定，也是一个螺旋式的上升。像这样辩证式的东西，在物理里面可以说是随处可见。

另外，物理学的发展，一定要有开放式的头脑，一种批判式的态度，一种怀疑精神。在研究辐射的时候，爱因斯坦作为一个小职员，对当时实验与理论的矛盾不太理解，他就钻研这个问题，后来就写了几篇著名文章。对已有的文章持一种疑问、怀疑，还要大胆提出一些想法。所以物理学发展，一定要具备这种开放的头脑、批判的态度和怀疑的精神。

费曼——美国著名的物理学家说过这样一句话：对自己的结论要留有被质疑的余地。当然你要觉得这个结论有道理，要让人来理解你的道理。但是，要有一种科学态度，就是要允许别人来质疑我，这也是科学发展所必需的；科学就是这样不断的推进。弄清所以然就是要认识规律性，认识事物的逻辑性，认识事物的因果关系。何谓辩证呢？就是把握度的重要性。从量变到质变很多时候都是一个度的问题。养成这样一个思维习惯就建立了科学的思维习惯，和一种思考问题的能力。由于物理学这样的性质和它充满哲学的这样一个精神，就导致我的另外一点体会，就是学好物理学，容易适应各种工作。因为不管是搞文、搞工、搞理或者搞别的东西都需要有一个正确的哲学思想方法。学过物理学容易适应各种工作，就是因为它既是基础性的科学知识，又是理解各种问题的一个比较科学的方法，一个思维方式、一个思维的习惯，这对我们的成长，培养创新性人才都是很基础的一点。

1.3 物理学既老又新，是不断发展的科学

有的地方要取消物理课，说物理学是夕阳科学。我很不认可这句话。物理学确实很老，因为从科学一开始，大家就开始研究物理学，然后才是其他的科学。但它又非常新，不断有新的内容注入进来，是一个不断发展的科学。正是因为有人类无尽的追问，使她、使物理学永无止境。至今，在物理学领域，乃至整个科学领域，未知多于已知。你知道的越多，就越感觉不知道的越多，就是这样一种感觉。我说物理学老，因为它是最早出现的科学之一。在甲骨文时代就记录了超新星的事件，那是在公元前13世纪时期、而至今还有很多新的问题摆在我们面前，有待后人去研究。比如说，世界上到底什么最小，我们到现在也不是说得非常清楚，但是对此的认识有很大进展。原子这个词本来就是最小的意思。后来人们知道了原子还有结构，有原子核。核里面有中子质子，但是这个还不是最小，里面还有夸克，又有正夸克反夸克几种夸克，然后把他们搞到一起。夸克是不是最小的，我不敢说，大家可以研究这个问题。再说了，世界上什么最大？我也说不清楚。就说这个宇宙，仰望星空这个宇宙确实是最大的，因为没有边界，中学生就会问这个问题。我从小就听到时间

和空间是无限的，那是一个概念。到了现在由于自己知识的有限性，我还是觉得时间和空间是无限的。时间往前走，为什么时间不会倒流，x轴有正有负，但是这个t轴就是往前走，为什么回不去，为什么时间不对称？现在对于宇宙是不是大爆炸，当然有很多证据，但是也有质疑。像这些对物质世界的认识中很基本的问题都还不清楚。我们知道在这个物质世界里，人类的只是其实很多、很丰富。但是我们对这个物质世界的百分之九十几的物质还不认识，现在认识的这些氢元素、重元素、中微子一共就占到百分之几。还有对反物质的问题现在有一定的认识，但是寻找反物质到现在还没有结果，找不到。最近有一个新的进展，说找到了暗物质的质点，暗物质的粒子，说是比质子还要重很多很多倍。这是一个新的认识，是不是证实了，我也不敢说。对这个物质世界的认识到现在还没有穷尽，还有很长的路要走。所以它是一个不断发展的学科，还有很多很新的前沿问题。

我还想再强调一点，就是物理学跟其他学科发生交叉，创造了许多新的科学前沿。其中非常重要的一方面是生物物理学，DNA双螺旋结构的发现说明交叉学科的重要。几个发现的人，包括物理学家、化学家、生物学家，他们一起来做这个事。生物学这个前言在此之后有了很多全新的发现。还有地球物理学，我们生活在地球上。地球包含它的大气在内，是一个系统，这个系统本身的因素就很复杂。现在关于气候变化的争议很多，不光是中国的科学家，世界的科学家离把这个问题说清楚的时间还早。因为关于地球大气本身的因素就很多，温室气体、人的活动、化石能源的燃烧，还有海洋的变化等等地球本身的变化。而这个系统不是封闭系统，而是个开放的系统。你要是想解一个气候模式，它的边界条件怎么给？太阳是给我们热的最主要的一个来源，那么太阳的活动，又有长周期和短周期的变化。现在的认识是这样，太阳大概还能健康地工作40亿年。但是太阳有一些短周期的变化，比如太阳黑子大约平均11年是一个周期。现在不是又在说2012到2013年太阳又将有一个大的爆发，可能会影响地球上的信息系统。这是科学家说的话，不是美国的电影《2012》世界末日。但是这说明太阳的一举一动，都会影响到我们地球的气候模式。现在各国研究气候变化，认为二氧化碳浓度的升高带来升温。有的研究说，到2100年如果这个趋势这么下去的话，世界上、地球上平均气温会升高6℃，会有很大影响。但是有的研究组说，根据他们的气候模式算起来，顶多是0.6℃。大家都承认造成升温，但是这个敏感度会差10倍；所以对这个问题的认识是非常不清楚的。再比如说宏观和微观的这个交叉，它离不开宏观的科学仪器和科学设备。像日内瓦的大型强子对撞机（LHC），这是世界上最大的一个科学设备，多少多少千米。那么要研究最小的东西，要造这么大的一个大家伙，这也是微观和宏观的一个交叉。

还有对于外星的探索，对于生命的探索。霍金说将来人类在地球上装不下，要到外星上去生活。到外星生活谈何容易，究竟外面有没有可以生存的地方。首先外面有没有生命，现在在探索。我想有生命是非常可能的，外星人也不是不可能的。但是，UFO是不是外星人是另外一回事。这个外星探索，人类有没有未来的家园，不是说去宇宙旅行这么简单的。再说极端条件下物质特性，这也是一个非常有趣味的一件事。极端物理学，就是在极高的温度、或者极低的温度下，都会出现完全不同的物理学的问题；还有在极高的压力下，极高的场强下，极快的过程，如微秒、飞秒这些更短的极端条件的场合。当然，核武器爆炸本身就是这样场合的一种表现。再比如说信息，信息和物理学联系非常密切。不仅量子计算，最近从量子纠缠、量子态的研究，导出了一个应用，就是量子密匙和量子密码，完全是现在不可破译的量子密匙。这个对通信带来非常大的影响。当然也有人说，没有任何东西是不可破解的；道高一尺、魔高一丈。但是现在搞量子信息的人，也说这个东西很难破解。像这些问题就是物理学和信息的交叉。当然还有电磁波，人类研究电磁波，从长的波段一直到最短的。原来夹在光和波之间的太赫兹这个波段，现在受到高度的重视。太赫兹就是介于红外和微波之间的波段。再一个波段就是往最短的波长去，如果不涉及原子核引起的γ射线，则硬X射线是最短的。现在已经在世界上的几个实验室，利用自由电子的方式，产生了硬X波段的激光。所有这些，在不断地拓展新的领域，推动物理学新的进展。所以，如果说物理学是夕阳，我觉得那是对未知的无知。很多东西都是未知，有待物理学前沿的探索，怎么能叫它夕阳？恩格斯在一百年前说过一句话，到现在看来还是非常辩证。他说我们差不多还处在人类历史的开端，将来会纠正我们错误的后代大概比我们纠正其错误的前代要多得多。我想现在还是这样，我们也希望后代人，来纠正我们的错误，这是一种进步。诺贝尔物理学奖的获得者美国物理学家费曼也曾说过这样一句话：作为一名科学家我感到一种责任，我认识到，承认我们无知的思想所具有的的巨大价值。承认我们无知是一种思想，这种思想是一种巨大价值，正是因为有这样一种观念，使得科学和人类社会的进步成为可能。科学家有这样的认识是非常科学的。

1.4 物理学是实验科学，但它又是理论与实验紧密结合的科学

例如做核实验，理论是离不开的，但最终是要靠实验。现在物理学已发展为实验物理、理论物理、计算物理三者的一个结合。但是归根到底还是要遵守实验的验证，它是要接受实验检验的科学。所以我们是不是应该说，对物理学来说，实验是基础，它又是检验我们每一个物理学进展真伪的一个标准。但是理论是把认识上升到理性，上升到规律所不可或缺的。而计算既是一种有力的理论模拟的手段，又是一种计算机的实验手段。国际物理联合会也增加了一个委员会，就是计算物理专业委员会。

正因为这样，我觉得物理学是一个求实、求是的科学，是一个老老实实的科学；最终就是要遵守实验、实践的检验。我记得刚参加工作，那个时候我们的所长邓稼先，提倡"三老四严"，到现在我都记得很清楚。三老，做老实人、说老实话、办老实事。四严，就是严谨、严密、严格、还有严肃。物理学是个严谨、严密、严格的科学、要接受实践检验，这是科学的实证性，要经过实践的证实。这个实证性，就给我们搞科学、搞物理带来一个唯物的学风或者说学术风范。

我想在这儿稍微说两句关于科学精神和科学价值。以物理学精神为代表的科学精神，以物理学价值为代表的科学价值是什么？可以概括成八个字，就是追求真理、造福人类。追求真理是认识这个世界，主要是基础性的科学，基础性的物理。而造福人类，则是应用性的。如果说这八个字叫物理学的精神，从这八个字就派生出两个精神，一个叫实证精神，凡事要经过实践的检验。如果没有这个就谈不上科学的检验。由这个实证精神就导出了，人们如果遵守科学精神的话就要遵守一些科学的规范。比如说造假就是违反实证精神。从科学精神还导出另外一个，那就是理性精神。就是有利于社会而不是有害社会。由此又导致了一些科学的规范。比如说剽窃别人成果，就是害别人。还有不能去做一些伦理所不允许的科学研究，这是危害社会的。科学也好，物理学也好，嘞使双刃剑。我们要培养创新

型人才，必须的先守住一个底线。我们要教会学生，要想创新：底线是不要违背这些科学的基本精神和科学的基本规范。不要去搞那些学术不端，那就谈不上任何创新了。

1.5 物理学是支撑国家和人类社会可持续发展的强有力的应用科学

我基本是搞应用的，但是在应用当中，体会到这个基础科学十分重要。物理学又是支撑国家和人类社会可持续发展以及科学发展的强有力的应用科学。除了认识世界的很多未知之外，要让同学们理解物理学的现实价值。人类社会共同面临一个能不能持续发展的问题，地球就这么大，发展有没有极限？现在是 65 亿人口，到 2050 年 90 亿人口，到底往哪儿装，是不是能够装得下？然后是能源。像煤、石油现在还能用很多年没问题。但是它早晚是要枯竭的。那么未来可持续发展，要有能源，这就出现了几个方面的问题。我比较看好的长远的方向，一个就是广义的太阳能，太阳每天给我们这么多能源，很多并没有用上。中国的太阳能热利用还比较好，首先是热水器。中国是太阳能电池生产最大的国家，但是在中国的电力里面，太阳能发电的贡献只占百分之零点几。这个问题出在哪里呢？就是中国缺乏太阳能电池的原创性。现在世界很多实验室里面对各种材料做研究。硅的光电转换效率最高，但也不是只有硅才能转换成电，这个基础是爱因斯坦的光电效应，原理上没有问题。但是用什么材料才能实现这一点？现在用薄膜硅肯定行，还有对一些非硅的太阳能电池现在有很多研究。最近国际上几个实验室研制了多层新型太阳能电池，光电转化效率达到 41%。这些问题说明，如果物理学在技术方面，能够和材料结合起来，跟光电的转换效率与产业效益结合起来有些创新的话，我们的太阳能就能有大发展。这些新兴产业各国处在差不多相同的起跑线上竞争，谁有了原始创新，就能引领 21 世纪的能源产业。

核能也是一种被非常看好的一个比较长远的可持续发展的能源。在我们国家，用铀来搞裂变，这样就可以支撑好多年，甚至上千年都没有问题；但是最终要靠聚变。核能的发展三部曲，第一步是热堆，第二是快堆，利用铀-238，第三步利用核聚变。那么核聚变现在全世界在公关，因为这个花费比较大。美国、欧洲、俄罗斯、日本、中国、印度、韩国七家共同来打造这个实验，要突破这件事。现在科学家在做的是实验堆，下一步叫演示堆，然后再下一步才是商用堆，这三步下来，大家估计总得 50 年；及时保守一点，100 年能突破。聚变能跟前面的两步曲接上，它的原料可供我们使用上亿年也是可能的。因此人类未来的能源是可持续发展的。但是要走到未来这一步，我们需要突破很新的一些问题。刚才说的这个受控核聚变的问题，就是物理学如何来支撑人类可持续发展的问题。

再比如说国防，我们的武器装备，从最早时期的铁器时代的冷兵器，到后来炸药热兵器，到后来有了核武器，还有现在有的电磁武器、信息化的信息武器。这些武器不断的发展，导致了战争观念的一些变化，甚至出现了非常规战争。由于武器新概念的发展，模糊了和平与战争的界限。譬如说网络战，它模糊了战争界限，更不要说前方、后方的界限了。

再比如说刚才提到的物理学和生命科学，从双螺旋结构发现以后，对基因、转基因的研究，给人们的生活带来了非常深刻的影响，这些都是物理学的交叉。还有呢，有一个非常有意思的关系，就是基础物理学跟应用物理学之间的辩证的联系。首先就是基础物理的革命性的突破，能够引领新的方向，能够开辟新的领域。比如在 20 世纪初，原子核领域革命性的进展，从人们对核裂变的发现一直到核聚变的发现。1939 年发表了裂变这个概念，1945 年就发明了原子弹，这个转换非常快。然后有氢弹，然后就是核电站、核能。核武器的发展，反过来又推动了基础物理的发展。因为核爆炸，人们发展了高能量密度物理。高能量密度物理提出一些新的物理学的课题，提出了物理学基础研究新的领域。所以这个应用的科学，它又反哺了基础科学的发展。

再比如说激光也是这样，从爱因斯坦提出来受激辐射的概念，到后来人们先在微波领域发明了受激微波器，然后到 1960 年才有了激光。这也是从基础研究的概念，到引领了一种新的技术。现在靠激光能实现更高的场强，又开辟了一些新的基础研究课题——强场物理。航空、航天也是这样，从三个宇宙速度的认识开始，才有了航天，航空航天又给人们提出新的课题要研究。而且应用科学和工程又为我们基础性的科学研究提供了强有力的技术手段。大型强子对撞机，紫外探测、各种频段的探测，这些东西都是在物理学的基础上不断创新出来的。

工程技术本身创造生产力，同时它又反哺物理学，它能提出新的课题，它能创造新的环境。例如极端环境，它又能提供新的手段。所以，它们是共同推动了人类的进步和发展。2000 年的时候，中国工程院组织了几百位专家评选了 20 世纪中国 25 项工程科技成就，这里面多半都跟物理学有关。

最后一点体会，就是物理是饶有趣味的科学，它是认识世界的先锋；从基础来说是认识，不管是最大、最小、最极端都得靠物理学；又是改造世界，造福人类的致富宝库。要靠它来支撑人类社会的可持续发展，使人类生活得更幸福多彩。所以李政道先生把刚才我念过的杜甫的诗改造了一下，说"细推科学日复日，疑难得解乐上乐。"

对物理学和物理教学的几点认识（下）①

物理学既然如此重要，因此，搞好并提高物理教学是各级教育管理部门与学校的一项重要任务。下面谈谈对物理教学的四点认识。

2 对物理教学的四点认识

2.1 物理教学重在打好基础

（1）知识的基础。知识的基础首先是概念，要有清晰的物理概念。一个人做什么事情，如果概念清楚就能做好。概念模糊的人做不成好的事情。第二是对物理规律的理解。要把规律认识清楚，包括因果关系、逻辑关系。还有知识的系统性也很有意义。这是知识的基础。

（2）能力的培养。我想在物理教学里面对学生培养能力非常重要，有几个方面：一是数理方法的训练。学物理，要把数学物理方法训练好。比如解方程，你可以用数值模拟得到精确的解，也可以得到近似解，甚至于发展粗略的模拟，就是不用计算机算半天，而是抓住主要因素进行粗略的估计。模拟计算的能力在现在计算机发展很好的情况下，学生都应该具备。二是实验动手能力，要能够动手去做实验。三是阅读、分析、总结、写文章的能力。每一篇文章的 Introduction 里面往往要介绍已经有的工作，那就要善于阅读、分析总结，让学生学会写 Introduction 和后面的 Conclusion，这都是他们非常重要的能力。

（3）思维能力。思维能力包括物理学和哲学两个方面的思维。比如说物理学中的举一反三的能力、联想的能力、逆向思维的能力。俄罗斯人提出了一个 TRIZ 理论，就是创新方法，逆向思维就是其中一个。还有批判精神，怀疑的思维，这样才有一些创新的想法。

（4）提出问题能力。我想特别要跟大家强调，就是提出问题的能力。学问学问，不仅要学，还要能够提出问题。我们参加学术会，发现外国人提问题很热烈，很积极。中国有些学校还好，但有些学生很羞于提问题，不大想当众提问。善于提问题是非常重要的。1948年，Mayer 做了一个报告，是关于原子内电子的轨道。费米就想出了一个问题来问他，说有没有什么现象显示出轨道和自旋有相互作用存在。他当时没有回答，是想到过这个问题。结果这一问就导致了 Mayer 接下来的研究，产生了另一个新的成果，并在 1963 年得到诺贝尔物理学奖。善于提出一个问题，能给出一个研究方向。

要培养学生的这几种能力，而不是死记一些知识。下面我给大家讲几个物理学家这方面的故事。

彭桓武先生是理论物理学家，我在他的手下工作了若干年，对他非常尊重和敬佩。有

---

① 本文发表于《物理通报》，2011年，第8期。

一年我们搞状态方程，用的不完全是流体，也不完全是固体。朗道有九本一套的《理论物理学》，第九本就是《弹塑性》，当时是文化革命期间，彭先生就问我们最近在干什么？我就说在啃《弹塑性》，他说我去给你们讲讲如何？当时既没有 PPT，又没有投影，就是一个黑板，不拿稿子，一板一板的拿着粉笔推弹塑性方程，给我印象非常深。写了擦掉，擦掉再写一板，就是基础的训练非常强。彭先生还有个粗估的能力，就是说一个物理问题，往往有好几个因素影响它，考虑太多你就解不出。你得把主要因素抓住。他说 3∶1 可以看作是无限大，那么 1 可以省掉，这个 3 你一定要抓住；就是把主要的抓住。所以这些提法，给我的印象非常深刻。

王淦昌先生在 1964 年，说激光有这么好的方向性，这么好的聚焦，用几束激光打核聚变的小球，用激光引发核聚变，就能产生能源呢！1964 年他就提出这个思想，这个思想他先提出来，当然同一年苏联的巴索夫等也提出类似的思想。王先生一生有很多的成果，最欣赏的是这个。还有一个很有意思的也是个概念问题。当朝鲜战争爆发以后，志愿军有一次挨了美国的一颗很强烈的炸弹攻击，威力比一般的炸弹强得多。于是前线就传来一个信息，怀疑美国人用了原子弹。中央马上组织一个专家组到朝鲜去考察一下，是不是美国用了原子弹。王淦昌先生是实验物理学家，自己动手做了一个探测器，带了两个助手去了。他回来当然说不是原子弹。他后来开始搞原子弹研究。说真是没有概念，原子弹达到温度是如此之高，根本不可能有碎片存在，都气化了。他说要有一点原子弹的概念，就用不着去朝鲜，可以告诉前线如果有单片的话就不会是原子弹，就是这样的概念。

钱学森先生回国后，中央问他，先搞航空还是先搞航天？他毫不犹豫地说先搞航天。一般人都是认为航空低，好像航天高；航空容易，航天难。其实航空更难。航空要在空气、大气介质里面运行还不说，还要来回往返多次，还要十分的安全。而航天呢只要达到第一宇宙速度，就可围绕着地球转。搞卫星还是搞导弹？他说先搞导弹，因为卫星需要第一宇宙速度，搞导弹不要达到第一宇宙速度。后来搞卫星的时候又有一件事，在地面做卫星实验的时候，发现振动很厉害，向他汇报。大家说这个不能发射，钱学森坚定地说发射没有问题，发射，因为上去以后，没有地球引力就没有这个振动了。就是这样一种概念的判断。

周光召先生，在我们搞原子弹的时候，苏联人提供了一个模型，其中有一个数据，有人怀疑数据的正确性。周光召先生的功底非常好，他用最大功原理做了一个粗估，给出了这个数据的数量级，一下就把这个争论解决了。

于敏先生对氢弹做出了很大贡献。我们跟他一起再上海当时用计算机算突破氢弹的过程当中，曾经出现一些不好解释的现象。当时还不像现在的计算机，都用打印纸带。大家看到，纸带一排一排的数据，就是温度、压力等，每一个物理量随着时间的变化，它应该是一个有规律的发展。于敏先生就看看哪一个物理量到什么地方有一些反常，这个数是怎么算出来的？一看这个计算机程序编得没有错误。那么计算机上如何实现这个程序呢？就是计算机那些加减法。计算机里面乘法和除法都是用加法和减法实现的。最后追到一个加法器，就是它坏了。能够从物理计算规律里面判断一个计算机细微的毛病，我觉得这些方面都是给人留下了非常深刻的印象。

我们在工作里面曾经用到玻尔兹曼粒子运输方程，经常用的是中子输运方程，这是一个线性方程对吧！因为中子在介质里面运动，原子核的密度是很高的，中子是很少的，线性方程没有问题。但是在计算聚变的时候发现，也是从纸带看出来，这个中子密度有些时候能高到可与原子核密度相比较。这种情况下就不能用线性方程描述。于是我们提出了非线性中子输运方程概念。有了这个概念把它写出来，怎么去解这个方程，这又出来一个新的解法。这是第一点，物理教学重在打好基础。

2.2 要培养学生创新素养

使学生理解物理学的意义、物理学的作用、物理学的趣味及物理学引人入胜的魅力，以培养创新的素质。认识物理学在历史上的作用到现实作用，以及对未来的作用，为十年、几十年之后培养人才，培养物理学家。让他们理解物理学不仅在历史上，而且在未来它的重要作用。物理学任重而道远。

物理学引人入胜之处，比如说未知物理学。把一些不知道的物理学问题办一个讲座，讲一些物理学的未知。未知怎么能讲，就是提出问题来，物理学还有多少不认识的问题，不能解释的现象，现在能够把未知的问题提清楚就很不错了。这样使人类能够展开想象力的翅膀来欣赏大自然的美妙和神奇，来提供智慧和思辨的享受。

法国作家福楼拜说："科学和艺术，在山脚下分手、在山顶上汇合。"在山脚下什么意思？科学史研究自然的规律，而艺术是研究精神世界的一些享受的艺术性。在山顶上汇合，因为他们都是人类最高的创造，所以艺术和科学的联系也就在这个地方。其实很多文学家对于科学的发展一直非常关注。例如镭的放射性出来以后，1930年鲁迅先生就在文章中写到："忽有一不可思议之原质，自发光热，煌煌焉出现于世界，辉新世纪之曙光，破旧学者之迷梦"，对这个科学发展非常敏感。

爱因斯坦对玻尔提出的原子模型，说这是思想领域中最高的音乐神韵。马克吐温，对于发现太阳系的结构以后说："科学真是迷人"。物理学家维尔曾经说过，"我的工作就是尽力把真和美统一起来"。要让学生产生理解物理学的兴趣。

2.3 教书首先要育人

（1）品格成就人才。爱因斯坦曾经说过："大部分人都以为是才智成就了伟大的科学家。他们错了：是品格。"这是爱因斯坦的感受。首先一个科学家。物理学家的品格，就是奉献精神。要有为科学、为国家、为人民奉献这种精神。这里面有很多科学家的故事可说。

为了研究火山的规律，一个人忘我、不怕牺牲地去靠近火山，甚至被火山给烧伤。为了研究台风的规律，去追台风，这是很危险的，因为台风很不稳定。郭永怀和钱学森是一起回国的两位大家。钱学森是搞航天的，郭永怀是搞核武器的，核武器早期的力学规律是他负责。1968年郭先生从基地飞回北京，在西郊机场降落时，因为飞机失事，全机人员遇难了。处理现场时发现郭永怀先生和他的警卫员两人的尸体都被烧焦，但是两个人紧紧抱在一起，两人腹部中间夹的公文包里面的保密资料完好无损。这就是一个科学家，他最后离开世界的时候是这样做的。这是一种精神。

王淦昌是世界知名的科学家。国家要他去搞原子弹，他就说了一句话"我愿以身许国"。王淦昌从此就埋名搞了17年的核武器，有奉献精神这是一个很基本的品格。所以这些人能成就大事业。

（2）唯真求实。物理学本身是个求实求是的科学，得有负责的精神。王淦昌在发现反西格玛负超子的同时，他们在探测当中发现了另外一个径迹，是人们不大了解的一个，好像是一个新的粒子。当时苏联有的科学家就急于说，我们又发现了一个新粒子，想给它起名叫第一粒子。王淦昌说我们没有认识这是个什么东西，还不能急着做这个结论。当时周光召和丁大钊他们都在，经过一段分析，发现这是一个 K^0 介子的电荷交换反应的径迹。好了，这就解释清楚了。王淦昌或谢天谢地，我没有吹牛，我没有急着宣布这个第一粒子。他这是严谨性，不急功近利。

（3）倡导非功利的追求。要鼓励学生以什么作为自己的人生动力呢？我想物理学家应该是双轮驱动。一个轮子是对科学的爱好、兴趣、好奇心。另外一个轮子就是社会的需求。爱因斯坦是这样，居里夫人他们都是这样的。

要让学生懂得传承是一种价值观。我有一次跟学生讲老一辈物理学家不仅创造了历史业绩，也创造了崇高的价值观。有个学生给我提的问题对我很有启发，他说："讲这个崇高的价值离我们太远了，因为我们这些人很普通，离崇高太远了。"所以我想就跟他们讲四个字"品行端正"，离我们比较贴近；从小养成品行端正应该是不难的，然后再从这个地方上去，提倡可能的崇高。

物理学发展，不仅需要物质基础，需要经费、仪器，也需要有灵魂。我国的科技发展，科学的繁荣，需要灵魂的支撑。价值观是一个人生的基础课，让学生从物理学的历史、物理学家的历史，物理的发展来领略一种物理的价值观，把这个价值观打好是人生的基础课，也是科技工作者的一个基础课。上面讲的这些故事，是 20 世纪 50 年代、60 年代的，而现在是 21 世纪价值观多元化了。但是，我说："不管在任何时候、任何国家，总会有不同的人来选择不同的价值观。"这句话对不对？大家说对。永远都是这样的。很多人浮躁也好、急功近利也好、造假也好，但是总会有一些人踏踏实实做事。要不然怎么会出现实际的科研成果呢？所以我想要让学生们懂得中国需要有一批人潜心研究，这样才可能谈得上创新型国家，才有可能有自己的核心竞争力，中国才有希望。

2.4 对物理学教师素质的要求

我体会有这样几点要求：第一，科学的素质、科学的水平，物理学要有深广的基础；第二，物理学教师要有哲学的素养，要有一点人文的素养，要懂哲学、懂历史。要理解物理学的价值和它的思想方法以及它的人文精神。这几点都是很重要的。第三，教学的能力，要培养学生的几种能力，首先教师要有这几种能力。再就是，教师要有研究教学的能力。教学也有很多技巧，要有研究的能力和实践的能力。第四，教师毕竟是灵魂的工程师。物理学教师要深刻理解物理学和物理教学的社会责任和历史使命。中国要出一批原创性的成果，要变成创新型国家，完成这个历史使命，使国家、社会可持续发展。中国现在的发展道路，是 13 亿人口的事，我们走不通美国那个模式，它的人均能源消耗使我们无法承受。任何国家都创造不了中国可持续发展的经验，中国要创新自己的发展道路。为此，物理学的社会责任和历史使命是非常重大的。让我们一起来续写更丰满、更厚重、更生动的物理学的历史篇章，让我们为历史性的发展和创造社会美好的未来，培养高素质的人才共同努力。

我国首枚原子弹爆炸成功 50 年之际的再发展思考

  摘　要：20世纪50年代中央作出的研制核武器的决定是出于国家重大战略需求的政治决策，就科学技术而言，它则源于基础核科学的原创性发现；我国走出了有本国特色的核武器发展道路，形成了社会主义国家的新型核战略；在新时期的世界新军事变革的大背景下，我国核武器的有效性受到新的挑战，同时又是一个新的发展机遇，带动了核武器性能的提高和新概念武器的发展，从而构建有效的威慑体系；利用核武器研究打下的科学技术基础，推动国家有关的前沿技术和基础研究的发展是一条国际经验，也是核武器科技队伍的国家责任；核武器研究历程中形成的价值观和精神文化是宝贵的精神财富，在新时代的强军征程中，值得传承和弘扬。

  关键词：核武器，新概念武器，有效性

  1964年10月16日我国首枚原子弹爆炸成功，距今已经半个世纪了，这是我国掌握核武器的历史性里程碑，具有重大的政治和军事意义。在现今的时代背景下，回望50年来的发展历程，作出具有中国特色的再思考，对今天我国武器装备的发展战略是有启示意义的。

  1. 20世纪50年代，中央决定研制核武器，是在新中国受到核威胁的背景下，根据国家战略需求作出的重大政治决策。决策的科学基础则是核物理学科的原理性突破和核武器的可行性已经证实。

  当时的新中国刚经历过长期的战争，百废待兴，经济建设是当务之急。但发自美国的多次核讹诈、核威胁，使国家安全面临着现实的危险。靠经济强国吓阻强敌，不是短期内可以奏效的。因此，在发展国民经济的同时，如何在较短时间内，以较小的代价，掌握一种战略威慑手段，粉碎核讹诈、核威胁，就成了国家紧迫的战略需求。可以说，发展核武器的决定主要就是根据这一需求作出的政治决策。若从当时的经济基础、工业基础、科技基础出发，进行可行性论证的话，应该承认当时发展这样的尖端武器困难是很大的。但同时，这样一个重大的决策，也不能只凭主观意志，必须有它坚实的科学基础，那就是20世纪初叶发展起来的核科学，如核结构、核裂变、核聚变、质能关系等科学认识，基于此，原子弹、氢弹的存在性在世界上已经证明。但"弹"的设计原理、设计技术、制造技术及各项支撑科学与技术在各个核国家都是绝密的，需要我们自己来突破和实现。由此，可以得到以下几点认识：

- 发展战略武器的重大决策，首先来自于国家的重大战略需求。
- 发展一种新型战略武器，必须有相应的基础科学的原始创新作为基础和科学依据。

有了以上两条：一个强的需求牵引；一个科学原理可行性作基础，其他的困难都不是根本性的。

基础科学的新发现，可以开创新武器的原理，引领武器发展的新方向。因此，如果要开拓一种全新的新概念武器，也要在基础科学的突破中去寻根。炸药的发明开创了热兵器，核能的发现开创了核武器，受激辐射的发现引领了定向能武器……都是最有启示性的先例。

2. 根据本国国情，我们走出了有中国特色的核武器发展道路，同时形成了我国作为社会主义国家的新型核战略。

关于中国特色的核武器发展道路，已有很系统的总结，本文不再赘述，只强调以下几点体会：

- 在五六十年前那个时代背景下，而且后来又遭遇了国家经济困难时期，中国发展核武器首先离不了艰苦奋斗、自力更生、自主创新。这方面留下了许多动人的故事。
- 在那样困难的条件下能取得成功，有赖于集中力量办大事，集中统一的强有力的领导。首先集中了全国各研究系统和高校系统的专家，包括一批归国专家，国家尽力提供了人力、物力的保障。
- 发扬学术民主、集智攻关。研究队伍思想活跃、精力集中、高效管理。理论、实验、试验、工程各个环节都要不仅知其然，而且知其所以然。
- 统一的国家意志，强大的精神支柱，严谨的学术作风，尽可能做到万无一失和高的工作质量。
- 在具体实施操作上，保证了高的效费比，这种不对称而有效的方针，符合国情，也是当时决策者的一种战略智慧。

在我国首次原子弹爆炸成功时发表的新闻公报中，明确提出了"全面禁止和完全销毁核武器"，建立无核武世界的呼吁，并承诺"不首先使用核武器"和"不对无核国家使用核武器"，这就宣示了我国作为社会主义国家的新型核战略思想。如果说美国的核战略是"核霸权"战略，那么，我国的核战略则是防御性的核威慑战略。

同样是核武器，不同国家的发展道路和核战略却有着重大的原则差异。这给我们一点启示：今天研制新概念武器和其他新武器装备，固然要注意借鉴国际经验，但也要从本国国情和需求出发，制定自己的发展战略和发展道路。

3. 威慑是战略目的，有效性是关键。在世界新军事变革和大国军事战略调整的新时代背景下，我国核武器的有效性受到新的挑战，它同时又是一个新的发展机遇。

世界大国特别是美国的军事战略调整，从"三位一体"的核霸权战略，调整为"核与非核"的新霸权战略，强化了国家导弹防御体系和基础设施等非核手段，试图削弱少核国家战略核武器有效性的企图是明显的。

20世纪80年代中，工程物理研究院科技委和当时的国防科工委科技委在研究世界新军事变革和大国军事战略调整时，敏锐地分析了这种新的战略态势，提出了我国的对策，推动了新形势下增强战略武器有效性的战略思想。及时启动的国家863计划，体现了这一思想，这个高技术研究发展计划是把新的挑战变成新的机遇的重要举措，有力带动了我国战略高技术和新概念武器的开拓和进步，形成了新的发展格局，构建攻防兼备的更有效的威慑体系。

像发展核武器一样，我国发展非核新概念武器也同样是从本国的战略需求出发，确定发展战略的。不同国家的不同战略需求，决定了各自的发展目标、项目的选择，甚至会影响到技术路线选取的差异。这些差别又会延伸到应用结构的格局，例如形成本国特色的"空天一体"的体系概念。

4. 充分利用核武器研究打下的科学技术基础，推动国家有关的军用、民用技术和基础研究的发展是一条国际经验，也是核武器研究队伍的社会责任。

在核武器研制过程中，发展了多种研究平台、研究手段和技术能力，例如：材料科学的研究平台、能源研究的平台、极端条件和环境条件的研究手段、数值模拟计算和仿真的能力、加速器技术、反应堆技术、激光技术、微波技术、爆轰技术、测试技术、特种加工技术等。这是国家长期培育的结果，也是几代人努力的结果。

除了继续提高核武器的水平和提高武器可靠性、有效性等研究外，各核国家自然要把这些科学技术能力用于支持国家有关的军用、民用技术和基础科学的发展。最典型的是美国的几个核武器国家实验室，它们不断推出创新的研究计划和未来路线图，例如：发展材料科学的"材料基因组计划"、生物和生命科学研究、聚变能源研究、可再生能源研究、高能量密度物理学研究、实验与计算能力的提升、激光武器研究、Cyber安全研究乃至气候变化的科学问题与"地球工程"研究等。这些活跃的基础科学与应用技术研究的一个重要作用，在于不断激发原创性的新思维和前沿的创新技术，从而增强国家的核心竞争力，占领新的战略制高点。在这样的开拓性研究中，国家实验室与大学及企业发展着密切的合作。

军民融合已上升为国家战略。我国的核武器研究队伍，也从本国的需求和实际出发，根据国家的要求，提出了"核武器、高技术和战略科技"的三元战略，并使之逐步具体化。在同各研究单位、高等院校及企业的协作中，以更加开放的姿态，为国家的基础及应用研究水平的提高，为强国强军，也为国民经济的发展（如核电和可再生能源）作出新的努力。这个服务国家的过程，也是核武器科技队伍自我改进、自我完善、与时俱进的过程。

5. 几代人在核武器研制历程中形成的价值观和精神文化，是宝贵的精神财富，在新时代装备研制和强军的征程中，值得传承和弘扬。

在那个特殊的历史背景下，成就核武器事业是需要有一点精神的。从"两弹一星精神"到一脉相承的"863精神""载人航天精神"，都已有很系统的总结。我理解，其中最核心的是，以民族振兴为己任的奋斗精神，正是这种精神凝聚了大家，成为克服各种困难的精神支柱。"铸国防基石，做民族脊梁"是凝炼这种精神的文化表达。这种精神文化是一种软实力，是一种很硬的软实力。在价值观多元化的今天，传承和弘扬这种精神文化，用以武装一代代青年科技工作者，是意义深远的一项基本建设，是实现强军梦想的精神长城。

核 试 验[①]

通过核装置爆炸进行的试验研究工作。其主要目的是：鉴定核装置的威力及其他性能，验证理论计算和结构设计是否合理，为改进核武器设计或定型生产提供依据；在核爆炸环境下研究核爆炸现象学和各种杀伤破坏因素的变化规律，研究核爆炸的和平利用等。它是一项规模很大、需要多学科、多部门协同配合和耗费大量人力、物力的科学试验。

核试验（nuclear test）有各种分类方法。按试验目的，可分为武器原理试验、武器改进试验、武器定型试验、武器安全试验、效应研究试验，以及为和平利用所进行的核试验等。但这种分类并不十分严格。通常，一次核试验可包含多重目的。

1 程序

核试验一般可分为三个阶段：

（1）准备阶段。准备核试验装置和场地，布设控制设备，安放记录仪器和效应物，制定安全保障措施和意外情况的应急措施等。在进行大气层试验时，应十分注意选择气象条件，以尽量减少放射性沉降的危害。

（2）实施阶段。引爆核装置，测量记录核爆炸的各种信号，速报试验的初步结果，收集爆炸产物样品，回收试验成果，探测放射性剂量分布等。

（3）分析与总结阶段。判读、处理并分析测试数据，作出试验总结。

2 方式

按试验时的环境条件不同，核试验的方式有：大气层核试验、高空核试验、地下核试验和水下核试验。核试验方式的选择与试验目的有关。

2.1 大气层核试验

大气层核试验指爆炸高度在30千米以下的空中核试验和地（水）面核试验。核装置可用飞机或火箭运载、气球吊升等方法送到预定高度，也可置于铁塔或地（水）面上爆炸。大气层核试验便于进行大气中的力学、光学、核辐射与电磁波的测量，以及放射性沉降规律的研究，及时回收核反应产物，观测和研究核爆炸效应；但是，大气层核试验会造成一定程度的放射性沾染，且不利于保密。爆炸高度大于一定值时，可避免爆炸气浪掀起的地（水）面尘（水）柱与烟云相接，大大减少局部放射性沉降。直接在地（水）面或铁塔上进行核试验，核装置固定，便于测试，但由于烟云与地（水）面尘（水）柱相混，会造成比较严重的局部环境沾染。

[①] 《中国大百科全书·军事》，1985年5月，第357，358页。

2.2 高空核试验

爆炸高度大于30千米的核试验。其中，爆炸高度在100千米以上的亦称外层空间（或宇宙空间）核试验。试验用运载火箭将核装置送到预定高度实施爆炸。主要目的是：研究高空核爆炸的各种效应，如核辐射、电磁脉冲、X射线等对导弹弹头和航天器的破坏作用，为研制反导弹导弹或反航天器的核弹头和提高核武器的突防能力提供依据；研究高空核爆炸对无线电通信和雷达系统的影响；研究电子流在地磁场中的运动规律等。

2.3 地下核试验

将核装置放在竖井或水平坑道中爆炸的核试验。其爆炸效应的研究受到一定限制，场地的工程量较大，尤其是大当量试验困难较多。但封闭式地下核试验有其明显的优点：核装置位置固定，便于测试，特别有利于近区物理测量；受气象条件影响小，利于安全保密，可减少对环境的放射性沾染；便于创造模拟高空环境的真空条件，研究某些高空核爆炸效应；还可研究核爆炸的和平利用，如探索开挖矿藏和制取特殊材料的可能性等。

2.4 水下核试验

用靶船、鱼雷或深水炸弹将核装置送至水下预定深度深度爆炸的核试验。目的是研究核爆炸对舰艇、海港、大型水利设施等的破坏效果，或进行反潜艇研究等。

3 诊断

测量与分析核爆炸的结果，确定核装置的爆炸当量，判明核装置内部核反应的情况，测定核爆炸效应参数等。诊断手段的选择依试验目的与方式而定，通常可分成两大类。

第一类是物理测量与分析。

（1）核辐射（瞬发中子、γ射线）与X射线测量。这些射线的强度与爆炸当量有关，它们的能量分布（能谱）随时间的变化（时间谱）和随角度的变化（角分布），能反映核装置的物理特性。测量不同距离上的核辐射，可积累辐射剂量破坏效应的数据并研究其规律。

（2）光学测量。大气层核试验时，可测量核爆炸火球发展和光辐射（包括紫外线、可见光与红外线）强度随时间的变化，用以估算当量，并提供光辐射破坏效应数据。

（3）力学测量。测量距爆心不同距离处介质中的冲击波。它可用来测定当量并提供破坏效应的力学数据。

（4）电磁脉冲测量。用来研究核爆炸的电子脉冲效应，在一定条件下可判断爆炸类型并粗估当量。

第二类是放射化学测量与分析。大气层核试验时，可用携带取样器的飞机或火箭，收集爆炸产物样品或沉降物样品；地下核试验时，采用钻探等方法取样。从样品中分析裂变产物的生成量，可推断裂变当量的大小。分析核装料中各种同位素含量的变化，可得到核装料的燃耗等数据。放射化学测量与分析是测定核爆炸当量较可靠的手段。此外，核试验时，根据需要还可进行放射性沾染参数的测量和各种杀伤破坏效应的实验与观测。

4 简况

从1945年7月16日美国进行世界上首次核试验到1985年底，有核国家共进行了1500

多次核试验。其中，美国700多次，苏联500多次，法国100多次。美、苏两国核试验次数约占总数的90%。主要国家核试验简况见表。

主要国家核试验简况表

国别	试验时间	主要试验场地	备注
美国	①1945.7.16 ②1952.11.1 ③1951.11.29	内华达试验场	大气层及地下试验
		太平洋埃尼威托克等岛	大气层及水下试验
		太平洋约翰斯顿岛	大气层及水下试验
		南大西洋	高空核试验
		阿留申群岛的阿姆奇特卡岛	大当量地下试验
		新墨西哥州及科罗拉多州	"和平利用"地下试验
苏联	①1949.8.29 ②1953.8.12 ③1961.10.11	哈萨克斯坦的塞米巴拉金斯克附近	大气层、高空及地下试验
		西伯利亚东部	大气层试验
		新地岛	大气层及地下试验
英国	①1952.10.3 ②1957.5.15 ③1962.3.1	太平洋圣诞岛	大气层试验
		澳大利亚蒙特贝洛等岛	
		美国内华达试验场	59年后地下试验
法国	①1960.2.13 ②1968.8.24 ③1961.11.7	北非撒哈拉沙漠	早期大气层试验及地下试验
		太平洋试验中心	69年后试验
		穆鲁罗瓦和方阿陶法环礁	
中国	①1964.10.16 ②1966.12.28 ③1969.9.23	新疆罗布泊地区	大气层及地下试验
印度	①1974.5.18 ③同上	拉贾斯坦邦波卡兰附近	地下试验

试验时间栏内注：①为首次原子弹试验时间；②为首次氢弹试验时间；③为首次地下核试验时间。

拥有核武器的国家一般都是首先进行大气层核试验。因为它易于实现，便于积累有关冲击波、光辐射、核辐射等的试验资料，实地研究各种杀伤破坏效应，并便于对大当量氢弹进行验证。在这些目的达成之后，就逐步转入地下核试验。美、苏、英三国在进行了大量的大气层和其他方式的核试验之后，1963年8月在莫斯科签订了《禁止在大气层、外层空间和水下进行核武器试验条约》（见《部分禁止核试验条约》）；1974年7月，美、苏两国又签订了《限制地下核试验当量条约》，规定从1976年3月31日起，不再进行爆炸当量在15万吨以上的地下核试验。由于美、苏两国已积累了大量的核试验资料，完全有可能通过低当量的地下核试验研制和完善各种核武器。中国于1964年10月16日进行了首次原子弹试验。1966年12月28日进行了氢弹原理试验。

临 界 质 量[①]

在一定条件下实现自持的链式裂变反应所需的核裂变材料的最小质量。是核能利用中重要的概念。裂变材料的质量等于临界质量的系统通常称为临界系统，大于临界质量的系统称为超临界系统，反之则称为次临界系统。临界系统中的中子总数随时间保持不变，超临界系统内的中子总数随时间呈指数增长，次临界系统中的中子总数则随时间呈指数减少。裂变材料系统的临界质量大小取决于系统内中子的产生、吸收、泄漏等因素。

临界质量与系统的裂变材料种类有关。这是因为不同裂变物质的原子核在中子的轰击下，其裂变概率、吸收概率和每次裂变产生的中子数均有明显差别。例如纯铀-235（密度为18.75克/厘米^3）裸球的临界质量约为50千克，δ相钚-239（密度为15.7克/厘米^3）裸球的临界质量约为16千克，而α相钚-239（密度为19.4克/厘米^3）裸球的临界质量只有10千克左右。如果裂变材料成分不纯，例如含有吸收中子的杂质，临界质量必定变大。对于给定的裂变材料种类，系统的尺寸增大时，系统的临界度就提高。这是因为泄露出去的中子数目与系统的表面积成正比，而产生的中子数目则与系统的体积成正比。当系统尺寸增大时，体积比表面积增长得快，从而使中子泄露相对地变小。

临界质量与系统的裂变材料的几何形状有关。如形状扁平或细长的裂变材料，其表面积对体积之比较大，使中子易于泄漏，较难达到临界状态。对于一定体积的裂变材料，球形结构的表面积最小，故球形裂变材料系统具有最小临界质量。原子弹中裂变材料的几何形状即近似于球形。

临界质量与系统的裂变材料密度有关。裂变材料的密度越大，则同等质量的系统表面积越小，中子越不容易泄露出来，临界质量也就越小。可以证明，裸球临界质量的大小与裂变材料密度的平方成反比（即密度增大一倍，其临界质量降为1/4）。因此，可用人工压缩的方法提高密度，使原先处于次临界状态的裂变材料达到临界甚至超临界状态，从而实现核爆炸。这是原子弹的基本设计原理。

临界质量与系统的结构材料、中子慢化材料及其几何配置也有关。中子慢化材料能改变中子能谱，又可使逃逸中子减少，从而改变系统的临界质量。例如，把能量约为1兆电子伏的裂变中子慢化到能量约0.025电子伏的热中子，就可以有效地增加铀-235的裂变效率，从而减小临界质量，并使天然铀中含量不多的铀-235得到有效利用。这便是设计热中子反应堆的基本思想。用作中子慢化剂的材料要求能有效地慢化中子，使较多的快中子逃脱铀-238的共振俘获变为热中子，又要求尽量少吸收中子，故常选用中子吸收概率小的轻元素（如氘、碳等）。采用重水慢化剂的热中子反应堆具有最小的临界质量。对于一个由纯

---

① 《中国军事百科全书》军用核技术分册条目．中国大百科全书出版社，2007.

铀-235 和重水组成的均匀系统，铀-235 的临界质量可小到只有 0.58 千克。如果在裂变材料外面包上反射层，将中子反射回裂变材料区，则裂变材料的临界质量将显著减小。例如，纯铀-235 球芯外面围上足够厚的铀-238 反射层，则临界质量可由 50 千克下降到 16 千克，临界半径可由约 8.6 厘米下降到约 5.9 厘米。

核军控篇

现代战争与物理学[①]

以物理学为基础的高技术在现代战争中发挥着越来越重要的作用。物理学的发展不仅改变了战争的面貌，而且也改变了战争的观念。物理学的各个分支被广泛地应用于军事目的。这些应用可以使一个国家提高军事实力，甚至能够达到不战而迫人屈服的目的。因此，为现代高技术武器的发展作一些物理学的储备是必要的。但是，我们应该看到物理学不仅可以用来制造武器，同样也可以用来销毁武器防止战争。

人类有史以来，已经经历了无数次战争。随着社会经济和科学技术的发展，战争的面貌发生了巨大的变化。从古代的石斧到现代的各种导弹，所有这些变化都渗透着物理学的作用。

"断竹、续竹、飞土、逐肉。"这首古诗描述了先民们制作和使用弹弓的过程。当时，弹弓之类的武器只不过是简单地利用了势能和动能的转换。火药发明之后，各种复杂的热兵器才逐步登上战争舞台。武器的制作，有赖于各种技术、工艺和材料，但究其原理，却总是离不开物理学；大炮、军舰、飞机、坦克等无不是充分利用了当时最先进的物理学成果。进入本世纪以来，核物理的发展和战争的需要，使核武器在第二次世界大战末试验成功，并投入使用。战后，随着物理学日新月异的发展，世界上各种武器不断更新换代，作战方式甚至战争观念也发生了翻天覆地的变化。

现代战争的战场已经变得广阔无垠而又无微不至，这里到处都可看到物理学的作用。下面，我们从物理学的几个分支来说明这一点。

1 红外物理学

在以前的战争中，熟悉地形的一方可以选择夜战，使结果对自己有利。现在，情况已经发生了很大的变化，作战部队可以借助红外夜视仪等夜视设备，使对方目标历历在目，这就等于夜空对拥有夜视设备的一方单向透明，夜战只对他们有利。

红外夜视设备一般包括红外望远镜、光电转换装置和图像再现装置。首先，用红外望远镜将观察目标成像，对每个像点进行谱分解；然后利用光电设备将不同频段不同功率的红外线转换成强弱不同的电流；最后用可见光将目标的图像再现出来。由于各种物体温度和红外辐射率不完全一样，因此各个频段的红外辐射不会都一样。即使目标附近完全没有可见光光源，也能利用上述装置将目标与环境区分开。

红外物理的另一个应用是探测高温物体的强红外辐射。比如，火箭的尾焰以及喷气式

[①] 本文作者：李彬，杜祥琬（北京应用物理与计算数学研究所）。发表于《物理》，1991年，第20卷，第10期，第577页；《军备控制研究论文集》，1994年10月，第11页。

飞机的喷气口由于温度较高，红外辐射较强，很容易被对方的红外传感器探测到。红外线的波长比一般无线电波的波长短得多，因此红外线不像无线电波那样容易发生衍射，这个特点使得红外探测的分辨率较高而且传感器的尺寸也不用太大。小型的空对空导弹上就可以装上一个红外传感器，探测敌机喷气口的红外辐射，自动寻找追踪目标，摧毁敌机。

现在，红外传感器还用作反导弹的预警。用导弹拦截导弹是比子弹打子弹还要困难的事情。能够成功地完成拦截，首先要归功于红外传感器的准确预报。在导弹发射的助推段，导弹尾焰强烈的红外辐射一旦被对方预警卫星上的红外传感器探测到，导弹飞行的参数就立刻被传送到地面控制中心，为及时做好拦截准备赢得时间并提供靶参数。

2 激光物理学

60 年代，第一台激光器被研制出来以后，激光逐渐被用于各种军事目的。激光的特点是方向性和单色性好，能量密度高并且以光速传播。激光照射跟踪系统是激光在军事上的重要应用，利用这一系统可以使激光定向炸弹准确击中目标。当载有激光导向炸弹的飞机飞临目标时，飞行员发现目标后只需按一下电钮，这时经过适当扩束的激光就立刻投向目标，其反射光马上被飞机上的光电设备接收到。由于激光单色性极好，很容易将激光反射光和其他杂散光区别开。如果飞机与目标的相对方向发生变化，飞机上的计算机就指挥激光器作相应的转动，在保证接收到反射光的同时，也保证了激光束始终指向目标。这样就实现了自动瞄准。飞机扔出去的激光导向炸弹也能探测激光反射光。根据探测到的反射光的方向，炸弹上的尾翼可以调整方向，使炸弹朝激光束所指的方向飞去。

如果激光功率进一步提高，激光本身就可直接作为杀伤武器。由于激光传播速度快，因此很适合打击高速飞行的目标，如导弹、卫星等。现在，美国、苏联等发达国家正在加紧研究激光武器。如果激光功率能达到实战要求，并能解决大气传输中存在的问题，激光武器将作为一种重要的战略武器出现在现代战争中。

3 电磁学

现代战争中，胜败之势往往在"硬武器"的直接对抗之前，就通过电子战初见分晓。电子战就是利用无线电波进行侦察与反侦察、干扰与反干扰以及摧毁与反摧毁的较量。

我们首先来看电子干扰。C^3I（指挥、控制、通信和信息）系统是现代战争的灵魂。如果能够通过电子干扰，使对方的 C^3I 系统失灵，就等于使对方的战争机器陷入瘫痪。电子干扰就是利用自己的干扰机发射与对方工作频率相同、功率更强的电磁波，使对方的信号淹没在噪声之中。反干扰的方法是提高自己的发射功率或把频率跳到没有干扰的频段。这就要求干扰方的功率必须相应增加，并能跟踪对方的跳频实施干扰。电子干扰现在已经成了现代战争中不可缺少的一环，交战双方无线电电子学的发展水平直接关系到双方的干扰效果，对战争进程有很大的影响。

我们再来看看电子侦察。无线电波和光波一样，遇到物体会发生反射，雷达就是利用这一原理发现目标并确定目标位置的。雷达在进行侦察时，首先发出一束无线电波，碰到物体后反射回来的电磁波又被雷达接收到。根据雷达的方向和反射波到达的时间可以确定目标的位置。普通飞机由于形状不规则，总有一些部位的表面正对着雷达，能够将敌方雷达射来的电磁波按原来的方向反射回去，使敌方雷达收到回波发现目标。能够对电磁波隐身的隐形飞机，其形状看上去稀奇古怪，但有一个总的原则，就是减少反射平面的个数，并精心设计反射平面的角度，使反射后的雷达信号不再能返回原来的雷达。同时，飞机上还涂上能吸收电磁波的特殊材料，使其电磁散射截面大幅度降低。隐形飞机的隐身效果使得这种飞机在战争中的生存能力大为提高。

雷达发出的电磁波也可能被对方利用。反雷达导弹可以根据雷达发出的信号找到雷达的位置，将雷达击毁。这是直接利用电子技术互相摧毁的例子。

4 核物理

核武器是核物理发展的一个产物。核武器包括基于裂变原理的原子弹和基于聚变原理的氢弹。相对于 40 年前，现在核物理又有了很大发展；经过上千次核试验，人们对核爆炸的杀伤破坏机理也有了充分的了解。因此，人们可以根据需要制成特殊性能的核武器。中子弹就是以高能中子辐射为主要杀伤手段的一种小型核武器。高能中子穿透力极强，可以杀伤战斗人员而不破坏武器和环境设施。另一种特殊性能的核武器是电磁脉冲弹。核爆炸中的高能光子可以通过散射产生康普顿电流。如果在设计上使得产生的康普顿电流具有不对称性，就会产生瞬时高强度的电磁波脉冲，其结果能破坏电子仪器甚至供电设施。现在，正引起人们重视的是核定向能武器。利用核爆产生的高能 X 射线作泵浦源，用特定材料作激活媒质，产生核爆泵浦 X 光激光。如果这种新型核武器试验成功，核武器将改变原来"滥杀无辜"的形象，变得可以有选择地打击远方目标。这会引起一系列连锁反应，对现代战争产生难以预计的影响。

5 加速器物理

电视机里的显像管可能是最简单的加速器，显像管里热阴极上的电子被电场加速，离开热阴极射到荧光屏上就产生了图像。如果加速电场很强，电子（或其他带电粒子）就可以被加速到很高的速度，甚至接近光速。加速器本来是研究核物理和粒子物理的一种工具，现在也被考虑用作武器。前面提到，强激光可以用来杀伤目标，自由电子激光就是一种比较理想的强激光。自由电子激光器主要由电子加速器和摇摆磁铁两部分构成。首先，利用加速器将电子加速，然后让高能电子穿过周期性变化的磁场，使"自由电子"受激辐射，产生自由电子激光。自由电子激光能否作为武器，加速后的电子束流的品质是一个重要因素。

经过加速的带电粒子如质子、α 粒子等在穿过薄靶时可以获得电子，重新变成中性粒子。这种中性粒子束可以在空间传输很远的距离不改变方向。因此，加速器也可以用作中性粒子束武器。这里提到的两种以加速器为基础的武器都属于定向能武器，这些武器在将来反导弹、反卫星的战争中有可能大显神威。

6 地球物理学

在千里之外放飞的鸽子，能够准确地回到原来的鸽笼，这是因为鸽子具有本能地判断方向的能力，在不熟悉的地方只要保证飞行的大方向正确就行了。一旦飞回鸽子熟悉的区域，它就可以根据地形景观找到自己的笼子。目前，最先进的巡航导弹能够在一千公里之外射进一个足球门，其精度令人瞠目。这种巡航导弹采用的是和鸽子一样的定向方法，到了目标附近"看着"地形找目标。事先由测地卫星测量导弹经过地区的地形地物，然后将这些数据贮存在导弹上的计算机内。有时碰到沙漠地带，地形容易变化，因此在导弹开始飞行的一段时间还需要惯性制导和卫星导航。当导弹到达目标上空后，导弹舱内仪器就开始"目不转睛"地盯着地面"看"，将看到的地形地物与事先贮存的地形地物相比较，采用地形匹配与景象匹配相结合的制导方式，准确地找到目标，将其击毁。

洲际弹道导弹要在飞行上万公里之后击毁对方的导弹发射井，要求精度更高。在这种情况下还必须精确测量导弹经过地区重力的细微变化。所有这些都有赖于地球物理学的成果。

物理学的其他分支如固体物理、原子分子物理、离子束物理和超导物理等在现代战争中都有很多应用。物理学对战争的影响并不仅仅是制造武器，直接在战场上使用，它还能影响人们的战争观念，还可用来销毁武器和制止战争。根据地球物理学的知识可以预言，一场全面核战争会导致全球温度下降，出现"核冬天"。人们认识到，在一场全面核战争中很难有胜利者，因而美国、苏联之间确立了核威慑的政策。这些观念使得核国家对于使用核武器持更加惧重的态度。

我国古代有这样一个故事。楚国的军事工程师公输盘发明了一种攻城器械，楚国打算用它攻打宋国。和平主义者墨子发明了一种守城器械。为了制止这场战争，墨子和公输盘在楚王面前做了一个演示实验，用腰带和木片模拟攻防效果，结果墨子获胜，楚国因此放弃了这次军事行动。

现代战争中有很多类似这样的例子：只要一个国家确实拥有某种作战能力，就可以在一定程度上达到不战而使对方屈服的目的。因此，军备竞赛变得更像物理学和高技术的竞赛；军事较量变得更像物理学和高技术的演示实验。一个国家物理学人才的培养、物理学发展的水平以及在军事上的应用程度成了衡量这个国家军事实力的重要标志之一。

目前，现代战争已经出现了一些新的特点：C^3I系统变得更加重要，卫星对战争的作用明显增强，反导弹技术开始用于实战等。世界各国将会针对这些特点积极推进物理学的发展，努力将最先进的物理学成果运用于军事领域，并为高技术武器的发展作一些物理学的贮备。现代战争告诉人们：科学技术也是战斗力，作为基础科学的物理学尤其如此。

物理学既可用来发展武器，赢得战争；它同样可以并应该用于销毁武器和制止战争。物理学家们期待着这一天的到来，那时物理学将只用于为人类缔造和平与幸福。

浅谈军备控制中的物理学问题[①]

军备控制中许多科学技术问题的研究,例如武器效能和战争效应、军备控制的系统分析、核查技术、武器销毁技术等,涉及各种物理学问题,正逐步发展成为物理学应用研究的一个新的分支,可称之为军备控制物理学。它的产生和发展不仅推动了世界和平与裁军进程,而且丰富了物理学的内容。

近几百年来,战场上使用的武器经历了由冷兵器到热兵器的转变,发展到今天,出现了常规武器、生物武器、化学武器及核武器并存的局面,甚至可能出现空间武器。超级大国的军备竞赛消耗了大量的人力、物力,并且对人类的生存构成了极大的威胁。在这种情况下,军备控制对于节约人类资源,减小战争威胁和战争损失就显得特别重要。

军备控制是指限制某类武器的部署、储存、生产或试验以及制订一些控制军备竞赛和防止战争的安全保障措施,所以,军备控制是比裁军更为广义的概念。最初,军备控制研究主要是在政治、法律、外交等领域进行,基本上属于社会科学的范畴。从80年代起,军备控制逐渐进入实质性阶段,开始涉及越来越多的自然科学范畴的问题。核和空间武器属于当前军备控制的重要内容,其中涉及的主要是物理问题,在这种情况下军备控制物理学应运而生。目前军备控制物理学正逐步发展成为物理学应用研究的一个新的分支,研究涉及军备控制的各种物理和技术问题,包括武器效能和战争效应、军备控制的系统分析、核查技术、武器生产和销毁技术等。

1 武器效能和战争效应

武器效能的评估研究包括武器的杀伤破坏机制、杀伤能力、生存能力和费用等,这些问题不仅仅是武器专家研究的课题,而且还是军备控制研究的重要课题。武器专家和研究军备控制问题的科学家由于认识上的差异,对武器的生存能力和杀伤能力的评估也可能有所差别。例如,美国总统里根在1983年提出战略防御倡议计划(SDI)以后,美国物理学会(APS)对定向能武器的评估[1]和战略防御倡议署(SDIO)的看法就有所不同。

首先,单个武器的效能是应用系统分析方法研究军备控制问题的基础。例如,就核武器而言,如果我们要计算某个国家拥有的核武器的总破坏力,就不能简单地数一下这些核武器的个数,因为不同型号的核武器,TNT当量可能差别很大;也不能把当量相加,而是把"等效百万吨当量"相加。"等效百万吨当量"是TNT(以百万吨为单位)当量的2/3次方。采用这样的定义原因在于,经过对核武器效应的研究,发现一枚爆炸的核武器在地

[①] 本文作者:杜祥琬、李彬(北京应用物理与计算数学研究所),宋家树(中国核材料学会),朱光亚(中国科学技术协会)。发表于《物理》,1992年,第21卷,第11期,第654页;《军备控制研究论文集》,1994年10月,第1页。

面的杀伤面积与其当量的2/3次方成正比。在建立交战模型（见下文）时，必须知道洲际弹道导弹每个弹头对点目标的单发杀伤几率（SSKP），这个量也与每个弹头的等效百万吨当量有关。

其次，对武器效能的研究本身对军备控制就有一定意义。原则上说，有矛就有盾，没有终极的最厉害的武器，引进一种新武器往往会引起新的军备竞赛。因此，对武器效能的充分研究可以使得发展武器的决策者认识到，由于反措施的存在，发展这种新武器的意义并不大。另外，一种武器在发展初期往往被美化或神化，科学家的论证可以揭示这些新武器的真实作用和实际能力。1972年美国和苏联签订了《反弹道导弹条约》，其原因之一就是，科学家们证明用当时的技术拦截导弹非常困难，而且费用太高，"效费比"（交换比）不合算。

1983年美国政府提出战略防御倡议时，声称空间防御系统是纯防御性的武器系统。各国科学家通过研究空间防御武器的杀伤机制和杀伤能力等武器效应证明[2]，具有反导弹能力的武器系统肯定可以用来攻击卫星，因此这样的系统不可能是防毒面具式的纯防御系统。这一观点现在被广为接受，对抑制空间军备竞赛具有积极的意义。

多个武器同时使用所产生的效应并不只限于单个武器效应的简单叠加，而可能会产生复合效应，即战争效应。目前，对核战争的效应研究得比较细致和深入。在一次大规模核战争中，数百枚到数千枚核武器在很短的时间内陆续爆炸，除了武器本身特有的强冲击波、光辐射、早期核辐射、放射性沾染、核电磁脉冲等杀伤破坏作用之外，还有一些复合效应。其中主要的有两个[3,4]：第一，地面温度下降；第二，臭氧层变薄。

1983年Turco等提出了核冬天理论[4]。在一场大规模的核战争中将会发生多处工业基地、城市和森林火灾，大火产生的烟尘颗粒较小，能够在大气中飘浮很长时间。经过一段时间的积累，烟尘连同核爆炸吸起的地面灰尘会弥散到地球大部分地区的上空，使到达地面的阳光减少，地面温度下降，出现寒冷和饥荒。为了定量估算温度下降的幅度，Turco等建立了核战争模型、粒子-微观物理模型和辐射-对流模型。随后其他一些科学家也做了类似的计算，都得出了地面温度要明显下降的结论，但估算的下降幅度有些差别。

核爆炸产生的火球，中心温度高达千万度以上，在高温火球附近的氧气和氮气化合生成一氧化氮。这些一氧化氮随火球上升到高层大气层，与那里的臭氧发生反应生成二氧化氮，大量地消耗臭氧，使得臭氧层变薄，穿过大气的紫外线大幅度增加。这一过程比核冬天开始早，在核冬天结束之后还要继续一段时间。强烈的紫外线会灼伤人畜和庄稼，使得人类的生存环境变得极为恶劣。

物理学家对核战争效应的研究，使得人们认识到，在一场大规模的核攻击之后，即便能够解除对手的核报复能力，由于核战争给全球造成的后果，发动攻击的一方也会面临核战争效应带来的巨大灾难，这使得有核国家对发动核战争持十分谨慎的态度。

2 军备控制的系统分析方法

物理学家参与军备控制问题的研究，引进了一些定量的概念和定量分析方法，为各国科学家甚至外交人员提供了容易互相理解和接受的语言。例如，在核军备控制研究中，科学家们引进了两个极为重要的概念：危机稳定性和军备竞赛稳定性。前者表示在发生危机时对峙并拥有核武器的双方不发动首先攻击的可能性，后者表示军备竞赛的诱因的强弱。这两个概念有比较明确的数学定义[5]，被广泛用于评价各种军备发展状况和裁军方案。这些定义以物理学家的眼光来看还太粗糙，但是这比纯描述性的研究已经有了很大的进步。

有了上面这些定量的定义，就可以运用系统分析方法研究什么样的裁军方案符合本国利益并有利于世界安全，引入一类新武器会如何影响军备竞赛升级，一个裁军方案是否能得到有效执行等问题。

首先需要建立交战模型。常规武器早就开始用交战模型描述战斗过程，下面提到的只是战略交战模型。交战双方各类武器和各种目标的性能指标以及数量可以看成是被研究的系统中的元素，它们之间有一定的关系。这些关系可以根据武器的效能和目标的特征求出来，并表示成数学表达式。在核交战情况下，袭击弹头的数量与被摧毁的地下发射井的数量之间的关系可以通过单发杀伤几率求出来，同一时期发展的各类武器数量的关系可以用每个武器的造价及总的军费开支求出来。有了这些关系就可以建立模型，描述战略交战的过程：交战双方战略武器消耗和损失的情况，双方遭受打击的情况。由于战略武器受环境影响较小，容易控制，而且数目不多，因此描述战略交战过程的交战模型，比描述常规武器作战过程的战斗模型要可靠得多。输入不同的武器数量和性能指标就能得到不同的交战结果，这样就可以找出哪些因素有利于危机稳定性和军备竞赛稳定性，而哪些因素有害。

Sagdeev[6]对美国、苏联削减战略核武器谈判（START）的裁减方案进行了分析，认为这种裁减不会降低危机稳定性；Kerby讨论了引进空间防御系统对危机稳定性的影响，结论是单方或双方部署空间防御系统都不利于危机稳定性。

利用交战模型的计算结果，还可以分析军备竞赛的发展趋势，评价军备竞赛稳定性。如果某一方发展一种新型武器，另一方的实力就相对有所削弱，因此会发展相应的武器系统予以对抗。给定经济的和技术的约束条件，根据交战模型的结果和一定的军备发展模式，可以计算出军备竞赛的双方今后一段时间军备发展的状况。一些初步研究结果表明[7]，SDI计划并不能引导世界武器格局向防御的模式转变，而是会导致军备竞赛出现不稳定。

系统分析方法在军备控制研究中的另一个应用，是论证裁军条约的可靠性。影响签约国是否守约的因素有三个：秘密违约能得到多大的好处，核查违约行为的能力有多强，对违约行为作出反应的强度如何。例如，根据这三个因素的相互关系可以论证，什么样的地震监测网，能够保证《限当量条约》的实施。

3 核查技术

核查技术是军备控制物理学研究的一个重点，对达成和保证实施条约有着极其重要的意义，因而受到了各国政府和联合国的充分重视。

3.1 核爆炸试验的核查[8]

为了监督《限当量条约》的实施以及达成《核禁试条约》，需要对地下核爆炸进行核查。其核查方法主要有两个：地震法和流体力学方法。天然地震是由岩层错动产生的，而且尺度大、持续时间长，因此产生的地震波主要是横波，而且主要在低频段；核爆炸持续的时间短、尺度小，主要通过挤压岩石产生地震波，因此产生的地震波主要是高频段的纵波。根据核爆炸和天然地震产生的地震波的这些差别，可以区分地震和核爆炸。核爆炸引起的地震波在某个位置的最大振幅与爆炸当量有关,在识别出核爆炸信号之后,根据当量与地震震级之间关系的半经验公式,利用测到的地震波的震级,可以估算出核爆炸当量。联合国裁军委员会设有专门研究和评估这种技术的专家小组,成员主要是地震专家和物理学家。

地下核爆炸开始以后,形成的冲击波高速向外扩展,在刚开始的一段时间冲击波波前速度与爆炸当量有关,采用流体力学方法可以计算出这一关系。科学家们研究出了半径随时间变化试验的连续反射测量(CORRTEX)技术[8],用于测量冲击波波前速度。采用流体力学方法对核爆炸当量的估算精度比地震法高。进行核试验的一方对核爆炸当量的估算还有一些更精确的方法,但是如果把这些方法用作核查方法就显得"入侵性"太强了,被核查方难以接受。

3.2 核弹头的核查

在核裁军的过程中(如START),会有很多核弹头从部署地点裁减下来,为了确保这些弹头确实得到裁减,需要对核弹头进行核查。对核弹头的核查包括主动方法和被动方法。主动方法是利用外部激励产生可探测信号的方法,例如利用中子激活弹头中的裂变材料,观察裂变放出的中子和γ射线;被动方法是利用被探测物体本身发出的信号进行观察,例如探测弹头中裂变材料自发裂变产生的中子和γ射线。这方面现在已经有了很多理论工作[9],在前苏联政府和军方的支持下,美国和苏联科学家还进行过大型实验,证实了核弹头的可核查性[10]。

3.3 核不扩散问题中限制军用钚材料生产的核查技术

反应堆中的铀-238经过中子辐照后可以转变为钚-239,如果延长照射时间就会进一步生成钚-240甚至钚-241。钚-239可以用作原子弹的裂变材料,但是含有钚-240和钚-241同位素的钚效率太低,不适合做原子弹的裂变材料。这里的原因是,钚-240自发裂变率太高,在裂变物质充分压缩之前就引起链式反应,使得装置的裂变功率很低[11]。因此,给反应堆规定一个较长的换料时间,使生成的钚材料中含有足够多的钚-240和钚-241,就可以使得这个反应堆不能生产武器级的钚。控制反应堆的换料时间可以用贴封条或安装图像监视器等方法来完成。

3.4 激光武器实验的核查[12,13]

在美国的战略防御计划中,地基强激光武器是一类重要的反导弹武器,研制地基的反导弹激光武器必须进行高功率的激光大气传输试验。激光在大气中传播时会受到气溶胶的散射,散射光的强度与激光功率成正比;另一方面,只有功率高于一定阈值的激光束对空间目标才具有有效的杀伤能力。因此,物理学家们就考虑利用测量散射光来监测激光实验的功率,为将来可能限制激光实验功率提供核查技术。

3.5 空间反应堆的核查

部署天基的定向能武器、电磁轨道炮等空间武器,可能用到空间反应堆,因此限制空间反应堆可以限制相当一部分空间武器[14]。空间反应堆在空间运行时由于温度很高,有强烈的红外辐射。根据反应堆的功率和散热机制以及现有红外望远镜的分辨本领,Hafemeister[15]证明,运行中的空间反应堆可以得到有效的核查。

对准备发射到外空的空间武器，如电磁轨道炮、粒子束武器和激光武器等，还可以根据各类武器的特征在卫星发射场进行现场核查[15]。

研究军备控制的核查技术，一般要建立一个关于核查对象的理论模型，找出被核查量的特征，然后根据现有的探测器的分辨本领，设计出核查方法，并证明这种方法的可行性。军备控制的核查技术必须是有效的，也就是说其探测方法必须足够灵敏，不致出现漏报和误报。同时这种核查方法又要能为被核查方接受，这就要求探测方法不能太灵敏，否则就得到了过多的信息，泄漏了被核查方的军事秘密，被核查方不能接受。因此，核查方法必须设计得足够灵敏而又不过分灵敏，恰到好处。这就是研究军备控制核查技术的困难所在，同时也是其魅力所在。

4 与武器销毁有关的技术

在签订裁军协定之后，被裁减下来的武器必须予以销毁，才能保证这些武器不被重新部署。从核查和鉴定出应该裁减的武器开始，到构成这些武器的材料不再能够复原为武器或者这么做不合算，这一整个过程包含各种复杂的技术，不仅要保证被裁减的武器确实得到销毁，而且要保证武器被销毁的一方军事秘密不被泄漏，还要保证拆卸和改性后的武器材料的存放不会给人类带来危害。首先要保证经过核查被鉴定出的武器在销毁过程中不被偷换，可采用"指纹"技术和标签技术。"指纹"是指单个武器自身带有的可辨认而且不易改变的特征，例如核弹头中的裂变材料自发裂变产生的中子和γ射线，在穿出弹头时会被吸收或激发新的γ射线，由于每个弹头的结构和成分以及生产日期略有不同，在弹头外测到的γ射线能谱也略有不同。在每个弹头的固定方位测量γ能谱，作为其"指纹"储存起来，可以防止将该弹头"掉包"。标签技术是在核查后的武器上加上独一无二而且不能仿制的记号。有人提议，将细小的晶体颗粒加在涂料里，涂在核查后的武器上，再在固定角度用光照射，将其拍成照片，用于核对。晶体颗粒的分布和朝向是完全随机的，几乎不可能出现两个完全一样的图案。标签和"指纹"技术也可看成是核查技术的一部分。

被打上标签或辨认过"指纹"的武器被包装起来运到销毁工厂，不同的武器部件在不同的车间加以销毁。这里以核弹头的销毁为例[16]。核弹头被运到工厂后要重新确认上面的标签或"指纹"，然后进行拆卸。拆卸出来的氚由弹头所有国回收，可用于补充未裁减弹头中氚的衰变损耗（半衰期12年）。高爆炸药由专门车间烧掉，其他非核部件在粉碎车间粉碎。核裂变材料的处理则较为复杂。由于一个弹头的杀伤威力与裂变材料的成分和数量密切相关，为了保密起见，可以把几种不同型号的裂变材料混合之后再交付处理。其中的浓缩铀在稀释车间用天然铀稀释之后，用作反应堆的燃料；其中的钚-239用反应堆废料混合后储存起来，前文提到，这样的钚不再能用来制造核武器。

稀释裂变材料需要较高的费用和一定的时间，因此可以考虑先将未经稀释的裂变材料直接存放起来。这样做要防止这些裂变材料超临界。可以用性质稳定而且坚硬的物质将未达到临界的裂变材料隔离开来，隔离距离可以根据隔离物质的硬度以及可能受到的挤压的强度计算出来。

控制武器及其材料的生产，可以保证被销毁的武器不能得到补充，甚至还可以通过控制武器材料的生产达到销毁武器的目的，例如有人提议通过停止氚生产来自然削减核弹头。

在有些核弹头中要用到氚,而氚每年要衰变掉5%,如果停止了氚的补充,这些弹头每年就有5%要淘汰掉。

与武器销毁有关的技术问题不全是物理问题,还包括自然科学中很多其他领域的问题。目前,武器销毁技术的研究水平还远不如核查技术,其根本原因在于,军备控制要求核查已经有很多年了,武器销毁只是最近才开始的,裂变材料如何处理等仍处在讨论阶段。实质性的裁军是必须销毁武器的,因此今后武器销毁技术必然会得到进一步的重视。

军备控制物理学是一门应用性的学科,涉及物理学的很多领域,例如核物理、工程物理、激光物理等;同时它又是一门交叉学科,与国际政治、国际法、经济学以及工程技术有着密切的关系。物理学家对军备控制物理学的研究使得人们了解了进行军备竞赛和发动战争对人类带来的危害,物理学家还使军备控制的分析研究开始定量化和科学化,并且能为军备控制提供有效的核查方法和销毁技术。军备控制物理学的形成和发展促进了整个军备控制研究的发展,为推动裁军进程和争取世界和平发挥了重要的作用;同时,军备控制物理学的研究也丰富了物理学的内容。

目前,有很多物理学家从事军备控制物理学的研究,并成立了一些研究组织,例如美国军备控制协会、美国科学家联合会、(前)苏联科学家委员会,我国也有科学家研究小组。这些团体为开展军备控制物理学的研究和推动这方面的学术交流做了很多工作。现在,除了不定期的学术会议之外,比较著名的有每年一次的普格瓦什(Pugwash)会议和科学与世界事务夏季讲习班。1991年的普格瓦什会议已在北京召开,1992年的科学与世界事物夏季讲习班也将在我国举办。以前,军备控制物理学的研究成果主要是出文集或专著,有时也在相近的物理杂志上发表,如美国的 Physics Today 上就有军备控制专栏,现在已经有了国际性的专业杂志 Science and Global Security,这标志着军备控制物理学的研究已经走向一个新的阶段。

参考文献

[1] Report to the American Physics Society of the Study Group on Science and Technology of Directed Energy Weapons, 1987.

[2] 杜祥琬等. 制止空间武器—军备控制的紧迫任务. 中国核情报所, 1990, CN1C-00401.

[3] Schroeer D. Science, Technology and the Nuclear Arms Race. New York: John Wiley & Sons, 1984: 95.

[4] Turco R P, et al. Science, 1983: 222: 1283.

[5] Chrzanowski P L. Energy and Technology Review. Uni. of California, 1987, UCRL-52000-87-1-2.

[6] Sagdeev R Z, Kokoshin A A. Selected Readings in Arms Control & Disarmament, 1990: 9, 12.

[7] Saperstein A M, Mayer-Kress G, J. of Conflict Resolution, 1988, 32-4: 638.

[8] Report of the OTA on Seismic Verification of Nuclear Testing Treaties, 1988, 050888. OTA.

[9] Fetter S, et al. Science & Global security, 1990: 1, 225.

[10] Fetter S, et al. Science & Global security, 1990: 1, 323.

[11] 同 [3], 287.

[12] Braid T H. Science & Global Security, 1990: 2, 59.

[13] A Study Group Report to the Federation of American Scientists, Laser Asat Verification, 1991.

[14] Du Xiangwan, et al. XLI-C15, 41st Pugwash Conference on Science and World Affairs, 17-22, September, 1991, Beijing, China.
[15] Hafemeister D W. Science & Global Security, 1989, 1: 73.
[16] Taylor T B, Science & Global Security, 1989, 1: 1.

Physical Problems of Arms Control

Abstract: There are many scientific and technical problems in arms control research, such as the function of weapons and the effect of war, system analysis of arms control, verification techniques, and techniques for destruction of weapon, etc. These are essentially physical problems. A new branch of physics which may be called "arms control physics" is thus developed. Its development can not only give an impetus to the course of peace and disarmament, but also enrich the contents of modern physics.

国际新形势下核武器的作用与核裁军问题[①]

1989年东欧发生了异乎寻常的变革，1991年，苏联也迅速解体。两次剧变给国际社会带来的震动和影响不亚于1945年8月日本两岛上空原子弹的爆炸。如今的世界，两极格局瓦解，全球力量对比失衡，国际政治风云多变，核裁军面临一系列新的问题。

1 核武器的历史作用

纵观第二次世界大战以来40多年的国际形势，人们对核武器的作用褒贬不一。显而易见，40余年来，核武器在国际关系中扮演着举足轻重的角色，它以巨大的威慑力量影响着世界局势的演变。

二战结束初期，美国独家垄断核武器。杜鲁门政府认为这是一种对苏联在欧洲地区常规武器优势的补偿，是对抗苏联的强有力王牌。自那时以来，核武器的发展与部署成为美国遏制苏联势力发展的主要措施。

1949年8月，苏联成功地爆炸了第一颗原子弹，从此美苏分享核武器的局面出现了。为了取得军事上的优势，两国展开了疯狂的军备竞赛。从艾森豪威尔政府的大规模报复战略，到肯尼迪政府灵活反应战略，美苏核武器的数量、种类不断增加。到20世纪60年代末，美苏核弹头数已达3000枚，几乎可以毁灭整个地球。

美苏双方都担心会受到对方的第一次打击，都希望己方的先发制人的打击能够成功，以解除对方的报复能力，尽管他们也承认一场真正的核交战是任何一方都无法承受的。然而，"使用，否则就会失去"的心理压力一度导致双方出现核战争一触即发的状况，1962年古巴导弹危机便是很好的例证。

将近半个世纪以来，尽管曾出现一些危机时期和局部战争，但毕竟没有演变成世界大战，没有发生核冲突，两个超级大国的军事卷入只限于常规武器。假设没有核武器，恐怕在发生地区冲突时，很难有抑制其升级的威慑力量。从某种意义上讲，核军备竞赛牵制了美苏战略部署的主要精力。核武器成了他们分庭抗礼、牵制对手、保护各自盟国的主要威慑力量。因此，在发生危机时，对使用核武器，双方都不敢轻举妄动。

由此看来，核武器一方面刺激了军备竞赛，使战争的威胁增大，另一方面以它的威慑力稳定了对峙格局，在一定程度上制止了世界大战的发生。核武器同时具备了双重作用，可以说是一个自相矛盾的怪物。

2 核武器作用的新变化

在新的世界格局面前，只论述评价核武器的历史功过是不够的，更重要的是深入分析

[①] 本文作者：孙向丽，李彬，杜祥琬（北京应用物理与计算技术研究所）。发表于《国际技术经济研究学报》，1992年，第03期，第35页；《军备控制研究论文集》，1994年10月，第15页。

新形势下核武器的作用与核裁军未来。

2.1 就当前局势看,核武器制衡作用有所下降

苏联解体后,尽管成立了独联体,但经济危机严重,国力衰弱,为寻求西方经济援助,成了西方的"盟友",丧失了过去超级大国的地位。美国成了唯一的超级大国。两极体系不复存在,也就谈不上什么制衡了。

2.2 核武器在今天成为一大不稳定因素

(1) 令世人关注的前苏联共和国之间的核关系。前苏联的核武器分散于几个共和国内,虽然独联体一致同意由叶利钦掌握核按钮,未经其他拥有核武器的共和国的同意,不能动用核武器。这些协议能否经得起各共和国在领土、债务、财产分担上的严重对抗的考验还不能肯定。

(2) 多种因素使核扩散的危险性增加,更多的国家掌握核武器的趋势令人担忧。像独联体,巨大的核武器库、核技术、核科学家分散于几个共和国,成为核扩散的危险缺口。已有报道说,有些国家准备向前苏联共和国购买核技术;同时独联体内存在着核科技人员外流的倾向。另外,结束不久的海湾战争也产生了一个负作用,鼓励了无核国家拥有核武器的愿望。这些都是不稳定因素,具有潜在的危险性。

2.3 核武器仍担负着威慑的角色

最近,美国内展开了关于未来安全政策和军事战略的辩论。相当一部分美国人认为,美国未来战略利益是:保卫本土,维护建立在国际经济开放基础上的繁荣;保证获得波斯湾的通道;制止某些战争等。显然,为了维护这些战略利益,核武器不可忽略。还有消息透露,五角大楼正在制定秘密方案,像利比亚、巴基斯坦这样的第三世界国家,可能成为美国战略核导弹对准的目标。再来看独联体,叶利钦之所以宣布将核弹头削减至 2500 枚,是有其政治、军事上的考虑:一方面可以借助大幅度裁减获取西方经济援助,另一方面也保证了基本的战略防务要求。虽然苏联解体,但俄罗斯仍然是一个拥有广阔幅员、众多人口、丰富资源、强大军事力量和可观的经济潜力的国家,它拥有一定核武器的政策不会改变。由此可见,一定数量的核武器在世界上将会长期存在,走向最低限度核威慑的裁军道路仍然漫长。当然,新的世界格局的出现,也给核裁军带来新的契机,深入的核裁军势在必行。

3 对核裁军的思考和建议

3.1 加速实质性裁军

以往许多条约在限制军备竞赛中缺乏实质性内容。比如《中导条约》,虽然全部消除美苏中程和中短程导弹,实际上却没有销毁核弹头;SALT I 和 II 也只是限制了运载工具的数量,基本上不限制弹头数量;START 宣扬 50% 大裁减,但实质削减弹头数占全部核弹头 30% 还弱,况且,也没有规定销毁核弹头。

目前与未来形势均需要加速实质性裁军,特别是要彻底销毁裁下来的核弹头,相互信任,加强核查措施,从根本上削弱核武库对世界和平的威胁。

3.2 美、独联体率先大幅度裁军

最近,美国科学家研究报告强调,除了对外来核袭击起到威慑作用或作出相应反应之外,核武器不该服务于其他目的。按这种观点看,核弹头数目完全可以大大减少。的确,美、苏两极格局瓦解后,保持庞大的核武库实无必要,而且,为了制止核武器扩散,加速考向全球核裁军的步伐,美国与独联体理应率先大幅度裁军。

美国,由于它在目前国际上处于特殊地位,所以希望通过单方面核裁军促进世界核裁军进程。布什宣布单方面裁减战术核武器的倡议,很快就得到前苏联和独联体的响应,事实证明,单方面的裁军行动比双边谈判更有效,更迅速。

独联体方面,目前的核格局还没有最后定型,可能演变的方式有以下几种:①战术核武器全部销毁,乌克兰、白俄罗斯、哈萨克三国的战略核武器就地销毁,俄罗斯的核武器按条约裁减,这是最好的情况;②仍维持目前核格局;③把乌克兰、白俄罗斯、哈萨克三国核武器运到俄罗斯;④出现核武器管理混乱。希望独联体避免出现混乱,利用目前核格局调整的机会,顺利地实现大幅度核裁军。

3.3 英、法、中在一定阶段承担裁减限额

在美国或其他国家不通过发展导弹拦截技术来削弱少核国家的核能力前提下,少核国家核弹头数不应超过一个合理的限额,以免超级大国因顾虑少核国家的存在而拒绝继续裁军。可以设想,如果美与独联体将弹头削减至 1000~2000 枚,少核国家将会承担裁减限额,保持核力量远小于美、独联体,只保留一种"不确定性"威慑。这样,可以保持超级大国与少核国家关系的稳定性。

3.4 尽早达成不首先使用甚至不使用核武器的公约

虽然拥有核武器的国家大都将核武器作为一种威慑力量,但有的国家并没有排除在特定条件下动用核武器的可能性。

核武器的杀伤力、破坏性是其他任何武器无法相比的,从这个意义上讲,它是最不人道的武器;而且,一旦核武器"扳机"在一国扣响,核交锋的灾难就难以避免。因此,尽早达成不首先使用甚至不使用核武器的公约是迈向彻底禁止、销毁核武器这一最终目标的关键一步。

3.5 加强不扩散体制,有核国与无核国分别承担义务

《核不扩散条约》自 1970 年生效以来,起到了防止核武器技术在世界范围内扩散的作用。到 1995 年止,25 年有效期满,世界面临新的选择。由于核不扩散体制涉及许多国家核出口、核技术引进以及核查方法的入侵性等问题,因而,如果希望这个核不扩散体制继续下去,必须本着公正、合理的原则,有核国与无核国分别承担义务。另外,加强在核禁试,停止武器用裂变材料生产上的裁军努力,也有助于核不扩散体系的维持。

3.6 不试验、不部署任何形式的空间武器系统,以利于建立均衡合作安全(共同安全)体制

虽然前苏联的威胁消失,"SDI"计划作了些变动,但美国研制发展空间武器的行动并未停止。空间武器不仅能对付来袭弹头,也可以攻击空间飞行器、大气层飞行器以及地面

目标，具有危害世界安全、破坏战略稳定、加重不信任气氛等负作用，如果纵容空间武器的发展，势必导致空间争夺战新的一轮军备竞赛。因此，国际社会应尽早达成有关"空间非武器化"条约。在利用空间技术进行核查等方面加强合作，建议联合国有关机构促进各方建立相互信任措施，交流技术，公开有关信息，使那些空间能力较弱的国家确实有种安全感，从而有利于建立全球的均衡合作安全体制，即共同安全的体制。

3.7 在核武器安全问题上发展国际合作，在核武器未完全销毁前，实现核武器的国际有效控制

建议在国际上交流有关核武器安全方面的技术与经验，加强核武器的安全保障。在核武器裁减到一定水平时，可望对它实现国际有效控制。例如，在核武器部署、使用等方面，安理会常任理事国拥有控制权等。

4 结 论

在世界格局发生新的变化，军事对抗危险有所减弱的今天，如果美国与独联体能继续加速核裁军进程，削减后的核弹头的安全可靠性得到保证，其他有核国承担一定裁减限额，核不扩散体制得到加强，那么，在不远的将来，美国与独联体将核弹头削减至 1000～2000 枚是可行的。美国有关方面（CISAC）人士作过估计，在保持 1000～2000 枚核弹头情况下，核弹头数与战略目标数之比为 (2～3)∶1，仍可维持战略稳定。可以预见，如果这一步能够顺利实现，全球的战略稳定局势就能维持下去，并能为进一步的核裁军创造条件。

参考文献

[1] Washington D C. The Future of the U. S. -Soviet Nuclear Relationship. National Academy Press, 1991.

Preliminary Exploration of the Problem of the Treatment of Warheads in Nuclear Disarmament[①]

1 The reasons why the INF treaty does not include a clause on the destruction of nuclear warheads are as follows:

1.1 There are real and objective difficulties in destroying nuclear warheads

Fissile materials such as plutonium and uranium are radio-active elements. Plutonium in particular is not only harmful to human beings, but also very strong in chemical toxicity as far as redioactivity is concerned. Therefore, these are not easily treated. Lithium and deuterium are stable isotopes in Fusion materials. Tritium is the artificial radioactive hydrogen isotope in radioactive particle β.

These radioactive nuclear material cannot be destroyed by normal means, such as burning, breaking or dynamiting, let along by exploding the nuclear warheads. They can only be treated on the basis of their different characteristics.

Therefore, objectively speaking, the treatment of nuclear materials in nuclear warheads is rather a complicated matter with certain difficulties.

1.2 Simplifying the inspection

The U. S. A. and the Soviet Union obviously avoided the issue of nuclear warhead disposal in the INF treaty. Analytically speaking, one of the raesons may have been to reduce the complexity of the negotiations and simplify the verification measures in order to increase the posibility of siging a treaty.

The reason is that if nuclear warhead disposal is included in the treaty, it must rest on a reliable and precise inspection system, which would verify the total anount of the nuclear materials retrieved from the dismantled warheads, specify the usage of the retrieved material, make sure that the retrieved material would not be used for producing new warhead, and issue timely warning about any possible transference. So it is necessary to set up a large verification team to do the job either by the joint efforts of the U. S. and the Soviet Union or by the Monitoring System of IAEA. Therefore, if the treaty does not contain a clause on warhead disposal, then all the complicated verification work could be left out so that the negotiations could be concentrated on the destruction and treatment of the carrying system.

---

① Authors: Zhu Jiaheng, Du Xiangwan.

1.3 The dismantled warheads could be reused in new weapon systems

Since the dismantled warheads are not mentioned in the treatly, thereby, it would not violate the treaty if they were to be reused in new weapon system, with the advantage of saving both time and money. Both the U. S. and the Soviet Union have such an intention. The Reagan administration planned to reinforce the short-range missiles in Europe with the warheads dismentled from the medium-range nuclear missiles. But the U. S. Congress has not yet passed this.

1.4 Good for secrecy

The Americans believe that their designing techniques and technical knowhow in respect of nuclear warheads are more advanced than those of the Soviet Union. So they hold that excluding the issue of nuclear warheads from the INF treaty could prevent the Soviet Union from finding out the designs, materials and techniques of the American nuclear warheads in the process of transferring and dismantling them. Furthermore, it could stop the Soviet Union from developing methods of destroying the American warheads. Besides, it would be beneficial for nuclear non-proliferation.

2 Means and problems of nuclear warhead disposal

If an arms control agreement includes nuclear warhead disposal, then how should the nuclear warheads be destroyed and how should the nuclear materials in them be treated?

Four ideas were put forward when the matter was debated at the U. S. Congressional hearings:

(1) Warheads stored indefinitely as contaminants

The plutonium retrieved from the dismamtled warheads could be mixed with powerful redioactive fissile materials and should be stored indefinitely. Before the elimination of radioactivity through treatment, the contaminated plutonium cannot be used for new weapons. It takes time and money to eliminate the radioactivity.

The main advantage of this idea is that the method is relatively simple, and that the retrieved plutonium cannot quickly be made useful either for producing new weapons or for generating electricity for civilian use. The problems are as follows: in the long-term, this is only a temporary measure. Moreover, indefinite storage is also a waste of resources, without any practical economic results.

(2) non-weapon military usage

Uranium and plutonium can be used for non-weapon military purposes, mainly as nuclear-power generating units for submarines, gunboats or military bases and space satellites.

The main advantages of this idea are that uranium and plutonium can be used as nuclear fuels for non-weapon military purposes, but at the same time mutual use of military nuclear fuel and civilian nuclear fuels can be prevented. But here the problem is as follows: firstly, non-weapon military use is still not in line with the objective of nuclear arms control and with the idea of cutting down nuclear weapon systems. This is because all these submarines and gunboats are capable of carrying nuclear weapon. Secondly, how should strict verification be adopted to guarantee that the Plutonium and uranium are used only as fuels and not for producing warheads.

(3) used as nuclear fuels for civilian use

The retrieved high-concentration uranium could be directly used without dilution as power generation units at sea, and for small-sized or specified special type of civilian power plants, or for ordinary nuclear power plants after being diluted with natural uranium to become low-concentration uranium.

The retrieved plutonium could be used as suplementary nuclear fuel in a conventional power reactor, or as fuel in a breeder reactor if this is commercially feasible.

The main advantage of this idea is that if nuclear fuels intended for weapons are successfully converted to peaceful uses, this will greatly encourage future nuclear disarmament. This is precisely what peace-loving people in world hope for. But the problem is that permitting plutonium to serve as nuclear fuel for civilian use would increase the danger of nuclear weapons' proliferation and nuclear terror, would encourage non-nuclear-weapons states to, while shifting to the commercial use of plutonium, try to expand their industrial base necessitated by manufacturing nuclear weapons, and would create more opportunities for criminals and terrorists to steal these nuclear materials, uranium 235 and plutonium, from factories, storehouse and power plants, or during shipment.

(4) Disposal into the environment

The retrieved plutonium can be disposed in outer space by rockets or scattered into the oceans where it cannot be easily recovered with the present level of technology. It can also be buried at the sea bottom or deep underground. The disposal of uranium is not included in this option, for it can easily be diluted by U238. The advantage of this option is that neither the U.S.A. nor the USSR can recover these materials easily and rapidly. But the problem is that this method of disposal will be strongly opposed by world environmental organizations, for it can expose the people of the world to the danger of an unacceptable level of plutonium radiation, and at the same time might give rise to accidents in the process of disposal.

We summarize these four options in two categories. The first is the exhaustion type. Proceeding from the position of destroying nuclear warheads, the nuclear materials retrieved can be wasted or exhausted by avoiding their reuse as much as possible, (1) and (4) belong to this type.

The other category is of the utilization type which proceeds from the fact that nuclear fuel is an energy resource, therefore it shoud be made good use of either in the non-weaponry area of military use or solely in civilian use. The latter is more in accordance with the spirit of arms control.

As (2) (non-weaponry military use) and (4) (disposal into environment) are apparently undesirable, we suggest two alternative option on how properly to handle nuclear materials retrieved from warheads.

Option 1 is to store deuterium and lithium indefinitely because both are stable elements and this is easy to verify, is an artificial radioactive isotope of hydrogen and emits beta particles. Its half-life is 12 years, that is to say, it will have decayed to half of its original value after 12 years and only 6.25% will be left after 48 years. Therefore we can dispose of it by storing untill it decays completely. Plutonium can be stored indefinitely after being mixed with strong radioactive fission products (reactor wastes). In this way, the contaminated plutonium cannot be used for new weapons until it is rid of contamination. U235 can be diluted by natural uranium to become a low-level source of radiation, thus making it unsuitable for weaponary.

Option 2 is that, because nuclear fuel is considered an energy resource, the nuclear materials retrived from nuclear arms reduction should be used for civilian purpose and benefit the causes of peace of mankind. In accordance with this thinking, nuclear materials can be disposed as follows: Deuterium and tritium can be used as coolant and moderator in reactor. The former can also be used as shielding material for neutron. The diluted U235 is the best fuel for ordinary power station. If there is no suitable civilian project for tritium, it can be stored until it decays fully. The key problem is how we dispose of plutonium. It can also be used as supplementary nuclear material for ordinary power reactors. A mixture of standard uranium oxidant or low-level uranium with the 6% plutonium (mixture of oxidants or MOX) can replace one quarter of low-level uranium in ordinary nuclear power reactors. Research to prove the technology is under way in Europe and Japan. plutonium could also be used to fuel breeder reactors if this becomes commercially feasible. But the biggest problem with plutonium being used as civilian nuclear fuel is that it can increase the danger of proliferation of nuclear weapons and terrorist activity. Therefore it requires strict and complicated verification measures to guard against such danger, and this is also quite a complicated issue.

3 How to handle nuclear warhead in the nuclear arms control treaty?

In light of true nuclear disarmament, a nuclear arms control treaty should include the destruction of nuclear warheads.

The nuclear warhead is the key component of a nuclear weapon. If the key component of a weapons systems is not destroyed, it cannot be called a real destruction. Non-destruction of warheads runs counter to the idea of nuclear disarmament and of stopping the nuclear arms race at an early date. Once the situation changrs, these warheads could have an effective nuclear strike capacity to contain and destroy other countries. Officials from the US Department of Energy testified at a congress hearing that it was highly likely that these warheads could be installed into two new strike system e. g. the air-to-surface tactical missiles carried by the US bombers and the tactical missile system of the army, these missiles could be taken as a part of Nato's nuclear modernization program. It is also highly likely that the warheads of the Pering II missiles withdrawn from the F. R. G. might return to the front and serve as part of the new weapon system to replace the outdated short-range lance missiles. The air-to-surface tactical missile carred by bombers might also be used by British bombers because in the nineties it might become one of the weapons to replace the free-drop bomb.

It is both economical and time-saving to reuse the warheads. It is estimated that, the US could save 1 billion dollar even although some technical changes would have to be made when the warheads are installed in new missiles, and this might write off some of the expense saved. According to some published documents, a warhead contains, at minimum, about 10 kilograms of U235, or 3 to 7 kilograms of plutonium, perhaps also a few grams of tritium. Therefore under the INF Treaty, the US, by dismantling 859 intermediate and short-rang missiles, could recover a total of 8 to 9 tons of U235, 2.5 to 6 tons of plutonium and several kilograms of tritium, which could be used to make new warheads. An estimation of the quantity of nuclear material in all the warheads possessed by the US and the USSR shows that each country could retrieve approximately 100 tons of plutonium and 500 tons of U235. Such a large amount of nuclear material could be used immediately at a time of emergency. The actual capacity of their arsenals cannot be reduced without the elimination and disposal of these nuclear materials.

As stated above, the destruction of nuclear warheads is technologically feasible. But it is a very complicated problem——not merely a problem of the technology of destruction. The difficulty or the complex nature of the problem lies in how to carry out effective and harmless verification, particularly how to maintain secrecy and prevent nuclear proliferation and terrorist activities. These problems remain to be studied thoroughly and concretely.

Before the proper solution to these problems is found, the adoption of following temporary freeze measures could be considered.

1. Check, number and mark the dismantled warheads and seal up for safekeeping after the fuse system are dismantled. This approach is easy to apply and to verify without involving the problems of leakage of secret and of proliferation.

2. A provision which bans the use of the dismantled warheads in other nuclear weapons should be included in the treaty.

Thus, even though the warheads are not destroyed, it is still useful to take certain measures to restrict and freeze them.

附中文译文：
核裁军中弹头处理问题的初步探讨

1 中导条约为什么不包括核弹头的销毁

1.1 核弹头的销毁存在着客观实际困难

从核武器的原理结构来看，基本上可以分成两大类：一类是裂变武器（原子弹）；一类是聚变武器（氢弹）。原子弹的主要核燃料是裂变材料铀235和钚以及铀238等。如果为了提高爆炸力，也可以加入一些氘氚到裂变武器之中，称为热核助爆裂变武器。氢弹必须由原子弹来点燃，它的核燃料除了上述裂变材料外，同时需有产生轻核聚变的材料，一般为氘、氚和锂。

裂变材料钚和铀是一种具有放射性的元素，尤其是钚，不仅具有放射性对人体有危害，而且具有极大的化学毒性。不是轻易能够处理。在聚变材料中，锂和氘是稳定的同位素，氚是放射β粒子的人工放射性氢同位素。

这些具有放射性核材料不能采取一般的销毁手段，例如烧、砸、炸的方式进行处理。更不能采取核弹头爆炸方式进行销毁。只能根据不同核燃料的特性分别加以不同的处理。

所以，核弹头中核材料的处理问题，在客观实际上是比较复杂的，存在着一定的困难。

1.2 简化核查手段，减少复杂性

美苏双方在中导条约中，明确地避开了核弹头销毁问题。分析其原因之一，可能是为了减少谈判的复杂性，简化在销毁武器部件过程中的核查手段，以增加达成协议的可行性。

因为，条约中如包括核弹头的销毁，那就必须有可靠的精确的核查系统，来核查从拆除弹头中回收核材料的总量，并要对回收材料说明用途，保证不再用于制作新弹头，及时警告任何可能转移的行动。这样也需要有一个庞大的核查队，或者美苏双方、或者国际原子能机构安全监督系统来进行核查。所以，条约中如不包括弹头，就可以省略这些复杂核查，使谈判集中到销毁和处理运载系统上。

1.3 可把撤回的弹头重新用于新武器系统

中导条约不包括弹头，因此把这些弹头重新用于新武器系统，既不违反条约，又可省时省钱。美苏双方都有这种打算。里根政府曾考虑把中导撤回的弹头再用于欧洲的短程导弹武器系统，但还未被国会批准。

重新使用这些弹头大约可以节省10亿多美元的研制新弹头的费用，尽管将这些弹头装进新的导弹将需要作一些技术上的改动，会抵消节省的一部分费用。据说苏联的弹头只要作较小改动就可以再装到其他导弹上，可以更节省其费用。

1.4 有利于保密

美国人认为，他们的核弹头设计技术和技巧要比苏联人更先进。所以，他们认为中导条约不包括核弹头就可以防止苏联通过观察弹头的转移和拆除过程中了解到美国核弹头的设计、材料和技术，有助于防止他们发展破坏美国的弹头的方法，并有利于防止核扩散。

2 核弹头销毁的方法和问题

如果军控条约中要包括核弹头的销毁，那么应该怎样销毁？弹头中核材料应作何处理？

美国国会听证会上在辩论此问题时曾提出四种方案：

方案1：以沾染物的形式无限期储存

把拆除弹头中回收来的钚可以与放射性强的裂变产物混合，这些裂变产物在美国和苏联是可以大量提供的，然后无限期储存。在未经处理去除放射性之前，污染的钚不能用于新武器。消除放射性需要时间而且很费钱。

这种处理方案主要好处是：方法比较简单，很快使回收来的钚不能用于武器或民用发电。问题在于：从长远角度看，这是一种暂时措施，而且无限期储存也是一种资源浪费，不产生现实经济效益，与当前欧洲、日本、苏联和美国出现的把钚作为民用核燃料使用的趋势不一致。

方案2：非武器军用

铀和钚可以用于非武器的军事目的，主要是作为潜艇、海面舰艇或者军事基地和空间卫星的核动力装置。

这个方案主要好处是：核燃料铀和钚可在非武器的军事目的上得到利用，同时可以避免军用和民用核燃料循环的混淆。但问题在于：非武器军用仍与核军备控制宗旨和减少核武器系统数量的思想不符。因为这些潜艇和海面舰艇等均可携带核武器；其次是如何采取严格的核查，来保证这些钚和铀仅作为燃料而不是去制作更多的弹头。

方案3：作民用核燃料

回收来的高浓铀，可以不加以稀释而直接用于海运的推进动力和小型的或固定的特殊民用

电站；也可以用天然铀加以稀释生成低浓铀，用于普通的核电站。当然稀释将浪费了原来在燃料浓缩中所花费的钱。

回收来的钚，可以视为常规动力堆上补充核燃料；也可以用作增殖堆燃料，假如增殖堆在商业上成为可能的话。

这个方案的主要好处是：把用于武器中核燃料转变成为用于和平事业上来，如果这一应用获得成功，将大大鼓励未来的核军备削减，这正是世界爱好和平人民所希望的。但问题在于：允许把钚作为民用核燃料会增加核武器扩散和核恐怖的危险。会使更多非核武器国家转向商业用钚，进行扩展制造核武器所需的工业基础；也会使铀235和钚在各种工厂、仓库、发电站，或在运输过程中增加罪犯和恐怖分子企图偷走这些核材料的机会。

方案4：处置到环境中去

用火箭把回收来的钚送入外层空间，或把钚消散到海洋中，在那些地方根据现有技术是难以回收的。或把钚埋入海底，也可埋入地下深洞。此方案不包括铀，因为铀很容易被铀238稀释。

这个方案主要好处是：美苏双方都不能轻易地、快速地从环境中回收这些材料。但问题是：这样处理将激起世界范围的环境组织的强烈反对，并使世界人民面临着不能接受的钚照射的危险之中，同时在处理过程中也将存在发生事故的环境。

综合上述对核材料的四种处理方案，我们认为可基本归纳为两种类型：一种是消费型，从销毁核弹头角度出发，弹头回收来的核材料让它浪费、消耗掉，尽量避免再使用。如方案1和方案4属于这种类型。让钚用放射性沾染或处置到环境中去，让氚储存到衰减完为止。不过处置到环境去会遭到大众的反对，大概是很不可取的。

另一种是使用型，从核燃料是一种能源资源，应该充分使用它，或是让它用于非武器军用，或是只允许它用于民用。只用于民用更符合军控的精神。

上述方案中的第2方案（非武器军用）和第4方案（处理到环境中去）显然是不可取的。弹头中的核燃料如何处理比较妥当，我们建议两种可供选择的方案。

一种方案是：氘和锂是稳定性元素，可以采取无限期储存的方法，而且也易受核查；氚是放射β粒子的人工放射性氢同位，半衰期大约为12年，即是12年后将衰减掉现有的一半，这样，48年后将仅保留6.25%，因此，对于氚可以采取储存到它衰减掉为止的办法进行处理。钚可以与放射性强的裂变产物（反应堆废料）混合，然后无限期储存，这样在未来经处理去除放射性之前，污染的钚不可能用于新武器。铀235可以用天然铀加以稀释生成低浓铀，使其不能用于武器。

另一种方案是：考虑到核燃料是一种能源资源，尽量把武器削减下来的核材料用于民用，为人类和平事业造福。根据这一思路，核材料可作如下处理：氘和锂分别可用于反应堆的减速剂和冷却剂，锂还可以作中子的屏蔽材料。铀235通过稀释是普通核电站的最好燃料，氚如果没有合适民用项目，可以仍保存到它衰减掉为止。关键是在于对钚作如何处理，钚也可以视为普通动力堆的补充核燃料。在普通动力反应堆中，标准铀氧化物或贫化铀与6%的钚氧化物混合（混合氧化物，或MOX）可以代替1/4低浓铀。这种技术论证工作在欧洲、日本进行。钚也可以用作增殖堆燃料，假如增殖堆在商业上成为可能的话。但是钚用作民用核燃料的最大问题是增加了核武器扩散和核恐怖活动的危险。需要有很复杂、很严格的核查措施来保证，这是一个比较复杂的问题。

3 核军控条约是否应包括销毁核弹头？

从核裁军的本意出发，核军控条约理应包括核弹头的销毁。

理由之一是：核弹头是核武器的核心部件。一种武器系统的最核心部件没有得到销毁是不能算真正的销毁。不销毁弹头是与核裁军和及早终止核军备竞赛的思想相违背的。

核弹头必须包括在销毁之列的另一理由，是因为这些核弹头不管是储存起来，还是用于新的武器系统，都使超级大国核武库的力量继续膨胀。一旦形势发生变化，这些弹头即可成为遏制和摧毁一些国家的有效核打击力量。美国能源部官员在国会作证时曾证实，这些弹头很可能将它们完整无损地装在两种新的打击系统中去，即是美国轰炸机携带的空对地战术导弹和陆军的战术导弹系统。这些弹头可以作为北约的核现代化计划的一部分，从西德撤走的潘兴Ⅱ导弹的弹头，也很可能重返前线，作为用来更换短程的过时的"长矛"式导弹的新导弹系统的一部分。轰炸机携带的空对地战术导弹，也可能由英国飞机来使用，因为它可能在90年代用来替换自由下落的炸弹的武器之一。

重新使用这些弹头既省时又省钱，美国估计可节省10亿美元。尽管这些弹头装进新导弹需作些技术上改动，会抵销节省的一部分费用。即使这些弹头不是完整装入新导弹，弹头的核材料仍可取下来重新制作新弹头。根据公开文献，一个弹头的铀235最小量大约为10公斤，钚约为3～7公斤。如果每个弹头再含有几克氚，那么在中导条约下，美国有859枚中程和中短程导弹将被拆除。总计就有8～9吨的铀235，2.5～6吨钚，以及几公斤氚可回收来制作新弹头。如果把美苏所有弹头的核材料的量作一个计算，那么估计每个国家各约有100吨钚和500吨铀235可以回收。这么多材料储存在那里，急需时随时可一付诸应用。不消除和处理这些核材料是不能消减它们的核武库实力的。

如前所述，核弹头的销毁在技术上不是不行的。但这一问题有相当的复杂性，不是一个单纯是销毁技术问题。问题的困难和复杂性主要在于：如何实施有效而无害的核查？其中特别是如何解决保密问题和防止核扩散及核恐怖活动？这些问题有待进行深入具体的探讨。

在这些问题未找到妥善的解决办法之前，可考虑采取如下的临时冻结措施：

1. 对裁下来的核弹头，进行清点、编号、标识，并在拆除引爆系统后预以封存。这个办法易行、易核查，并且不涉及泄密、扩散问题。

2. 在条约中规定一条，对这些裁下来的核弹头禁止在其他核武器上使用。

这样，这些核弹头虽然未予销毁，但对它们施行一定的限制、冻结措施也是有益的。

Thoughts and Proposals on Nuclear Disarmament[①]

New international situation has created new opportunity and new possibility for nuclear arms control. What should be done? Our opinion is as follows:

1 To accelerate substantial disarmament

Some treaties on nuclear arms control concluded in the past have played some roles in global security, but they lack substantial context. For example, SALT I and II Treaty only limited the number of nuclear weapon deliveries, and gave the ceiling of number of nuclear warheads; INF Treaty eliminated all middle-range missiles, however, none of warhead was demanded to be dismantled; so far as the START Treaty, although it was declared to reduce the strategic nuclear weapons by 50%, in fact, the number of reduced nuclear warheads is only about 30%, and there is no arrangement on dismantlement of nuclear warheads. The new world situation requires accelerating substantial disarmament, especially, destroying completely the nuclear warheads which are reduced by the related treaties, as well as enhancing the verification measures. Thus, the threat of immense nuclear arsenal to the world peace could be decreased foundamentally.

2 The United States and CIS should take the lead in drastic nuclear reduction

Recently, a report of CISAC of U. S. emphasizes[1]: nuclear weapons should serve no purpose beyond the deterrence of, and possible response to, nuclear attack by others. By this point of view, the number of needed nuclear warheads is much less than that of today. After the disappearance of the bipolar structure, it is unnecessary to keep such immense arsenals at all. Therefore the U. S. and CIS should take the lead in drastic nuclear reduction so as to prevent the spread of nuclear weapons and to accelerate the steps to the global nuclear disarmament.

Considering the special position of U. S. in the world, we expect that the U. S. can promote the nuclear reduction process by unilateral disarmament. We all know, the former Soviet Union gave its response immediately after the President Bush initiated to eliminate all tactical nuclear weapons in September, 1991. It has been confirmed that unilateral disarmament action is always more effective and rapid than bilateral negotiation.

As for the CIS, nuclear weapons control framework is still not certain, there are four possible

---

① Authors: Du Xiangwan, Sun Xiangli, Li Bin.

evolution ways: The first, the strategic nuclear weapons in Ukraine, Byelorussia and Kazakstan are destroyed, and the strategic nuclear weapons in Russia are reduced by relevant treaties. This is the best way. The second, the nuclear configuration of today remains. The third, all the strategic nuclear weapons in Ukraine, Byelorussia and kazakastan are transported to Russia. The last, there will be disorder of nuclear weapon management. We expect that CIS could aviod the last case and take advantage of present opportunity of adjusting nuclear framework so that the disarmament could be realized successfully.

3 The United Kingdom, France and China should accept appropriate limitations of strategic arms at some later time

The nuclear weapons of the few-nuclear states should not be beyond a rational level, unless the U.S. or CIS diminish the nuclear retaliatory capabilities of few-nuclear states by developing ABM. Otherwise, the superpowers may refuse the further nuclear disarmament, because they are afraid of the increase of nuclear weapons of the few-nuclear states. It can be supposed, if the U.S. and CIS reduce their nuclear warheads to 1000 ~ 2000, few-nuclear states would accept an appropriate limitation of strategic arms, and keep their nuclear forces much lower than that of U.S. and CIS. These nuclear forces can offer only the deterrence of "uncertainty", Thus, the stability between superpowers and few-nuclear states would be established and extended.

4 To sign an international convention on no-first-use even no use of nuclear weapons as early as possible

Although almost all nuclear-states consider nuclear weapons as a deterrent force, some of them have not give up the right to use nuclear weapon first in some circumstances. Once a nuclear weapon is used in some place, a disaster of nuclear conflict would not be avoided. Therefore, reaching an international convention on no-first-use even no use of nuclear weapons is the key step to the complete nuclear disarmament.

5 To strengthen the NPT regime, nuclear-and non-nuclear-states should undertake their obligations respectively

Since NPT went into effect in 1970, it has played an important role in preventing proliferation of nuclear weapon. The NPT review conference in 1995 is coming and the world faces new challenge. The NPT regime is related to the export and import of nuclear weapon technology as well as invasiveness of verification, therefore, if the NPT regime is expected to be preserved and enhanced, the nuclear- and non-nuclear-states should undertake their obligations respectively by the principle of justice and rationality, In addition, to make further efforts on ban of nuclear test and prohibition of the production of fissile materials for weapons would also contribute to maintaining and strengthening the existing NPT regime.

6 Neither to develop nor to test any types of space weapon systems so as to establish the cooperative common security regime

Some adjustment have been made in SDI because the nuclear threat of former Soviet Union has disappeared, however. U. S. has not stopped the research and development on space weapons. Space weapons possess not only the defensive capability against ICBM but also certain offensive capabilities to attack the targets in space, in the air and even on the ground. Obviously, the development of space weapons would imperil world security, destroy the strategic balance and decrease the confidence. All these would lead to a new round of arms race in space.

Therefore, it is very necessary to reach an agreement on "space nonweaponization" as early as possible. We suggest that related agency of UN promote the parties concerned to take confidence-building measures, open and exchange relevant data and information, and develop cooperation on verification using space technology, so that those states that have no space technology force could have a sense of security, which will be helpful to the building-up of cooperative common security regime.

7 To develop the international cooperation on the nuclear weapon safety and security, and to realize the international control over nuclear weapons before the nuclear weapons are all eliminated

It is suggested that the technology and the experience about the safety and security of nuclear weapons should be exchanged among the nuclear weapon states for the safeguard of nuclear warheads. When the number of nuclear warheads is reduced to some appropriate level, it would be possible to achieve international control over the nuclear weapons. For instance, permanent members of UN security council have the control right of the deployment and use of nuclear weapons.

Under these circumstances, it is foreseeable that global strategic stability would be maintained and further nuclear disarmament could continue.

Reference

[1] The Future of the U. S. -Soviet Nuclear Relationship. Washington D. C. : National Academy Press, 1991.

The Impact of SDI on the Arms Race
—A Solution of Game Theory[①]

Abstract: The impact of SDT on arms race has been discussed in a model which includes intercontinental ballistic missiles, anti-ICBM satellites and anti-satellite weapons for U. S. and former Soviet Union. It is assumed that each side of U. S. and former Soviet Union wants to reach the biggest retaliatory capability for given expenditure. This problem is considered as a two-person game and the optimal configurations of the three kinds of weapons for both sides is calculated under different conditions. The results show that the SDI can not lead to the transition from an offensive mode to a defensive mode and can not also offer an effective protection against the threat of ICBMs.

Key words: SDI, arms race, ICBM, anti-ICBM satellite. ASAT, two-person game

1 Introduction

The impact of SDI on arms race has been disscussed in sevral papers. A. M. Saperstein et al. considered a nonlinear dynamical model which includes three elements of SDI. The three elements of SDI are: ①intercontinental ballistic missiles (ICBMs); ②anti-ICBM satellites and ③anti-satellite weapon (ASATs). It is found that in Saperstein's paper the three elements of SDI for each side are not in the optimal configurations. In other words, each side can reach a stronger retaliatory force for the same expenditure. Each side should choose a configuration which ensures optimal retaliatory capability. We consider this problem as a two-person game for the same weapon exchange process with paper[1]. Our results show that SDI can not lead to its publicly proclaimed goals-transition from offensive mode to defensive mode and the protection from threat of ICBMs.

2 Description of the exchange model

A. M. Saperstein et al have built a model to describe the process of the war between side i and side j in their paper[1]. (i and j can each take on the value 1 or 2, i and j can not have the same value, 1 represents the U. S. and 2 represents former Soviet Union).

Let M_i, S_i and A_i be the numbers of ICBMs, anti-ICBM satellites and ASATs for side i. M_i,

---

① Authors: Li Bin （李彬）, Du Xiangwan （杜祥琬）（Institute of Applied Physics and Computatonal Mathematics）。发表于《计算物理》, 1993年6月, 第10卷, 第2期, 第163页。

S_i and A_i be the numbers for side j. The exchange model is described as follows.

The number of j's ICBMs which can get through i's satellite defense in the first strike is

$$g_j = M_j - Q_j - \delta M_j = M_j - R/m_j - 2(S_i - A_j)^2/\beta^2 \qquad (1)$$

where β is a parameter which describes the intercepting capability of anti-ICBM satellite, R is the minimum number of warheads which can produce intolerable damage and m_i is the mean number per ICBM for side j (if two warheads are assigned to destroy one silo, m_i would be one-half of the mean number of warheads per ICBM).

The munber of i's retaliatory ICBM which can get throuth j's interception is

$$f_i = M_i - m_j\ g_j - \delta M_i = M_i - m_j M_j + R - (S_j - A_i)^2/\beta^2 + 2m_j(S_i - A_j)^2/\beta^2 \qquad (2)$$

The current numbers of the three elements of SDI for both sides are

$$M_{10} = 1000, M_{20} = 1400, S_{10} = A_{10} = S_{20} = A_{20} = 0 \qquad (3)$$

Let μ be the cost of an ICBM, σ be the cost of an anti-ICBM satellite and α be the cost of an ASAT. D_i represents the i's total expenditure for strategic warfare during a period. Thus

$$D_i = \mu(M_i - M_{io}) + \sigma S_i + \alpha A_i \qquad (4)$$

All parameters needed has been given in paper[1]:

$$m_1 = 2, m_2 = 6; \beta = 2.5; \mu = \$0.10B, \sigma = \$3.0B, \alpha = \$0.05B. \qquad (5)$$

We assume that each side is interested in only his retaliatory capability, i. e. each side demands the number of retaliatory ICBMs which can get through the opposing defense is the biggest for given expenditure D_i:

$$\max[f_i(M_i, S_i, A_i; M_j, S_j, A_j)], i, j = 1, 2 \text{ or } 2, 1. \qquad (6)$$

3 The calculation method

Each side of the two superpowers wants to reach an optimal configuration of the three elements of SDI. This problem is a conditional two-person game.

$$\max[f_i(M_i, S_i, A_i; M_j, S_j, A_j)], i, j = 1, 2 \text{ or } 2, 1;$$
$$\mu(M_i - M_{io}) + \sigma S_i + \alpha A_i = D_i, i = 1, 2;$$
$$S_i - A_j \geq 0, i, j = 1, 2 \text{ or } 2, 1; \qquad (7)$$
$$M_i \geq M_{io}, i = 1, 2; \qquad (8)$$
$$S_i \geq 0, i = 1, 2; \qquad (9)$$
$$A_i \geq 0, i = 1, 2. \qquad (10)$$

M_i, S_i and A_i are the variable of function f_i while M_j, S_j and A_j are the parameters. The optimization of f_1 gives a solution of the configuration for the U. S. :

$$\begin{cases} M_1 = M_1(M_2, S_2, A_2) \\ S_1 = S_1(M_2, S_2, A_2) \\ A_1 = A_1(M_2, S_2, A_2). \end{cases} \qquad (11)$$

We can also get the solution for former Soviet Union:

$$\begin{cases} M_2 = M_2(M_1, S_1, A_1) \\ S_2 = M_2(M_1, S_1, A_1) \\ A_2 = M_2(M_1, S_1, A_1). \end{cases} \qquad (12)$$

These six equations are enough to calculate all the six numbers of the three kinds of weapons for the given expenditures of both sides during a period.

4 Results under different conditions

4.1 Former Soviet Union has neither anti-ICBM satellite nor ASAT ($S_2=0$, $A_2=0$).

Maybe the U.S.S.R has no space weapon beacuse of technical reason. Under this condition, the U.S. needs no ASAT ($A_1=0$), while former Soviet Union will develop only ICBMS. The problem becomes quite simple:

From equation (1) and (2) we get:
$$f_1 = M_{10} + D_1/\mu - \sigma S_1/\mu + R + 2m_2 S_1^2/\beta^2. \tag{13}$$

f_1 is a parabola of which the bottom is downward. So the maximum value of f_1 is at one of the two end points ($S_1=0$ and $S_1=D_1/\sigma$).
$$f_1(S_1 = 0) = M_{10} - m_2 M_2 + R + D_1/\mu,$$
$$f_1(S_1 = D_1/\sigma) = M_{10} - m_2 M_2 + R + 2m_2 D_1^2/(\sigma\beta)^2.$$

If
$$D_1 > (\sigma\beta)^2/(2m_2\mu) = (3.0 \times 2.5)^2/(2 \times 6 \times 0.10) = \$46.9B,$$
$$f_1(S_1 = D_1/\sigma) > f_1(S_1 = 0).$$

From the result we know that if former Soviet Union does not develop any space weapon and if the expenditure for SDI of the U.S. is more than 46.9B, the SDI is more favourable. But former Soviet Union still have to develop ICBMs.

4.2 Former Soviet Union has no anti-ICBM satellite ($S_2=0$).

If former Soviet Union can produce ASAT but can not produce anti-ICBM satellite ($S_2=0$, $A_2 \neq 0$), the U.S. needs no ASAT ($A_1=0$). The retaliatory capability of former Soviet Union is:
$$f_2 = D_2/\mu - \alpha A_2/\mu - m_1 M_1 + R - (S_1 - A_2)^2/\beta^2 \tag{14}$$

This is a parabola of which the vertex is upward. The maximum velue of f_2 is just at the vertex of the parabola.
$$\frac{\partial f_2}{\partial A_2} = -\alpha/\mu + 2(S_1 - A_2)/\beta^2 = 0$$

So
$$A_2 = S_1 - \alpha/(2\mu) \text{ and } 0 \leq A_2 \leq S_1, \tag{15}$$
$$M_2 = D_2/\mu - \alpha A_2/\mu + M_{20}. \tag{16}$$

The maximum value of f_1 is still at one of its two end points ($S_1=0$ and $S_1=D_1/\sigma$). At the left end point ($S_1=0$),
$$f_1(S_1 = 0) = M_{10} - m_2 M_{20} + (D_1 - m_2 D_2)/\mu. \tag{17}$$

At the right end point ($S_1 = D_1/\sigma$),
$$f_1(S_1 = D_1/\sigma) = M_{10} - m_2 M_{20} + R + m_2(D_1\alpha - D_2\sigma)/(\mu\sigma), \tag{18}$$
$$f_1(S_1 = 0) - f_1(S_1 = D_1/\sigma) = D_1(\sigma - m_2\alpha)/(\mu\sigma) \tag{19}$$

Because
$$\sigma - m_2 a = 3.0 - 6 \times 0.05 = \$ 2.7B > 0 \text{ adn } D_1/(\mu\sigma) > 0.$$
$$f_1(S_1 = 0) > f_1(S_1 = D_1/\sigma).$$

So the optimal solution (saddle point) is:
$$S_1 = 0, M_1 = M_{10} + D_1/\mu; M_2 = M_{20} + D_2/\mu, A_2 = 0$$

The result tells us that if former Soviet Union can produce ASAT, the procurement of SDI for tee U.S. will reduce the retaliatory force of U.S. The two superpowers will still develop ICBMs as more as possible. we can not expect to see the transition from offensive mode to defensive mode.

4.3 A limitation of ICBMs ($M_1 = M_{10}$, $M_2 = M_{20}$)

If the numbers of ICBMs of the both sides are limited (e.g. START), the U.S. and former Soviet Union may still develop the space wapons (anti-ICBM satellites and ASATs). Thus,

$$M_1 = M_{10}, M_2 = M_{20}, \tag{20}$$
$$f_1 = M_{10} - m_2 M_{20} + R - (S_2 - A_1)^2/\beta^2 + 2m_2(S_1 - A_2)^2/\beta^2, \tag{21}$$
$$f_2 = M_{20} - m_1 M_{10} + R - (S_1 - A_2)^2/\beta^2 + 2m_1(S_2 - A_1)^2/\beta^2, \tag{22}$$

It is easy to prove that f_1 and f_2 are the parabolas of which the vertexes are upwared. The maximum values of the two functions are at their vertexes, so the saddle point is:

$$A_1 = S_2 = (\sigma D_2 - \alpha D_1)/(\sigma^2 - \alpha^2)$$
$$A_2 = S_1 = (\sigma D_1 - a D_2)/(\sigma^2 - \alpha^2) \tag{23}$$

Because an ASAT is much cheaper than a satellite, it is easy to develop the same amount of ASATs as the opponent's satellites. Under this condition we know that neither side can protect himself from the threat of opposing ICBMs by anti-ICBM satellites.

4.4 General condition

If the U.S. and fromer Soviet Union can produce all the three elements of SDI, how these weapons of both sides will be developed? we solve this two-person game under general condition and try to find the optimal solutions for both sides.

It is found that f_1 is a parabola of which the bottom is downward when A_i is given. So the maximum value of f_1 is at one of the two end points ($S_i = 0$ and $M_i = M_{10}$) for a givern A_i. The maximum value of f_i may be at one of the four points C_1, C_2, C_3 and C_4. The explanation of the four points C_1, C_2, C_3 and C_4 is listed as follows. One of the four points is called a pure strategy of either side.

C_1: neither ASAT nor anti-ICBM satellite;
C_2: neither ASAT nor more ICBM;
C_3: no more ICBM;
C_4: no anti-ICBM satellite.

we shall compare the values of function f_i at the four points to choose the optimal configuration for each side, i.e. we shall determine which strategy side j should choose if side i choose a strategy

C_n ($n = 1,4$). It is noticeable that C_3 will become C_2 and C_4 will become C_1 if $A_i = 0$.

(a) Side i chooses C_1 ($A_i = 0, S_i = 0$)

Side i develops only ICBMs while side j can choose C_2 ($A_i = 0, M_i = M_{i0}$) or C_1 ($S_i = 0, A_i = 0$). This is because side j needs no ASAT.

Using the method described by eq. (18) and (19), we know that for a large amount expenditure of side j ($D_i > \$140.7B$), $f_j(C_2)$ is always bigger than $f_j(C_1)$:

$$f_j(C_2) - f_j(C_1) = 2m_i D_j^2/(\sigma\beta)^2 - D_j/\mu > 0.$$

So side j should choose C_2, if side i choose C_1.

(b) Side i chooses C_2 ($M_i = M_{i0}, A_i = 0$).

Under this condition, side j will choose C_3 or C_4 (It is easy to prove that C_3 is better than C_2 and C_4 is better than C_1 for side j).

$$f_j(C_3) - f_j(C_4) = \frac{2m_i(D_j - D_i\alpha/\sigma)^2}{\sigma^2\beta^2 - 2m_i\alpha^2\beta^2} - \frac{D_j - aD_i/\sigma}{\mu} - \frac{\alpha^2\beta^2}{4\mu^2} \quad (24)$$

Because $D_j - D_i\alpha/\sigma$ is a large positive number after a long period, we can get the following inequaloty:

$$f_j(C_3) > f_j(C_4)$$

Thus, if side i chooses C_2, Side j should choose C_3.

(c) Side i chooses C_3 ($M_i = M_{i0}$).

Side j may choose C_3 or C_4 for the same reason as condition (a) and (b).

$$f_i(C_4) - f_i(C_3) = \frac{\sigma D_j - \alpha D_i}{\mu\sigma} + \frac{\alpha^2\beta^2}{4\mu^2} > 0.$$

The result tells us that side j should choose C_4 if side i chooses C_3.

(d) Side i chooses C_4 ($S_i = 0$).

The increased retaliatory forces for side j are:

$$f_i(C_1) - f_i(C_2) = (\sigma - \alpha m_i)D_i/(\mu\sigma) > 0$$

So we know that if side i chooses C_4, side j should choose C_1.

These four results (a), (b), (c) and (d) show that there exists no optimal pure strategy (saddle point). If i choose C_1, j will chooses C_2; if j chooses C_2, i will choose C_3; if i chooses C_3, j will choose C_4; if j chooses C_4, i will choose C_1, and so on. The both sides can not find optimal configurations of the three elements of SDI simutaneously. Each side can raise his retaliatry capability by change of his configuration for a given configuration of the opponent's weapons. The arms race is quite instable. It is impossible to predict the configurations of strategic weapons for the two sides because each side may ajust his configuration according to the opponent's configuration. we can calculate the mixed strategy solution for both sides. But if one side get some information of the opponent's configuration, he will adjust his configuration again according to that of the opponent. The mixed strategy can not give the real configurations either.

5 The probability of disarmament

we can give a "safe" solution for both sides:

$$m_i M_i = R = 500, S_i = A_i = 0, i = 1,2 \tag{25}$$

According to eq. (1) the first strike capability for each side is

$$g_i = M_i - R/m_i = 0 \tag{26}$$

The retaloatory capability is obtained from eq. (2).

$$f_i = M_i = R/m_i. \tag{27}$$

This result tells us if the two superpowers trust each other or there is an effective verification method neither space weapons nor more ICBMs are needed.

6 Conclusions and discussion

The SDI can not lead to the transition from an offensive mode to a defensive mode for each side [situation (1)]; the SDI can not offer an effective protection against the threat of ICBMs if the opponent can produce ASAT [situation (2)]; the SDI is useless if only space weapons are allowed to develop [situation (3)]; the SDI will lead to an instability of arms race [sitration (4)]. It is impossible to predict the configurations of the three elements of SDI for the two superpowers. Paper[1] has given a similar result which is because of chaos. The "safe" world needs no spase wapons. A much fewer ICBMs is needed for the two superpowers to ensure minimum deterrence.

The eq. (3) decribes the interception capability of space based directed weapons. If the equations which describe the capabilities of other weapons of SDI (e. g. kinetic energy weapons) are given, we can also solve this problem by using the same method.

Reference

[1] Saperstein A M, et al. J. of Conflict Resolution, 1988, 32(4): 636-670.

禁止核试验[①]

1 引 言

1945年7月16日美国在其新黑西哥州的Alamagordo空军基地进行了世界上第一次核试验。随后，前苏联、英国、法国、中国和印度也相继进行了各自的核试验。迄今为止，全世界总共进行了约两千次核试验。

在军备控制领域谈到的核试验通常是指核武器爆炸试验，即通过爆炸核装置来研究核武器有关问题的科学活动。那些虽然出现了核反应但没有利用核武器装置的核实验以及那些虽然以研究核武器为目的但并未出现核爆炸的研究活动通常不被认为是核试验。核武器试验原则上不应包括和平目的核爆炸，但由于目前尚难以鉴别和平核爆炸，因此，在笼统地说核试验时习惯上包括了和平核爆炸。至于在今后的军备控制条约中如何定义和界定核试验，这不仅仅是一个技术问题，而且也是一个政治问题。

核试验作为核军备发展的一个重要环节，在核武器的发展初期就受到了世界各国人民的普遍关注，要求停止核军备竞赛的呼声也一直没有停止过。核试验（尤其是大气层和水下核试验）对环境污染严重，这也成为要求停止核试验的重要原因。几十年来，一些国家主动放弃了它们进行核试验的权利，而美、苏等也达成了几项禁止某些核试验的条约，但这并未阻止美、苏等继续改进和发展它们的核武器。近年来，随着九五年《不扩散核武器条约》第五次审议会的临近，禁核试问题再次成为当前军备控制中的热点问题，对禁核试问题的讨论也越来越走向深入。

本章将介绍核试验、禁核试的进程、现状及展望等有关内容。

2 核试验

2.1 有关概念及核试验方式

1千克的铀-235或钚-239全部裂变时释放能量约为2万吨TNT当量，而1千克氘和氚全部聚变时释放能量约为6万吨TNT当量，因此，核材料在核爆炸中产生的能量比同样质量的化学炸药产生的能量高几千万倍。在核反应过程中，裂变反应（有时伴随聚变反应）能够在微秒量级里完成，因此，核爆炸释放能量的时间非常短。核爆炸产生的能量目前还难以有效地加以转化、利用，从这个角度来说核爆炸是一个不可控的过程。今后在定量地定义核爆炸时应考虑释放能量与所用物质质量比、释放能量的持续时间以及是否可控等因素。军事作用和可探测性在对核爆炸进行定义时也可能成为被考虑的因素。

[①] 本文作者：李彬，杜祥琬。发表于《军备控制研究论文集》，1994年10月，第50页。

在产生核爆炸之前首先要引爆核装置中的高能炸药，炸药产生的爆轰产物推动并压缩裂变材料，使其达到超临界状态。此时由中子发生器提供"点火"中子，引发裂变材料产生链式裂变反应，同时释放出巨大能量。如果核装置中包括聚变装置，则裂变反应产生的高温高压还将使聚变材料达到极高密度和极高温度，实现聚变反应。处于高温高压状态的爆心不断膨胀，形成向外扩展的冲击波。核爆炸产生的冲击波、光辐射、早期核辐射、放射性沾染和核电磁脉冲以及伴随产生的次声波、地震波、水声等信号都可用来探测核爆炸，确定核爆炸的位置、时间、威力，测试核爆炸的过程等。整个核试验过程除了爆炸核装置和相应的测试阶段之外，还包括爆前的布置和准备阶段以及爆后的分析、总结阶段。

核试验的方式有以下几种。大气层核试验，指爆心位置在地面到30千米高之间进行的核试验；地下核试验；水面或水下核试验；高空核试验，指爆心位置距地面距离高于30千米的核试验。其中大气层核试验比较容易进行，适宜于研究核武器杀伤破坏效应等。地下核试验对环境污染较小，有利于安全和保密。

2.2 核试验的作用

核试验的主要目的为：探索或验证核武器原理，改进核武器设计，研究核爆炸效应及相应的物理学，可靠性、安全性和保安性（reliability, safety and security）研究，和平利用。有核国家为突破原子弹、氢弹所做的核试验就是用来探索核武器原理的，美国今后如果要继续研制第三代核武器，那么也需要进行这种原理试验。大量的核试验是用来改进核武器设计，使其小型化，提高核材料的效率或者强化某些杀伤效应。也有一部分试验是用来研究核爆炸效应，确定其杀伤能力和效果，研究核爆炸的防护等。少量的试验用来验证核武器在特殊情况下是否有效（可靠性），在出现事故时，能否防止意外核爆炸（安全性），以及是否有能力防止非授权的核爆炸（保安性）。和平核爆炸可以用来增产石油、勘察地质矿藏、进行地下挖掘等，美、苏还有几次试验据称是用来研究核查技术的。在一次核试验中，可以同时进行几个方面的研究，因此，试验的目的往往具有多重性。

以上讨论的核试验的这些作用都是技术性的，核试验的作用也有非技术的一面，例如，通过核试验来维持一支核武器研究队伍，这一点尤其被美国看重。在苏联解体前一些美国科学家认为，苏联当时的政治体制不需要核试验也可维持其核武器研究队伍，而美国则必须依靠进行试验来保证经费投入和人员培训。除此之外，美国和法国都曾表示停止核试验会降低对其核威慑力量的信心，也就是说核试验在某种程度上还起着提醒潜在对手重视其核力量的作用。

在有些情况下，核试验对发展核武器并不是必不可少的。研制和获得粗糙的核武器可以不经过核试验。美国在第二次世界大战末期对日本使用的两颗原子弹分属两种类型，其中一种就没有经过核试验，以色列据信已获得核武器，但并没有证据表明以色列进行过核试验。现在关于核武器知识的公开出版物已经很多，不经过核试验造出核武器的可能性比以前更大。在积累了大量核试验资料的情况下，不通过核试验而进行核武器的改进工作也是可能的。核试验并不是唯一的研究核武器的手段，其他的研究方法还包括物理模拟、数值计算等，经过核试验反复校正的物理模拟方法和数值计算方法在其适用范围内能够很好地指导核武器设计。实际上，很多改进工作都是依靠物理模拟和数值计算进行的，核试验只是用来证实这种改进的合理性。

2.3 与核试验有关的研究活动

有很多研究活动与核武器爆炸试验有密切关系和很多相同的特征,这为定义和区分核试验增加了难度。

流体力学实验是研究内爆型原子弹中的一项重要工作。在这种实验中常常用一些流体力学性质相似的物质来代替核装置中的裂变材料,这样既可通过化学爆炸来观察所需要的流体力学过程,又可避免出现链式裂变反应。在这样的实验中有时也加进一些可发生链式裂变反应的物质,以研究中子输运过程。但由于裂变材料始终处于亚临界状态,链式反应不能自持,只有极少量的核能释放出来。这样的实验称作核流体力学实验。核流体力学实验有可能在重复使用的容器内进行,有的科学家把它看作实验室内的研究活动,而有的科学家把它看作是极低当量核试验。[1]

像流体力学实验一样,核试验的其他一些过程也可用类似的物理过程来模拟,简称物理模拟。过程中没有释放核能的物理模拟都不应看作是核试验。核试验中的很多物理过程还可以用计算机进行数值模拟。这些物理模拟和数值模拟工作有时也称作模拟核试验。

惯性约束聚变(ICF)中也有一定量的核能释放,但其能量完全来自聚变,而不是来自裂变,而且比较容易控制。这项工作具明显的和平利用前景,也有可能为武器研究服务。如何界定惯性约束聚变将是禁核试验讨论中的一个难题。

2.4 各国核试验的情况

迄今为止,全世界总共进行了约1932次核试验,其中美国942次(不包括那些极低当量的核试验),前苏联(俄罗斯)715次,法国192次,英国44次,中国39次,印度于1974年进行过一次自称是和平目的的核试验。[2] 此外,南非1977年和1979年各有一次事件被怀疑是核试验。[3] 美国、苏联、法国、英国和中国进行大气层内核试验的次数分别为212、158、46、21、23次。

事实上,进行了多少次核试验目前并不是一个十分严格的说法,其原因有两点。第一,有些"极低当量的核试验"不仅外界难以查觉,而且对其是否属于核试验目前也无定论。第二,在地下核试验中,在一定距离内,同时引爆几个核装置,外界也难以区分,感觉上只是一次核试验。因此,对核试验次数的任何一种统计都是隐含了某些假定的。

各国核试验场使用情况很不一样。其中,美国主要的核试验场分别位于内华达地区、阿姆奇特卡岛地区和太平洋约翰斯顿岛地区等,近些年则主要在内华达地区。前苏联主要的试验场有塞米巴拉金斯克和新地岛试验场等,由于塞米巴拉金斯克位于哈萨克斯坦境内,现在仅新地岛还能使用。英国的圣诞岛试验场仅用来进行大气层核试验,地下核试验需在美国内华达试验场进行。法国的大气层核试验在撒哈拉沙漠的雷根地区进行,地下核试验则要以南太平洋的波利尼西亚地区进行。中国的试验场在罗布泊地区。印度的试验场在其波卡兰地区。

3 禁核试的进程

由于美、苏两国核试验能力和频度明显高于其他国家,从20世纪50年代到80年代对禁核试的讨论主要在美、苏两国之间进行。两国都把禁止核试验作为限制对方核武器发展的手段，又都担心禁核试会妨碍本国的核武器发展，因此，很多谈判都劳而无功。但是，当某些部分禁止的措施既能缓解国际压力和限制其他国家核武器发展，又不致于影响它们自己核武器发展的时候，它们也会迅速达成某些条约。因此，可以说在通过禁止核试验限制美、苏核军备发展方面，整个这一时期并未取得实质性成果。

这一时期，国际上还达成了一些禁止无核国家进行核试验的全球性和区域性条约。

3.1 20世纪50年代

20世纪50年代美、苏进行的大量大威力的大气层内核试验产生了严重的放射性尘降，世界各国人民对此深感担忧。1954年2月28日，美国在太平洋的比基尼岛全当量地爆炸了一枚以固体氘化锂六为聚变材料的热核装置。这次爆炸的当量是预期值的二倍多，引起了范围广泛的放射性沾染，一名日本船员甚至被辐照致死。这次事件引起了世界范围的对停止核试验的强烈要求。同年4月2日，印度总理尼赫鲁提出了签定一个停止核试验协定的倡议，这是世界上首次正式提出这样的倡议。1955年设立的联合国原子辐射影响科学委员会认为，防止放射性尘降危险的唯一方法是禁止一切核爆炸试验，因此建议将禁止核试验作为一项独立的军控措施或作为更全面裁军协定的一部分。

1956年英国曾建议美、英私下讨论限制核试验的问题，遭到美国反对。同年11月，苏联总理布尔加宁正式提出了不带现场视察的永久停止核试验的倡议。

从苏联当时的立场来说，苏联担心美国利用其经济和技术优势大量进行核试验，以此拉开美、苏核武器技术的差距，因此，希望冻结双方的核武器技术，保持苏联、东欧集团在常规力量上的优势。当时苏联在核武器技术方面追求的是核武器的破坏威力，因此，苏联核试验中大当量核试验要多一些。这一目标相对比较容易实现，因此，五十年代苏联核试验次数比美国少，而且更愿意与美国同时停止核试验。苏联由于承受现场核查的能力较差，因此尽量回避核查问题。而从当时美国的立场来说，美国为谋求对苏核优势以弥补其在欧洲常规力量的不足，正全力发展核武器。因此难以接受停止核试验的要求。当时美国各军兵种都希望发展能适应其需要的核武器，因此美国更多地是在追求核武器型号的多样性，所进行的核试验也的确比苏联多得多。核查问题是美国当时不接受禁核试的主要借口。当时的冷战气氛使双方互不信任，加之禁核试问题与其他裁军问题纠缠在一起，双方一时难以找到契合点。美、苏双方关于停止核试验的建议和反建议当时都没有被对方接受。

1955年到1958年期间，联合国大会成为禁核试的主要论坛，一些无核国家在联大提出的反对核试验的主张也给美、苏等产生了巨大压力。

到了50年代后期，由于美、苏对那些用于探索核武器原理和研究核武器杀伤效应的核试验的需求不再十分强烈，迫于世界上其他一些国家要求停止核试验的压力，同时也为了防止产生新的核国家，美、苏开始采取了一些旨在停止核试验的步骤。先是苏联于1958年3月31日表示，如果其他核国家能够效仿的话，苏联将不经过谈判暂停核试验，当时来自东欧和西方的技术专家还举行了一次会议讨论停止核试验的核查措施。在这次专家会议的基础上，美国总统艾森豪威尔于当年8月22日表示，美国打算就禁核试问题进行正式谈判，与此同时，如果苏联不再试验，美国将暂停一年，以后视情况将年复一年地延长暂停。同一天，英国政府也作了类似表示。由美、苏、英参加的就停止核试验进行谈判的中止核武器试验会议（Conference on the Discontinuance of Nuclear Weapon Tests）于1958年8月开始。而美、英、苏三国都暂停了核试验，并维持暂停约三年时间。三国就停止核试验进行的谈判也取得了一些进展，但1960年的U-2飞机事件使谈判前功尽弃。尽管谈判一直继续到1962年元月，但已没有实际意义。而暂停核试验早在1961年9月就被打破，代之而起的是美、苏等国的核试验高峰。值得指出的是，美国（可能也包括苏联）在停试期间进行了大量极小当量的核试验，而它们并不认为这些活动属于普通的核试验。

3.2 《部分禁试条约》

在古巴导弹危机解决之后，美、苏极度紧张的关系有所缓和。1963年美、英、苏开始进行秘密谈判，将复杂的核查问题搁置一边，神速地于1963年8月5日达成了《部分禁试条约》。该条约于当年10月10日生效，并开放供签署，现有一百多个国家参加了该条约。

该条约全称为《禁止在大气层、外层空间和水下进行核试验条约》。条约禁止了在大气层、外层空间和水下进行核武器爆炸试验或其他任何核爆炸试验。但是并未明确对什么叫核爆炸等进行定义，也未规定当量限制。条约还禁止那些放射性尘埃能够落到其他国家领土的核爆炸，这也是一条含混的限制，那些不能全封闭的浅层地下核爆炸产生的放射性尘埃或多或少会落到其他国家的领土上。

《部分禁试条约》没有建立国际核查机制，但缔约国表示用国家技术手段进行核查。实际上该条约为美、英、苏等继续发展核武器留下了很多余地，它们完全可以利用这些余地而不必冒违约的风险。

美、苏等匆忙达成《部分禁试条约》，其原因如下。首先是美、苏等在核武器破坏效应方面已经积累了大量数据，不再需要在大气层中进行这方面试验。其次，美、苏已经发展了地下核试验技术，而英国可使用美国的核试验场，因此，部分禁止核试验不会影响其核武器发展计划。第三，美、苏等希望通过禁止大气层内核试验来限制法国、中国等国家获得或发展核武器，达到它们垄断核武器的目的。第四，美、苏等进行的大量大气层内核试验造成了范围广泛的放射性沾染，并由此引起了强烈的要求停止核试验的压力，部分禁止核试验可减缓这种压力。第五，尽管美、苏不再需要进行大气层核试验，但它们都害怕对方通过大气层或外空核试验在核武器技术方面取得意外突破，因此，希望通过制定条约来减轻双方在这方面的戒备。第六，部分禁试可以避开复杂的核查问题，尤其是现场视察问题。

《部分禁试条约》作为核军备控制领域的第一个国际性条约，也有一些积极意义。首先，这一条约有利于防止核试验造成的严重的放射性污染。其次，部分禁试增加了参加条约的无核国家获得核武器的难度，有利于防止核扩散。第三，部分禁试降低了美、苏核军备竞赛的烈度，使得其军备竞赛"有章可循"。但也应该看到，《部分禁试验条约》的作用是极其有限的。美、苏仍可通过地下核试验发展其武器，印度也通过地下核试验获得了制造核武器的能力。美、苏等在大气环境中照样进行流体核试验（有时加容器），它们还曾互相指责对方的浅层地下核试验产生的放射性尘埃落到了其他国家。

法国和中国都没有加入《部分禁试条约》，并批评该条约的不彻底。法国由于核试验场在海外，受到的国际压力太大，于1974年宣布不再进行大气层核试验。中国在1980年后没有再进行大气层核试验，1986年3月明确承诺不再进行大气层核试验。

3.3 《不扩散核武器条约》《限当量条约》与《和平核爆炸条约》

在美、苏、英达成《部分禁试条约》之后，它们把目光对准无核国家，极力推动达成《不扩散核武器条约》，一些无核国家也放弃了发展核武器的权利，遂于 1968 年达成了该条约。该条约禁止无核国家进行核试验，并要求有核国家停止核军备竞赛，进行全面彻底的核裁军。

在《不扩散核武器条约》达成之后，主要困挠美、苏双方的是，它们核武库的急剧膨胀不仅没有给它们带来安全感，反而使它们更明显地感受到核威胁，因此，双方当时的主要兴趣在限制战略武器上。尽管当时在十八国裁军委员会（69 年改名为裁军委员会会议，现称裁军谈判会议）等处有禁核试议题，但到 70 年代初期，在禁核试方面国际上并无实质性行动。

到了 1974 年，美苏开始进行双边谈判，仅用五个星期就达成《限当量条约》的文本框架，并于当年 7 月 3 日签署了该条约。

《限当量条约》全称为《美国与苏联关于限制地下核武器试验的条约》。该条约规定签约将近两年后（1976 年 3 月 31 日）双方不再进行当量超过 15 万吨的地下核武器爆炸试验，和平目的核试验不在此列；双方将核试验次数减到最少。

《限当量条约》达成之后，美苏双方又就和平核爆炸问题进行谈判，到 1976 年 5 月 28 日达成了《和平核爆炸条约》。该条约全称为《美国与苏联关于和平目的地下核爆炸条约》。条约规定单次核爆炸当量不得超过 15 万吨，而可以辨别的组合核爆炸总当量不得超过 150 万吨。

这两个条约规定每方可用国家技术手段，并不得干扰对方用国家技术手段进行核查；双方交换地质数据；对《和平核爆炸条约》还允许现场视察。

美、苏签定《限当量条约》和《和平核爆炸条约》首先是因为它们在技术上不再需要很多大当量试验。到 70 年代中期以后美、苏主要从事核武器的小型化、可靠性研究，基本上不涉及大当量试验。美、苏还采用在核试验中只爆炸核装置的初级以及定标产大的技术，用低当量核试验的结果推算全当量试验的规律。因此，在限当量情况下，它们仍可继续发展其核武器。第二个原因是通过限制地下核试验可以做出姿态，缓和国际上要求它们停止核试验的压力。第三个原因是限当量可以避开核查的困难。

签定《限当量条约》对核军备控制的意义并不大。在条约鉴定时，双方就为自己完成大当量核试验留了约两年时间，同时还以和平核爆炸为名为进行大当量试验留下了一条后路。《限当量条约》和《和平核爆炸条约》在防止大当量地下核试验引起放射性泄漏方面有一定作用。

这两个条约美苏直到 1990 年才批准生效，在其中这段时间，双方事实上遵守了条约中关于当量的限制。但是，条约中关于限制试验次数的规定则未得到遵守，美、苏每年的核试验次数在签定条约之后反而有所增加。

3.4 20 世纪 80 年代

在《和平核爆炸条约》达成之后，苏、美、英于 1977 年 7 月开始了关于禁核试问题的三边谈判。谈判中对禁核试是否应包括和平核爆炸，是否应坚持中国和法国参加以及现场视察的自愿性或强制性等问题各方看法不同。经过三年秘密谈判。谈判各方于1980年7月向日内瓦裁军谈判会议提交了一份详细报告,报告了谈判的一些初步进展并表示了尽早成功结束谈判的愿望。

此后不久,随着里根总统入主白宫,苏、美、英三方谈判被中断,1982年7月20日美国正式宣布不再参加三方谈判,三方谈判遂告终结。

这一时期美国感觉到苏联的核力量已经赶上美国,因此决心对苏联奉行以实力对实力的遏制政策。美国大力推行其核武器现代化计划,并于1983年提出战略防御倡议。根据这些计划,为了完成其更新和改进现有核弹头的任务以及发展第三代核武器(如钻地弹、定向能核武器),美国还需要长时间地进行大量核试验。因此,美国对全面禁止核试验持强硬的反对态度,声称尽管禁核试是美国长期军备控制目标中的一个组成部分,但只要美国的安全还依赖核威慑,美国就不会停止核试验。在80年代中后期,面对苏联在禁核试方面的攻势,也为了缓和无核国家和美国国内要求停止核试验的压力,美国也不得不作出某些姿态性的行动。这些行动主要是美苏双方的关于禁核试核查技术的研究和交流活动,在禁核试方面并无实质性行动。

面对美国雄心勃勃的核武器发展计划,苏联要与其进行全面竞争确实力不从心。80年代苏联在经济上的困难已逐步显露出来。为了打掉美国发展第三代核武器的计划,保持双方的核均势,苏联在禁核试问题上采取了主动姿态。80年代上半期由于苏联最高领导人频繁更迭,一时还难以采用连贯和有力的措施。在戈尔巴乔夫上台之后,苏联开始大力推进禁核试。苏联不仅表示愿意恢复苏、美、英三方禁核试的会谈,而且于1985年8月6日表示实行单方面的暂停核试验,这次暂停试几经延长,一直持续到1987年2月。苏联还要求美国效仿它的暂停试,如果这样的话,它还会继续暂停试。苏联和其他东欧国家还在日内瓦裁军谈判会议上提出和推动禁核试,从各个层次向美国施加压力。而且苏联调整了关于现场视察的政策,允许美国在其试验场进行现场视察技术研究。

英国由于在核试验及整个核武器技术方面对美国有依赖关系,因此,英国对禁核试的态度受美国的左右。80年代英国认为其安全在可预见的未来仍要部分地依赖核威慑,因此英国还要继续其核试验。它还认为全面禁试为时尚早,反对立即谈判达成《全面禁核试条约》。

80年代是法国加速发展核武器的高峰时期,每年核试验次数几倍增长,几乎达到与美苏同一水平。因此法国也不愿意停止核试验。法国认为在核试验方面的国际承诺只有在核裁军的全面范畴内加以讨论。法国还表示,禁核试应该在美苏大规模削减其核武器之后加以谈判。因此,法国拒绝参加禁核试谈判。

中国对核试验采取了极为克制的态度,在独立发展核武器的条件下,中国核试验次数仍然保持核国家中最少。中国表示,中国一贯赞成全面禁止和彻底销毁核武器,包括停止核试验。在苏美两国停止试验、停止改进和停止生产核武器,并大规模削减现有核武器之后,所有国家都停止核试验、改进和生产核武器,并谈判削减各自核武器。

80年代,不结盟和中立国家在裁军谈判会议上强烈要求迅速缔结一项《全面禁试条约》。它们认为,对核武器的质量限制与数量限制同样重要。除美、英、法之外的西方国家也对禁核试持支持态度。

整个80年代，由于美、英、法等国对禁核试持强硬反对态度，除了核查技术研究之外，禁核试并未取得实质性进展。

4 现状与展望

4.1 20世纪90年代的新进展

进入20世纪90年代之后，禁核试的形势发生了明显的变化。随着东欧的剧变和苏联的解体，以及两极对抗国际体制的消失，美苏两家军备竞赛的格局也有所改变。世界上很多国家开始更加重视经济发展，强调军备控制和军转民。以不结盟和中立国家为主的无核国家在全球军备控制中发挥越来越重要的作用。发达国家更加重视武器扩散问题。在这样的背景下，禁核试再次成为核军备控制中的突出问题。

90年代初，苏联的解体使美国失去了军备竞赛的强劲对手和强烈的刺激因素，美国因此不得不调整其军备发展与军备控制政策，包括对禁核试的态度。从技术上来说，进入90年代以后美国对核试验的需求明显下降。美国的战略防御计划经过调整收缩以后，定向能核武器等不再占有重要位置，因此为发展这样一些第三代核武器而进行核试验就不再是急需的了。美国军方和核武器实验室进行核试验的另一个重要借口是研究核武器的安全性，而美国很多科学家认为不进行核试验也能解决核武器的安全性[5]。美国在技术上对核试验依赖的减少使美国有可能调整其对禁核试的政策。在苏联解体之后，美国以更多的注意力来对待武器扩散问题，防止核扩散成为美国军控政策的重要组成部分。一方面，美国希望采取一些禁核试的步骤，以促使《不扩散核武器条约》在1995的审议会上能够顺利地无限延期；另一方面，美国还希望用可能达成的《全面禁核试条约》禁止那些未参加《不扩散核武器条约》的国家进行核试验。美国经济的不景气也迫使美国政府不得不在军备控制方面采取一些具体措施，以减少军费开支。停止核试验还可以使美国政府缓解国内外在这方面对它的压力。1992年9月24日，美国国会通过的《1993财年能源与水源发展拨款法案》规定，美国暂停核试验9个月，到1996年前核试验总次数不得超过15次，1996年9月30日之后不再进行核试验，除非其他国家进行核试验。当时的美国总统布什极不情愿地于当年10月2日签署了该法案。克林顿总统当选之后，与俄罗斯总统叶利钦进行了会谈，同意尽早开始禁核试的多边谈判，改变过去美国拒绝这方面谈判的政策。在这一段时间之内美国国内赞成停止核试验和要求恢复核试验的两派进行了激烈的较量，使得克林顿总统关于核试验问题的决策经过约半年的难产，才于1993年7月3日正式出台[6]。克林顿决定只要其他国家不再进行核试验，美国的暂停试将延长到1994年9月或更长，美国政府还明确了在1996年前缔结《全面禁核试条约》的政策。美国由强硬反对禁核试到大力推进禁核试，使走向禁核试的节奏明显加速。

苏联解体之后，俄罗斯不再可能使用哈萨克斯坦境内的塞米帕拉金斯克试验场（该试验场在此之前已经关闭），而俄境内的新地岛试验场条件较差，这增加了俄罗斯进行核试验的困难。俄罗斯和前苏联通过数百次核武器试验，其核武器技术已达到相当水平。而由于经济困难，俄罗斯暂时也没有能力大力发展第三代核武器。因此，目前它对核试验的需求并不强烈。俄罗斯打禁核试这张牌不仅可以使其能够在当前国际上发挥大国作用，而且俄罗斯还希望通过禁核试冻结各国核武器发展水平，继续保持其核大国地位。前苏联于1990

年 10 月 24 日在新地岛进行了近些年最后一次核试验，然后于 1991 年 1 月 12 日决定在该年的头 4 个月暂停核试验。此后前苏联和俄罗斯多次延长并一直维持了暂停。俄罗斯还敦促美国同意参加在日内瓦裁军谈判会议上的禁核试多边谈判。俄罗斯在联合国大会和裁军谈判会议上对禁核试都持积极的态度。

尽管英国为完成其核武器现代化计划和解决核武器的安全可靠性问题，还需要进行一些核试验，但是，英国在核试验问题上受制于美国，因此，被迫同意参加禁核试谈判。英国的地下核试验需在美国的内华达试验场进行，在美国暂停核试验之后，英国事实上不能进行试验。英、美在核武器发展方面一贯有着密切合作，为了迫使英国支持禁核试，美国也可能向英国提供一些英国所需技术，减小其对核试验的依赖。

法国于 80 年代进行了大量核试验，有可能已大体完成近期内的核武器发展计划，因此，进入 90 年代以后，法国对核试验的需求已不再十分强烈。法国的地下核试验在南太平洋进行，而南太平洋国家都是强烈的反核国家。法国国内反对核试验的生态派近年来十分活跃。因此，法国在禁核试问题上受到了来自国内外两个方面的强大压力，因此，不得不做出某些姿态以缓解压力。法国于 1992 年 4 月 8 日宣布暂停核试验一年至年底，此后法国一直维持了暂停核试验。法国社会党总统密特朗支持暂停核试验，而法国保卫共和国同盟政府和军方都表示还需要进行核试验。

中国政府在关于 1993 年 10 月 15 日核试验的声明中表示，中国将积极参加禁核试谈判，争取不晚于 1996 年达成《全面禁核试条约》，在条约达成之后中国不再进行核试验。中国政府的这一声明表明，在一贯支持全面禁核试的基础上，中国又对走向禁核试的具体步骤提出了积极倡议。

很多不结盟国家和西方无核国家积极推动全面禁核试，它们在联合国大会和日内瓦裁军谈判会议上非常活跃。例如，瑞典就几次提出《全面禁核试条约草案》。现在，无核国家在禁核试进程中发挥着越来越重要的作用。

在各种因素的促成下，裁军谈判会议于 1993 年 8 月 10 日通过决议决定，与会各国于 1994 年 1 月开始谈判《全面禁核试条约》。现在这一谈判已经开始。此外，有核国家之间的磋商也会对达成《全面禁核试条约》起到一定的作用。

4.2 全面禁核试的意义及目前存在的问题

军备控制的首要目的是防止战争的危险性，即防止使用某种武器或降低使用这种武器可能造成的危害。从这个意义来讲，核军备控制最重要的任务应该是禁止核武器的使用。从军备控制合理的顺序来讲，首先也应该是禁止使用核武器，至少是禁止首先使用核武器。由此，可以极大地降低核武器的军事意义，同时减小各国发展核武器的动力。在此之后可以逐步实现限制部署、禁止研制，直至全面禁止。化学武器裁军的成功历史证明了这一点。在尚未禁止使用核武器的情况下，讨论禁止核试验往往难以起到防止核武器发展的作用。过去达成的《部分禁试条约》和《限当量条约》就是例子。尽管如此，达成一个《全面禁核试条约》仍具有一定的意义。

第一，全面禁核试可以防止有核国家通过核试验使其核武器技术出现意外的突破，还可防止无核国家通过核试验获得精良的核武器，但却无法阻止有核国家在一定程度内改进核武器或者是无核国家获得粗糙的核武器。

第二，全面禁核试消除了《不扩散核武器条约》中的部分不平等，如有核国家可以进行核试验，而无核国家则不能。但是，两者在是否拥有核武器的问题上仍然是不平等的。

第三，全面禁核试有利于防止核爆炸造成的放射性沾染。

第四，达成《全面禁核试条约》有可能为继续裁军创造适宜气氛。

第五，从消极意义来说，在未就彻底核裁军构筑出框架之前达成禁止核试验，难以确保核武器长期部署和贮存的安全性。

目前，在走向全面禁核试的过程中还存在着一些问题。能否成功地解决这些问题对于能否达成真正的《全面禁核试条约》有着重要影响。

第一个问题是，核爆炸试验的外延有一些模糊区，尤其是极低当量的情况。这些释放核能较少的研究活动有一些还具有军民两用的性质，各国对这些活动的看法也不尽相同。合理地甄别这些活动将是非常困难的一件工作。

第二个问题是核查能力的不足。现在广泛讨论的核查方式包括两个层次的核查：全球监视和现场视察。全球监视中最主要的方法是地震方法。地震方法的精度依赖于全球地震站的密度，不同学者估计差别很大。如果地下核爆炸当量低于数百吨，发现这样的事件会很困难。如果爆炸当量低于数千吨，即便能够发现这些事件，但也难以将它们从天然地震中识别出来。因此，低当量核试验的监测是达成《全面禁核试条约》的一个难题。全球监视中的非地震方法（如放射性核素监测、卫星遥感、水声法等）虽可在一定程度上改善地震方法的精度，但是，不能明显提高其精度。现场视察可以确认或排除在全球监视中发现的模棱两可的事件。现场视察由于入侵性强、需要的次数多，也有相当难度和局限性。

第三个问题是，核查经费极高。可能与低当量核爆炸混淆的事件极多，包括大威力化学爆炸、天然低强度地震等。为区别这些事件需要处理大量数据，进行大量的现场监视和现场视察。为此所需费用极高。实际达成的条约只能根据客观可能支付的费用安排有限的核查工作。

以上问题需要各国专家认真研究，逐步为达成《全面禁核试条约》创造条件。

4.3 前景展望

由于各个核国家和很多无核国家同意并支持全面禁核试的谈判，在今后若干年内谈判达成《全面禁核试验条约》的可能性还是比较大的。但是，谈判不成功的可能性也同样存在。其原因一方面是上一节讨论过的目前在禁核试问题上存在的一些困难，另一方面是西方国家的多党政治对禁核试谈判可能产生影响。例如，美国的共和党在禁试问题上比民主党消极，而法国的保卫共和国同盟比社会党更强调核试验对法国的重要性。这些国家对禁核试政策的改变对禁核试的前景有着明显的影响。

即使在未来若干年内能够达成《全面禁核试条约》，在条约的具体内容上也存在一些不定因素，如条约的限制范围、核查安排、期限等。这些问题与谈判各国利益密切相关，而各国态度又不完全相同。因此，在这些问题上必将存在激烈的争论。在达成条约之后，随着各国技术的发展，还可能对条约的解释提出新的挑战，产生新的分歧和争论，使禁核试出现新的反复。只有全面禁止和彻底销毁一切核武器才能避免出现这种反复，才能完全消除核武器对人类的威胁。

Some Thoughts on Restriction and Banning of Nuclear Tests[①]

1 Historical reviews in retrospect

(1) The nuclear test is a special kind of scientific experiment which came into view with the R and D of nucbear weapons in the middle of 20th century.

In 1945, the success of the first atomic bomb explosion in the world made the United states a monopolizing country in the field of nuclear weapons. Then, in 1949, the Soviet Union carried out its first nuclear test, and this marked the end of the American nuclear monopolozation. Later, Britain, France and China also successfully exploded their nuclear devices in 1952, 1960 and 1964 respectively and became nuclear-weapon states too. By the end of 1987, the rotal number of nuclear explosions in the world reached 1622, in which 830 were conducted by U. S. A. and 619 by U. S. S. R. About 90 percent belong to these tow surperpowers.

Because the distinctive features of nuclear weapons, its research, development and stockpile reliability all rely on the test. In general, the level of the development depends on the number of the tests. Scientists can make up a way to get variety benefits through one test, but the Principle and key tests are indispensable. The main tests are related to the development of weapons. As an example, in all tests conducted by U. S. A. from 1963 to 1971, about 65 percent are for the purpose of weapon development, and the others are for weapon effects or verificatin. At present, in order to improve new strategic weapons and develop strategic defense system, numerous nuclear tests are still going on.

Well, since both the United States and Soviet Uniou take the nuclrar weapons as the main suport to their deterrent power, the nuclear tests are still the important Link of the arms race between U. S. A. and U. S. S. R. Meanwhile, the nuclear tests of other countries also serve for the nuclear weapon development.

(2) The "Test Banning Traties" which had already been signed failed to hamper the development of nuclear arms race.

More than 30 years by now, the negotiation on nuclear testing banning has made some progress, several treaties have been signed. But it's still much for away from the achievement of com-

---

① Authors: Hu Side, Du Xiangwan, Wang Deli (Institute of Applied Physics and Computational Mathematics).

plete banning. This problem is really very complicated, it is influenced greatly by political, military, diplomatic, technical and economic factors. From the review of the histroy of banning negotiations, we can get the idea that the negotiating process is not easy, the reasons are as below: the need of global politics as well as domestic politics; the pressure of the world opinion; strengthening the technical advantages which have already achieved, and curbing the development of the opponent side; or both the two sides having accumulated affluent experiences and posessing sufficient weapons in stock then being acquiescent to maintain the balance of power, etc. On the face of it, there was some progress which deserved applaud, but in the fact, these treaties didn't work to help the two superpowers stop expanding the nuclear arsenal and generating new nuclear weapons (see the Figures), and the most possible thing is after a treaty was signed, the two sides ascended to a new field of arms race. Now, it's the time to change this kind of situation.

2 Several idears about the problem of nuclear testing banning

(1) The appearence and development of nuclear test are not isolated, the problem of nuclear testing banning is not either. It has a lot of thing to do with the stoping of nuclear arms race and the actuating process of nuclear disarmament. The purpose is to protect from the danger of nuclear war.

In order to forbid nuclear test efficiently, we have to get rid of the cause of nuclear test. The first thing is to cease the improvement of nuclear weapons and the research of new kind of weapons, including the development of out-space arms, reach an agreement that the out-space is the freezone of weapons, and greatly reduce the current nuclear arsenal, so that the nuclear tests become unnecessary.

(2) It's the key to solve the problem for both U. S. A. and U. S. S. R. to take the lead in reducing their nuclear armament and stoping the test and improvement of nuclear weapons.

The U. S. A. and U. S. S. R. possess the largest and the most superior nuclear arsenal. The number of their nuclear tests is the biggest for beyond the total number of the other countries, and they have accummlated a lot of information and experience. Hence, on the problem of nuclear disarmament, it's very responsible and reasonable for U. S. A. and U. S. S. R to take the lead.

It's not only imperative but also feasible for U. S. A. and U. S. S. R. to take the lead in sroping nuclear tests and reducing nuclear armament. INF treaty is a good begining for the establishment of international faithfulness. The treaty of reducing 50 percent stratiegic nuclear weapons is also hopeful, the voice to prevent the weapons in the out-space is becoming louder and louder. The wish of the world people is a massive power. Meanwhile, we can say that it will also benefit the superpower's own interest for them to take the lead in stoping tests and conducting nuclear disarmament. For tens of years, the nuclear strategies of U. S. A. and U. S. S. R. have been resulting in nuclear arms race and numerous nuclear tests, and this bring little benefit to the two countries. If this helped them maintain their superior position, the two countries would be far more advanced superpowers even without so many nuclear weapons and nuclear tests and perhaps they would be more richer. It's very necessary for the leaders of both U. S. A. and U. S. S. R. to introspect their own nuclear strategies. The new thinking is bound to produce new policy and the new policy will lead to new activity. That the U. S. A. and U. S. S. R. take the lead in nuclear disarmament and halting nuclear tests is a hope which based on the reasonable thinking. It's not an unreal dream.

(3) Of course drastically reducing nuclear weapons and comprehensise test banning are not easy to realise. It's not realizable to demand the U. S. A. and U. S. S. R. to achieve the goal by a single step. We think It's meaningful to achieve the goal by taking separate steps and periods.

For example, on the problem of nuclear disarmament, they can take 50 percent as the first step, then the more deep reduction as the second step, in this step, the principle is to contain the first attack. According to this principle they may calculate the acurate number of reduction, at last, all the nuclear-weapon states carry out nuclear disarmament completely.

On the problem of testing banning there are two projects which deserve consideration:

①Lower the threshold of the test yield further. Our opinion is that lowering to less than ten thousand tons still has tremendous military meaning, even tests less than thousand tons still have some what military use. The reasons are as follows:

a) To check the reliability of nuclear weapons is mainly a matter of "primary". Their yield is usually less than ten thousand tons.

b) For a lot of tactical nuclear weapons, their total yield are originaly less than ten thousand tons, even thousand tons, as that of neutron bomb.

c) Some scientific experiments which are necessary for the development of new weapons can be made. As an example, the test yield of the 3rd generation weapons is not necessary to be very high.

d) Both U. S. A. and U. S. S. R. have done a lot of "primary" tests, in addition to the advanced equipments in the lab (as high power pulse flash X-ray machine), it is very likely to obtain very valuable information through "primary" tests with yield of thousand tons.

Therefore, this project lacks essential sense for the nuclear testing banning.

②Reduce the annual number of nuclear tests.

This project has a practical sense. As we know, in order to research a new kind of weapon, people have to do a number of tests before the conclusion can be drawn. To reduce the number of tests can prolong the research period and put off the development of nuclear armament. At the same time, the reduction of number will make it convenient to carry out the verification. Of course, the reduction of the testing number should be in a large scale, eventualy lead to the complete banning.

(4) Effective international verification should be organized to verify the practical steps of the nuclear disarmament and nuclear testing banning taken by U. S. A. and U. S. S. R..

Technologically, the detect and analysis of seismic signal, the taking of moving pictures by the satelites and the in site inspection, make it possible to verify the nuclear explosion (including the so-called clandestine nuclear explosion).

The organization of U. N. and experts from other nuclear states can take part in the international verification. This is meaningful for the conducting impartial effective verification, the transfering of

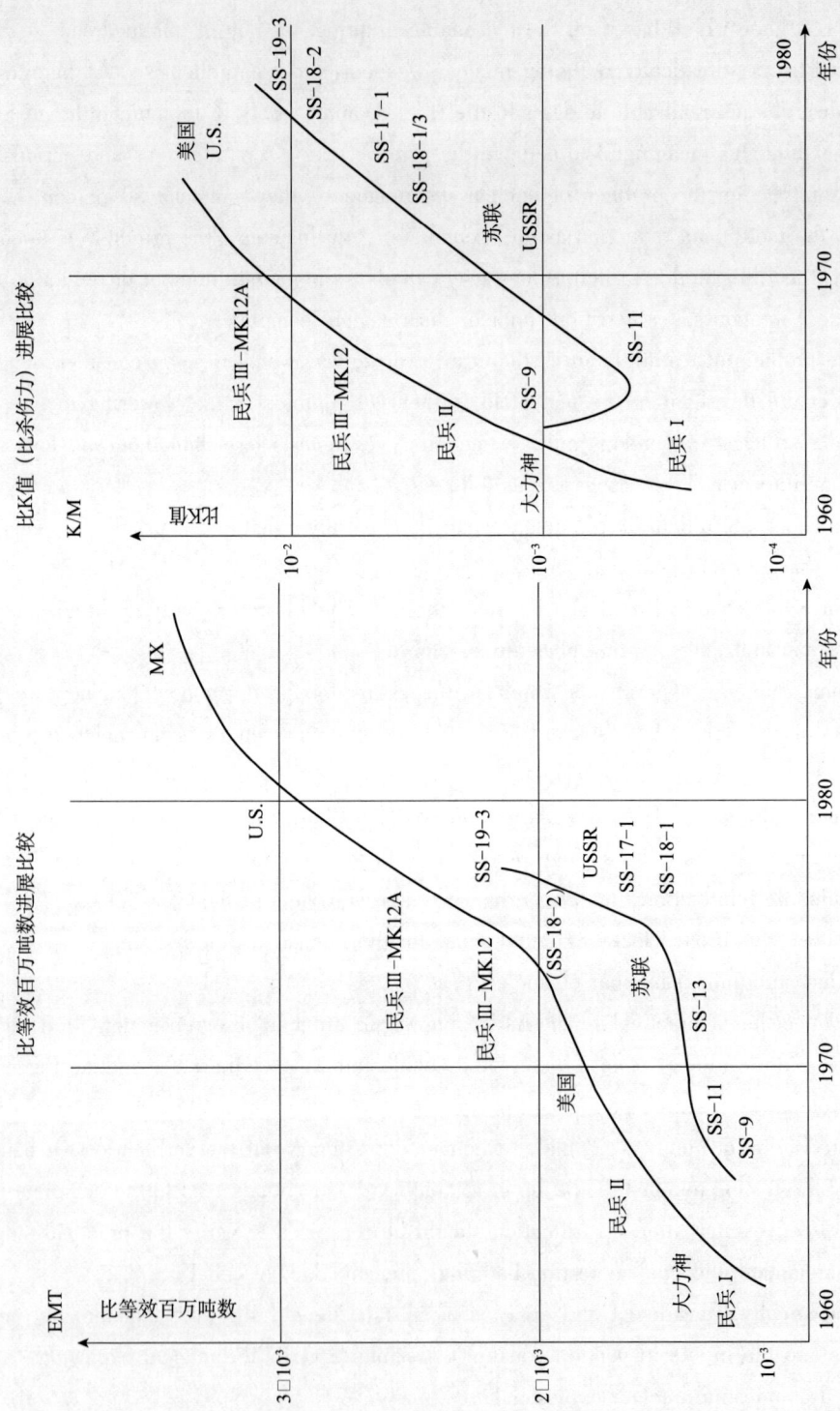

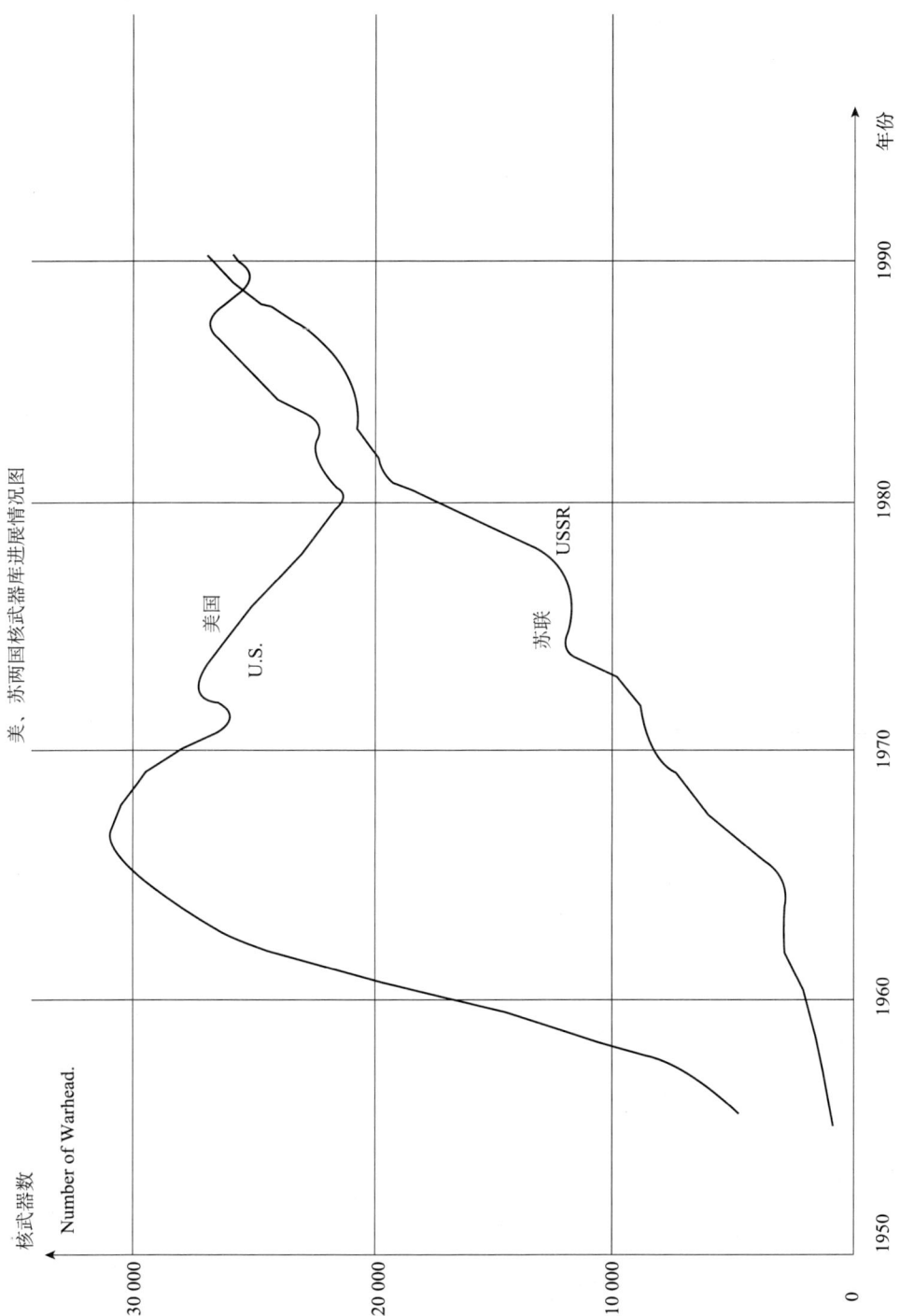

美、苏两国核武器库进展情况图

verification technology and the forming international faithfulness. Recently, the bilateral testing inspection between the U. S. A. and U. S. S. R. is a good beginning.

(5) Every nuclear-weapon state, including China, has its own effect on and responsibility for the nuclear disarmament and nuclear testing banning.

After the U. S. A. and U. S. S. R. achieve a deep nuclear disarmament and cease the improvement and test of nuclear weapon, an international agreement to accomplish complete nuclear disarmament and nuclear testing banning in steps for all nuclear-weapon states should be reached by international conference, and the correspondent international inspection should be expanded to every nuclearweapon state.

China has couducted "nuclear tests which are necessary and limited". According state security. For a long time in the pasr, China had suffered from foreign invation and plunder, Because the superpowers have possessed nuclear weapons and formed threat to China, China is compelled to carry out the research and test of nuclear weapons and try to get the minimum necessary nuclear force to retaliate in case of nuclear attack.

The nuclear tests made by China are "limited", this means that China intends to neither test nor deploy more, because there is no political attempt, economic ability and military necessity. The stand on "not to be first to use nuclear weapons" in any cases, the less testing number and limited nuclear force make the defensive cheracter of Chinese nuclear strategy very clear. I think if the nuclear threat to Chinese security disappears, it is absolutly unnecessary for China to maintain nuclear force. China should work with other nuclear-weapon states on the way of nuclear disarmament and nuclear testing banning, take part in the international negotiation of extensive nuclear disarmament and testing banning, and fulfil its own duty and responsibility.

对禁止地下核爆炸试验的核查[①]

1 引 言

全面核禁试问题在当今国际社会中受到了充分的重视。今后几年内,对《全面核禁试条约》及其核查问题的讨论和谈判将是国际军备控制活动中的重要内容。

建立一套有效的核查体系对于达成《全面核禁试条约》和保证该条约在执行过程中的公平与有效有着重要意义。对《部分核禁试条约》和《限当量条约》的核查技术和核查方法有一部分仍可用于《全面核禁试条约》的核查,例如,地震方法;但也有一些不适合于《全面核禁试条约》的核查,例如,基于流体力学原理的 CORRTEX(半径随时间变化实验的连续测量)技术;此外,已有的一些核查技术还不能完全满足对全面禁试的核查要求,因此有必要发展新的核查技术与方法。本文将着重介绍国际上讨论较多的对地下核爆炸试验的一些核查方法,并对这些核查方法的作用和特点进行分析,最后对现场视察及核查的组织实施提出了我们自己的设想。

2 遥 感[1-5]

(1) 基本原理。探测电磁波谱是遥感中最常用的技术手段。被探测的电磁波通常在以下波段。第一,可见光与近红外区,波长范围在 0.4~2 微米,这是商业遥感中最常用的波段。在这个波段传感探测到的是日光(直接或间接)反射光,因此,这种探测方法被称为被动方法。这一波段波长较短,衍射效应不太严重,因此,遥感的空间分辨率较高。缺点是在夜晚和多云天气不能使用这种方法。第二,远红外区,波长范围在 2.2 微米到 15 微米甚至更长。用热敏传感器探测地面物体的热辐射,通常用在夜晚,以避免日光等造成的干扰。这种方法对地面温度、地面物质表面的辐射能力等较为敏感,但空间分辨率稍差。这也是一种被动探测方法。第三,雷达,用微波照射物体并探测其反射能量,所用探测方法有真孔雷达和合成孔径雷达两种。用雷达可以测出地面物体的形状和表面反射特征。这是一种主动测量方法。

(2) 探测对象。核查对象包括地下核试验之前进行的准备活动,地下核爆炸形成的陷坑等表观现象。在进行地下核爆炸(尤其是竖井试验)之前,在试验场有较大规模的露天活动,这些活动很难隐蔽,容易被遥感方法探测到。在地下核爆炸之后,埋得不是特别深的核装置可能在地面形成爆炸陷坑。当量越大,可能形成的陷坑越大。空间分辨率较高的遥感方法可以看到核爆形成的地面陷坑。

[①] 本文作者:李彬,杜祥琬。发表于《军备控制研究论文集》,1994 年 10 月,第 65 页。

(3) 部署。遥感装置可以部署在卫星上，也可部署在飞机上。天基（部署在卫星上）的遥感核查被核查国家难以反对。事实上，尽管目前并没有全面禁止核试验的条约以及相应的核查要求，但是通过商业和军用卫星获得的一些国家核试验场的图片常有报道。也就是说，不管是否能达成协议，采用国家技术手段（如卫星）对核试验场进行遥感核查或侦察是无法避免的。天基遥感核查的缺点是空间分辨率较差，费用较高，要求技术较高，只有极少数国家有这种能力。空基（部署在飞机上）遥感核查的空间分辨率较高，费用相对较低。其缺点是入侵性太强，飞机的飞行路线、核查范围较难确定。

(4) 精度。进行电磁波遥感需要考虑谱分辨率和空间分辨率。谱分辨率是指探测系统对接收到的电磁波波长或频率的最小可分辨范围。谱分辨率概念在远红外遥感中较为重要，这是因为远红外遥感主要是通过测量谱分布确定物体的温度。国际上较好的远红外遥感系统温度分辨率可达 0.2 摄氏度。空间分辨率是指被测量物体所在位置的最小可分辨长度。空间分辨率受衍射现象限制或者受传感器最小单元的尺寸限制。在受衍射现象限制的情况下，空间分辨率决定于电磁波波长、探测系统最小孔径、遥感距离等。波长越小、探测孔径越大或者遥感距离越小时，空间分辨率越高。受传感器最小单元尺寸限制的情况下，空间分辨率决定于传感器最小单元尺寸、成像系统焦距、遥感距离等。最小单元尺寸越小、成像系统焦距越长或者遥感距离越近，空间分辨率越高。在这种情况下，空间分辨率还与扫描宽度有一定关系。为了保证有一定的扫描宽度（以保证足够的扫描效率），空间分辨率不能太小。这是因为，在其他条件不变的情况下，空间分辨率与扫描宽度之比等于传感器最小单元尺寸与总尺寸之比。目前，最好军事侦察卫星能够达到的空间分辨率尚不清楚，从商业卫星的能力推测，前者可能可以达到一米以下。利用飞机进行遥感，由于遥感距离近，在可见光和红外波段，空间分辨率比较容易达到 30 厘米。通常认为，为了辨认核爆炸形成的陷坑，空间分辨率需要达到 30 厘米。卫星对核爆炸事件的定位精度非常高。

(5) 核查目的。遥感核查可用来发现进行地下核爆炸的预兆，起到核查预警的作用。还可探测地下核爆炸可能的迹象——核爆形成的陷坑，并对核爆事件进行精确定位。

(6) 评估。遥感核查是一种较为成熟的核查方法，定位精度高，适宜于大范围周期性监视，核查结果容易形成直观图象。缺点是，所需费用和技术能力较高，而且难以确认可疑的核爆炸事件。因此，遥感核查得到的结果不能单独作为违反全面禁试条约的证据。

3 地震核查[6-8]

地震法核查仍然是《全面核禁试条约》最重要的核查方法之一。水声法是作为一种非地震方法提出来的，但由于水声法的原理与地震法相似，所以，在本文中放在地震核查中。

(1) 基本原理。地下核爆炸在大约一个微秒的时间内释放出全部能量，爆炸产生的高温物质急剧膨胀，以数百万个大气压的压力挤压周围介质，介质在压力的作用下产生形变，形成振动。与地震一样，地下核爆炸产生的振动也可以向外传播，形成各种震波。穿过地球体的地震波称作体波，沿地表传播的称面波。体波频率比面波频率大得多。体波分两种：压缩波（纵波）和切变波（横波）。纵波传播速度较快，总是首先到达地震站，因而又称作 P（Primary）波；横波速度慢，因此又称作 S（Secondary）波。P 波介质振动方向与波传播方向一致，形成介质密度沿传播方向的疏密变化；S 波的振动方向与传播方向垂直。面波比体波速度慢，面波包括 Love 波和 Rayleigh 波。Rayleigh 波类似于水面波，介质作椭圆运动，因此包括垂直于地表的振动；Love 波是平行于地表的切变振动。体波和面波传播距离一般大于 2000 公里，通称为远距波。还有一些地震波传播距离很难超过 2000 公里，被称作区域波。区域波分 P_n、P_g、S_n 和 L_g 几种，P_n 波是所有的区域波中速度最快的，以下依次是 P_g、S_n 和 L_g 波。这四种波都在地壳内传播，以 L_g 波传播最远。

地震与核爆炸产生地震波的机理不同，因此产生的各种地震波的振幅和频谱也不一样。理想的核爆炸是由高温的爆心物质各向同性地挤压周围岩石向外传递能量的，因此产生的主要是压缩波（纵波）。由于地质结构的不对称，核爆炸也会产生一些横波，但比例很小。地震是由地下岩层断裂引起的，发生切变后断裂的岩层相对滑动，产生的主要是切变波（横波）。因此，根据横波与纵波强度之比很容易区分两类事件。

此外，地震波的频谱对两类事件也是不一样的。核爆炸发生的尺度小、时间短，因此产生的地震波高频成分多；而岩层断裂的尺度大、时间长，所以低频成分多。核爆炸的体波信号比面波强，而地震则相反，这是因为体波比面波频率高。

如果在近海地区进行地下核爆炸，核爆炸产生的地震波也会传入水中，形成水中传播的波，水中传播的波比前面提到的 P 波和 S 波速度都慢，因被称作 T 波（第三种波）。T 波频率较低，大约为几十到一百赫兹，波速为 1500 米/秒。

（2）探测对象。探测对象包括地下、地表和水中的弹性波。在地下、地表中的弹性波又称地震波，包括前面提到的远距离波（体波、面波等）和区域波。水中的弹性波主要是频率为 25 赫兹的 T 波。

（3）部署。全世界部署有近 4000 个地震站，其中约有一百个标准地震站，可以交换地震数据。北半球地震站分布较密，南半球分布较稀。为了获得低当量核爆炸的地震信号，在各有核国家内都设有标准地震站，用来测量区域地震波。在海洋中部署声纳和声纳阵列，可以探测水中的弹性波。尤其在南半球，通过水中声纳探测水声信号可以有效弥补南半球地震站数量的不足。

（4）核查目的。地震方法（包括水声法）核查可以用来探测地下核爆炸，对地下核爆炸进行定位，识别地下核爆炸，确定地下核爆炸当量。原则上有两个地震站或声纳站就可确定核爆事件的位置，更多的台站则可提高定位精度。由于地下核爆炸产生的地震波与地震引起的地震波在频率、成份、波形上有较明显差别，可以利用这些特征对地下核爆炸进行识别。低当量核爆炸由于信噪比比较低，因此，识别较为困难。此外，由于核爆炸与单纯的化学爆炸在时间特征上有所不同，也可对二者作一定程度的识别，但非常困难。此外，根据地震站或声纳测到的弹性波的振幅还可以估算核爆炸当量。但是对严格的全面禁试条约来说，估算当量已经没有重要意义。

（5）精度。地震法、水声法核查有当量估算精度和定位精度两类。由于估算当量今后意义不大，不作具体分析。利用远距离地震站（~2000 公里）定位精度可达 10 公里，也就是说可以确定一个面积为数百平方公里的怀疑地区。

（6）评估。地震方法（包括水声法）是今后全面禁试核查中的主要方法。这种方法适宜于大范围长期监视。而且这方面技术较为成熟，并已经建立了地震数据交换等国际合作，各有关国家都可共享数据。今后还应发展各有关国家共同认可的对数据进行分析评估的方法，作为判断可疑核爆事件的依据。

4 地球物理学方法[9]

（1）原理。地下岩石的毛细孔和岩隙中通常都含有少量的水，这些水的体积大约占岩石体积的0.001%，但是这部分水却对地下岩石的电阻率有明显影响，如果这些水份的含量减少一半，电阻率就会产生可测量的变化。地下核爆炸发生之后，向外扩张的冲击波挤压和加热岩石，使岩石中的水份向外移动或者蒸发掉，在一个比核爆空腔体积大得多的区域内水份含量将会降低，出现一个电阻率异常的范围。这种异常表现为电阻率明显增高。由于岩石导热性较差，热量不容易散失，因此，核爆之后几天甚至几个星期出现电阻率异常增高的范围还在扩大。在这之后，地下水又逐渐回渗，使原来变干燥的岩石逐渐湿润，湿度逐渐恢复，这一区域的电阻率逐渐降低。电阻率恢复的时间从几个星期到几年不等。对于干燥少雨地区，位于地下水位之上的岩石的电阻率甚至需要几十年才能恢复。地表浅层电阻率在核爆后短时间内的瞬变或者较长时间内的渐变都可以测量出来，作为对地下核爆炸的一种核查手段。

（2）探测对象。核爆炸虽然引起空腔附近岩石湿度发生变化，但是这种变化并不容易通过钻探采样测量出来，这是因为岩石中湿度本来就十分低而且不均匀，难以进行比较。但是，由于岩石湿度变化产生的电阻率变化是可以探测出来的，因此，这种核查方法的探测对象就是地表浅层的电阻率异常或者说电阻率变化。

（3）部署。在面积为一到一百平方公里的范围内，在地表浅层多点部署电极测量电阻率的变化。对于重点监视地区，例如已经宣布过的核试验场和潜在的核试验场可以长期部署电极，进行连续监视，测量电阻率的瞬变特征。在地震核查给出了怀疑事件的范围后，可以在怀疑地区部署电极，进行质疑性核查，测量电阻率的渐变特征。

（4）核查目的。测量地表浅层电阻率异常的地球物理学方法不仅可以对重点地区进行连续监视，用来发现核爆炸引起的电阻率异常，而且可以在地震核查初步给出怀疑事件的大致范围之后，对核爆进行进一步确认和精确定位。

（5）精度。地球物理学方法对地下核爆炸的定位精度与相邻两个测量电极的距离大致相当。由于受核查费用的限制，相邻电极的距离不能很小，通常在几十米到一公里。

（6）评估。测量地表浅层电阻率的地球物理学方法与地震学方法相比，定位精度高，可核查时间长，但是可监视范围不够大，而且也不能完全确认地下核爆炸。在内华达试验场，从1987年到1990年，采用Premier地球物理公司发展的E-SCAN三维技术，测量了地表浅层电阻率的情况，结果证明，这种方法能够准确地对一千吨的地下核爆炸进行定位。

5 放射化学方法[10-15]

放射化学方法是核爆炸试验重要的诊断方法。对《部分禁试条约》和《限当量条约》而言，由于放射化学方法获得的信息过多，容易泄露被核查方的秘密，因此，放射化学方法作为核查方法是不可接受的。但是，对于《全面核禁试》条约来说，由于进行受条约禁止的核爆炸试验是违法的，因此，强制性地进行放射化学测量应该是可行的。

（1）原理。在进行地下核爆炸之后，核燃料发生裂变，生成很多新的核素。如果核爆炸不是在地下特别深的地方进行，核爆产生的烟囱会直达地面，形成地面陷坑，裂变产物中的气体，如氪-85、氙-131、氙-133等和固体微粒碘-131等可能逸出地面，飞散到大气中。其他大量的裂变产物混在融岩凝固成的玻璃体中，埋在核爆形成的空腔底部。核爆产生的核素的谱基本上是确定的，而且也是已知的，这种谱在不断衰变之后随时间的变化也是可以计算出来的。因此，收集、探测大气中和地下的核爆炸产物也可作为一种有效的核查方法。

（2）探测对象。在裂变产物中，有一些寿命较短，有一些寿命较长，因此，在核爆炸之后不同的时间可以重点收集、探测不同的核素。探测对象包括核爆产物中飞散到大气中的气体和微尘以及爆心附近的固体和液体的放射性产物。

（3）部署。可以部署全球性的地基放射性气体或尘埃收集站，作长期监视；对怀疑地区也可作临时的机载收集；对怀疑地点，在依靠地震方法、地球物理方法定位之后可以利用钻机钻探核爆产物。

（4）核查目的。收集、探测大气中的核爆炸产物可以发现核爆炸迹象；如果核爆发生的时间不太久，距离不是十分的远，还可根据大气流动情况对核爆进行粗略定位；在怀疑地点钻探核爆炸产物可以识别和确认核爆炸；根据钻探到的核素丰度还可以确定核爆炸发生的时间。当然，对聚变产物的测量还可提供更多信息，但对于判定核爆事件及发生时间，对裂变产物进行分析就足够了。

（5）精度。利用放射化学方法对核爆炸进行定位精度很差，这是因为空气的流动常常是不十分确定的。放射化学方法对核爆炸时间的确定是十分精确的。这是因为，利用激光ICP质谱仪可以对痕量的物质进行含量分析，精度非常高，而且，在不同时间有各种不同寿命的核素供分析。但实际上，我们只要判断核爆炸发生的时间是在《全面禁核试条约》生效之前还是之后就可以了。

6 现场视察

以前人们曾经认为，现场视察带来的风险比好处要大得多[16]，因此，对现场视察可能的应用范围表示怀疑。由于现场视察具有较高的入侵性，涉及国家主权、国家安全机密、商业秘密等敏感问题，处理起来的确比较困难。但是随着国际形势的变化，大国之间的对抗程度明显减弱，而且各国承受现场视察的能力不断增强，因此，现场视察越来越多地出现在双边和多边的军控条约中。

以前，人们对《全面禁止核试验条约》现场视察表示怀疑，还有一个技术上的原因[17]，那就是地震核查给出的定位精度太差，难以确定现场视察的范围，而现在发展起来的地球物理方法正好可以用来进一步精确定位。

对《全面禁止核试验条约》进行现场视察包括对重点地区进行连续监视和对怀疑地区进行质疑核查等两种形式。重点地区指已宣布过的核试验场和被公认为可能用作试验场的地区，怀疑地区是指利用地震方法等核查得到地下核爆炸信号并初步定位确定的可能进行了核爆炸的地区。

在重点地区可以部署现场的地震仪、放射性气体收集站、在地表浅层多点部署测量电阻率的电极等，进行长期连续的监视，发现可能的核爆炸引起的瞬变信号，如地震波、早期到达的核爆炸产物、地下岩石电阻率的瞬变。在重点地区进行现场连续监视可以发现已被重点监视地区进行的地下核爆炸并阻止这样的企图。

此外,全球部署的地震站、放射性气体收集站和核查卫星可以发现核爆炸迹象并作初步定位,确定一个可能进行过地下核爆炸试验的怀疑地区。在怀疑地区可以利用地球物理方法,通过测量地下岩石电阻率异常,进行进一步确认和精确定位。在精确定位之后,再通过放射化学方法对地下核爆炸进行最终确认。

在现场视察中,除了上述两类核查形式和各种核查技术之外,现场视察的组织和实施程序同样也是极为重要的问题。

《化学武器公约》的现场视察的组织实施程序给出了较好的样板。[18-21]

现场视察的组织实施程序包括以下内容。

第一,确定重点监视地区的位置、范围和数量,以及在重点监视地区部署现场视察装置的安排。

第二,在获得全球地震网、全球放射性气体收集站以及核查卫星给出的核查数据之后,判定一个事件属于怀疑事件,需要进行进一步的质疑核查的判断标准和判断方式。

第三,进行现场质疑核查的内容、时间和范围。

第四,通过现场质疑核查确认违约事件的判断标准和判断方式。

以上程序必须与相应的核查技术相配合才能达到较好的核查效果。

参考文献

[1] Barringer Research LtD. Non-Seismic Techniques for Detection of Underground Nuclear Events. Ontario, Canada, February 1, 1993.

[2] Working Paper Submitted by Canadian Delegation to the Conference on Disarmament. Non-Seismic Technologies in Support of a Nuclear Test Ban. CD/NTB/WP16., May 16, 1993: 7-20.

[3] Working Paper Submitted by French Delegation to the Conference on Disarmament. Non-Seismic Detection Techniques for CTBT. CD/NTB/WP23., June 25, 1993.

[4] Jozef Goldblat and David Cox ed. Nuclear Weapon Tests: Prohibition or Limitation? Oxford Uni. Pre., 1988: 237-263.

[5] 尾松. 核禁试核查卫星. 日本在裁谈会提出的工作文件, CD/NTB/WP. 20, 11 June, 1993.

[6] Working Paper Submitted by Newzeland Delegation to the Conference on Disarmament. Non-Seismic Verification Technique for CTBT: Hydro-acoustic Method. CD/NTB/WP22., June 25, 1993.

[7] Office of Technology Assessment, Congress of the United States. Seismic Verification of Nuclear Testing Treaties. May, 1988.

[8] 同 [4], 145-208.

[9] 同 [2], 28-36.

[10] 同 [1], 7.

[11] 同 [2], 21-27.

[12] Arrigo A. Cigna. Environmental Radioactivity Measurements for the Detection of NUclear Bomb Explsions. I—13040, Saluggia VC, Italy, 1993.

[13] Working Paper Submitted by Russian Delegation to the Conference on Disarmament. Non-Seismic Detection of Nuclear Explosion to Monitor a CTBT. CD/NTB/WP21., June 11, 1993.

[14] Wolfgang Weiss. Atmospheric Radioactivity Originating from Emissions of Underground Nuclear Weapon Tests. German Delegation to the Conference on Disarmament, 28 May, 1993.

[15] 同 [4], 241.

[16] Sidney N. Graybeal, et al. The Limitations of On-Site Inspection. Bulle-tin of the Atomic Scientists, 1987, 43: 22-26.

[17] 同 [4], 255.

[18] Amy E. Smithson. Tottering Toward a Treaty. Bulletin of the Atomic Scientists, 1992, 48: 9-11.

[19] Amy E. Smithson. Chemical Weapons: The End of the Beginning. Bulle-tin of the Atomic Scientists, 1992, 48: 38-43.

[20] Amy E. Smithson. Chemicals Destruction: The Work Begins. Bulletin of the Atomic Scientists, 1993, 49: 36-40.

[21] 裁谈会化学武器特设委员会. 关于禁止发展、生产、储存和使用化学武器及销毁此种武器的公约草案. CD/CW/WP. 400/Rev, 1992.

一种 CTBT 的非地震核查方法的初步研究

——通过对地下电阻率异常的测量精确定位深层地下核试验[①]

1 前 言

近半个世纪以来，世界上已经进行了两千多次核试验。这些核试验不仅加剧了核军备竞赛，而且给人类环境带来了后患无穷的放射性污染。令人高兴的是，关于全面禁止核试验的谈判正在日内瓦裁军谈判会议上进行，预计 1996 年以前有希望达成全面禁止核试验条约（CTBT）。

在 CTBT 谈判中，核查问题十分重要。一套有效完备的核查体系不仅有利于促进 CTBT 的达成，而且在条约签订之后还可以有效地保证条约的遵守与执行。

由于部分禁试条约（PTBT）和限当量条约（TTBT）的存在，大气层、外层空间、水下核试验以及地下大当量核试验已经受到禁止。因此，CTBT 中需要重点解决的问题将是如何禁止小当量地下核试验。与之相应的一套有效的核查体系应具备对地下核爆的探测、定位与识别能力。对大当量地下核爆炸的监测，历来以地震方法为主。以目前的技术水平来看，全球地震台网可以较好地探测鉴别 10KT 以上的地下核爆[1]。但是，对 10KT 以下的核爆没有足够的鉴别能力，只能提出怀疑事件。所以，对小当量地下核爆，仅用地震方法核查是不够的，还需要其他非地震核查方法来辅助。我们设想，未来的核查体系应包括以下三个层次：

（1）通过全球监视发现核爆炸迹象。
（2）通过近场视察进行精确定位。
（3）通过现场视察确认核爆炸。

全球监视包括地震监视、大气层放射性气体收集、卫星监视等。卫星监视通过发现浅层核爆炸形成的陷坑可以给出较高的定位精度，但对于全封闭的深层地下核爆炸，卫星监视难以给出明确信息。因此，对于这一类核爆炸，地震方法等仍然是必要的。由于地震方法对可疑的核爆炸事件的定位精度为几十到几百平方公里，在这样大的范围里进行细致的现场视察，其入侵性及费用是十分难以接受的。因此，核查体系中的第二个层次应该是采取一定措施，对可疑的核爆炸事件进行进一步的精确定位。通过测量地下岩石电阻率异常来精确定位核爆炸的地球物理方法就是这样的措施之一。

---

① 本文作者：孙向丽，李彬，杜祥琬（北京应用物理与计算数学研究所）发表于《军备控制研究论文集》，1994 年 10 月，第 74 页。

2 物理原理

一般情况下，地下岩土均含有少量水份，这些水的体积通常占岩石体积的 0.001%[2]。尽管水份含量很小，但它的微小变化对岩土电阻率影响很大。例如凝灰岩的电阻率，一般潮湿情况下为 2×10^3 欧姆米左右，而干燥状态时则达 10^5 欧姆米[3]。

地下核爆炸发生之后，向外扩张的冲击波挤压和加热岩石，使岩石中的水份向外移动或蒸发掉。在爆点附近相当大的一片区域里，出现一个电阻率异常的范围，这种异常表现为电阻率明显增高。由于岩石导热性较差，热量不容易散失，因此，核爆之后几天甚至几个星期后，电阻率异常范围还在扩大。在岩石开始冷却之后，地下水又逐渐回渗，使原来变干燥的岩石逐渐湿润，这一区域的电阻率逐步降低。电阻率异常可持续几个星期到几年，范围可达几百米[4]。电阻率异常的变化过程可以从下面 3 张示意图看出。

在地表浅层布置多点电极，可探测到这种电阻率异常，具体实施方式有两种：

（1）在重点监视地区，例如在已宣布过的核试验场和潜在的核试验场，可以长期部署电极，连续监视，以测量电阻率的瞬变特征；

（2）在地震核查给出了怀疑事件范围后，在怀疑地区部署电极，进行质疑性核查，以测量电阻率的渐变特征。

由于电极触地深度一般为几米，探测仪器也相对简单，因此该方法难度与费用较低。

显然，电阻率异常最明显的地方，就是核爆可能发生的地方。那么，如何通过接地电极的测量来定位电阻率异常范围呢？

利用电极探测地下电阻率异常范围的工作方式如图 4 所示。S 是人工供电电源，A、B 是供电电极，C、D 是探测电极，电流表测量的是供电电流 I，电压表没量的是 CD 间的电压 ΔV。ΔV 与 I 的比值称作 CD 两点间的视电阻 R：

$$R = \frac{\Delta V}{I} \tag{1}$$

在正常情况下，地面任意两点间的视电阻是一定的，但是，如果附近发生地下核爆以后，地下电阻率将有一个异常变化，这将一定程度上影响地面两点间的视电阻。

3 数学模型

为了确定地下核爆造成的电阻率异常的位置，首先要了解电阻率异常变化是如何影响任意两点间的视电阻。为此，我们建立了一个数学模型，如图 5 所示。以爆心为原点，半径为 r_0 的球形区域内的电阻率假定为无穷大，在这个球形区域之外，电阻率均为 ρ。这个球形区域就是假设的核爆之后某一时刻的电阻率异常范围。A、B 是供电电极，供电电流为 I。只要知道了这种情况下的电势分布，就能得知视电阻受电阻率异常影响的关系，从而从可测量视电阻的变化情况反推电阻率异常的位置。

由于地下岩石的电阻率受湿度影响较大，干燥岩石与潮湿岩石的电阻率相差几乎两个量级。因此，将干燥区域的电阻率假定为无穷大是可以理解的。我们将半径 r_0 内外的电阻率变化假定为一个突变，而实际上是一种渐变。我们的假定是为了简化计算。r_0 的大小随时间的变化可以根据热传导和水的扩散方程求解出来。r_0 随时间的变化依赖于核爆炸的当量、岩石的导热性质和比热、水在岩石中的扩散率等。

为了得到这个模型的电势分布，必须求解以下电势的基本方程：

$$\nabla^2 V = 0 \tag{2}$$

其中，边界条件是

$$\begin{cases} v = 0, 当 r \to \infty 时 \\ j_r = 0, 当 r = r_0 时 \\ j_z = 0, 在地面各点 \end{cases}$$

这里，j_r 为半径为 r 的球面上的法向电流密度，j_z 为地面附近垂直于地面的电流密度。电流密度可以根据下式求出：

$$\vec{j} = -\frac{1}{\rho} \nabla V \tag{3}$$

我们利用叠代方法求解电势基本方程。目前，所有的推导工作已完成，下一步将编程序上机，进行数值计算。

4 讨 论

对于低当量的秘密的深层地下核试验，光靠地震核查是不够的，这需要发展完善其他一些非地震方法来作为补充。

通过测量地下电阻率异常来精确定位深层地下核试验的方法就是地震核查的一个辅助方法。通过计算，我们能够得出地下核爆引发的电阻率异常范围与地面可测量—视电阻的定量关系，从而可以确定这种定位方法的可行性与精度。

当然，我们的研究有待深入，其完善还需要两方面的工作：一是修改模型，使其中的假设条件更接近实际情况，并作定性与定量研究、分析。二是研究地下核爆与其他地质变动造成的电阻率异常的差别，以便能初步识别地下核爆。

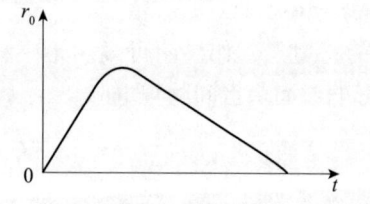

图 1 异常区范围 r_0 随时间 t 变化示意图

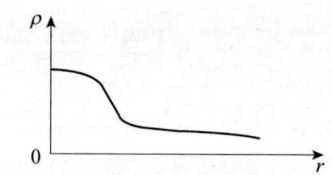

图 2 t 时刻电阻率 ρ 的空间分布图

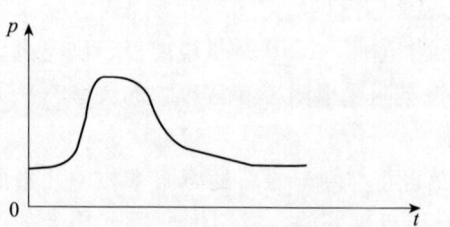

图 3 异常区内某一点的电阻率随时间变化示意图

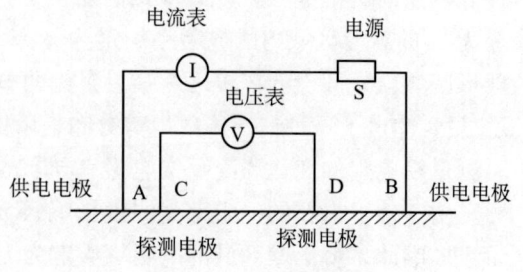

图 4 地下视电阻测量

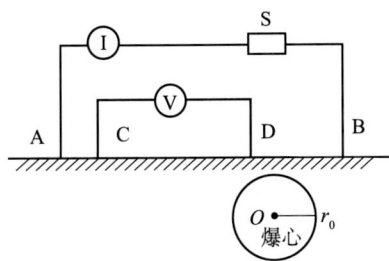

图 5　测量电阻率异常范围的数学模型

参考文献

［1］ Non-Seismic Technologies in Support of a Nuclear Test Ban，Canada，May 1993.
［2］ 同上.
［3］ 特尔福德. 应用地球物理学. 地质出版社.
［4］ 同［1］.

军备控制条约的核查[①]

1 引言

二次世界大战以前，尽管当时已经签订了一些军备控制条约，但条约的核查问题并未受到人们重视。例如，1925年签订的《禁止在战争中使用窒息性、毒性或其他气体和细菌作战方法的议定书》中就没有条文规定如何侦察违约行为。核查问题受到充分重视是从50年代中后期讨论禁止核试验开始的。在美、苏开始就禁核试验进行谈判之前，来自东、西方的技术专家首先聚在一起，讨论了禁核试的核查问题。此后，核查问题作为保障条约实施的手段，开始成为军备控制中的重要问题，而且越来越受到人们的重视。

在不同的军备控制条约中，核查安排的严格程度很不一样，1972年达成的《生物武器公约》几乎没有任何核查安排，而1993年达成的《化学武器公约》则制定了迄今为止最为严密的核查安排。核查安排的严格程度有时并不取决于条约的需要，而是取决于各缔约国利益的需要。因此，核查严格性问题过去常常作为有些国家拖延达或加速成条约的借口。我们应该注意到，核查并不仅仅是一个技术问题，而且还是一个政治问题，甚至还是一个经济问题。这是因为在核查技术遇到困难时，如果有足够的经费，就可以使用更多的人员监视代替仪器监测，或者牺牲更多的国家主权以允许更长时间和更近距离的监视。实际的核查安排只能在核查有效性与政治、经济可承受性之间取折衷。

本章将介绍核查的一些概念、常用的核查技术、核查的组织实施方式、不同军控领域的核查安排以及今后核查的发展趋势等内容。

2 有关概念

2.1 定义

核查是一种过程，用来了解、证实那些承诺或被强制参加军备控行动的国家遵守或违反有关军备控制规定的情况。这里说的军备控制的规定可以是这个国家参加的军备控制条约，也可以是国际组织形成的强制性决议，例如，联合国关于视察伊拉克大规模杀伤武器的有关决议。核查是针对军备控制而言的，不是针对军备或军备发展而言的。例如，我们可以说"对禁止核试验的核查""对限制核弹头的核查"，而不能说"对核试验的核查""对核弹头的核查"。针对军备或军备发展通常用"视察（inspection）""监视（monitoring）"或"探测（detection）"等。例如，"监视核试验""探测核弹头"。

视察、监视或探测都可看作是核查过程中获取信息的一个步骤，使用探测一词时是强

[①] 本文作者：李彬，杜祥琬。发表于《军备控制研究论文集》，1994年10月，第102页。

调其技术性，探测的对象可以是被限制或禁止的军备，也可以是被限制或禁止的军备发展活动；视察一词通常用在视察方与被视察方距离较近的情况，视察的对象通常是一个区域或较大型的装置；使用监视一词通常是表明在尚未发生违约行为之前就已经作好准备开始收集信息。

以前，核查主要是用来保障军备控制条约的执行。因此，接受核查被看作是缔约国的一种义务现在，核查也被用来保障强制性的军备控制行动的执行，因此，核查的外延较以前更宽。

核查过程除了获取信息这个步骤之外，还包括在此之前的启动核查的步骤和在此之后的分析数据、进行判断的步骤。

2.2 核查的方式

根据不同的分类标准，核查可以分为不同的方式，每种方式的核查都有其特殊用途。有的军控条约会对一些核查方式给出特殊的明确定义，以限制其使用范围。而我们将在一般的意义下介绍这些核查方式。

核查过程中的信息获取过程由某个国家控制的核查方式称为国家技术手段（national technical mean，NTM）。国家技术手段有三层含义，第一，核查中的信息获取设施由某个国家控制；第二，核查中获取的信息由这个国家控制；第三，核查过程较少依赖被核查国家的配合。与国家技术手段相对的概念有几个：多国技术手段（multinational technical mean）、合作措施（cooperative measure）和国际技术手段（international technical mean）。多国技术手段是指技术、信息由很多国家共享的核查方式。合作措施是指核查过程中需要被核查方较多配合的核查方式。国际技术手段是指由国际组织控制技术和信息的核查方式。

根据核查过程中所用探测器与被探测对象的距离，可以将核查方式分为现场视察（on-site inspection）、近场视察（near-site inspection）以及远距离核查（off-site verification）。视察的概念有时包括了监视（monitoring）的概念，有时这两个概念并列使用。并列使用时，监视专指提前部署进行探测的情况。现场、近场及远距离核查之间并无明确界限，大体上说探测器位于被探测对象所在国家主权范围之外时就称远距离核查；探测器位于被探测对象所在国家境内但又不进入现场时称近场视察；在被探测现场利用人员或仪器收集信息的核查方式称为现场视察。此外，还有一种方式介于现场视察和近场视察之间，称为出入口周边监视（perimeter portal monitoring）。有时也把这种核查方式归入现场视察。

从时间特征来说，核查包括以下各种方式：连续监视（continuous monitoring）、例行视察（routine inspection）和质疑视察（challenge inspection）。连续监视是指长时间不间断地收集核查信息，这种监视可以是现场的也可以是远距离的。例行视察是现场视察的一种，它是指根据某种约定在现场进行长期连续监视或周期性视察。质疑视察是指在获得某个国家违约的初步迹象后，有针对地进行的临时性现场视察。全球性连续监视通常与质疑视察相配合使用。前者用来发现违约迹象，后者用来进一步证实是否违约。

作为核查的技术手段，有主动探测和被动探测两种方式。主动探测是核查方主动将能量投向目标，然后探测经目标作用后的能量。例如，X光照相、探测中子诱发裂变产生的辐射、雷达遥感等。被动探测只是通过接收来自目标的能量进行探测。例如，卫星红外遥感、地震方法监测地下核爆炸等。

在核查过程中，有时还要采用一些辅助措施，例如，指纹（fingerprint）、标签（tag）和封记（ceal）。在核查过程中探测到的武器装备的信息往往随武器装备的种类、型号甚至个体不同而不同。将这些特征信息储存起来，可以作为识别武器装备的种类、型号或个体的手段。武器装备本身带有的这种特征就称作指纹。一旦确定了某种（或某个）武器装备的指纹，以后就可用它来记录、跟踪和识别这类（个）武器装备。在有些情况下，相同型号不同个体武器装备的特征差异并不鲜明，不适宜作指纹，这就需要人为地加上一些独特的标记，作为个体识别用。这种标记就称作标签。有的时候，为了防止武器、武器部件或原料被转移或者被改变状态，在盛装容器的口上或者装置的开关上可以做上记号，防止容器或者开关被打开。这种记号就是封记。封记有时也可兼作标签用。

此外，还有一些措施或活动虽然不能算作核查，但能够起到某些与核查相似的作用。例如，建立信任措施（confidence building measure）。建立信任措施是指一个国家主动通报一些关于它的军事装备或军事活动的信息，或者为其他国家了解这些信息提供方便，使得其他国家消除有关军事威胁的疑虑。建立信任措施可以在缺乏有效核查安排的情况下起到一定的补充作用。

3 核查技术

3.1 遥感

遥感是指在距离目标较远的位置探测目标信息的技术方法，是核查中最常用的技术手段。在遥感中通常利用电磁波获取目标的信息。遥感包括主动方法和被动方法两种。主动方法需要由探测系统向目标发射电磁波，如微波雷达和激光雷达。被动方法则不需要主动发射电磁波。经过目标反射的电磁波，或者由目标本身发射的电磁波在到达探测系统之后，先由成像系统将电磁波聚焦到传感器上，然后转化成人们可以阅读的光电信号。

通过测量来自目标的电磁波的强度和波长变化，遥感系统可以确定目标的几何特征（位置、形状）和波长特征（颜色或温度）。因此，遥感系统的精度可以用几何分辨率和波长分辨率来描述。几何分辨率依赖于成像系统的光学孔径、所选用电磁波的波长、传感器像元的大小、遥感距离等。波长分辨率决定于谱分解仪的结构、所选用电磁波的波段、噪声的谱分布等。常用的遥感手段包括微波段的雷达、激光雷达、远红外成像、近红外和可见光成像。此外，对 γ 光子的探测也可作为对核反应堆等特殊对象进行遥感的手段。遥感系统通常部署在飞机或卫星上，也可部署在地面对飞行物体进行遥感。

迄今为止，遥感在核查中一直作为一种国家技术手段。遥感可以探测坦克、导弹、飞机等较大型武器装备的部署和转移，可以监视大规模的军事人员调动以及武器研制活动。因此，遥感技术广泛用在化学武器裁军、常规裁军、核裁军、禁止核试验和核不扩散的核查中。遥感方法尤其适合作大面积长期连续监视。其缺点是遥感方法对有些可疑事件不能作明确判断，需要辅以其他方法。

3.2 声学及地震学方法

核查技术中的声学方法是指通过探测声波获取目标信息的技术手段。当固体、液体或气体的介质受到力的作用发生形变之后，这种形变会在介质中传播形成弹性波（也称声波）。地震波可形成地下或地表中传播的声波，因此，利用地震仪探测目标信息的地震学方法实际上也可看作一种声学方法。

每一种声波在同一介质中都有较为固定的波速。声波在传播中振幅的衰减可分为两类，一类为声波扩展引起的几何衰减，另一类为介质吸收引起的损耗衰减。扣除这些衰减可以推算出声源强度。在均匀介质中，声波沿直线传播，利用这一点还可以推算声源所在位置。

声波的测量装置（如声纳、地震仪）通常是在一个质量较大的支架上安装一个质量较轻的传感探头，探头与外界介质相联。当介质由于声波经过产生振动时，质量很轻的探头很容易随之振动，而质量较大的支架则不容易振动。通过测量探头与支架之间的相对运动（或相对运动的趋势），可以记录下介质的振动情况。声波的测量装置可以安装在大气中、水下和地表。

由于声源消失之后声波持续时间一般不太长，而且通常也较少残留效应，因此，对声波的测量必须采用连续监视。对于那些强度较大的声源（例如，较大威力的核爆炸）可以采取远距离监视，而对强度较小的声源（如飞机）则必须采取近场或现场监视。

在核查技术中采用声学方法可以有几个目的。第一，发现被禁止的某些声源。例如，利用次声测量发现大气层核试验，利用地震和水声测量发现地下和水下核试验，利用水声测量发现舰船。第二，测量声源强度。例如，通过地震震级估算核爆炸当量，通过测量飞机场地表振动强度区别飞机的起飞和降落。第三，识别声源类型。例如，识别核爆炸和地震。

声学方法的缺点是，当声源强度较弱时测量获得信息较小，而且对声波的测量不能重复进行，因此，对测量结果的认定容易引起争议。其优点是费用较遥感方法低，而且设备容易操作和维护。

3.3 核物理学方法

在核查技术中采用的核物理学方法包括两大类。第一类是采用核探测方法，通过探测核辐射（如 γ 射线、中子）获取目标信息。第二类是根据核物理学原理，对出现了核反应的武器研制、生产活动制定监视措施。

核辐射包括 α 射线、β 射线、γ 射线及中子辐射等。由于 α 射线、β 射线在物质中的贯穿本领较差，容易被屏蔽掉，因此，核查中经常使用的是探测 γ 射线和中子辐射。核探测的结果可以获得特定方向核辐射的强度和能谱。通常用来表示核探测精度的量有两个，第一个是能量分辨率，用来描述探测系统对核辐射的最小可分辨能量；第二个是信噪比，即信号强度与噪声（来自于本底辐射等）强度之比，它表示了测量的可信度。探测距离和探测时间需要根据信噪比的要求而定，通常在辐射源强度大、本底辐射低和允许探测的时间长的情况下探测距离可以远一些。一般情况下，核探测方法只能用在现场视察中。

核探测方法在核查中可以用来探测、识别核弹头和武器用裂变材料，还可用来鉴别核爆炸和化学爆炸。这些方法都需要现场视察。核探测方法还可用来探测运行中的或运行过的空间核反应堆。由于这种情况辐射源未加屏蔽，源强度较大，而且本底较低，因此，作远距离探测也是有可能的。

在核查技术中除了直接采用核探测技术之外，对于那些有核反应发生的武器研制、生产过程，还可根据核物理学的原理制定一些控制措施。例如，对地下核试验的监测、对民用反应堆的例行视察。

核查中采用的核物理学方法一般而言可靠性比较好，但由于容易获得过多信息，入侵性较强，因此，也有一定局限性。

3.4 化学方法

化学分析方法也是核查中常用的方法，它是通过分析样品中存在的特定物质来了解核查所需信息的技术方法。被分析的样品有两种采集方式，第一种是采用长期连续监视方法收集样品；第二种方式是在质疑视察中在被怀疑地点采集样品。化学分析中需要重点鉴别的物质有时候是某些特定的核素，例如核爆炸中产生的而自然界中丰度较低的氪-85，以及磷、硫等化学毒剂中常含的元素；在有些情况下，需要重点鉴别一些化合物，例如，可作化学毒剂原料的硫二甘醇。由于需要鉴别的物质种类、形态各不一样，鉴别方法也各不一样。有些仅凭颜色、气味就可作初判定，有些则需要反复提纯，然后利用特定化学反应或光谱学方法加以鉴定。

除了直接利用化学分析方法之外，核查中有时还利用化学原理，制定一些控制措施，用来监测那些出现了化学反应的武器研制和生产活动。例如，对有生产化学毒剂能力的民用化工设施的监测，对裂变材料生产的控制。

化学方法主要用在化学裁军的核查中，在其他核查领域也有重要应用。化学方法的优点是可靠性较好，其缺点是很多样品采集活动需在现场进行，使其有一定局限性。

3.5 电子学方法及其他方法

在核查中用到的各种探测装置几乎都需要利用电子学系统进行数据存储和分析。除此之外，电子学方法在核查中最主要的应用是制作标签和封记。利用电子学方法制作的标签封记不仅安全、可靠，而且还可将多种功能集于一体，例如，加进自动应答系统，便于管理。

此外，流体力学方法、地球物理学方法等在核查中都有应用。

一种核查方法往往是多学科技术的综合应用。今后，人们对核查要求的进一步提高还将推动核查技术的不断发展。

4 核查的安排

4.1 核查的作用及有效性

军备控制条约中作出核查安排有两个目的。第一个目的是由于核查机制的存在，缔约国不敢冒险违约，也就是说核查用来预防和阻止违约。第二个目的是寻找缔约国违约依据，纠正和制裁违约行为。因此，制定核查安排有助于条约的顺利实施，有助于提高缔约国对条约的信心。在核查能力不足的情况下，核查问题有可能成为某些国家拒绝达成条约的借口；同样，核查技术的发展也可能在一定程度上推动条约的缔结或扩展。

由于各个国家核查技术能力不同，承受核查的能力不同，因此，对不同的国家，核查能够起到的作用也可能有所不同。在核查问题上，各个国家存在着事实上的不平等。某些技术强国利用核查获取其他国家与条约无关的信息或者以核查为借口向其他国家施加压力，这都是核查可能出现的负效果。

任何核查都不可能是绝对有效的，因此，在做出核查安排时必须统筹考虑各方面因素。核查的有效性可以用探测几率和虚警率来表示。探测几率表示被探测到的违约事件的次数与总违约事件的次数之比。虚警（false alert）是指将背景噪声当成了一次违约事件。虚警率是单位时间内的虚警次数。探测几率越高表示核查系统发现违约事件能力越强，虚警率越高表示核查系统作出错误反应的机会越多。因此，一个好的核查系统应该是高探测几率和低虚警率。但是，探测几率与虚警率是一对有关联的量。当探测系统的硬件给定之后，如果将挑选违约事件的标准定得比较低，则被挑选的违约事件就多一些，探测几率也就会高一些，但同时，被挑选事件中的虚警也会增多，使得虚警率比较高。因此，提高探测几率和降低虚警率是一对矛盾。

为了选择合理的探测几率和虚警率，需要考虑违约行为可能给违约国家带来的利益以及违约行为被发现后受到制裁的强度。如果违约行为给违约国带来的利益并不大，那么需要的探测几率也不高。这就是部分军备控制条约没有或者较小有核查安排的原因之一。如果探测几率难以提高，那么就需要加大对违约行为的制裁强度。如果虚警率难以降低，则要求制裁不能太强烈。通过考虑以上各个有关联的量以及经济可承受性，确定核查有效性的要求，这是建立核查安排时的一项重要工作。

利用多种核查方法互相配合、排除虚警，这是提高核查有效性的重要方法。

1993年美国认为一艘名叫"银河"的中国货轮载有化学武器原料，并对该轮航行予以干扰。事后证明该轮并未载有化学武器原料。这次银河号事件就是由于美国政府过于轻信自己的情报而造成的一次虚警。在核查的实施过程中应尽量避免出现这样的虚警。

4.2 核查的组织实施

核查的组织实施问题，也就是由谁来发起、决定以及执行核查的问题，是核查安排中的一个重要问题。核查的组织实施形式对条约的有效性、各缔约国的安全利益有着重要影响，同时还在一定程度上决定了核查费用。

不同军备控制条约核查的组织实施形式差别很大。但其基本方式可以归纳为两种。第一种方式是由某个国际组织来组织和实施核查；第二种方式是由某个缔约国来组织和实施核查。实际的核查组织实施方式往往是这两种基本方式的组合。

由国际组织来组织和实施核查的方式一般来说适用于多边军控条约或者是国际社会强制执行的裁军行动。海湾战争之后核查和销毁伊拉克的大规模杀伤性武器就是由联合国作出的强制性决议。作出这种强制性的裁军及其核查决定的国际组织通常是综合性的国际组织，核查并不是其主要职责。我们下面主要介绍那些以核查为主要任务的国际组织的一般特征。

对于一个多边的军控条约，通常都有一个缔约国大会作为基本权利机构。缔约国大会在核查问题上负责制订核查条款、建立核查机制，有关核查的最重大问题需要缔约国大会多数或一致通过。在缔约国大会内部通常要选出一个理事会，负责包括核查的管理在内的日常工作。进行入侵性较强的核查，这样一些重要问题需要理事会的多数或常任理事国的一致同意。缔约国大会通常还要建立一个专门的核查机构来负责核查的具体实施，或者将这一工作委托给一个已有的机构。核查机构大体上负责以下几项工作：负责操作管理核查装置，进行例行的或质疑的视察；负责收集、整理、编纂和分发核查数据，有时还包括分析数据，判定违约事件；负责研究、改进核查技术。执行现场视察任务的核查小组通常由核查机构派出，在一些特殊情况需要由理事会作出决定派出。

《不扩散核武器条约》《拉美无核化条约》《化学武器公约》等都将缔约国大会作为基本权利机构，并建立了负责日常事务的理事会。《不扩散核武器条约》和《拉美无核化条约》将核查任务委托给了国际原子能机构。《拉美无核化条约》将整理和分发有关核查信息的任务委托给南太平洋经济合作局。《化学武器公约》专门建立了《化学武器公约》组织，负责有关核查工作。在《全面禁止核试验》谈判中，参与谈判各国对是建立新的核查机构还是将核查任务委托给国际原子能机构尚未取得一致意见。

与国际组织来组织实施核查的情形相对应，有些核查工作或其中的一个步骤由某个缔约国完成。这包括以下几种方式。第一，某个缔约国在被核查国家的主权范围之外利用国家技术手段进行核查，而条约中并没有相应的规定。例如，美国利用其侦察卫星发现一些可疑的核设施，然后将其位置通报给国际原子能机构。而《不扩散核武器条约》中并未将卫星监视的工作委托给美国。所以，当国际原子能机构根据美国提供的信息进行质疑视察时，有时会遭到被视察国家的反对。这是目前朝鲜核争端的起因之一。第二种由缔约国核查的情况是，条约允许、鼓励或要求缔约国利用国家技术手段进行核查，有时条约还要求各缔约国不得干扰这种核查。这种方式多用在双边条约的核查中，例如，《削减战略武器条约》《进一步削减战略武器条约》等。有些多边条约，例如，《限当量核试验条约》等，也采用这种核查方式。这样做的原因主要是，各国核查技术相差很大，有些技术先进的国家不愿将其国家技术手段国际化。第三种由缔约国核查的情况是，条约规定由缔约国互相进行现场视察，被核查方予以配合，即采用合作措施进行核查。这种核查方式一般仅用在双边条约中，例如，《中导条约》。

实际的军备控制条约核查的组织实施方式往往是以上两种基本方式的组合，同时再加上一些特殊限制，以适应不同的需要。

4.3 核查的程序

核查的程序对核查的有效性、各缔约国的利益有着密切的关系，因此，核查的程序问题往往是条约谈判中最复杂的问题之一。以下两个方面的原因更增加了核查程序问题的复杂性。第一个原因是核查信息的多渠道性，核查信息可以来自不同的国家或国家集团，或者来自不同的探测设备系统，组合和选取这些信息就成了核查程序中难解的问题。第二个原因是核查的多层次性，由于单一层次的核查难以完成全部核查任务，需要多层次的核查互相补充，这就出现了各层次核查之间的衔接问题。

如果核查信息仅仅来自由国际组织管理的全球监视系统，则核查程序相对较为简单，其大体步骤如下。由缔约国大会根据某种原则确定全球监视系统的布局，然后由缔约大会指定的国际核查机构负责建立和运行全球监视系统，该机构根据获取的核查信息判断违约事件，并向缔约国大会理事会提出违约指控。被指控违约的国家的核查机构有责任向理事会提供证据，澄清事实、消除虚警。理事会根据这两方面的证据最终作出是否违约的裁定。

如果上述的全球监视系统不足以准确判定所有可能的违约事件，那么，核查机构对那些并无十分把握的事件只能向理事会提出怀疑指控。理事会对指控的怀疑事件需作出是否进行现场质疑视察的决定。在决定进行现场视察之后，由核查机构派出视察队，在被视察国家核查机构的配合下进行现场视察。视察结果呈报理事会，由理事会作出是否违约的最后裁定。这就是全球监视加现场质疑视察构成的二层次核查的核查程序的大体特征。

以上介绍的两种情况，都是由国际组织负责整个核查。如果承认各缔约国利用国家技术手段获得的核查数据也有法律效力，或者允许各缔约国参与判断违约事件并提出指控，则需要某个国际机构（如数据中心）收集、整理和发布核查数据。条约组织的理事会要受理缔约国提出的违约指控，而被指控的国家的核查机构要提供证据、澄清事实、排除虚警。

双边条约的核查程序一般比多边条约略微简单一些。这是因为，双边条约涉及的两个国家一般来说核查能力、承受核查的能力大体相当，核查可以基本对等地进行。双边条约核查程序中通常将国家技术手段和合作措施配合或交替使用，两个缔约国通过一个双边协商委员会来协调两个国家之间的核查工作。

核查程序本身并不属于技术问题，但它必须适应核查技术的需要，而核查技术和逃避核查的技术总是在不断发展，核查程序也应适应这种发展。因此，对核查程序的规定通常不放在条约的正文中，而是放在条约的附加议定书中。这样做有利于根据实际情况修改核查程序。

任何已制订的核查程序都不可能完全涵盖核查中出现的所有情况，因此，不能指望所有的核查行动都绝对是在已制定的程序的指导下进行。那么，通过缔约国之间的协商来处理一些核查中的意外事件就是必需的。但是，在现有的军备控制的实践中，并不是核查程序限制了必要的核查行动，而是很多核查行动并未遵从核查程序，使核查本身出现了双重标准。产生这种情况大致有以下两个原因。第一，各国核查能力的不均衡，使部分国家容易利用核查程序的不完备。第二，核查程序的更新非常缓慢，不完全能适应核查技术的发展。

今后，核查程序的问题将会更加受到世界各国的重视，军备控制条约对核查程序的规定也会越来越具体和严格。

5 各种军备控制条约的核查

5.1 核裁军的核查

已有的核裁军条约中较为重要的有《中导条约》《削减战略武器条约》和《进一步削减战略武器条约》等。核裁军的具体内容包括：限制和削减核武器运载工具的数量，限制某些运载工具的射程，限制运载工其携带的核弹头数，限制部署的核弹头总，销毁部分运载工具等。正在讨论的核裁军设想还有，限制包括贮存在内的核弹头总数，拆卸被裁减的核弹头等。

为了保障以上核裁军行动的实施，需要采取各种技术手段来获得必要的核查信息。尽管不同的核裁军条约的核查安排各有不同，但大体上都包括以下几种核查方式。

第一，卫星和（或）飞机遥感监视。遥感监视主要用于发现、鉴别和统计核武器运载工具。裸露在地面的运载工具或附属设施，如战略轰炸机、导弹发射井和在港的导弹核潜艇等适于用遥感方法监测。但这种方法应用到航行中的导弹核潜艇、藏在山洞中的机动导弹时也有困难。因此，仅靠遥感方法还不足以完全监测运载工具，需要辅以其他方法。

第二，入侵性较小的现场视察。这主要是指采取主动或被动方法探测、鉴别和统计核弹头。由于核弹头中的核材料具有自发核辐射的性质，而且在外来辐射的照射下核材料的性质也与其他材料有所不同。因此，可以利用这些性质在一定距离之外探测核弹头。由于测量过程中探测装置与被探测物体不用紧密接触，部分探测信息还可采取措施过滤掉，因此，核查的入侵性可以得到一定的限制。

第三，入侵性较强的现场视察。这种方法主要用来获得核武器运载工具的载荷、射程（航程）、精度、飞行（航行）时间、机动性等方面的有关信息。为了获得这些信息，需要在距离目标非常近的地方进行测量，这样就很容易获得过多信息，泄露被核查方的军事秘密。因此，这种视察需要在被核查方的严密控制下进行。有些时候甚至只能依靠被核查方的主动和自愿申报。

第四，标签和指纹。将已经申报、探测或证实的核武器加上标签，或者确定其"指纹"，可以减少今后核查的次数、难度和费用。因此指纹和标签技术也大量应用于核裁军的核查中。

第五，周边和出入口监视。在核武器运载工具的销毁和核弹头的拆卸中，为确保这些过程得到确实执行，同时又要防止核查方了解核武器的内部结构，就需要在销毁和拆卸工厂的周边和出入口进行监视。

美苏双边的《中导条约》是当时核查安排最为细致的一个，其核查主要包括三个要素：例行的现场视察、质疑的现场视察和不受阻碍地使用卫星。例行的现场视察是在申报的导弹销毁和生产工厂周围进行周边和出入口监视。质疑视察则在其他可疑地点进行。条约还规定双方不得干扰对方利用卫星进行核查。《中导条约》建立了双边特别委员会来协调核查事宜。

美苏双边的《削减战略武器条约》对核查也有极其严格的规定，其核查要素包括：数据交换、国家技术手段、合作措施和现场视察。在这个条约的核查安排中，有一些规定别具特色。例如，规定核武器的计数规则，以比较双方不同种类核武器的数量；限制每年现场视察的数量；对现场视察本身又进行了严格分类等。《削减战略武器条约》也建立了双边委员会来协调核查事宜。

美俄双边的《进一步削减战略武器条约》基本上承袭了《削减战略武器条约》的核查安排，所不同的是，原有的核武器计数规则被取消了。

今后核裁军中将要面临的核弹头拆卸问题将会使核查问题变得更加复杂和困难，这方面的研究工作目前也正在逐步取得进展。

5.2 核不扩散的核查

核不扩散方面重要的国际条约包括全球性的《不扩散核武器条约》和地区性的《拉美无核化条约》以及《南太平洋无核区条约》等。

核不扩散的核查需要了解无核国家是否有能力制造核武器，是否有这方面的计划或者有核国家是否在向无核国家转移核武器、核武器部件或核武器技术。但在实际操作中，了解所有这些方面的信息是非常困难的，因此，目前核不扩散的核查主要集中在了解无核国家是否拥有或能够制造武器级裂变材料。

常用的武器级裂变材料包括铀-235 和钚-239。在自然界中就存在铀-235，只不过丰度较低。武器级的铀必须经过浓缩，提高铀-235 的含量。钚-239 是由铀-238 在反应堆中经中子辐照后生成的，然后在后处理工厂将铀钚分离获得钚。因此，对核材料的监督重点主要是监视铀浓缩厂、反应堆和后处理厂。

经过一定浓缩的铀具有民用性质，因此不能完全禁止铀的浓缩活动，但要防止将铀浓缩到武器级。现有的铀浓缩技术是分级进行的，每一级浓缩都只能将铀-235 的含量提高一点，因此，通过观察浓缩厂的规模就可以判断初步铀的浓缩程度是否过度。对浓缩样品进行分析也可用来证实这一点。

反应堆燃料中的铀-238 经过中子辐照可以转变成钚-239，若照射时间较长还可进一步转变成钚-240，甚至钚-241。如果钚-239 材料中含有的钚-240 和钚-241 超过一定限度，这样的核材料就不适宜于用作核武器材料。通过监督反应堆更换核燃料可以防止生产武器级钚。

反应堆中使用过的核燃料称作乏燃料。其中的钚经过后处理提取出来可以充作特殊类型反应堆的燃料，因此，核燃料的后处理工作不能禁止。但要防止在后处理过程中生产武器级的钚。为达到这一目的，既要通过核查确保进入后处理工厂的乏燃料是来自受到监督的反应堆，又要通过核查确保后处理提取的钚材料不会被提纯。

《不扩散核武器条约》将核查任务委托给国际原子能机构（简称：IAEA）。国际原子能机构成立于 1957 年，在《不扩散核武器条约》1970 年生效后，国际原子能机构正式根据该条约赋予的核查任务，进行核安全保障方面的核查。除此之外，国际原子能机构在核不扩散方面的核查任务还包括委托保障（以《核出口准则》为标准）、受援保障（以《受援准则和执行条例》为标准）、《拉美无核化条约》保障（参加该条约而未参加《不扩散核武器条约》的国家接受的保障）、非条约全面保障（无条约依据的国家接受的保障）、自愿保障（核国家的民用设施）等。事实上，现有的核不扩散方面的正式核查任务均由国际原子能机构承担。

国际原子能机构的保障制度大体上包括设计审查制度、记录制度、报告制度和视察制度。设计审查制度是通过审查，在设计阶段防止民用核设施用于生产核武器及部件。记录制度是在全球范围内登记核材料的贮存和流通，防止流失。报告制度是受保障国家定期报告自己核设施的状态及核材料的数量。视察制度是安全保障的主要内容，包括例行视察和质疑性视察。例行视察是对受保障国主动申报的核设施进行长期连续监视或周期性视察。质疑视察是对可疑的未申报地点或出现异常情况的已申报地点进行的临时视察。接受安全保障的国家一般都建立有专门机构，负责与国际原子能机构协调核查工作。

除了国际原子能机构负责的安全保障之外，一些国家还利用国家技术手段提供一些核扩散方面的信息。国际社会目前默认这种做法，但其并无法律根据。

今后，核不扩散的核查体制有进一步强化的可能性，这是因为实践证明现有的安全保障制度还不太完善。例如，伊拉克接受国际原子能机构的安全保障，但这并未阻止伊拉克秘密发展核武器。在海湾战争之后，根据联合国安理会 687 号决议授权，国际原子能机构对伊拉克进行了远远超过安全保障制度的视察，结果发现伊拉克正在秘密发展核武器并已取得一些进展。根据联合国的决议，销毁了那些已被发现的核武器研究设施。现在已经有一些研究人员提出，根据在伊拉克视察的经验强化核不扩散的核查体制。在其他军控条约的促进下，这种强化是有可能实现的。

5.3 禁止化学武器的核查

禁止化学武器方面重要的国际条约包括 1925 年的《日内瓦议定书》和 1993 年开放供签署的《化学武器公约》。《日内瓦议定书》禁止在战争中使用生物武器和化学武器，《化学武器公约》禁止发展、生产、贮存和使用化学武器。1972 年达成的《生物武器公约》与《日内瓦议定书》有继承关系，但该条约并未制订核查条款。

两伊战争期间，伊朗指责伊拉克使用化学武器，联合国曾组织专家就这一指控进行调查。类似这样的活动可看作对《日内瓦议定书》的核查，但是这种核查并不是系统进行的。《化学武器公约》全面禁止了化学武器，但其核查并不能涵盖所禁止的一切内容，事实上这样做既不可能，也没有必要。在《化学武器公约》中，条约重点核查的是禁止生产、贮存和使用化学武器，对禁止发展化学武器几乎没有作出核查安排。这是因为研制化学武器可以在很小规模的实验室中进行，不容易被发现。但是，在生产、贮存和使用被禁止的情况下，单纯研制化学武器的意义就不大了。

与化学武器有关的适于监测的内容有四类。第一类是可用作化学武器原料的有毒化学品。这些有毒化学品的分子结构和化学性质现在基本上都很明确，通过采集少量样品进行化学分析即能准确判断是否存在某种有毒化学品。这些有毒化学品大都是氮、磷、硫的有机化合物，在《化学武器公约关于化学品的附件中》详尽地列出了这些有毒化学品及其前体，前体是指用来转化成有毒化学品的其他化学品。第二类可作为监测对象的是化学武器生产设施，尤其是有毒化学品及其前体的生产和贮存设施。形成一定规模的有毒化学品的生产和贮存设施外观比较明显，设施上附着和周围散发的有毒化学品及其前体也可进行取样分析作为佐证。第三类可监测的内容是化学武器及部件、生产设施和贮存设施的销毁。这种销毁过程可以在国际监督下进行，使其过程真实可靠。第四类可监测的内容是化学武器的使用。化学毒剂根据杀伤效果可分为窒息性、神经性、糜烂性等几种。通过现场取样和观察杀伤效应能够证实化学武器的使用。

《化学武器公约》建立了专门公约组织。缔约国大会作为基本权利机构，由其选举出来的执行理事会负责公约组织的日常事务，包括核查事务。《化学武器公约》的核查可分为两大种方式：系统核查和质疑视察。系统核查是核实已宣布的化学武器、化学武器部件及其生产设施的数量和指标，包括它们的销毁过程。系统核查又分现场连续监视、周期性的例行视察和主动报告。质疑视察是对怀疑地点进行的临时现场视察。系统核查的第一步通常是初始视察，以确认各缔约国所宣布的内容。然后建立例行的监视和视察。对于要销毁的目标，系统核查在销毁完成之后就结束了。质疑视察程序较为复杂。在某个缔约国向其他缔约国提出可疑事件的指控之后，被指控国家须提供证据澄清事实。对于不能排除的可疑事件由执行理事会决定派出视察小组。视察结果的报告最终将呈报执行理事会，由其作出最后判断。

《化学武器公约》中规定的具体核查内容包括以下几点。第一，核查化学武器的宣布和销毁；第二，核查化学武器生产设施的宣布和销毁（包括关闭、转产）；第三，通过核查防止两用技术和产品用于化学武器；第四，对可疑事件的质疑视察；第五，调查对使用化学武器的指控。

《化学武器公约》的核查安排非常细致，但其在完善性方面还存在缺陷，这主要表现在两个方面。第一，核查需要的基本情况首先来自于各缔约国的主动申报，条约没有有力措施防止有的缔约国不申报或少申报。第二，条约规定缔约国可以对可疑事件提出指控，但并未规定通过何种渠道获得指控依据。这就使得在执行条约过程中，个别国家的意志左右核查过程。因此，《化学武器公约》的核查体制今后仍有待进一步完善。

5.4 禁止核试验的核查

禁止核试验方面比较重要的国际条约包括《部分禁试条约》和《限当量条约》等，目前正在谈判的《全面禁止核试验条约》从内容来说将取代前两个条约。

《部分禁试条约》禁止在大气层、水下、外空进行核爆炸。因此，从核查角度来说，需要建立一定的能力以探测大气层、水下和外空中的核爆炸，但是该条约并未明确作出核查安排。美国曾经警告说，其探测卫星发现南非曾经进行过大气层核试验。这说明有的国家具备了这种探测能力，但其是否足够有效还很难说。

《限当量条约》禁止当量超过15万吨的地下核试验。因此，探测地下核试验并确定其当量是该条约核查的主要任务。条约中规定可以使用国家技术手段进行核查，具体来说主要是利用地震方法探测地下核爆炸并确定其当量。后来美苏也发展了一些现场视察技术来测定当量。

正在谈判中的《全面禁核试条约》将形成怎样的核查体制，这依赖于参与谈判的各个国家的态度，但我们现在可以从不同角度给予初步的预言。从技术上来说，核查将可能采用以下几种方法。第一，卫星监视。卫星监视用来探测核试验的准备活动、核试验对环境产生的外观影响、大气层和外空核试验产生的各种辐射。第二，地震和水声监测。这种方法可探测地下和水下核爆炸产生的弹性波。第三，放射性核素监测。这种方法可探测核爆炸产生的放射性核素。第四，地球物理方法。这种方法可探测地下核爆炸引起的局部地球物理性质的变化。第五，其他现场视察技术，例如，现场的地面温度测量、放射性测量等。未来的《全面禁止核试验条约》的核查体制很可能是多层次的，既有长期的连续监视又有临时的质疑视察；既有全球性的监视又有重点地区的监视。各个层次的监测手段互相补充，共同完成核查任务。

现有的技术能力尚难以监测极小当量地下核试验，如何解决这一问题将是《全面禁止核试验条约》谈判中的一个难题。

5.5 常规裁军的核查

目前全球性的常规裁军协定有《禁止过份杀伤的常规武器公约》，区域性的常规裁军协定有《欧洲常规军事力量协定》和《建立信任和安全措施》等。此外还有一些双边的和单方面的常规裁军行动，例如，20世纪80年代初中国裁减了军事人员一百万。

常规裁军主要是限制特定区域内布署的军事设施的数量和质量，限制特定区域内驻扎的军事人员的数量，限制特定区域内的军事活动（如军事演习、军队调动、军事设施的运行和迁移等）。此外，有一些军事活动容易引起其他国家的误解，为消除紧张状态，尽管条约不限制这些活动，但却要求增加这些活动的透明度。大规模的军事调动和大型的常规军事装备（如战斗机、军舰、雷达等）可以从卫星和飞机上观察到。军事人员的数量、军事装备的运行状态等需要现场视察才能较为准确地了解到。军事装备状态的更改可以用标签和封印记录下来。

《禁止过份杀伤的常规武器公约》并未制定核查条款。

《建立信任和安全措施维也纳文件》中规定了五种核查方法。第一，交换军事信息，包括军事装备、军事人员和军事预算的信息。第二，通过蹉商和合作降低由猜疑引起的风险。第三，直接接触，即现场视察军事基地。第四，主动提前通报军事活动。第五，现场观察军事活动。

在《欧洲常规军事力量协定》中，规定采用以下方式进行核查。第一，数据交换，即主动通报受协定限制的内容。第二，现场视察，包括连续监视、系统视察、随机视察和质疑视察。第三，采用标签和封记来记录军事装备的状态和位置。第四，飞机和卫星观察。使用飞机观察需要开放天空，目前这一问题尚未得到完全解决。

常规裁军涉及的内容十分庞杂，其核查也十分困难，因此，现有的常规裁军核查方法不得不过多地依赖主动通报，这可能会降低人们对核查结果的信心。今后这方面还有大量工作要做。

5.6 外空军备控制的核查

与外空军备控制有关的重要的军备控制条约有《部分禁试条约》《外空条约》和《反弹道导弹条约》等。

《部分禁试条约》禁止在外空进行核试验，其核查已在5.4节叙及。《外空条约》禁止在外空部署大规模杀伤武器，但该条约并未作出核查安排。粗略地说，美苏双边的《反弹道导弹条约》限制部署和发展有实战意义的反弹道导弹系统。该条约规定美苏双方成立常设委员会，双方在此范围内自愿通报必要情况、讨论那些可能妨碍国家技术手段的问题等。事实上美、苏双方主要是利用卫星来监测对方的反导弹系统。

1983年美国开始实施《战略防御计划》之后，很多学者出于防止外空军备竞赛的目的，提出建议，要求缔结进一步的外空军备控制条约，以便禁止外空中的武器和针对外空目标的武器。军备控制研究专家们还提出了各种核查建议，这些建议中包括的核查方式以下几类。第一，外空对外空的遥测，即利用卫星探测外空中部署的武器或武器部件。第二，外空对地遥测，即利用卫星探测地面部署的针对外空目标的武器或者是这类武器的研制和发展活动。第三，现场视察地面部署的针对外空目标的武器。第四，在卫星发射现场探测即将发射到外空的武器。

尽管目前还没有这样的全面禁止外空武器的条约，但是对其可核查性的研究排除了有的国家以不可核查来反对缔结这种条约的借口，促进了外空军备控制的发展。目前，对外空军备控制核查的研究尚未进入可实用阶段，因此，这方面还有很多工作要作。

6 发展趋势

现有的军备控制条约的核查在一定程度上保证了条约的实施，增强了缔约国对条约的信心。但是，现在仍有不少军控条约没有任何核查安排。那些已经建立了核查体制的，其中也存在一些问题。随着国际形势的发展以及军控研究的不断深入，军控条约的核查将会呈现一些新的发展趋势。由于不同领域的军备控制是相互联系和相互影响的，因此，不同领域军控条约核查的发展将会具有一些共性。概括地说，这些发展趋势包括以下几点。

第一，今后各种军备控制条约中对核查的要求将会更高，核查安排将会更为有效和更为完备。

第二，核查体制将越来越国际化，很多原来利用国家技术手段进行的核查将会被国际组织实施的核查取代。

第三，核查中将会安排更多和更严格的现场视察。

军控条约核查的这种发展趋势一方面反映了世界形势的发展；另一方面，在合理使用这些核查的条件下，它也会反过来促进世界各国相互了解和信任，促进军备控制本身的发展。

核军备控制与物理学

摘　要：阐述并分析了国际军备控制的新形势对物理学提出的挑战，包括实验室条件下核武器物理的研究、军备控制物理学的研究，非核新原理武器研究及核武器有关技术的和平利用等问题。

关键词：军备控制，物理学

20世纪90年代初以来，国际战略格局的新变化，使国际核军备控制进入了一个新阶段。其标志是：核试验可能被禁止；核裁军将会有实质性的进展；核扩散和防止核扩散问题更趋尖锐。

这一新的形势在社会科学和自然科学领域都提出了一系列新的问题。其中，与物理学有关的，至少是以下三方面的问题：

（1）如何在实验室条件下研究核武器物理。

（2）核军备控制涉及许多科学技术问题，其中包括核军备控制物理学问题的研究。

（3）与核军备控制的新形势有关的其他新研究课题。

本文试图对这些问题作初步的阐述。

1　核武器物理的实验室研究

1.1　研究的意义

核禁试远不意味着核武器的消亡。我们姑且撇开核禁试的定义问题和稳定性问题不谈，即使出现一个稳定的全面核禁试局面，在今后相当长的历史时期内，核武器仍将是一个重要的社会存在，各核国家都不会轻易放弃核武器，它仍将是一个最有效的军事威慑手段。

因此，各核国家将在不违反核禁试条约的实验室条件下继续核武器物理的研究，这一研究虽不能发展新核武器，但对维护现有核武器的有效性是必不可少的，它具有两方面的意义：

（1）保持现有核武器的安全性和可靠性。

（2）加深对核武器物理的理解，并保持后继有人的核专家的水平。

1.2　研究的内涵和方法

为了说明实验室条件下核武器物理研究的内涵和方法，我们介绍一下美国洛斯·阿拉莫斯实验室提出的设想，它具有一定的代表性。

---

① 本文作者：杜祥琬、胡思得（中国工程物理研究院）。发表于《物理》，1995年，第24卷，第11期，第654页。

(1) 地上实验——Ⅰ：包括研究初级（引爆弹）物理问题；进行高能炸药实验；研究冲击波物理。

(2) 地上实验——Ⅱ：包括研究次级的物理问题；激光驱动的实验；脉冲功率驱动的实验。

(3) 惯性约束聚变：包括激光驱动。

(4) 强化数值模拟研究：包括利用已有的核试验数据建立基准；利用地上实验的数据改善物理模型。

(5) 流体核实验。

以上五方面的工作主要涉及以下三个物理学科的研究：

一是爆轰与冲击波物理。流体核实验也主要属于这一类。它主要研究核弹关键之一"初级"的物理问题[1]，为此目的，已发展了一些性能先进的实验装置，如双轴闪光照相设备，它需要具有高的分辨率，可用于"一点安全"等实验，提供层析X射线摄影。

二是高温高密度等离子体物理。有代表性的研究手段是激光驱动的惯性约束聚变[2]。它包括激光驱动器研究、靶材料及微靶制备工艺研究、实验与诊断技术研究、数值模拟与理论分析及靶物理研究。靶物理中的核心问题有：激光等离子体相互作用、辐射波的输运、辐射驱动对称性问题和内爆动力学与界面混合问题等。惯性约束聚变在近期内是核武器物理实验室研究的手段，其潜在的长期目标是提供基于ICF堆芯的核聚变反应堆能源。此外，基于脉冲功率技术的特种实验装置也可进行高能量密度物理（high energy density physics）研究，为初级和次级的研究服务。

三是计算物理学。实验室的核武器物理研究受到许多局限，其时空尺度远小于核试验的实际尺度，必须借助于计算物理的手段进行完整的规律性研究和实验结果的外推研究。因此，禁试后要强化计算物理和理论分析。另外，为分析武器安全问题和库存中的老化问题，需要进行三维的高精度的流体力学计算；为进行ICF等高温高密度核聚变过程研究，需要包含激光-等离子体相互作用、电子热传导、非热动平衡原子物理、辐射输运、流体力学、中子-γ输运等在内的总体软件包。二维的LASNEX是一个典型的代表（图1）。由于计算量和精度的要求，必须大容量、高速度，并具有高性能计算环境的计算机。

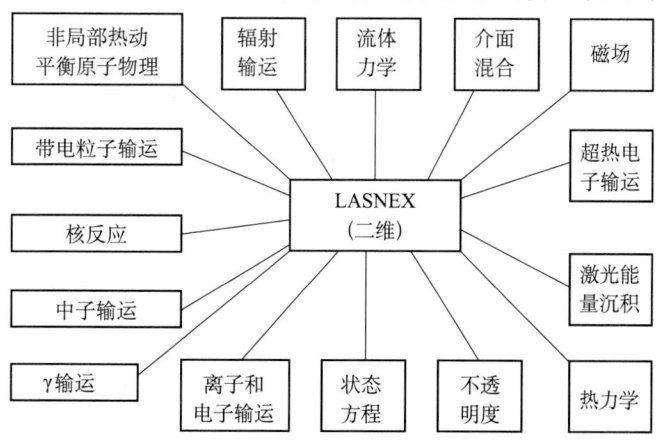

图1 LASNEX物理软件包内涵示意图

应该说，核武器物理研究最节省的办法是进行核试验。在实验室条件下，想要获得核试验可提供的同类数据，要困难得多且昂贵得多。举一例可见一斑：前面提到的双轴闪光照相装置的预算是约一亿美元；而用于 ICF 研究的驱动器 NIF——国家点火装置的预算高达十几亿美元。

2 核军备控制物理学研究

美国和前苏联的核武器本来已生产得过多，成了沉重的包袱，而在新的国际战略格局下，这样庞大的核武库更显得没有必要。因此，核裁军开始进入实质性阶段，并会有进一步的发展。各核国家早晚会在一定条件下，加入核裁军进程。核裁军需要相应的核查手段。同时，裁下来的核武器需妥善地予以销毁，并对其中的核材料进行处理。另一方面，为了制止生产新的核武器，需对武器级核材料的生产进行监督和控制。此外，全面核禁试条约也需有效的核查手段作保障。为了防止核武器技术向无核武器国家的扩散，也需相应的技术手段以加强国际核安全保障体制。在这些需求背景下，军备控制物理学应运而生，并正在深化发展[3]，它主要有以下几方面的内容。

2.1 禁止核试验的核查

除卫星遥感探测外，对地下核爆炸的核查方法主要有：①地震法。天然地震是由岩层错动产生的，尺度大，持续时间长，因此产生的地震波主要是横波，而且在低频段；核爆炸持续时间短、尺度小，主要通过挤压岩石产生地震波，这样的地震波主要是高频段的纵波。两种地震波的这种差别可用以区分核爆炸和天然地震。进一步再由震级估算出核爆炸的威力。②流体力学方法。地下核爆炸引起进的冲击波高速向外扩展，在开始的一段时间其波前速度与爆炸威力有一定关系。流体力学可以计算出这一关系，从而提出了冲击波阵面半径随时间变化的连续反射测量技术（CORRTEX），它估算出的威力比地震法精确，对被核查方又无太强的"入侵性"。③地球物理方法，探测核爆炸引起的局部地球物速性质的变化，如地面电阻率的变化，可判定核爆炸的产生及其方位。④监测核爆炸产生于环境中的放射性核素。现有的这些技术对判定极低威力的核试验尚有困难，有必要进一步研究。

2.2 核裁军的核查

根据核裁军条约裁减下来的核弹头的数目，需要进行核实。主要是采用主动法和被动法来探测、鉴别和统计核弹头。主动法是利用外部激励产生可探测的信号，如通过中子激活，在弹头的裂变材料中产生可探测的中子与 γ 射线；被动方法是利用被探测物本身发出的信号进行监测，例如探测核材料衰变产生的 γ 射线和自发裂变产生的中子。此外，经探测核实后的弹头，可加上物理的或电子学的"标签"，或确定其"指纹"，以减少再核查。最后，裁下来的弹头如何销毁和妥善处理，是一个相当复杂和花费很大的问题，已提出了一些办法，如地下深埋、地下集中炸毁、将核材料卸出稀释后加以利用等，都存在值得研究的问题。也有人提议通过停止氚的生产来自然削减核弹头，因为许多类型的核弹头中，都用到氚，氚的自然衰变将使一些弹头逐渐报废。但停止氚的生产也不是一件简单的事。

2.3 核不扩散的核查

核不扩散的核查需要了解无核国家是否有能力制造核武器，是否准备获取这种能力，有核国家是否在向无核国家转移核武器、核武器部件或核武器技术。但实际上，全面了解这些信息是困难的。因此，目前核不扩散的核查主要集中在了解无核国家是否拥有或有能力制造武器级裂变材料。武器级的铀必须经过浓缩，提高铀-235 的含量。钚-239 是由铀-238在反应堆中经中子辐照后生成的，然后在后处理厂将铀、钚和裂变产物分离获得钚。因此，对核材料的监督主要是监视铀浓缩厂、反应堆和后处理厂。适当浓缩的铀有民用价值，因此不能完全禁止铀的浓缩，但要限制浓缩度，制止浓缩到武器级。而武器级的钚可通过规定反应堆换料时间来控制，还要对后处理过程中钚的提纯加以控制。目前，核不扩散的核查是由 IAEA 通过安全保障（safeguaed）体制来实施的。但伊拉克出现的情况表明，目前的 safeguard 体制是不完备的，需要强化和发展。

2.4 外空军备控制的核查

在外空军备控制的核查中也有一部分是物理学的工作。除了利用卫星进行遥测外，外空军控核查还包括在现场核查地面布署的针对外空目标的武器以及在卫星发射场检查将发射到外空去的装置是不是武器或武器部件，这种现场核查根据外空武器（例如定向能武器、动能武器等）的物理和技术特征来进行判断。此外，还发展了对空间武器的试验进行核查的方法，以及核查空间反应堆的红外探测方法（通过限制空间反应堆可以限制相当一部分空间武器）。

除军备控制核查技术中的物理问题外，军控物理学的研究还包括对武器效能和战争效应的研究。例如，对核战争效应的研究建立了"核冬天"的概念和臭氧层变薄的概念，使人们认识到发动一场核攻击之后，受到惩罚的不仅是对手，发动攻击的一方也难免自食苦果，从而使得有核国家对发动核战争持十分谨慎的态度。也可以说使核武器产生了一种"自威慑"作用。

军备控制物理学是应用物理学的一个分支，涉及物理学的许多领域，如核物理、工程物理、电子学以及一些有关的技术学科。物理学家们所做的工作不仅为军备控制提供有效的核查方法和销毁技术，还使得对军备控制的分析研究走向定量化和科学化。因此，有关国家的物理学家已建立了专门的研究组织或研究中心，培养军备控制物理学的研究生。世界有影响的期刊"Physics Today"已设立了军备控制专栏，现在已有了国际性的专业杂志"Science & Global Security"，这标志着军备控制物理和科技问题的研究已进入更深入的阶段。

3 其他有关的新课题

核军备控制的新形势还提出了其他一些新的课题，这里仅谈以下三点。

3.1 新原理武器的研究趋于活跃

冷战时期，大国着重发展以大规模破坏和杀伤为目的的武器，核武器是其代表。而冷战后，则转为重视发展以使对方丧失功能为目的的武器，海湾战争更促进了适用于局部战争的这类新概念武器的研究。人们越来越深刻地理解到：科学技术上的创新是宝贵的作战倍增器。下面举出几个非核新概念武器的例子。

电磁脉冲武器（或称射频武器）也已有多种方案在研究，可认为属于"非杀伤性武器"或"非传统武器"的一种。它是电子战的手段。它利用强的电磁波辐射使电子设备失效或破坏。宽带高功率微波和窄带射频定向能武器都被列入美国国防研究计划中。与此相关的还有所谓"电磁导弹"的概念，是用特殊方法产生和发射的电磁波，具有定向和慢衰减的特性，像"导弹"那样。

等离子体武器已有若干不同的设想。有代表性的一种是俄罗斯建议同美国合作研究的设想，即利用强的辐射（如强的微波）在飞行物运动前方造成有一定空间尺度和持续时间的"等离子体团"，当飞行物（导弹、飞机等）进入此等离子体团的区域后，由于此区内外条件的骤然变化，使飞行物自己发生气动力学的不稳定性而失效。

光武器是激光发现以来人们执着追求的目标。美国的 SDI 计划蜕化为 BMD 计划后，光武器研究仍在推进。除较为成熟的致盲武器外，还在发展更强的战场和战区激光武器，通俗地被称为"死光"。至今，已进行了一系列摧毁飞行目标的演示试验和武器系统可行性的试验。由于军用卫星的发展，还刺激了反卫星武器（包括动能武器和激光武器）的发展。

再一类是高速发射装置，所谓电磁轨道炮和电热炮属这一类。它们可在毫秒的时间内使几克重甚至公斤级的弹丸加速到每秒数公里，以其动能实施杀伤。有关的研究课题有：原理研究，大电流开关器件，电源小型化，高速弹丸侵彻的实验和计算机模拟。

此外，还有所谓"次声武器"、穿地弹、粒子束武器、潜艇静噪技术、隐身反隐身技术以及核武器的常规化（将小型和低威力的核弹头用在常规武器上）等。

这些非核新型武器的研究除涉及其原理外，还有一系列基础性研究，如等离子体物理问题、微波与物质相互作用、激光与物质相互作用、新材料研究以及许多有关的技术问题。

3.2 核爆炸的和平利用

核武器是应该禁止的。但核爆炸能量却是可以也应该加以利用的。和平利用核爆炸曾有过成功的尝试，前苏联在利用核爆炸增产石油与天然气以及地质探测方面积累了不少的经验。

由于核武器爆炸试验与和平利用核爆炸难以区分，所以，在禁止核试验呼声很高、核爆炸成了敏感的政治问题的今天，核爆炸的和平利用也存在政治上的障碍。但不能排除这样的可能性：当全面禁核试的格局有了一定的稳定性，核武器问题变得不那么敏感之后，可以开始有核查的核爆炸和平利用。

和平利用核爆炸的方案和构思已有多种。除用于地质、探矿研究，增产石油和天然气外，还提出了利用系列的地下小型核爆炸建立地下发电站；利用核爆炸改变山脉结构和大气环流走向，以利于气候的改善和水力资源的开发，例如，在喜玛拉雅山脉炸开一个山口，使南亚的暖湿气流北上，以改变我国西部多山少水地区的气候和生态环境，也缓解南亚的炎热。这只是一种畅想，当然，这里有许多问题需深入研究。

彗木相撞事件使人们自然联想到要避免类似事件在地球上发生。事实上，发生这类事件的几率并不为零，好在较大天体与地球相撞是可以提前预报的。有些科学家建议利用核爆炸能量改变来袭天体的轨道，以避免相撞事件发生，这也不失为利用核爆炸的一种畅想。

3.3 核技术转民

为实施核计划建立的技术基础，是可以经适当改造为国民经济服务的。例如强流加速器可产生强粒子源和 γ 源,图 2 是几种可能应用的示意图。

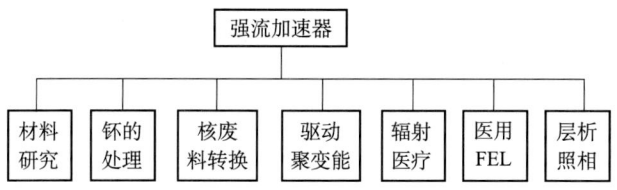

图 2 强流加速器可能的应用示意图

脉冲核反应堆产生的核粒子可用于泵浦某些激光工作介质,产生核泵浦激光。俄罗斯已报道了这种紧凑型的高功率激光器研制成功。美国也有类似的研究计划。拟将它用作惯性约束聚变的驱动器,还设想用来建造空间的核激光站,实现地球—卫星—星体之间的空间供能。

此外,脉冲功率和化工材料研究的基础可用于环境净化技术,而计算物理的基础可进行环境模拟分析。高压物理研究的基础可用于生产金刚石和其他超硬材料。等离子体物理和原子物理的基础可用于等离子体 X 射线激光与可控聚变能源的研究等。

致谢:作者感谢于敏先生对本文提出的宝贵修改意见。

参考文献

[1] 经福谦,胡思得. 物理,1991,20:482.
[2] 陶祖聪,杜祥琬,彭翰生等. 物理,1991,20:467.
[3] 杜祥琬,李彬,宋家树等. 物理,1992,21:654.

核军备控制的科学技术基础[①]

1 兵器发展简史

军备（arms）一词包含着兵器和部队两层意思，即武器的种类、数量与性能，以及武装部队的兵种、人数与装备。二者密切相关，共同构成军事实力的主要部分。

兵器也称武器，是用于杀伤敌人的器械和工具。兵器的发展和革命，影响着武装部队的变革。军备发展的历史基本上是一部兵器发展史。为了研究军备的发展与控制，首先回顾一下兵器发展简史是有益的。

从社会发展的历史来看，兵器是随着工具的制造和科学技术的进步而逐渐发展的。兵器的发展主要经历了冷兵器、热兵器、核武器和其他高新技术武器等阶段。

1.1 冷兵器

所谓冷兵器，是木头、石块、青铜器、钢铁和弓箭等不使用火药的武器的统称。

在史前阶段，人们在暴力冲突中，最早将带有锋刃的生产工具用于人类的相互残杀，这种杀人工具与生产工具不分的状况，在史前阶段曾经历了一个很长时期。随着生产与战争的发展，生产工具与作战兵器逐渐分化，于是出现了专用于作战的兵器。冷兵器的发展大体经历了石兵器、青铜兵器和铁兵器等阶段。

1. 石兵器

新石器时代晚期，人们已经熟练地掌握了磨制石器的技能，能制成较锋利的石质工具，同时也提高了用石质工具加工木器、骨器的技术，为制造兵器准备了工艺方面的条件。当时由生产工具转化为兵器的主要有：用于远射的木质或竹制的单体弓和装有石质或骨、角、蚌质箭镞的箭；用于扎刺的石矛或骨矛；用于劈砍的石斧、石钺；用于砸击的大木棒和石锤；用于勾砍的石戈；以及石质或骨质、角质的匕首，等等。与此同时，为抗御敌方进攻性兵器的杀伤，人们使用了原始的防护装具，主要有竹、木和皮革制造的盾，以及用藤或皮革制造的原始甲胄。

2. 铜兵器

大约在夏朝，中国进入青铜时代。商代有了专门炼铜的坩埚，能较大量生产铜兵器，开始了以金属兵器为主的时代。商周时期，青铜冶铸业的不断发展为青铜兵器的发展奠定了基础。这时用青铜打造了各种兵器，如青铜进攻性兵器：包括远射、格斗和卫体三类。远射兵器主要是弓箭，箭上装青铜镞；格斗兵器主要是青铜戈、矛和戟，也有用于劈砍的

[①] 本文是《核军备控制的科学技术基础》一书的绪论，国防工业出版社，1996年6月。

钺和大刀；卫体兵器主要是青铜的短刀，以及短剑等。同时防护装具主要是青铜胄，皮甲和盾。

3. 铁兵器

约在东周晚期，中国进入铁器时代。由此出现了钢铁兵器。早在商朝，人们就利用天然陨铁制作兵器的刃部。春秋时期，出现了钢铁制造的兵器。由于钢铁兵器远比青铜兵器锋利且有良好的韧性，加之骑兵和步兵新的战术需要，使兵器类型有了新的变化。在进攻性兵器中，主要格斗兵器戈、戟均由钢铁制造的所取代，出现了钢铁剑，并使用了环首的长铁刀。在防护装具方面，使用了铁甲片编缀成的铠甲和兜鍪，以及铁盾。

由于钢铁兵器既坚硬又锋利，极大地提高了战斗力，是兵器史上一次重大变革，它给古代的兵器和战争带来了巨大影响。

总之，直到公元 10 世纪，尽管兵器的种类、形制和材料等方面有过多次变化和改进，但一直没有取得根本性的突破，冷兵器一直是这个漫长时期的主要作战工具。随着中国火药的发明，促使了兵器由冷兵器向热兵器的发展。

1.2 热兵器

所谓热兵器，是使用火药爆炸性武器的统称。

1. 早期发展

火药的发明，并将其应用于战争，是兵器发展史上一次重大革命。我国是世界上发明火药最早的国家，也是在军事上使用火器最早的国家。北宋时期，利用火药创制的火毬、火箭等燃烧性火器用于战争，开始了战争史上火器与冷兵器并用的时期。南宋初，出现了世界上最早的管形火器——长竹杆火枪。之后，人们又制成了能发射子窠的突火枪，它以巨竹为枪筒，内安子窠（弹丸），用火药发射，在发射原理上是欧洲近代枪炮的先导。元朝又进一步把竹火枪改进为金属火铳，这是金属管形射击火器的第一代，已成为用火药发射石弹、或铅弹、铁弹在较远距离杀伤敌人的武器。火铳的发明为近代枪炮的诞生奠定了基础。

13 世纪末，火药与火器的制造技术，经由阿拉伯西传至欧洲。从 15 世纪末叶开始，欧洲的火器制造技术逐渐走在前面。之后，随着科学技术的发展和战争的需要，逐渐发展成近代乃至现代的枪械、火炮等热兵器。

2. 各种常规兵器的发展

（1）枪械。

早期的火枪命中率低、射程短、射速慢而且笨重。自 14 世纪以后，各国对枪作了多次改进，火枪由火门枪经火绳枪到燧石枪，在结构和性能上均有进步。19 世纪初进一步发明了击发枪。19 世纪 30~40 年代，德国研制成功了德莱赛步枪，并装备了军队，这是最早的机柄式步枪。19 世纪 70 年代，德国装备了毛瑟步枪，这是首先成功地采用金属弹壳枪弹的机柄式步枪。与此同时，手枪到 19 世纪也取得了重大发展。19 世纪初出现了击发手枪，之后发明了转轮手枪并进一步改进。到 19 世纪末，自动手枪问世。此后，自动手枪发展迅速。

机枪的发明显示了枪械自动化的发展。早在 1862 年，美国人 R. 加特林发明了手摇式机枪，这种枪曾在美国内战中起到了很大作用。机枪发展史上常把英籍美国人 H. 马克沁发明的机枪，作为第一种成功地以火药燃气为能源的自动武器。这种枪采用的枪管短后坐自动原理，于1883年试验成功，1884年应用这种原理的机枪取得专利。之后，人们进一步发展和改进了重机枪和轻机枪，并在第一次世界大战（一战）中得到应用。第二次世界大战（二战）前后，又陆续出现了各种冲锋枪。一战中，由于军用飞机、坦克的出现，接着就出现了航空机枪和坦克机枪等。

随着科学技术的发展，许多国家都在寻求研制新型枪械的途径，主要是探索新的工作原理和新型结构的枪弹，并力图应用轻金属材料和非金属材料，减少弹枪系统的尺寸和重量，提高火力密度、增强杀伤威力等。

同时，其他步兵武器在两次大战前后也陆续出现。一战中，广泛使用了手榴弹；二战中出现了反坦克火箭筒；两次大战中使用了各种喷火器；等等。

（2）火炮。

中国的火药和火器西传以后，火炮在欧洲开始发展。到17世纪末，欧洲大多数国家使用了榴弹炮。19世纪初欧洲许多国家发展了线膛炮，19世纪末期出现了反后坐装置，使火炮结构趋于完善。到一战期间，各种专用火炮开始应用，如平射炮、高射炮、机关炮、坦克炮等。之后火炮性能进一步改善。二战中，由于飞机提高了飞行高度，便出现了大口径高射炮及火控系统。由于坦克和其他装甲目标构成了军队主要威胁，就出现了无后坐炮和威力更大的反坦克炮。自20世纪60年代末以来，由于科技的发展和生产工艺的改进，火炮在射程、射速、威力和机动性各方面都有明显提高，并且发展的种类较多，如加农炮、榴弹炮、加农榴弹炮和迫击炮这些地面压制火炮，以及高射炮、反坦克火炮、坦克炮、航空机关炮、舰炮和海岸炮等。为了提高炮兵火力的适应性，火炮除了配有普通榴弹、破甲弹、照明弹和烟幕弹外，还配有各种远程榴弹、反坦克布雷弹、反坦克子母弹、末段制导炮弹以及化学炮弹、核弹等。

（3）坦克。

坦克的诞生是近代战争的要求和技术发展的结果。一战期间，交战双方为突破防御阵地，打破阵地战的僵局，迫切需要研制一种使火力、机动、防护三者有机结合的新式武器。1916年，英国率先生产出Ⅰ型坦克。1916年9月15日，32辆Ⅰ型坦克首次参加了索姆河会战。坦克的问世，开始了陆军机械化时期，对军队作战行动产生了深远影响。二战期间，大量坦克参与了战斗。战后至20世纪50年代，苏、美、英、法等国又进一步研制了新一代坦克，为了提高战斗技术性能，有的坦克开始采用火炮双向稳定器、红外夜视仪、三防装置和潜度设备。60年代，中型坦克的火力和装甲防护已达到或超过以往重型坦克的水平，同时克服了重型坦克机动性差的弱点，从而形成了一种具有现代特征的单一战斗坦克，即主战坦克，主要有M60A1、苏T-62等。70年代以来，随着现代科学技术的发展，使坦克的总体性能不断提高，更加适应现代战争的要求。

（4）军用飞机、舰艇。

1903年，美国莱特兄弟首次驾驶自己设计、制造的动力飞机飞行成功。1909年，美国陆军装备了第一架军用飞机。20年代，军用飞机迅速得到发展。一战期间，出现了专门为执行某种任务而研制的军用飞机，例如主要用于空战的歼击机、专门用于突击地面目标的轰炸机等。30年代后期，具有实用价值的直升机问世，二战中，俯冲轰炸机和鱼雷轰炸机等得到广泛使用，还出现了可长时间在高空飞行的远程轰炸机，如美国B-29轰炸机，执行电子侦察或电子干扰任务的电子对抗飞机和装有预警雷达的预警机也开始使用。二战后期，喷气式飞机得到迅速发展。70年代以来，直接用于作战的飞机大多向多用途方向发展。目前，飞机的快速反应、远程机动和猛烈突击能力的特点更加突出，飞机载弹量和轰炸破坏力也数倍增长，并且具备了电子对抗、空中预警、精确突击，以及对大规模空中作战实施临空指挥控制等多种新的能力，各种隐形飞机也得到迅速发展。如在海湾战争中，多国部队在空袭作战时，出动了各种战斗机、战斗轰炸机、远程轰炸机、攻击直升机、空中预警指挥机、运输机和空中加油机等20多个机种，为多国部队夺取制空权起到重要作用。

随着水上战争的出现，船开始用于战争，并逐渐发展成各种专用战船。19世纪后期，各国竞相制造大型舰只，如大型巡洋舰、驱逐舰，20世纪初，出现了改良型潜艇，它们在一战中显示了强大威力。30年代，美、英、日等国建造大型巡洋舰、航空母舰、潜艇，并建立大型海军基地，组成大型特混舰队。这些战舰在二战中发挥了重要作用。随着核能的利用，出现了核潜艇。目前，随着高新技术的发展，各种舰只的技术性能已今非昔比。

1.3 核武器

核武器，是利用能自持进行的原子核裂变或聚变反应时释放的能量，产生爆炸作用，并具有大规模杀伤破坏效应的武器的总称。

1. 原子弹

核武器的出现，是20世纪40年代前后科学技术重大发现的结果。1938年，德国的O. 哈恩和F. 斯特拉斯曼发现了铀原子核裂变现象。不久，许多科学家进行了核裂变的物理验证，并进一步提出了有可能创造这种裂变反应自持进行的条件。由于担心法西斯德国首先制造出原子弹，在物理学家L. 西拉德等的推动下，1939年8月，爱因斯坦写信给美国总统罗斯福，建议研制原子弹，从而使美国开始了有关方面的研究。1942年正式提出了研制原子弹的"曼哈顿计划"。经过许多科技人员的努力，到1945年研制出3颗原子弹，1颗用于试验，两颗投在日本。1945年8月6号投到广岛的原子弹，代号为"小男孩"，是一颗枪法铀弹，威力约15kt TNT当量。同年8月9日投到长崎的原子弹，代号为"胖子"，是一颗内爆法钚弹，威力约23kt TNT当量。原子弹爆炸后，给广岛和长崎造成巨大破坏，显示了原子弹是一种具有大规模杀伤破坏作用的新式武器。

继美国之后，苏联于1949年8月29日也成功地进行了原子弹试验；英国1952年进行了首次原子弹试验；法国1960年爆炸了第一颗原子弹。中国于1958年开始了研制核武器的准备工作，主要依靠自己的力量研制原子弹。1960年初，开始全面的原子弹研制工作。1964年10月16日中国第一颗原子弹装置爆炸成功，威力为22kt TNT当量。1965年5月14日成功地进行了第一颗核航空炸弹空投爆炸试验，威力为35kt TNT当量。

2. 氢弹

氢弹是利用原子弹爆炸的能量点燃氘、氚等轻核，以发生自持聚变反应，瞬时释放巨大能量的核武器。氢弹的杀伤破坏因素与原子弹相同，但其威力却大得多。此外，通过设计还能增强或减弱氢弹的某些破坏因素，因而它的作战性能比原子弹更好，用途也更广泛。

由于惧怕苏联人抢先，在泰勒等的支持下，1950年1月，美国总统杜鲁门下令加速研制氢弹。早在1942年，美国科学家在研制原子弹的过程中，推断原子弹爆炸提供的能量有可能激发大规模的轻核聚变反应，并想以此来制造一种威力比原子弹更大的超级核弹。1952年11月1日，美国进行了世界上首次氢弹原理试验，试验装置连同液氘冷却系统重约65t，不能作为武器使用。苏联宣布于1953年8月12日进行氢弹试验。试验装置中第一次使用了氘化锂作热核装料，因而重量体积相对较小，有可能用飞机或导弹投放。之后，英国于1957年实施了首次热核爆炸。中国于1966年12月28日用塔爆方式成功地进行了中国首次氢弹原理实验，爆炸威力约122kt TNT当量。这是中国核武器发展史上又一个里程碑。不久，中国于1967年6月17日成功地进行了爆炸威力约3300kt TNT当量的中国首次氢弹空爆试验。法国于1968年爆炸了第一颗氢弹。

从1945年美国爆炸第一颗原子弹起，美国和苏联在核武器领域中激烈争夺一直没停过。到80年代末，两国总计有核弹5.4万余枚，约占全世界核弹总数的95%以上，总威力约为15Gt TNT当量，而二战期间，美国在德国和日本投下的炸弹总计才2000kt TNT当量。目前庞大核武库的核武器种类众多。其中战略核武器包括陆基洲际弹道核导弹，潜地弹道核导弹，携带核航空炸弹、近程攻击导弹、巡航导弹的战略轰炸机以及反弹道导弹核导弹等，并由陆基洲际弹道导弹、潜地弹道核导弹以及携带核弹的战略轰炸机三者构成了美俄两国的三位一体战略核力量。战术核武器有：近程地地核导弹、核航空炸弹、舰舰和舰空核导弹、反潜核导弹、核深水炸弹、核炮弹、核地雷等。同时，核武器的战术技术性能也不断提高。一方面，核弹头的比威力有了显著提高。另一方面，核弹头的生存能力和命中精度等战术技术性能均取得重大进展。

3. 第三代核武器

人们常将原子弹称为第一代核武器、氢弹为第二代核武器，也有人把最初的原子弹、氢弹称作第一代核武器，而把小型化的热核武器称作第二代。还有一类被称作第三代核武器，其特点是，通过设计调整核武器的性能，按照不同的需要，增强或减弱其中某些杀伤破坏因素，研制特殊性能的核武器或定向能核武器，这是核武器的另一种发展方向。

属于第三代核武器的有中子弹、冲击波弹等。中子弹的概念早在50年代末由美国提出，并在60年代初进行了中子弹试验。1977年卡特政府批准生产中子弹。1978年由于国内激烈的争议而决定推迟生产。1981年里根政府下令生产和储备"长矛"导弹的中子弹头和203mm榴弹炮发射的中子炮弹。前苏联和法国也试验过中子弹。中子弹的特点是爆炸释放能量不高，但中子辐射很强。所以也称中子弹为增强辐射弹。中子弹的研制成功是核武器向效应可选择方向发展的一个重要进步。对于集群装甲目标，中子弹是一种有效的武器，它能在给敌人有生力量重大杀伤的同时，大幅度减少对建筑物的毁伤。

美国在1980年宣布了冲击波弹研制成功。这是一种以冲击波效应为主要杀伤破坏因素的特殊性能的氢弹。与普通三相弹相比，其显著特点是降低了剩余放射性的生成量，所以也称减少剩余放射性弹（RRR弹）。人们还不同程度研制和探索了增强X射线弹、感生放射性弹、核激励的X射线激光器、γ射线弹以及纯聚变的"干净弹"等第三代核武器。

4. 大规模杀伤武器

联合国大会于 1948 年将大规模杀伤武器规定为：原子爆炸武器、放射性材料武器、致死化学和生物武器和未来研制的其破坏效应与原子弹或上述其他武器相当的武器。

（1）化学武器。化学武器是以毒剂杀伤有生力量的各种武器、器材的总称。

20 世纪初，化学工业在欧洲的迅速兴起和军事上的需要，为现代化学武器的发展提供了条件。一战期间，化学武器逐步形成具有重要军事意义的制式武器，如曾使用过装有光气的致死性化学炮弹以及芥子气炮弹等。化学武器在一战中的大量使用，受到全世界舆论的强烈谴责。1925 年，在日内瓦召开的国际会议上签订了《禁止在战争中使用窒息性、毒性或其他气体和细菌作战方法的议定书》，但化学武器的发展从未停止。其后各种化学炮弹和化学航空炸弹相继问世。一些国家继续加强毒剂及其使用技术的研究，还着重发展远程火炮、多管火箭炮、飞机等投射的大面积杀伤化学武器。50 年代以来，先后出现了神经性毒剂化学火箭弹、导弹和二元化学武器等。此外，有些国家的军队还将植物杀伤剂用于军事目的。

（2）生物武器。一战期间，德国曾首先研制和使用生物武器（细菌武器）。日军在侵华战争中、美军在朝鲜战争中，也曾研制和使用细菌武器。二战后，一些国家仍在研究和生产新的生物武器，在投射、战剂方面都有重大发展。1972 年签订了《禁止细菌（生物）及毒素武器的发展、生产及贮存以及销毁这类武器的公约》，1975 年生效。目前，人们又在探索一种新型的生物武器——遗传武器，亦称基因武器。其特点是利用重组 DNA 技术来改变非致病微生物的遗传物质，以产生具有显著抗药性的致病菌，并利用人种生化特征上的差异，使这种致病菌只对特定遗传型的人种有致病作用，以达到有选择地对某些人种进行杀伤的目的，从而改变普通生物武器在杀伤区域上无法控制的性质。遗传武器目前的研制虽还存在许多问题尚待解决，但是随着生物工艺学的进展，这种非人道的武器是有可能出现的。

1.4 高新技术兵器及其探索

随着科学技术的迅猛发展，不仅使已研制出的兵器的结构和性能不断改进和完善，而且还促使各种新型兵器的研制和探索。

1. 电子战兵器

电子战兵器主要指用于电子对抗侦察、电子干扰的电子设备及其他制式器材等电子对抗装备。

二战前，对无线电通信的侦察和干扰，一般是使用相同频段工作的无线电收、发信机。二战期间，随着雷达的使用，出现了电子对抗装备。英美等国先后研制并装备了无线电干扰发射机以及铝箔片、角反射器等。战后，在越南战争和 1967 年、1973 年两次中东战争中，电子对抗异常激烈，促使了电子战兵器的全面发展。20 世纪 70 年代后，随着集成电路集成度的提高，大量电子设备向体积小、重量轻、耗功少的方向跨进了一大步，从而为军事领域大量使用微电子设备开辟了更加广阔的前景。这不仅使通信、雷达、导航、遥控、遥测、遥感等军用电子装备系统有了进一步发展，而且在一些技术发达的国家先后建立了自动化指挥、控制、通信和情报（C^3I）系统。目前 C^3I 系统已是现代战争的灵魂，人们把它比作"力量倍增器"，如果能够通过电子干扰，使对方 C^3I 系统失灵，就会使对方的作战机构陷入瘫痪，因而 C^3I 系统与反 C^3I 系统之间斗争也日趋激烈。

像其他攻击性与防御性武器相生相克一样，随着电子对抗设备的产生，便出现了侦察反侦察、伪装反伪装、干扰反干扰、对抗反对抗等电子斗争专用的高技术装备，一种全新的作战样式——电子战也出现在现代战争的各个角落，在高技术战争中起到一种特殊的作用。现代战争中，电子战兵器已成为十分有效的"软杀伤武器"；这在海湾战争中得到证明：多国部队实施强大的电子干扰和电子摧毁，确保对伊防空系统的电磁压制，使其雷达迷盲、通信中断、指挥失灵，对实现空袭和地面作战的突然性起了关键作用。目前，人们认为电子战兵器、精确制导武器和自动化作战指挥系统（C^3I）构成了现代高技术战争的三大支柱。

2. 空间武器

20 世纪 50 年代后期，苏联和美国相继成功发射了人造地球卫星，从此两国开始加剧了太空的军事争夺。1983 年美国提出的"战略防御计划"（SDI）（也称"星球大战计划"），更加促进了空间武器的研究和探索。

（1）动能武器。

所谓动能武器（KEW）是指那些利用极高速度运动的非起爆式弹丸与目标直接相撞时的动能来破坏目标的武器。如何使弹丸获得高速，大致有两种途径，一是靠火箭，二是用电磁轨道加速器。

①精确制导武器。

导弹的出现要比火箭晚，一战前后，随着技术的进步，各种火箭武器迅速发展起来，并在二战中显示了威力。1944 年，德国首次将可控弹道式液体火箭 V-2 用于战争，这也是最早的弹道导弹；同时还研制出 V-1 火箭，这是最早的巡航导弹。此外德国还曾研制出"莱茵女儿"等地空导弹和反坦克、反舰导弹。由于导弹武器射程远、速度快、命中精度高、杀伤破坏威力大等特点，促使苏、美等国二战后大力研制和发展。已研制出种类繁多的各种用途的导弹，如地地导弹、地（舰）空导弹、空空导弹、空地（舰）导弹、舰舰导弹、反弹道导弹、反坦克导弹、反雷达导弹等。

另外，每枚导弹所携带的弹头的数量也有了重要发展，早期的导弹是采用不分离单弹头，到 50 年代开始研制出分离单弹头。到 60 年代，随着反导弹系统的发展，促进了多弹头技术的发展，出现了集束式多弹头和分导式多弹头。70 年代，美国又相继研制了不带末制导系统的机动式多弹头和带末制导系统的机动式弹头。

导弹的重要发展是精确制导系统的采用。这使导弹的直接命中概率极大提高。70 年代，各种制导炸弹和导弹开始在战争中应用，并取得了显著效果。如 1972 年，美国在越南战争中大量使用了激光和电视制导炸弹，作战效能约比无制导武器高百倍。1974 年以后，西方军事界把这些导弹和制导炸弹统称为"精确制导武器"。

随着光电器件、微波半导体器件、集成电路和信息处理等技术的迅速发展，相继制成了各种小型化、高精度、低成本的制导系统。它们可装在弹体很小的导弹、炮弹和炸弹上，使打击面目标的无制导弹药变为能攻击点目标的精确制导武器。其制导方式已采用的有：有线指令制导、电视制导、红外制导、激光制导、遥感技术制导和微波雷达制导等。目前，精确制导武器在现代战争中正发挥越来越重要的作用。这促使人们不断完善各种制导技术。

②电磁炮。

电磁炮是利用电磁力（洛仑兹力）沿导轨发射炮弹的武器。

20世纪初，有人提出利用洛仑兹力发射炮弹的设想。在二战中，法国、德国和日本都曾研究过电磁炮。自70年代初，与电磁发射有关的技术取得了重大进展。澳大利亚国立大学建造了第一台电磁发射装置，将3g重的塑料块（炮弹）加速到6000m/s的速度。此后，澳、美科学家制造了不同类型的实验样机，并进行过多次发射实验。目前有不少国家正在探索利用大电流短路时产生的洛仑兹力来加速弹丸，由多个加速环节串接成近百米长的加速轨道有可能获得20km/s的终速度，而且可以多次连发。

80年代，美国科学家还提出一种称为"斑澜的卵石"（Brilliant Pebbles）的动能武器概念。它基于当代电子学的最新成就，这种带有智能的灵巧火箭只有五六磅重，具有自动寻的能力，部署于天基，用来对付核导弹。

（2）定向能武器。

①中性粒子束武器。

粒子束武器是一种尚在研究中的利用高能强流亚原子束摧毁飞行的导弹、卫星等目标，或使之失效的定向能武器。粒子束武器也可用于中段识别核弹头和诱饵、假目标。通常分为在大气层使用的带电粒子束武器和在外层空间使用的中性粒子束武器。近几年，在为中性粒子束方法提供证明方面已取得了很大进展。对于中性粒子束武器，在外层空间，接近光速的粒子几乎没有机会同大气分子碰撞，可以传输很远的距离而不损失能量。又因为它是中性的，不受地球磁场的作用而偏转，可以直线射向目标。所以中性粒子束武器可以及时、迅速地打击远方的飞行目标。

对于粒子束武器的探索早在20世纪40年代有的国家就曾进行过。但由于加速器所产生的粒子束流功率不高而未成功。随着有关技术的发展和军事上的需要，50年代末，美苏等国重新开始研究。80年代，由于SDI计划的刺激，对其研究较为活跃，但仍存在一些关键性问题有待解决。

②强激光武器。

早在60年代初第一批激光器演示成功不久，人们就认识到激光器作为武器的潜力。激光已在军事上获得了广泛的应用，如激光测距、激光雷达、激光通信、激光制导、激光引信和引爆，等等。人们还研制出了激光致盲武器和激光炮。同时美苏等国也在研制和探索强激光武器。这是一种利用高能激光束摧毁飞机、导弹、卫星等目标或使之失效的定向能武器。

随着新型激光器的出现，人们也随之研究了新型强激光武器。1978年，美国海军使用0.4MW的DF化学激光器，进行了打靶试验，击落了4枚高速飞行中的"陶"式反坦克导弹。80年代，美国进一步用改进的化学激光器进行了打靶试验。70年代中后期，随着自由电子激光器的研制成功，人们又探索了自由电子激光武器的可行性，80年代末，它曾受到特别的重视。80年代，美国还进行了X光激光器的研究。同时，人们还研究了各种类型的二氧化碳激光器、准分子激光器、短波长化学激光器等。目前，强激光要成为武器，特别是用作战略防御武器，离实战要求还有一定差距，无论在激光器性能方面，还是在一些相关技术方面，都需要解决一些重大物理问题和技术关键问题。

③微波束武器。

微波是一种高频电磁波。微波能在真空或空气中以光速沿直线传播，易被天线汇聚成方向性极强的波束，可在不良导体中传输，在金属之类导体上会反射等。这些特点是构成发展微波波束武器的重要依据。微波束武器是正处于发展之中的新概念定向能武器，它能直接利用强微波波束的能量杀伤人员或破坏武器装备。现正研制的微波束武器主要由超高功率微波发射机、大型高增益天线和跟踪、瞄准、控制系统等组成。使用时，大型天线先把超高功率微波发射机输出的能量汇聚在窄波束内，使能量高度集中，然后以极高的强度射向目标。

（3）反卫星武器。

1957年苏联发射了世界上第一颗人造卫星。之后，各种用途的军用卫星相继升空，有侦察卫星、通信卫星、导航卫星、测地卫星等。由于军用卫星在C^3I系统中起着重要作用，因此促使人们研制反卫星武器，用来扰乱、干扰、破坏或摧毁敌方的卫星。

最早研制反卫星武器的是苏联。他们研制了反卫星卫星，这是一种具有轨道机动推进系统、跟踪识别装置和杀伤战斗部的卫星，能接近和识别敌方卫星、飞船等航天器，当接近目标时，通过"自我爆炸"产生大量碎片以摧毁目标。美国曾开创了用导弹直接机械碰撞摧毁卫星的先例。前苏联和美国所研制的定向能武器均可用于打击卫星，成为新一代反卫星武器。

3. 其他武器

随着电子计算机、人工智能技术的发展，人们还渴望研制出人工智能武器。它的控制系统具有自主敌我识别、自主分析判断和决策的能力。如发射后"不用管"的全自动制导的智能导弹、智能地雷、智能鱼雷、智能水雷等。

此外，人们还探索了次声武器的研制。它是一种利用频率低于20Hz的次声波与人体发生共振，使其共振器官或部位发生位移和形变，而造成损伤的武器。次声是不易被人察觉和听不见的声音，在大气中传播衰减很少，与大气沟通的掩体和工事难以防御。

随着现代科学技术的迅速发展，利用人造气象对付敌方将成为未来战场上一种有效的军事手段，这就是气象武器的利用。它运用现代科学技术，特别是现代气象学技术，人工控制风、云、雷、雨、寒、暑等天气变化，把他们作为一种手段用于战争，用于改变战场气象环境，使其利于己而不利于敌，或直接削弱敌方抵抗能力，取得战争胜利。

总之，随着高新科学技术的发展，人们将一方面更新换代已有的兵器，另一方面又在研制、探索新型的高新技术兵器。

2 军备控制发展简史

自从人类社会产生战争以来，人们就渴望着尽早消灭战争。军备竞赛的发展也必然导致它的反面——军备控制。军备控制的历史是从19世纪开始的。自20世纪以来，人类经历了两次世界大战的浩劫，饱尝战争苦难的人们强烈盼望通过军备控制、裁军能够防止再次发生世界大战。1945年原子弹的问世，更加唤起了国际社会的军备控制和裁军意识。目前，军备控制问题已是当代国际关系的重要内容。

所谓军备控制，是指限制某类武器的部署、贮存、生产或试验，限制武装部队的人数、装备和部署以及制订一些控制军备竞赛和防止战争的安全保障措施。它的主要作用在于：减轻军事形势所孕育的某些危险性，降低军事上的不稳定性，以减少全面战争的可能性；当冲突真的发生时，增加执行克制性政策的可能性。军备控制含有敌对国家在军事政策方面采取某些形式的合作的意义。

2.1 核军备控制

由于核武器和核战争的巨大破坏性，所以大量贮存和研制核武器已给全球人类的生存带来了巨大的现实威胁，这使得核武器的军备控制成为军备控制的核心和主体。

1. 早期发展

1945年美国原子弹爆炸后，美国为了垄断原子弹的技术秘密，在国内制定了原子能法，并成立了原子能委员会，控制有关原子能的研究、开发和生产。1945年11月，美国、英国和加拿大提出，在联合国内成立原子能委员会，以建立对原子能的国际管制。不久，美国、英国向苏联建议，由三国共同向联合国提出设立"原子能委员会"的倡议，以讨论"由于发现原子能和使用原子能武器所引起的问题"。1946年1月，第一届联大通过决议成立原子能委员会，由安理会常任和非常任理事国组成，讨论从各国军备中取消原子武器和监督保证原子能和平利用等问题。这一时期，美国主要是想通过操纵联合国有关机构来限制苏联发展核武器。1946年6月，美国代表伯纳特·巴鲁克在原子能委员会第一次会议上提出"原子能管理计划"，即著名的"巴鲁克计划"。其要点是：建立原子能发展总署，由该机构管制原子能的发展和利用；任何利用裂变材料来发展核武器的行为，都要受到严厉的制裁；各国的核能研究必须经总署批准方可进行，并必须允许总署派人随时进行现场视察。这一计划的提出，遭到苏联的拒绝。由于美苏立场针锋相对，在此后三年内的谈判中，没有取得任何进展。1949年，苏联也爆炸了原子弹，由此打破了美国的核垄断，增加了苏联与美国进行核军备控制谈判的砝码。1952年联大通过决议，解散原子能委员会，成立了裁军委员会。之后，美苏在裁军委员会内就核武器控制和常规军备裁减等问题进行了谈判。由于两国之间存在着许多分歧，到1958年为止，两国之间没有达成核军备控制协议。

2. 核禁试

到50年代中期，随着美苏不断地进行核试验以及爆炸威力越来越大，使人类的生存日益受到威胁；特别是人们发现核试验的剩余核辐射对公众的健康和安全造成直接的危害，这激起了国际社会要求禁止核试验的强烈愿望。

早在1955年，苏联在拥有氢弹后，就提出禁止核试验的主张。美国政府认为：为进一步发展核武器性能需要核试验；另外由于核查等问题，所以核禁试没有得到支持。到1958年，苏、美、英曾相继宣布单方面停止核试验。从1958年到1962年，三国在日内瓦曾就停止核试验举行过多次会议，但没有取得任何结果。

古巴导弹危机后，美苏认识到它们之间的直接对抗可能导致核战争，必须缓和双方的紧张关系；另外，法国在1960年爆炸了原子弹，而当时中国也正在研制原子弹。他们为了维护其核垄断，限制中法拥有核力量，双方经过秘密谈判，并达成协议。1963年7月，美苏英三国签署了《禁止在大气层、外层空间和水下进行核武器试验条约》（简称《部分核禁试条约》）。该条约禁止在大气层、外层空间和水下进行核武器试验。但该条约并未完全禁止地下核武器试验。美苏之所以能签署这一条约，是由于在长达10年的时间里已进行过336次大气层试验和足够的水下核试验，双方核技术均已发展到地下核试验阶段。而刚刚掌握核武器的法国和中国，不进行大气层试验就无法直接进行地下核试验，所以这一条约遭到中、法拒签。不过，中国已在1986年3月声明今后中国将不再进行大气层核试验。

自1963年以来，美苏又进一步就限制地下核试验进行了协商，并于1974年签署了一份《限当量禁试条约》，该条约禁止进行威力超过150kt TNT当量的所有地下核爆炸。《条约》还规定交换技术资料，以便利于相互进行地震核查。双方还保证继续进行谈判，以便达成全面核禁试。1976年5月，双方又进一步签署了《和平利用地下核爆炸条约》，禁止进行威力超过150kt的单独核爆炸或总威力超过1500kt的一系列核爆炸。

从1977年至1980年，苏英美三方进行了三边谈判，商讨包括禁止地下核试爆在内的全面核禁试。这项谈判在1980年终止。自1987年，美苏代表团又开始会晤，以逐步达到禁止所有核试验的最终目标。关于全面核禁试，曾在美国引起较大争论，主要存在有关核查等问题。苏联则一再表示坚决支持全面核禁试，并且为了达到这一目标，它单方面停止一切核爆炸，从1985年8月到1987年2月，为期18个月。90年代初，国际战略格局发生了巨大变化，国际社会要求全面核禁试的呼声日益高涨，法、英加入了暂停核试验的行列，1995年法国又决定再进行6~8次核试验后于1996年停试，核试验次数十分有限的中国也表明了支持1996年达成全面核禁试的立场。美国和俄罗斯等国正在抓紧有关问题的解决，以期在不久的将来达成全面核禁试条约。

3. 防止核武器的扩散

法国和中国分别于1960年和1964年进行了原子弹核爆炸，这一现实迫使美苏更为重视防止核扩散问题。1967年8月，在"18国裁军委员会"（法国没有参加）的会议上，美苏共同提出《不扩散核武器条约（草案）》，并经22届联大表决通过。1968年7月开始签字。1970年3月在批准国超过40国后生效。到1987年年底，已有137个缔约国。根据《条约》主要案文，核武器缔约国保证不转让核武器或其他核爆炸装置，并且无核武器国家保证不接受、制造或用其他方法取得核武器或其他核爆炸装置。该条约在防止核扩散、稳定世界和平方面发挥了一定的积极作用。但对于有核武器的国家的核武器的制造、改进和贮存未加禁止；也没有禁止在别国领土上放置核武器。中国、法国等10国当时拒绝参加这一条约。但法国声明它将遵守《条约》的规定。中国尽管认为该条约具有歧视性，但中国一再声明，不支持或鼓励核扩散，也不协助其他国家发展核武器。中国已于1992年加入该条约。

除美苏带头签署的一些条约外，国际社会也就裁军和限制核军备的有关措施达成协议。1959年由阿根廷等12个国家签订了《南极条约》，禁止在南极建立军事基地、实验各种类型的核武器、进行核爆炸和处理核废料，开辟了第一个无人居住的无核区。1967年，有关国家在墨西哥的特拉特洛尔科市签订了《拉丁美洲禁止核武器条约》，又称《特拉特洛尔科条约》，这一条约是世界上第一个有人口居住的无核区条约。条约规定缔约国承诺不以任何方法在拉丁美洲试验、使用、制造或取得核武器；亦不许在拉丁美洲接收、贮藏、安置、配备核武器；在拉丁美洲建立军事非核化地区。1973年8月，中国签署了该《条约》第2号附加议定书，保证决不对拉丁美洲无核国家和无核地区使用或威胁使用核武器，也不在这些国家和这一地区试验、制造、生产、贮存、安装或部署核武器，或使自己带有核武器的运载工具通过拉丁美洲国家的领土、领海和领空。

此外，还有其他一些无核武器区的条约。1967年的《外层空间条约》禁止在外层空间安置或在轨道上安放核武器。1971年的《海床条约》禁止在海床洋底安置任何核武器。1985年的《南太平洋无核区条约》（通称为《拉罗通加条约》），在世界人口密集的地区设立了第二个无核武器区。此外，中国还通过各种方式，支持有关国家和地区关于建立"和平区"、"无核区"所做出的努力。

4. 进攻性战略核武器军备控制

由于1962年古巴危机事件的刺激，苏联自1963年起，进入了大批量生产与装备战略核武器的时期，与美国就战略核力量展开了激烈的军备竞赛。到70年代初，苏联在战略力量对比上实现了从劣势转为均势的目标。在这种背景下，促使美苏就战略核武器的限制和削减进行了一系列谈判，并取得重大突破。

(1) 限制战略武器。

从60年代末到70年代初，美苏主要就战略武器的限制进行了谈判。这一时期，美苏之所以能举行限制战略武器会谈并取得协议，是双方政治上的需要以及核力量对比发生变化等因素的结果。到60年代末，苏联的战略武器达到了与美国相匹敌的地位。1969年苏联的洲际导弹已达1050枚，潜射弹道导弹160枚，远程轰炸机150架。美国则在"相互确保摧毁"的核战略思想下，决定将战略武器限制在一定数量之内。当时曾决定这个数目为：陆基洲际导弹1054枚、潜射弹道导弹656枚、远程轰炸机400架。1967年，美国战略武器达到这个数量后基本稳定下来。而当时的情况表明，苏联仍以每年部署200多枚洲际导弹的速度赶超美国。这将对美国的核威慑作用构成威胁。为了避免数量上的差距，美国想就限制战略核武器的数量与苏联进行谈判，同时美国也想利用一段时期提高武器的质量以及研制新式武器。苏联在战略武器数量上与美国基本持平的前提下，也准备集中力量在技术上实现核武器的现代化。战略武器数量上的暂时冻结并不妨碍苏从质量上赶超美国，争取全面核优势。因此，苏联在1969年1月尼克松总统宣誓就职的当天，便宣布愿意同美国举行战略武器会谈。此后，美苏就限制战略武器分两阶段进行会谈。

美苏第1阶段限制战略武器会谈自1969年11月开始到1972年5月结束，美苏代表先后在赫尔辛基和维也纳举行全体会谈123次，会谈中心议题是"冻结美苏战略武器的数量"。会谈一开始，双方便在一系列问题上存在着基本分歧。经过两年半的讨价还价，于1972年5月，尼克松访苏时与勃列日涅夫在莫斯科正式签署了《美苏关于限制进攻性战略武器的某些临时协定》，简称《临时协定》，有效期5年。同时还签署了《美苏关于限制反弹道导弹系统的条约》，《临时协定》又称《第1阶段限制战略武器协定》（SALT I）。该《协定》主要规定了双方战略武器的限额，双方战略导弹总限额分别为美国1710枚，苏联2358枚；双方的陆基洲际导弹基本限额分别为美国1054枚（其中重型导弹54枚），苏联1618枚（其中重型为313枚）；潜射导弹美国为656枚，苏联为740枚；弹道导弹潜艇美国为41艘、苏联为62艘；对战略轰炸机的限额未作规定。《协定》只对武器的数量规定了最高限额，但并未限制质量，因此，双方的核军备竞赛开始向提高质量方向发展。

自1972年11月至1979年6月，美苏又开始了第2阶段限制战略武器的会谈。会谈的中心议题是拟定一项限制进攻性战略武器条约,以取代《临时协定》。

自第1阶段谈判达成协议后,美苏的军备竞赛转入了以提高质量为主要方向时期。美国开始研制了远程巡航导弹等。苏联则集中力量研制了分导式多弹头导弹。鉴于苏联急速发展多弹头数额,美国认为,若只在导弹数量上平等而不限制弹头数额,那么限制战略武器的协定是无意义的。因此,在第2阶段谈判中,美国主要意图是削减苏联的陆基洲际导弹,并阻止苏联实现导弹多弹头化。苏联的目标则是,保持《临时协定》中进攻性武器数量和投掷重量的优势地位。由于苏联战略武器的构成是以陆基导弹为主,因此,苏联反对冻结陆基导弹多弹头化。由于双方分歧很大以及双方关系的变化,使得会谈直到《临时协定》于1977年10月期满后,也未达成新的协定,不过双方分别声明,表示将继续遵守《临时协定》。

经过双方的多次会谈,到1979年情况有了转机。1979年6月,卡特与勃列日涅夫在维也纳签署了一项《美苏关于限制进攻性战略武器条约》、一项条约的《议定书》和《美苏关于限制战略武器谈判原则和指导方针的联合声明》,统称美苏第2阶段限制进攻性战略武器条约(SALT II)。条约对战略运载工具、装有分导多再入器的洲际导弹发射器和装备远程巡航导弹的重型轰炸机等的数量进行了限制。《条约》有效期至1985年。该条约仍是只限数量不限质量的条约。由于国际形势恶化等缘故,美国没有批准该条约。不过,每一方在过去都单方面指出,只要对方遵守《条约》的规定,自己也将遵守。从1984年以来,美苏两国都常常指责对方违反《条约》规定。1986年初,美国宣布它不再认为受《条约》的限制。苏联在1986年12月指出,"目前"它将继续遵守《条约》的限制。

(2)削减战略武器。

1979年签署的SALT II,曾在美国国内引起很大的争议。里根上台后,认为该条约有"致命的缺陷",主张另订新的条约,旨在削减战略武器。从1982年6月起,美苏就削减战略核武器问题进行多次谈判,直到1983年谈判破裂。1985年起双方在日内瓦重开军控谈判,开始就战略核武器、空间武器、中程核武器等条约进行"一揽子"交易。最初的谈判是将上述的几个问题交织在一起商讨,谈判进行得十分激烈。双方经过多次的谈判、磋商和会晤,终于在1990年6月1日草签了《削减战略武器框架议定书》。并于1991年7月,签署了《削减进攻性战略武器条约》。条约规定双方战略核武器各削减约1/3,就各方所能部署的战略核力量的数量规定了相同的最高限额,并就各方弹道导弹的总能力,即人们所称的投掷重量,规定了相同的最高限额。条约的有效期为15年,如果双方同意,可再延长,每期5年。该条约的签署是与戈尔巴乔夫上台以后,在军事政策、军事战略,特别是核战略上作出的重大调整分不开的。自1985年以来,前苏联采取了一些主动和妥协的做法,促使美苏核对抗"向下平衡"。在谈判过程中,前苏联较之美国做出了较多的让步,如前苏联放弃了长期坚持的削减战略武器谈判必须与"战略防御计划"挂钩的立场等。

该条约具有深远的意义,减少了美苏间的核威胁,提高了战略稳定性;为降低军备水平,提高控制危机能力提供了一个开端;减少了军费开支等。不过,该条约并未达到原来设想的通过大幅度裁减消除双方第1次打击能力的主要目标。

1991年年底,随着前苏联的解体,世界的局势发生重大变化。美国和俄罗斯就进一步削减进攻性战略武器进行了谈判,于1993年1月在莫斯科签署了《关于进一步削减和限制进攻性战略武器条约》。该条约在 1991 年签署的《削减进攻性战略武器条约》基础上,进一步减少了进攻性战略武器的数量限额。

5. 中导条约

1977 年,苏联在欧洲开始部署可以打击整个西欧的中程导弹,而且数量逐年增加。面对这一形势,西方国家决定由美国发展新型中程导弹,在西欧进行部署,以平衡苏联的中程导弹。1979 年北约组织提出"双重决定",即建议美苏就限制欧洲中程核武器问题进行会谈;如美苏不能在 1983 年年底以前达成协议,美将从 1983 年年底开始在西欧部署 572 枚陆基中程导弹。到 1980 年,苏联表示"愿意谈判欧洲中程核武器",从 1981 年 11 月到 1983 年 11 月,双方共举行了 6 轮会谈,111 次全体会议,由于各自立场迥异,最后谈判破裂。自 1985 年起,双方就进攻性战略武器、中程核武器等又重开谈判。1986 年 10 月,在美苏首脑冰岛会晤期间,中导问题取得一些进展。不久又陷入僵局,直到 1987 年 2 月,戈尔巴乔夫突然出人意料地提出了一项裁减欧洲中程导弹的新建议,使得中导谈判进程加快。终于在 1987 年 12 月,美苏签署了《消除美苏中程和中近程导弹条约》(简称《中导条约》),条约于 1988 年 6 月 1 日生效。条约规定中程导弹要在《条约》生效后 3 年内消除,中短程导弹在 18 个月内消除。无论是导弹还是弹头,苏联要销毁的比美国多得多。该《条约》具有深远的影响,它是战后第 1 次销毁一个类别核武器的条约。

6. 其他

自 60 年代以来,美苏为了防止意外核爆炸,采取了一系列措施:1963 年 6 月签署了《美苏热线协定》;1971 年又签订了改善美苏直接通信联系措施的协定;1984 年,两国同意提高热线联系的级别;直接通信联系也在苏和法以及苏和英之间设立;1987 年,美苏签订了一项协定,分别在华盛顿和莫斯科设立减少核危险中心。此外,还有其他类似的协定,如 1973 年签署的《美苏关于防止核战争协定》等。

中国在核武器军备控制方面也作出了积极的努力。中国在 1964 年拥有核武器的同时,就作出了单方面保证:决不首先使用核武器。中国一贯遵循发展核力量的基本原则:不首先使用核武器;不参加核竞赛;不扩散核武器;致力于最终销毁核武器。中国正在以更加积极的态度为推动国际核军控和核裁军作出新的努力。

2.2 生物和化学武器军备控制

自古以来,便有一些广为人知的习惯戒律,排除某些作战方法。如罗马法学家告知:"战争须用武器来打,而不应用毒药来打"。为禁止化学武器的努力可以溯至 1874 年的《布鲁塞尔宣言》,该《宣言》禁止在战争中使用毒物和有毒子弹。以后,在 1899 年海牙会议签署的宣言谴责"使用其唯一目标是释放窒息性或有毒气体的弹头"。在一战中,由于化学武器和生物武器的使用,遭到公众的谴责。战后,禁止生物与化学武器的努力进一步加强。1925 年 6 月,在日内瓦召开的国际会议上签订了《禁止在战争中使用窒息性、毒性或其他气体和细菌作战方法的议定书》,俗称《1925 年日内瓦议定书》。自那时起,禁止使用化学和生物武器的《议定书》已成为进行努力的起点,以达成全面协定,包括禁止生产、拥有和贮存化学武器和生物武器。联合国在 1948 年将致死化学和细菌(生物)武器定义为大规模杀伤武器,从而提高了 1925 年《议定书》的地位,不过《议定书》还存在一定的局限性,如:不禁止发展、制造、贮存或部署这类武器,没有规定对违约行为进行制裁的办法,没有有效的核查措施等。由于这些原因,使违约事例不断出现,这引起了国际社会的强烈不满。到 60 年代末,国际社会一方面呼吁严格遵守《1925 年日内瓦议定书》的规定,另一方面,盼望制订新的条约,以实现全面禁止生物和化学武器。1968 年禁止化学和生物武器问题被正式列入当时的 18 国裁军委员会议程,开始了禁止生物与化学武器的多边国际谈判。谈判中存在的主要问题是,是将这两类武器合起来考虑,还是将它们分开考虑。后来达成协议决定分开处理这两类武器。1971 年 9 月,苏、美、英等国联合提出《禁止发展、生产和贮存细菌(生物)及毒素武器和销毁此种武器公约(草案)》,于 1972 年 4 月开放供签署,并于 1975 年 3 月生效。中国于 1984 年 11 月加入该公约。该《公约》被普遍认为是第一份要求消除整个类别武器的多边条约。

禁止生物武器公约的缔结,促使人们期望尽早签订与之相类似的禁止化学武器公约。自 1971 年以来,关于化学武器的讨论涉及若干复杂的问题,诸如核查问题、禁止的范围、全面实施的速度等。在进行多边谈判的同时,美苏于 1974 年至 1980 年间进行了关于化学武器问题的多次双边谈判,并于 1979 年和 1980 年就两国已取得的进展向日内瓦多边谈判机构提交了实质性报告。之后的几年内,两国没有进行有关问题的会议。与此同时,联合国组织也积极进行了有关的工作。1982 年苏联曾提交了关于禁止化学武器公约基本条款的一项文件。两年后,美国于 1984 年提交了一项完整的《禁止化学武器公约草案》。1985 年 11 月,在戈尔巴乔夫和里根举行的首脑会议上双方继续讨论这个问题,并发表联合声明,重申他们将致力于缔结公约,从而创造了一种积极气氛来加速为达成国际协议而作出的进一步努力。为了加快禁止化学武器谈判的进程,国际社会也采取了进一步的积极行动。1988 年 2 月,日内瓦裁军谈判会议决定重新成立化学武器特别委员会。1989 年 1 月在巴黎召开了令人瞩目的禁止化学武器国际大会。这为进行全面禁止化学武器的谈判创造了良好的国际气氛。在这种形势下,美苏双方对禁止化学武器也采取了积极的行动。双方均宣布了单方面的措施。1990 年以后,日内瓦多边化学武器的谈判取得了迅速发展,在国际社会的积极推动下,终于在 1993 年元月开放签发《关于禁止发展、生产、贮存和使用化学武器及销毁此种武器的公约》。该条约规定,在任何情况下决不:(a) 发展、生产、以其他方式获取、贮存或保有化学武器,或者直接或间接向任何一方转让化学武器;(b) 使用化学武器;(c) 为使用化学武器进行任何军事准备;(d) 以任何方式协助、鼓励或诱使任何一方从事本公约禁止缔约国从事的任何活动。该条约还对化学武器及生产设施的销毁等作了规定。

2.3 常规军备控制

关于常规军备控制有着较长的历史。英国和法国早在 1899 年和 1907 年两次海牙和平会议上,就限制海军问题进行过谈判。从 1921 年华盛顿会议起直到 1936 年伦敦会议,美、英、法、日、意等帝国主义列强为了争夺海军优势,进行了数次有关控制海军军备的谈判,并曾签订了某些协议。二战后,以美国为首的北约和以苏联为首的华约两大军事集团所形成的军事对抗,严重威胁着世界的和平与安全。由此双方就裁减欧洲常规武装力量进行了谈判。

关于裁减欧洲常规武装力量的问题是通过两项谈判进行的,即"中欧裁军谈判"和

"欧洲常规武装力量谈判"。关于中欧裁军的问题，早在 60 年代苏美和东西方两大集团就开始讨论。直到 1972 年，美苏两国才一致同意"平行地"举行中欧裁军谈判和欧安会。1973 年 1 月至 6 月，北约 12 国和华约 7 国在维也纳举行了关于中欧裁军谈判的筹备会议，同年 10 月在维也纳开始了正式的"关于中欧共同减少部队和军备与有关措施的谈判"。之后，双方经过了漫长的谈判，历时 15 年，于 1989 年 2 月结束，但中欧裁军谈判未取得任何具体成果，作为一次失败的谈判记入军控发展史中。谈判失败的主要原因是双方存在着许多重大分歧，如北约坚持"均衡"或"不对称"的裁减原则；而华约则以"对称"裁减为指导思想。

继中欧裁军谈判结束不久，北约和华约于 1989 年 3 月正式开始了关于裁减欧洲常规武装力量的谈判。欧洲常规武装力量谈判是中欧裁军谈判的继续和发展。随着戈尔巴乔夫"外交新思维"的推行以及苏联对外政策的调整，苏联为了打破欧洲常规裁军的僵局，尽快达成裁军协议，卸掉军备重负，推进改革进程，由华约在 1986 年 6 月向北约提议重新举行全欧常规裁军谈判以取代中欧裁军谈判，得到北约的赞同。谈判开始后，双方相继提出各自的裁军建议和方案。在谈判中，苏联和华约采取了比较积极灵活的态度，并且不断做出妥协和让步，同时美国和北约也做出了一些相应的"迎合"，从而加快了谈判进程。双方经过 20 个月的紧张激烈的谈判，终于在 1990 年 11 月签署了《欧洲常规武装力量条约》。《条约》对五大常规武器装备：坦克、装甲车、火炮、作战飞机和攻击型直升机进行了最高限额。《条约》还规定了监督核查的措施以及定出了削减和销毁的办法。该《条约》的签署是军控和裁军史上的一个重要事件，它对欧洲的军事战略格局、各国的军事和军备政策、促进裁军和军控都将产生新的深刻影响。

其他关于常规军备控制的条约还有，1981 年 4 月开放供签署的《禁止或限制使用某些可被认为具有过分伤害力或滥杀滥伤作用的常规武器公约》，常称《不人道武器公约》。它禁止和限制使用特别残酷和不人道的常规武器，例如那些将弹片留在体内而又无法用 X 射线测得这些弹片的武器、燃烧武器、地雷和饵雷等。

2.4 外空军备控制

关于外空军备控制的发展早在本世纪 60 年代就已开始，并签订了一系列有关的条约。1963 年签署的《部分核禁试条约》明确规定，不得在外层空间进行任何核武器试验爆炸或任何其他核爆炸。1967 年签订的《外层空间条约》是国际空间法的基石，为利用和管理外层空间提供了基本原则。按照该条约的规定，不得在地球轨道、天体上或以其他方式在外层空间放置载有核武器或其他种类大规模毁灭性武器的物体；禁止在天体上建立军事基地、军事设施和工事，试验任何类型的武器和进行军事演习。1972 年由美苏签署的《反弹道导弹条约》，禁止在外空部署反弹道导弹系统或组成部分等。

自 70 年代末，美苏还就反卫星武器军备控制进行谈判。自卫星升天以来，卫星已在美苏军事中起着重要作用，这包括战略进攻和防御的早期预警、军备控制条约的核查等。这诱使美苏在 60 年代开始研究反卫星方案。随着弹道导弹防御技术的发展，反卫星技术也相应得到发展。这是因为导弹防御系统有着内在的反卫星能力。反弹道导弹和反卫星武器对卫星构成了巨大威胁。1983 年美国提出"战略防御计划"（SDI），其中包括研制多种新型的空间武器，这促使苏联多次倡议禁止空间武器以及反卫星系统的谈判。不过，美国的反应并不积极,因为禁止反卫星武器,势必影响到 SDI 的研究(SDI 研制中的空间武器也可用来打击卫星),这对美国的安全利益是不利的。SDI 的研究曾引起人们的争议,其中包括,SDI 中的核爆泵浦的 X 光激光将与《部分核禁试条约》相违;SDI 中的许多项目如要部署将与《反弹道导弹条约》相违背。进入 90 年代以来,随着国际形势的变化以及技术等方面的因素,美国已大规模收缩 SDI 计划,并已改换名目。不过,反卫星军备控制仍是外空军备控制的一个重要问题。

有关外空军备控制的条约还有:《营救宇宙航行员、送回宇宙航行员和归还发射到外层空间的实体的协定》(1968 年),《关于登记射入外层空间物体的公约》(1975 年),《禁止为军事或任何其他敌对目的使用改变环境的技术的公约》(1977 年),以及《关于各国在月球和其他天体上活动的协定》(1979 年)等。

3 核军备控制的目标和途径

广义地说,军备控制的目标在于增加国家间军事关系的稳定性,减少战争的危险。而核军备控制的目标在于增加核大国间军事关系的稳定性,并降低核扩散的可能性,从而减少核战争的危险。

在美、苏对峙的冷战时期,军备控制的目标集中在降低两个超级大国之间军事对抗的水平,增加其军事关系的稳定性。这里所说的稳定性可以分为两类概念:一是"军备竞赛稳定性";二是"危机稳定性"。

军备竞赛的稳定性是指各方不追求军备竞赛的进一步升级。达成限制核武库的数量和质量的协议或禁止某些导致军备升级的活动有助于增加军备竞赛的稳定性。制止核武器扩散也有益于军备竞赛的稳定性,如果增加一个拥有核武器的国家,则它的对手也将致力于获取核武器,这样的竞争不仅会导致区域性的不稳定,也会影响到大国间关系的稳定性。

危机稳定性是指在危机时刻降低发生核战争的风险水平。欲增加这一稳定性,需消除任何一方在危机时刻采取先发制人的核打击,以从中取得战略优势的诱因。措施之一是确保对立方的战略核力量在受到攻击时的生存能力和有效性(例如增加部署生存能力强的战略武器系统,而使较脆弱的系统退役)。措施之二是限制那些威胁对方报复力量的生存能力的进攻性武器系统,以及限制那些使对方报复的有效性下降的战略防御武器系统。

在冷战后的新的国际战略格局下,在削减现有核武器的同时,防止核武器的扩散更具新的重要意义,因而成为核军备控制的主要目标之一。常规军备的控制,禁止生物、化学武器,以及防止外层空间武器化则是非核军备控制的重要目标。

军备控制的目标,不仅在于通过对武器装备和军事力量的限制增加国际关系的稳定性,还在于在军控谈判的过程和一步步实际的进展中,有可能增加各国之间的相互了解和信任。尽管参加军控谈判各国的首要出发点是捍卫本国的利益,但若能创造一种进行建设性国际合作的气氛,减缓国际关系的紧张,却是符合各国共同利益的。此外,具有足够广度和深度的军控措施还将有利于各国集中自己的力量发展国民经济,改善人民生活。

军备控制的途径有以下几种:

(1)限制。对各类武器装备的数量和质量施加限制是军备控制的基本途径之一,如限定运载工具和核弹头的数量、限定部署导弹的射程和威力等。美苏 1972 年达成的反弹道导弹（ABM）条约是一个典型的例子。它限定美国和当时的苏联可各自有一个反弹道导弹基地，即弹道导弹的防御基地，且每个基地只能部署不超过100个固定的运载工具和100个拦截器，它还对相关的雷达系统规定了限制。条约还禁止发展、试验和部署海基、空基与天基的以及机动发射的反弹道导弹导弹。此条约对增加军备竞赛稳定性和危机稳定性都是有益的。

（2）冻结。全面的核冻结意味着禁止进一步的试验、生产和部署任何类型的核武器及其运载工具。局部的核冻结也是有意义的，例如，谈判中的全面禁核试条约，具有冻结新型核武器发展的作用，因为对于发展更先进的新型核武器来说，进行核试验是必须的。

（3）削减。裁减现有武器的数量是军控的一个基本途径。美苏间过去达成的中导协议和裁减战略核武器的条约属于此类。总体核力量的实质性的裁减有助于加强军备竞赛稳定性。实质性的削减还有利于减小意外核战争的几率，因为统计地说，这一几率与部署的核武器数量成正比。但裁减要注意均衡的原则，以避免失衡导致危机稳定性的增加。

（4）禁止。例如禁止某种类型武器的发展、生产和部署，包括消除已有的库存。但实际上，已达成的属于"禁止"类型的军控协议，都是禁止一些尚未出现的事情，如外空条约禁止在外空部署大规模杀伤武器；又如前提到的ABM条约禁止部署海基、空基、天基和机动发射的反弹道导弹导弹等。谈判中的禁止型的军控条约有禁止反卫星武器条约、全面禁止核试验条约等。

（5）特定的稳定性措施。它并不涉及武器的数量、质量或类型的控制，而是采取一些实际措施增加国际关系的稳定性。例如，为减少意外核战争的几率采取的增加国际间相互理解、改善政府间的通讯联络；又如将武器的部署后撤至可威胁对方的射程之外等。加强国际原子能机构（IAEA）的安全保障体制，减少核扩散的可能，也属于这类军控途径。

4 核军备控制的科学技术问题概述

上述军备控制的目标和途径，不仅涉及国际政治、外交方面的问题，还涉及越来越多的自然科学领域的问题。军备控制科学技术问题的研究为军控方案的制定和军控条约的实施提供了科学的基础，概括地说，核军控科技问题主要有以下四类。

4.1 武器效能和战争效应的定性和定量研究

武器的作用可分为以下两个层次来研究：

第一个层次是研究单个武器的效能，即它的杀伤破坏机制、效果及效费比。以核武器为例，这一研究首先包括核武器的杀伤破坏因素（见第二章第九节），其次还包括对其破坏力的正确理解，一个核弹头的破坏力常用"等效百万吨当量"来表征。等效百万吨当量是以百万吨作单位的TNT当量的2/3次方，采取这一定义的原因在于，一枚核武器爆炸在地面的杀伤面积与其当量的2/3次方成正比。在建立战略武器交战模型时，必须知道战略核导弹每个弹头对点目标的单发杀伤几率（SSKP），这个量也与每个弹头的等效百万吨当量有关。

对武器效能的研究，还包括对核武器的数量及其作用之间非线性关系的研究：有无核武器差别甚大，而武器数量增多后，其作用却趋于饱和。

对武器效能的研究对军备控制具有实际意义。它有助于人们客观地了解武器的实际效能，避免夸大某种武器的作用，防止武器的盲目发展和滥用。例如，1972年美国和苏联签订了《反弹道导弹条约》，其原因之一，就是科学家们证明用当时的技术拦截导弹非常困难，而且费用太高，"效费比"（交换比）不上算。再如，海湾战争中，"爱国者"导弹的作用曾一度被夸大，以致有些国家争购"爱国者"导弹。科学家们的分析发现，"爱国者"导弹的拦截成功率比报导的低得多。其原因之一是，很多"爱国者"导弹拦截的是断裂的"飞毛腿"导弹的尾部，看上去像是成功了，但"飞毛腿"导弹的头部继续飞行仍具杀伤能力。这一科学的客观分析有助于防止这方面盲目的军备竞赛。再举一例，1983年美国提出战略防御倡议计划（俗称"星球大战"计划）时，声称空间防御系统是纯防御性的武器系统。科学家通过研究空间防御武器的杀伤机制和杀伤能力等武器效应证明，具有反导弹能力的武器系统肯定可以用来攻击卫星。因此，它不可能是所谓"防毒面具式"的纯防御系统。这一认识已被广为接受，对抑制空间军备竞赛具有积极的意义。

第二个层次是研究大量武器在战争中使用时的综合效应，即战争效应。例如，核战争的效应就不仅仅表现为单个核武器爆炸产生的冲击波、光辐射、早期核辐射、放射性沾染及核电磁脉冲等杀伤破坏效应，它还产生由大量核武器使用带来的一些复合效应。例如，"核冬天"效应造成的全球地面温度下降；又例如，核战争造成的高层大气的臭氧层变薄，导致地球上紫外辐射增强。这些效应对人类自身的生存构成威胁。所谓"星球大战"如果成为现实，将会造成大量的空间垃圾，给人类和平利用空间带来困难。这样，有关战争效应的研究有助于人们认识大规模使用这些武器带来的破坏性后果，包括发动战争的一方也同样逃脱不了灾难，从而使这种武器有了一种"自威慑"作用。

4.2 军备控制的系统分析方法

各国武库的构成与数量的变化会影响国家间关系的稳定性及国际安全，因此，军备控制的对策与各国的军事实力及安全政策相互联系。采用系统分析的方法去进行研究，才可能得到比较科学的军备控制方案。为此，把各种武器的作用放在体系与体系的对抗中去研究，并引入一些必要的概念和定量分析的做法。例如，建立交战模型，把不同种类、不同型号和不同数量的武器放入其中，通过计算，模拟战争的进程和结果。如果可能交战的双方，其武器配置使战争结局非常有利于首先发动战争的一方，那么，爆发战争的驱动力就比较强，这种情况被称作危机不稳定性；如果武器的配置容易刺激某方或双方大力发展军备，则军备竞赛的驱动力就比较强，这种情况被称为军备竞赛不稳定性。通过计算可以了解，什么样的武器配置有利于稳定，武器配置中的哪些因素不利于稳定，从而为制定有利于安全与稳定的军控方案提供科学依据。类似的做法可用于分析常规战争和军备的稳定性，也已开始应用于分析国家间战略稳定性的问题。基于同样道理，系统分析的方法还可用于论证军控条约的可靠性，亦即违约不稳定性问题。

4.3 军备控制的核查技术

核查技术是军备控制物理学研究的一个重点，对达成军控条约和保证条约的实施有着重要的意义，因而受到各国政府和联合国的高度重视。

采用一定的技术手段来了解缔约国是否守约（违约），这样的技术手段称作核查技术。军控条约的核查涉及的科学技术领域非常广，就战略武器的核查而言，主要涉及物理学的问题,因而产生了 "Arms Control Physics"(军备控制物理学)这一应用物理学的分支。由于对核查有效性的要求越来越高,单独一种核查方法很难满足,因此,即使是某一条约的核查也往往涉及好几种方式和方法。

当前,核军备控制核查主要涉及以下几方面:

(1) 核武器试验的核查;
(2) 核武器裁减的核查;
(3) 核不扩散条约的核查(包括武器级裂变核材料生产的核查);
(4) 空间武器的核查;
(5) 防止导弹技术扩散和限制反导弹技术的核查。

至于常规裁军的核查和禁止生物、化学武器条约的核查显然是十分重要的问题,但不属本书讨论的范围。

核查的方式和手段有不同的分类方法。例如,按核查过程中所用探测器与被探测对象的距离,可将核查方式分为现场视察(on-site inspection)、近场核查(near-site verification)以及远距离监视(off-site monitoring)。

我们将在以后的章节中,详细讨论与军备控制核查技术有关的问题。

4.4 武器拆卸与销毁技术

根据核军控条约裁减下来的核武器,应该予以销毁,才能保证这些武器不被再使用,包括其运载工具的销毁和核弹头的销毁。销毁武器的技术不仅要保证被裁减下来的武器确实得到销毁,并且要保障武器被销毁的一方的军事技术秘密不被泄漏,还要保证拆卸和改性后的武器材料的存放不会给人类带来危害。显然,这一过程中有一系列技术问题需要妥善解决。目前,武器销毁技术的研究水平还远不如条约核查技术,其原因在于,军备控制要求核查已有许多年了,而武器销毁只是最近几年才提上日程的。核弹头的拆卸和其中的裂变材料如何处理,仍处在讨论研究阶段。实质性的核裁军是必须销毁武器(包括核弹头)的,因此,今后武器的拆卸与销毁技术必然得到进一步的重视。

军备控制科学技术问题的研究是一个蓬勃发展中的活跃的领域,它为军备控制的对策和决策提供科学技术基础,它对军备控制的进程起着推动的作用,同时也丰富了相关科学技术的内容。目前国际上已有不少自然科学家参与军控研究的组织和相应的国际会议,美国的 Physics Today 上设立了军备控制专栏,并出现了国际性的专业杂志 *Science and Global Security*,标志着军控科学技术问题的研究进入了一个新的阶段。

参考文献

[1] 宋时轮. 中国大百科全书·军事. 北京:中国大百科全书出版社,1989.
[2] National Academy of Sciences. Nuclear Arms Control, Background and Issues. National Academy Press, 1985.
[3] 胡思得,李彬,王德礼. 军备控制的科学技术研究. 科学,1993.
[4] 杜祥琬,李彬,宋家树,朱光亚. 浅谈军备控制中的物理学问题. 物理,1992,21(11),654.

制止空间武器

——军备控制的紧迫任务[①]

摘 要：系统阐述了我们对空间非武器化问题的基本观点和建议。分析了空间武器的性质及其对军备竞赛的影响，指出了制止空间武器问题的紧迫性与现实性。分析了制止空间武器与禁止反卫星武器、削减战略核武器及限制核试验之间的关系。我们还评价了现有的空间条约，指出了它们的不足。提出了关于签订一项可核查的、禁止各类空间武器条约建议的要点，并建议就和平利用空间发展国际合作。

1 空间军备竞赛是近年来军备竞赛的新动向

自古以来，人类就有利用空间的梦想和神话，只是近代科学技术的发展才使之有可能成为现实。1957年，苏联成功地发射了第一颗人造地球卫星，这是人类活动进入空间的里程碑，它展现了人类登月、航天、飞向其他星球、开发利用空间的美好前景。

遗憾的是，这一科学技术的新成就很快就被用来为军事目的服务，出现了各种军用卫星，如侦察卫星、战略通讯卫星等，也有军民两用的卫星。目前，空间的军事化已成为现实。

图1、图2给出了军用卫星的类型；图3和表1～表4给出了美苏军用卫星的数量[15]。

卫星的军事利用，促使美苏两国发展反卫星武器技术[1]（见表5和图4），从此，空间面临武器化的威胁。1983年，美国总统里根宣布了SDI计划，尽管在以后的几年里，这一计划的设想有了不少改变，尽管这一计划的实现还需很长的时间，但这一计划的执行，使空间面临着武器化的严重威胁。

BMD（反弹道导弹防御）系统的发展，引起了新的战略不平衡，其逻辑的结果是引起新的反措施的发展，包括ASAT（反卫星）武器系统的发展。超级大国将去追求在更高水平上的战略平衡。因此，一方发展所谓战略防御武器，不仅不能制止对方军备的发展，相反，只能促使对方发展相应的武器。像中国古代小说中讲的矛与盾的发展一样。空间武器——反措施——反反措施将是一轮空间军备竞赛的恶性循环[2]。

空间军备竞赛是军备竞赛的新领域，它将刺激军备竞赛新的升级，构成对世界和平的新威胁。

制止这种恶性循环的发展，是世界各国科学家和人民面临的紧迫任务。

---

① 本文作者：杜祥琬，潘菊生，张信威，杜书华，许长根（北京应用物理与计算数学研究所）。发表于《中国核科技报告》，1990年，第00期，第1页。

2 所谓的空间防御武器，并不是纯防御性的，它兼有进攻能力

可以认为，空间防御武器的特殊使命并不在于主动进攻。但必须指出它并不是纯防御性的，后者的含意有两重：第一，从空间武器的技术性能上讲，所谓的空间防御武器，例如BMD系统所包含的各类武器（见图5），不仅具有防御（攻击）来袭弹道导弹的能力，而且能够攻击其他的空间目标，例如各种卫星；它还有可能攻击大气层中的目标，例如各类飞机、巡航导弹等。第二，从空间武器系统的战略功能上讲，空间防御武器系统是保护进攻性核导弹系统的，是同进攻性核导弹系统相结合增强战略威慑作用的，这和单纯的"盾"式防御系统是不同的。一旦需要，它有能力发挥进攻作用，打掉对方的防御卫星，取得战略优势。

显然，空间防御武器绝不是"防毒面具"那样的纯防御性质。它的进攻能力不仅对战略对手有威慑作用，而且对世界各国都有威胁。有进攻能力的武器在各国人民的头顶上飞行，只会增加人们的忧虑和不安。

值得重视的一点是，空间武器的出现还会增加空间意外事故的可能性。这至少是由于以下两点：①BMD包含着一个复杂的信息软件系统，由它来执行控制、通讯、管理、指挥等功能。由于这个系统本身十分复杂，同时又由于它难以得到充分的检验，因此它的可靠性是一个大问题；②空间武器系统的布署，会使空间增加许多有作战能力的空间设施，如战斗平台、中继镜、战斗镜、拦截器、传感器等，特别是设想中的"神石"（Brilliant pebbles）系统会占据空间轨道，给人类正常的空间开发活动带来麻烦。值得注意空间武器化所引起的空间环境问题，例如"神石"：名字很漂亮，实质上是一种空基动能拦截器。据估计，为达到"防御"的目的，需要布署几万至十万个。人们完全有理由把它们称为"空间垃圾""空间污染"。这些因素都会增加空间意外事故的机会，从而增加冲突和战争的危险。从某种意义上说，未来全球战争的危险不是来自某一方具有发动战争的意图，而是来自意外事故的引发。因此，为了全人类的安全，应该制止空间武器的发展和布署。

3 空间武器的发展不会导致防御为主的军备体制

通过发展空间防御武器系统，建立"空间+核"武器相结合的威慑，能否导致防御为主的军备体制？能否导致危机稳定的结果？

为回答这个问题，试分析一下"空间+核"条件下美苏军备发展的可能规律。假设美苏双方的战略军备力量可能由三个元素组成：

（1）洲际弹道导弹（lCBM），i方在第n年的ICBM数量用$M_n(i)$表示，由它实施进攻或报复；

（2）用于防御对方ICBM攻击的空间武器卫星平台（BMD武器），其相应数量用$S_n(i)$表示；

（3）反卫星武器，用于攻击威胁本国上空安全的敌方BMD卫星，以保护自己的ICBM实施反击或报复，其相应数量用$A_n(i)$表示。

美LANL的非线性研究中心提出了一个研究上述战略力量发展规律的非线性动力学模型。在一定的简化假设下，考虑M，S，A在交战中的功能和经济约束条件，可以导出$M_n(1)$，$S_n(1)$，$A_n(1)$和$M_n(2)$，$S_n(2)$，$A_n(2)$随年头n变化的非线性方程组，其中含有代表各种经济、技术、军事因素的参数。（1和2分别代表美、苏两国）

选取合理的参数和初始条件，对今后33年的演化进行计算，并且，在合理的范围内改变这些参数，考虑计算结果对参数的敏感度。得到的结论是：两个超级大国在有SDI系统的条件下，仍然处于进攻的战略模式下，而且，双方的 M, S, A 均呈增长的趋势。（随时间变化得到的是发散的、混沌解），不能导致向"防御模式"的过渡。（一个典型算例的计算结果见图6～图8）。这一模型有待改进，但初步的结果还是能说明一些问题的。上述结果对美、苏之外的第三国显然是有害无利的。

4 制止空间武器是有现实可能性的目标

相对而言，"空间非武器化"比"空间非军事化"更现实，较易实现。空间军事化已成事实，当务之急是制止进一步发展到武器化。空间军事设施和非军事设施的界限不容易划分，而武器和非武器相对地说较易划分界限。

"空间武器"是布署在空间或战场在空间的武器，武器则是对目标能造成有军事意义的损伤或破坏的系统。各国已提出了不少关于空间武器的定义，例如，可以说"外空武器是指一切以外空、陆地、海洋和大气层为基地，对外空目标进行打击、破坏、损毁其正常功能或改变其轨道的任何装置或设施，以及以外空（包括天体）为基地，对大气层、陆地、海洋的目标实施打击、破坏或损毁其正常功能的任何装置或设施"。

如果说，超饱和的核军备是人类已经犯下的一个错误，现在人们正在采取核裁军措施纠正这一错误的话，那么，空间非武器化将会使人类避免一个新的错误。今天，我们还可以讨论"制止空间武器"的问题，但如果丧失了采取有效措施的时机，再过几年，情况就会变化。那时，再去讨论"空间裁军"问题，可就比地球上的裁军困难多了。因此，应该说，在军备控制的诸领域中，制止空间武器是一个十分紧迫的任务。

5 禁止空间武器与禁止反卫星武器的关系

人造卫星是科学技术进步的产物，它可以对人类的发展起十分积极的作用，应该鼓励和保护利用卫星进行有益于和平和发展的活动。因此，禁止反卫星武器成了人们关心的问题之一。

反弹道导弹的空间武器（BMD）与反卫星武器（ASAT）之间存在着复杂的相互联系[3]。第一，BMD系统本身就具有反卫星武器的功能，可以说BMD是ASAT的一种；第二，空基的武器或武器部件是反卫星武器打击的目标，一个国家发展空间武器，就会刺激它的对手去发展反卫星武器；第三，技术上，二者又有一定联系，反卫星武器技术有助于反导防御武器的发展，或者说，一个技术指标较低的反导防御武器系统便可用作反卫星武器。

因此，禁止空间武器与禁止反卫星武器密切相关。禁止空间武器是禁止反卫星武器的必要条件，又是前提条件，因为空间武器也是一种反卫星武器，同时它又刺激反卫星武器的发展。只谈禁止反卫星武器而不禁止空间武器是不现实的。同样，反卫星武器是对正常空间活动的威胁，而且在技术上它与空间武器关系密切，也应该予以禁止。

综合以上所述，最可取的是同时禁止空间武器和反卫星武器。显然，禁止反卫星武器只有和禁止BMD系统条约同时存在才有意义。

6 空间武器与战略核武器的关系

发展空间武器旨在建立"空间与核"武器相结合的威慑力量。

如果 A 方发展空间武器，则 B 方可能采取的反措施之一就是加强其进攻性战略核力量，包括其数量的增多和性能的改进，以保证足够数量的核导弹突破 A 方的防御体系，这称之为被动反措施（passive countermeasure）。因此，空间武器的发展将刺激核武器的发展，使核军备控制成为空谈。可以说禁止空间武器是进一步裁减战略核武器的必要条件之一。

问题有另一方面，A 国发展空间武器（例如提出发展 BMD）系统的理由是，为了对付 B 国核导弹的威胁。因此，为了有效地禁止空间武器，说服大国放弃发展空间武器系统的计划，值得采取的一个平行措施是：大幅度裁减大国的战略核武器。这里所说的大幅度裁减是指的在 START 成功的基础上深度裁减，其目标是将两大国的战略核力量削减到一个相当低的水平，在这个水平上双方都不再有力量实施第一次核进攻，只保留必要的报复性的威慑力量。当然，最好是大家都把核武器削减到零水平。这应当是核裁军的最终目标。

7 空间武器与核试验的关系

已经提出的空间武器有多种。除非核类型的武器外，也有核空间武器，如核爆泵浦的 X 射线激光武器（nuclear pumped X-ray laser）就是一种。这种新型的核定向能武器，具有许多特点，一旦成功，有可能影响大国间的核战略态势。但是，这类武器系统物理上相当复杂，技术上有不少困难。完成这种武器的设计需要进行一系列的核试验。美国已进行了为此目的的多次核试验，但仍有不少技术问题尚待验证[12]。可见，空间武器的发展也对核试验提出了新的要求[13]，美国反对禁止核试验的理由之一似乎就是要发展这类武器。

因此，发展空间武器成了全面禁试的新障碍。为了推进核禁试，必须禁止发展空间武器，同时，有效地禁止空间武器，也必须伴随着推进限制和逐步禁止核试验的进程。

8 对已有的禁止空间武器条约的评价

为实现空间非武器化，人们已作了重大的努力，已达成了一系列与空间军备控制有关的条约。它们主要是：

1963 年的 LTB 条约禁止空间核试验；

1967 年的外空条约禁止在空间设置大规模毁灭武器；

1972 年和 SALTI 和 1974 年的 ABM 条约禁止在空间发展、试验和布置 BMD 系统；

1972 年的 SALTI 和 1979 年的 SALTII 禁止干扰任何卫星并提出国家技术手段来核查这些协定；

1974 年联合国关于登记向空间发射物体的公约，1979 年的月球条约等。

应该说，这些条约对军事利用空间作了一些限制，起了一定的积极作用。但它们还不完善、不充分，它们不能有效地制止空间的军备竞赛，它们的不足之处主要有以下三方面：

①它们没有完全禁止各类空间武器。例如它没有明确禁止动能武器，定向能武器；它们禁止了反弹道导弹武器，还应该禁止攻击其他目标的空间武器。

②即使对反弹道导弹武器，条约也没有彻底禁止。条约允许美、苏布署局部的 ABM 系统，从而也就允许了相应的研究、试验。为空间武器的发展留下了一个"绿色通道"。

③更重要的，这些条约缺乏有效的，可行的核查措施。如果只是一般地宣言，那么联合国宪章其实已经包含了这些一般性原则。需要的是具体的核查措施。

已经提出了一些补充，完善空间条约的新建议。例如苏联 1983 年提出的禁止从空间物体或对空间物体使用武力的条约建议[4]。美科学家关心大事联盟提出的禁止 ASAT 武器建议[5]；德国科学家 1984 年提出的限制军事利用外空的条约建议[6]；加拿大 1982 年提出的禁止在外空发展、试验和布署一切武器的建议[7]。还有一些涉及空间非武器化专门问题的建议。（如苏联、法国、民主德国在裁军谈判全议上提交的关于防止外空军备竞赛的工作文件、1989[16]）这些草案都包含了一些积极的内容，值得认真研究。

9 我们的建议

签订一项可核查的禁止空间武器的条约是必要的，也是可能的。同时，逐步推进削减战略核武器与限制以至禁止核试验的进程。

（1）尽早签订一项禁止发展、试验、布署各类空间武器的国际条约。它应包括禁止反弹道导弹武器，反卫星武器。从武器原理上分类它应包括：核武器，动能及定向能武器，天雷，粒子束武器等，以及它们的部件，如中继镜、战斗镜等。定义"空间武器"虽然很复杂，但比定义"军事装备"总是容易一点。

这个建议的合理性是显然的。同时它也是现实可能的。它不削弱任何国家已有的国防能力，不损害任何一国的利益。实际上，这样一个条约对美苏两国也是有益的，经济上使它们扔掉一个大包袱。

（2）这个条约需要包括核查措施。已有许多作者论述了空间条约可核查性，尽管核查不可能是绝对的[8,9]。

核查应该是政治上可接受的，技术上可行的，经济上可承受的。

可采取的核查措施（means）有：

①国家技术手段。包含各种卫星，光学与电子监视系统，各种类型的传感器、探测器等。
②国际监视系统。也有人建议成立国际监视机构[10]。
③地上和空间的就地视察。如在发射场进行现场核察；利用载人或不载人的空间飞机进行核查和探测。
④各国有义务提供空间发射的信息。如时间、地点、轨道、目的等，为核查提供方便。

（3）条约还可包含以下的内容：

- 不干涉和平卫星的正常活动；
- 禁止在空间进行各类武器的试验；
- 制定空间行为准则；
- 采取建立信任的措施，提高空间活动的公开性和透明度。

我们认为最危验的是空基武器和地基武器的空间部件，制止这类装置发射上天是最有意义的，因此，最重要的核查措施是：完善向空间发射物体应预先登记的公约，并制定发射场的现场核查措施，只有经过国际核查确认发射物体不含有空间武器或武器部件，才允许发射。这有待国际专家组制定具体办法，并要求各国承担把空间活动公开化的义务。

至今，尚没有空间武器系统在运行，实现空间非武器化仍有现实可能。但这种情况在有限的时间内会发生变化。因此，采取制止空间武器化的军控措施是十分紧迫的。

作为签订这样一个禁止空间武器条约的平行措施，应在美苏之间达成大规模削减战略核武器的协议,以消除对对方第一次打击的担心。

显然,禁止空间武器条约将有助于限制以至禁止各种类型的核试验[11],反之,限制和逐步禁止核试验也是防止空间是武器发展的措施之一。

10 美、苏两国对空间非武器化负有特殊责任

目前,只有美苏两国真正有能力发展空间武器系统。例如,只有这两个国家有能力发展运载能力超过100吨的低轨运载火箭。

因而,为实现空间非武器化目标,美苏应带头采取实际措施。当前,紧迫的是,美苏应就空间非武器化问题尽早开始双边谈判。美苏应率先声明,承担不发展、试验、布署空间武器的义务。

11 发展国际合作,和平利用空间

科学技术的新成就可以使人类受益,也可以用来发展新型武器,威胁人类自身。核裂变的发现是这样,相干光的发现也是这样。如果从某种意义上说,军备竞赛的每一步升级是科学技术进步的逆后果,那么,军备控制的每一步进展不仅是科学技术进步的标志,而且也是人类理智的一个胜利。(以下图、表取自参考文献)

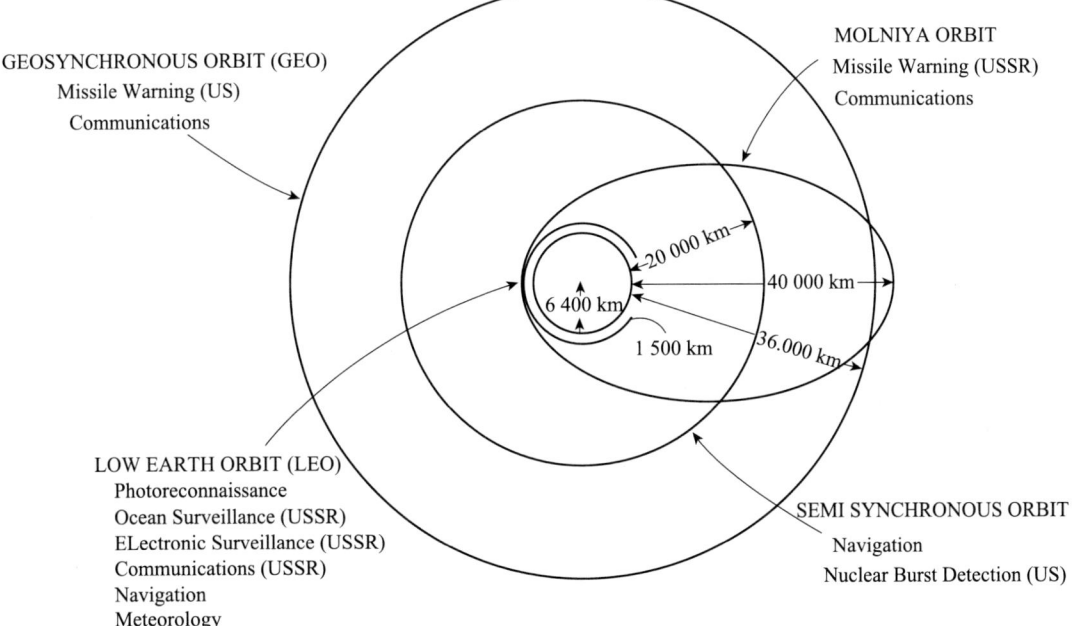

Fig. 1 THE FOUR MAJOR ORBIT TYPES, drawn here to scale contain almost all military satellites. The LEO region represented here by a 1500 km (930 mi) circular orbit, is subject to attack by both the US and Soviet ASATs. The US ASAT also has the propulsive capability to attack Molniya orbit, though it will not in fact have that capability in its proposed operational deployment; the Soviet ASAT cannot attack Molniya orbit. Neither ASAT can climb to semi—synchronous orbit or GEO. The nature and orbits of US reconnaissance satellites are classified. The supersynchronous region above GEO is little populated today, but its vast reaches offer opportunities for satellite survivability that are likely to be exploited in the future.

我们反对空间武器化。然而,与空间利用有关的各种高技术与新技术的研究是完全必要的。空间技术现在进入了一个新的发展阶段。约在今后 50 年的时间内,人类有可能实现外空的工业化,在太阳系内的空间建立活动基地。

外层空间的利用是一项复杂困难的事。它需要巨大的投资,长期的努力,多方面的科学技术知识。这要求世界各国发挥自己的特长和能力,共同作出巨大的努力,采取合作的办法,最佳地利用地球上的人力、物力。各国的科学家和工程师们可以在促进外空和平利用方面发挥巨大的作用。

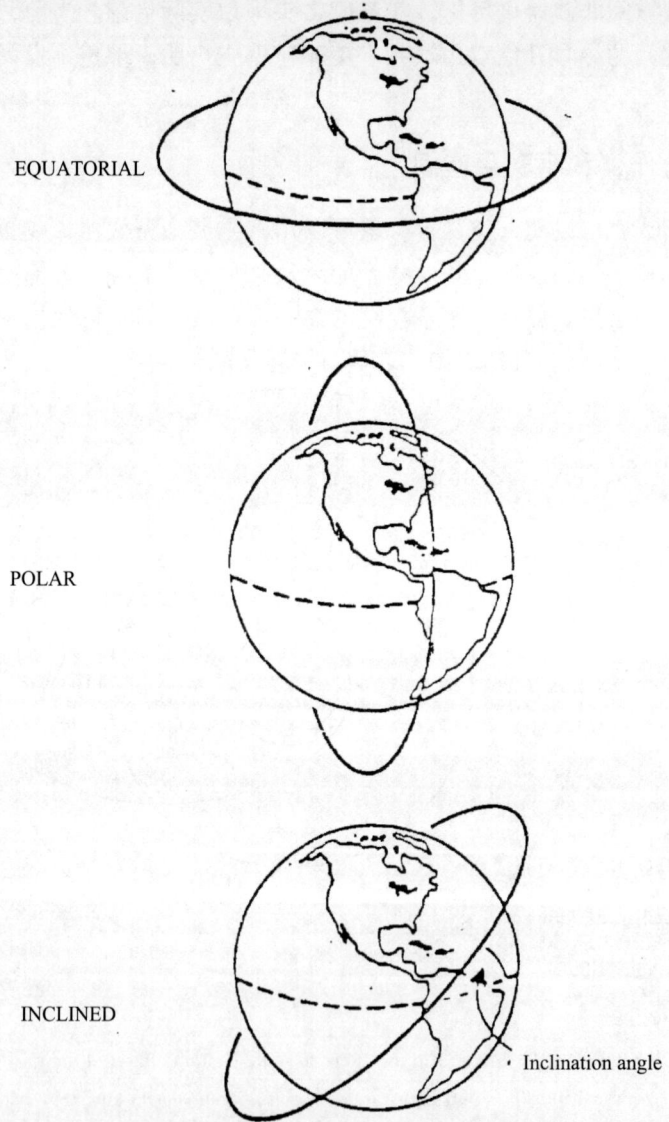

Fig. 2　SPECIFICATIONS OF ORBIT TYPE include inclination angle as well as altitude. The inclination angle is the angle made by the orbital plane and the plane of the earth's equator. The orbits of most LEO military satellites are polar; Molniya orbits are always inclined; currently- populated semi-synchronous orbits are inclined; and the GEO belt is equatorial.

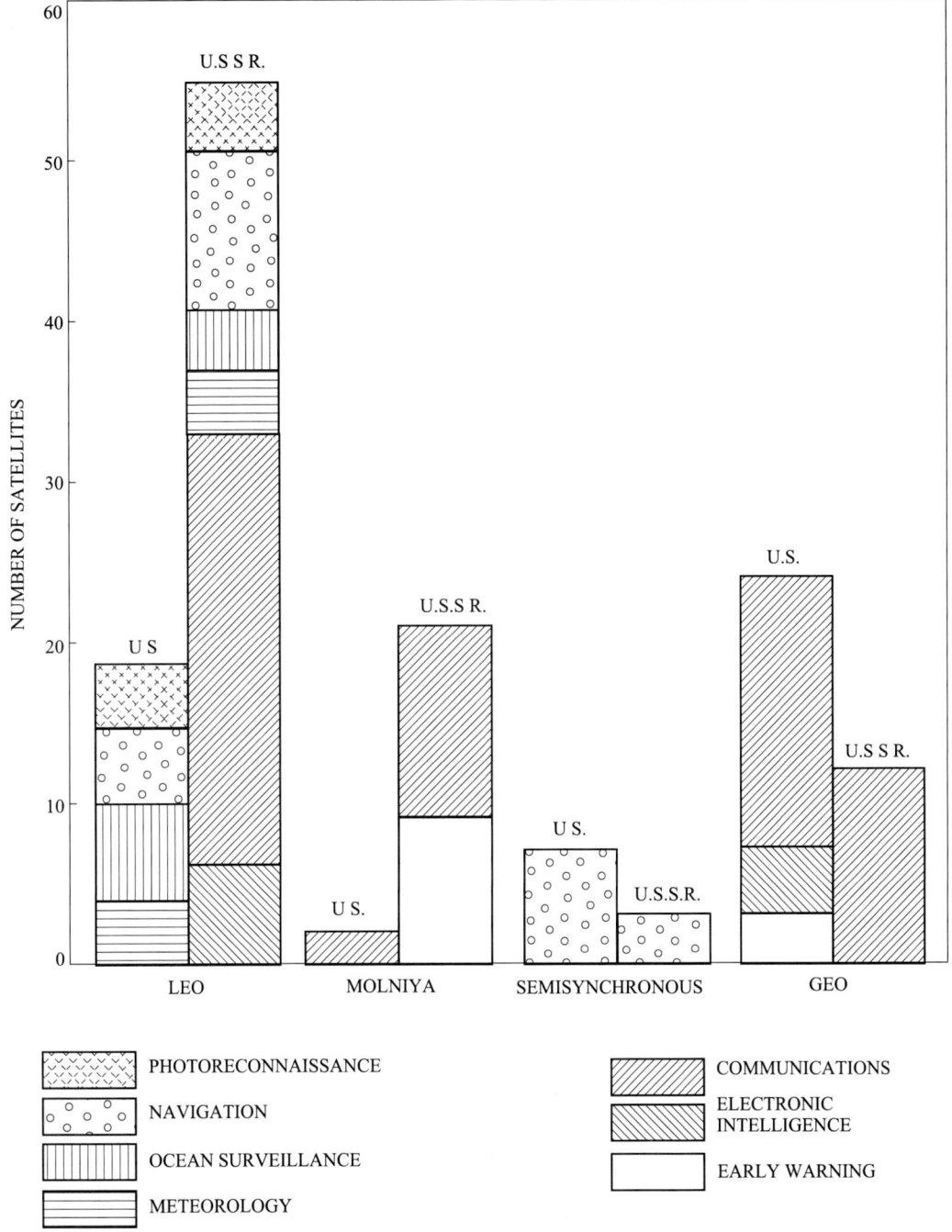

Fig. 3　TYPICAL DISTRIBUTION of military satellites deployed by the US and the USSR at any given time is broken down in the bar chart according to two factors: orbit type and mission. (From R. L Garwin, K. Gottfried, and D, L Hafner, "Antisatellite Weapons," Scientific American, June 1984.)

Table 1 Communications Satellites

System	Orbit	Approximate Number *
U. S.		
DSCS	GEO	4—6
FLTSATCOM	GEO	4—6
AFSATCOM	Transponders attached to military satellites in a wide variety of orbits.	>25
MILSTAR (planned)	GEO equatorial and polar	6—8
SDS	Molniya	3
TDRSS	GEO	2
U. S. S. R		
Various	GEO	10
Molniya	Molniya	12
Tactical, "Stote and Dump"	LED	25

* Denotes nominal constellation size (actual or planned) or average on—orbit active population

DSCS——Def. Sat. Com. Sys. (防御卫星通信系统)
FLT——Fleet. (海军)
AF——Aif Force. (空军)
SDS——Sat. Data Sys. (卫星数据系统)
TDRSS——Tracking and Data Relay Sat Sys (跟踪与数据阵列卫星系统)

Table 2 Reconnaissance and Surveillance Satellites

System	Orbit	Approximte Number
U. S.		
Missile Warning	GEO	3
Nuclear Burst Detection	Semi-synchronous, inclined ("birdcage")	18
photoreconnaissance	LEO, polar, sun-synchronous	few
Other	Classified	Classified
U. S. S. R.		
Missile Warning	Molniya	9
photoreconnaissance	LEO	2—3
ELINT	LEO	6
Radar Ocean Reconnaissance Satellite (RORSAT)	LEO	0—2
Elint Ocean Reconnaissance Satellite (EORSAT)	LEO	0—2

Table 3 Navigation Satellites

System	Orbit	Approximate Number
U. S.		
TRANSIT	LEO	5
Navstar GPS	Semi-synchronous	18
U. S. S. R.		
TRANSIT-like	LEO	10
Navstar-like (GLON ASS)	Semi-synchronous	~12

Table 4 Meteorological Satellites

System	Orbit	Approximate Number
U. S.		
Defense Meteorological Support Program (DMSP)	LEO	2
GOES	GEO	4
U. S. S. R.		
Meteor	LEO	>3
GOMS (planned)	GEO	4

Table 5 Characteristics of Current ASAT Intercept Systems

	Soviet ASAT	U. S. ASAT
Spacetrack Support	Ground-based radars	Ground-based radars
Launch Site	Ground	Air
Propulsive Velocity Increment	8~9km/s	4~5km/s
Ascent Guidance	Ground command	Inertial
Homing Guidance	Radar (or Optical)	Long-Wave Infrared
Warhead	Fragment	Impact

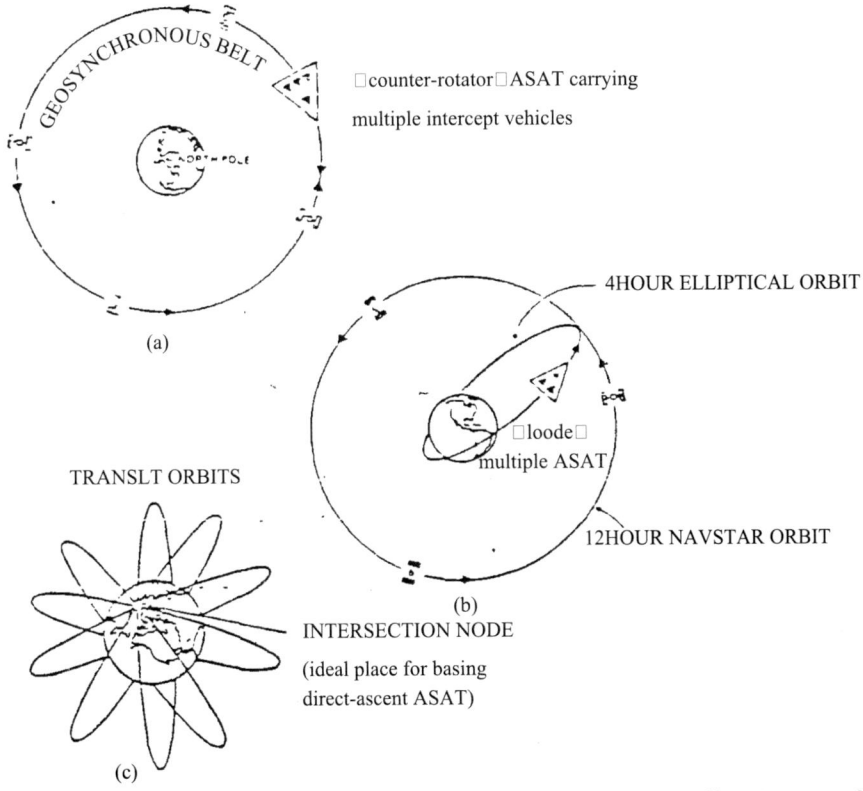

Fig. 4 ASAT INTERCEPT SCHEMES seek to avoid having to attack each of the satellites in a constellation by a separate set of orbital maneuvers. The "counterrotator" traverses the GEO belt in the "wrong" direction, attacking all the satellites there within 12 hours (a). The "looper" climbs up to semi—synchronous orbit every 4 hours to pick off one of the Navstar GPS satellites, which are phased every 4 hours in 12~hour orbit (b). A battery of direct—ascent ASAT interceptors based at the north pole could attack all the satellites in polar LEO Within the space of less than 2 hours (c).

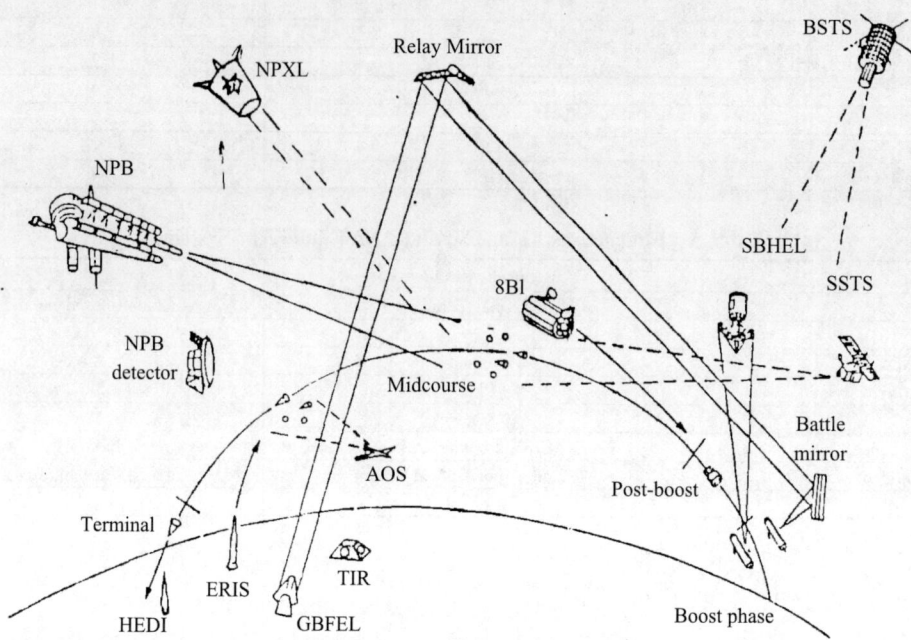

Fig. 5 Major SDI Sensors and Weapons

SDI sensor systems:

BSTS—Boost Surveillance and Tracking System (infrared sensors)

SSTS—Space Surveillance and Tracking System (infrared, visible, and possibly radar or laser radar sensors)

AOS—Airborne Optical Syslem (infrared and laser sensors)

TIR—Terminal Imaging Radar (phased array radar)

NPB—Neutral Particle Beam (interactive discrimination to distinguish reentry vehicles (RV's) from decoys: includes separate neutron detector satellite)

SDI weapons systems:

SBI—Space Based Interceptors or Kinetic Kill Vehicles (rocket—propelled hit to kill projectiles)

SBHEL—Space Based High Energy Laser (chemically pumped laser)

GBFEL—Ground Based Free Eiectron Laser (with space basd relay mirrors)

NPB—Neutral particle Beam weapon

ERIS—Exoatmospheric Reentry vehicle Interceptot System (ground based rockets)

HEDI—High Endoatmospheric Defense Interceptot (ground based rockets)

NPXL—Nuclear pumped X-ray Laser

Fig. 6 ~ 8 Temporal evolution of the number of strategic weapons of the U. S. (○) and of the S. U. (△) for the standard parameter set (SP (50)). (6) Intercontinental ballistic missiles (ICBM); (7) SDI satellite systems (ABM) (8) Antisatellite weapons (ASAT). The error bars indicate minimal and maximal values of the simulation under 10^5 runs of the model under the influence of 50% random perturbations of the buildup parameters at each timestep.

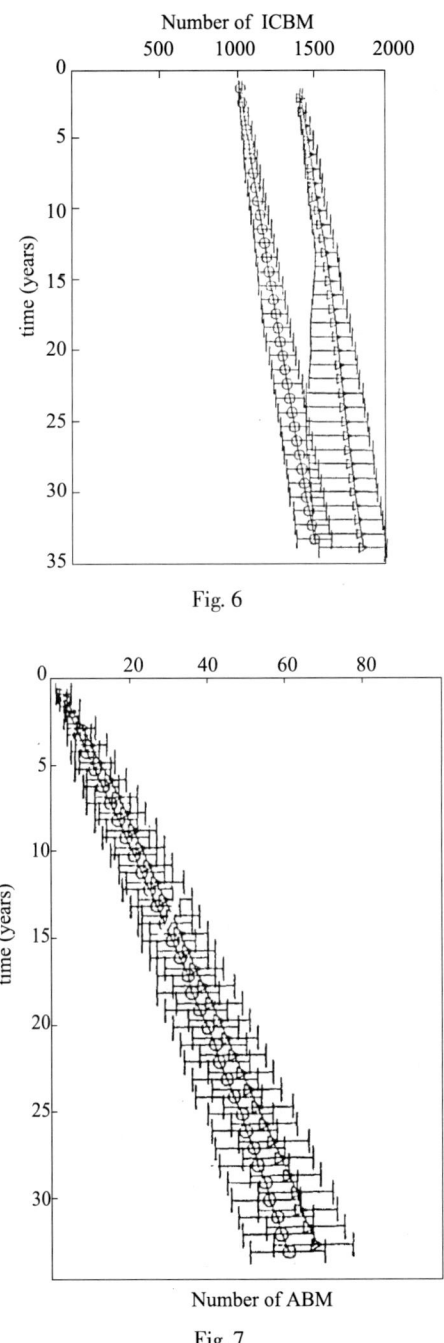

Fig. 6

Fig. 7

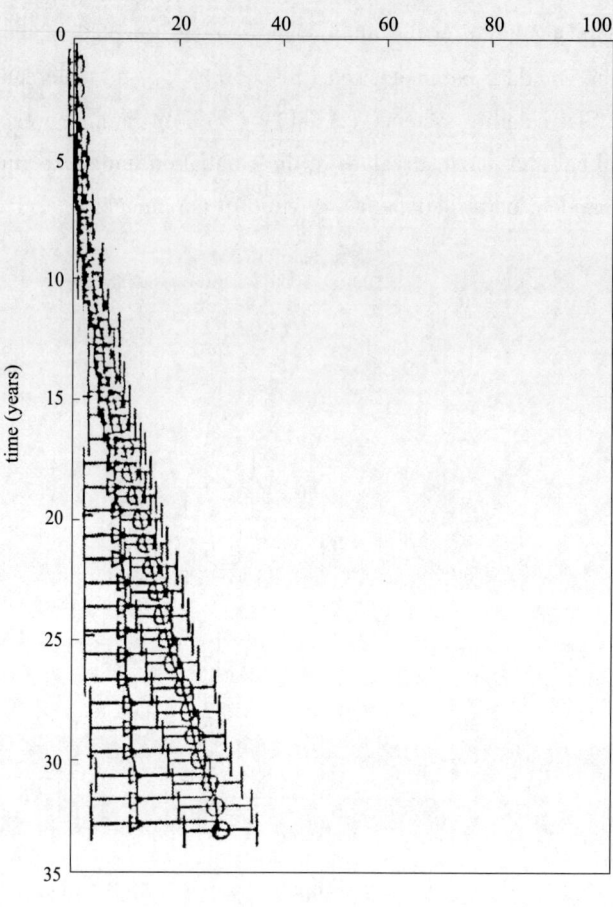

Number of ASAT

Fig. 8

参考文献

[1] Anti-Satellite Weapons, Countermeasures, and Arms Control. 1985 Congress of the United States, Office of Technology Assessment.
[2] Yevgeni Velikhov Weaponry in Space: the Dilemma of Security.
[3] Nuclear Arms Control, Background and Issues. Chap. 6, CISAC, NAS, 1985.
[4] Jasani B J. Space Weapons——The arms control Dilemma. Taylor and Francis, 1984.
[5] Tirman. The Fallacy of Star Wars. Vintage Book, 1984.
[6] Fischer H, et al. Proposal for a Treaty on the Limitation of Military Use of Outer Space.
[7] Canada, Department of External Affairs "Statements and Speeches" No. 82/10. Technology Momentum The fuel That Feed the Nuclear arms Race, an address by the Rt. Bon. P. E. Trudean to UNSSOD II, June, 18, 1982.
[8] Garwin R. ASAT Treaty verification in Tsipis K, et al. Arms Control Verification, 1986.
[9] Jurgen Scheffran. Verificaion and Risk for an Anti—Satellite Weapons Ban. in Bulletin of Peace proposals. 1986, 17(2).
[10] Bruno Bertotti, Paolo Farinella. Space weapons and Arms Control in Carlton D, Schearf C. The arms

race in the era of star wars, 1987.
[11] Altmann J. Space Laser Weapons: Problems of Strategic Stability in Bulletin of Peace Proposals, 1988, 19: 343-356.
[12] Report to the American Physical Society of the Study Group on Science and Technology of Directed Energy Weapons.
[13] 1989 Report to the Congress on the Strategic Defense Initiative.
[14] Alvin M. Saperstein and Gottfried Mayer-Kress "A Nonlinear Dynamical Model of the Impact of SDI on the Arms Race" Reprint from Journal of Conflict Resolution.
[15] Ashton B. Carter: Satellites and Anti-Satellites.
[16] 苏联、法国、民主德国等国代表在裁军谈判会议上提交的关于防止外空军备竞赛的工作文件, 1989.

Space Nonweaponization
——An Urgent Task for Arms Control

Abstract: This paper atempts to expound our basic points of view and puts forward a proposal on the space nonweaponization. The paper analyses the nature of space weaponry and its impact on arms race and points out that the space nonweaponization is an urgent task for arms control. The relations between prohibition of space and ASAT weapons, between prohibition of space weapons and reduction of nuclear weapons and between space weapon and nuclear test are all analysed. The inadequacy of the existing space treaties is made clear based on the evaluation. It is hoped that a verifiable treaty on the prohibition of space weapons should be made and international cooperation on peaceful use of outer space is necessary.

The Necessity and Possibility of Signing a Treaty Prohibiting Space Weapons

In recent years the superpowers have conducted large-scale research and development in the sphere of strategic defence systems. This has aroused concern among the people and scientists in various countries, for it may lead to the weaponization of the space and trigger off a new round of the arms race. It would affect the security of various countries in the world and, in fact, would bring no benefit to the two superpowers.

1 The vicious circle of the arms race is still continuing

The arms race in space, a new sphere of the arms race, is a continuation and extension of the nuclear arms race. It has stimulated further improvement and development of nuclear and other weapons.

This finds expression in the following two aspects: offensive and defensive. In order to advance the means of defence, more categories of space weapons, including nuclear and nonnuclear weapons, would be developed. Nuclear weapons might include nuclear pumped laser directed energy weapons, etc. As for the offensive aspect, relevant counter-measures, would be developed in order to break through the defences of the opposing side, for example, nuclear anti-satellite weapons and nuclear electromagnetic pulse weapons, etc. At the same time, the number of offensive nuclear missiles would be increased and the capability of penetration under the nuclear environment enhanced.

Moreover, it is hard to say whether the socalled defensive weapons in space, especially those spaced-based ones, would be purely defensive. They would all have certain capabilities to destroy targets and possess the capability to attack. Such weapons deployed in space and orbiting overhead, would constitute a threat to all countries. Therefore, defensive weapons in space would not check the development of armaments of the opposing side, but would only promote their development. This is something like the spear and shield used in warfare in ancient China. The appearance of new types of spear promoted the creation of new shields. The measures, countermeasures and counter-countermeasures of today are the ever-escalating development of spear and shield.

As a result it would lead to the complex situation in which the arms race escalates spirally, to include offensive nuclear weapons and defensive weapons systems. It would not only swallow up enormous human wealth, but would also cast a heavy dark cloud over our blue sky, thus people feel uneasy.

This is a vicious circle. A space arms race⇔a nuclear arms race (the development of new nuclear warheads and third generation weapons)⇔new nuclear tests.

It is unfair to say that no progress has been made in the field of disarmament in these last few years. However, at the same time, the arms race has been continuing. If we say that quantitative progress has been made in disarmament, then it is also true to say that in the arms race both quantitative progress and qualitative improvements have been achieved. This is a very discouraging situation.

2 How to break the vicious circle?

People have made great efforts to this end, and a number of space related arms control treaties have been agreed upon, they are mainly:

The 1963 LTB Treaty prohibiting nuclear tests in space.

The 1967 outer space treaty prohibiting stationing weapons of mass destruction in space.

The 1972 SALT I and 1974 ABM treaties ban the development, testing or deployment of BMD systems in space.

The 1972 SALT I and 1979 SALT II ban interference with any satellite providing national technical means to verify those agreements.

The 1975 convention to register launching bodies into outer space.

And other principled declarations on the peaceful use of outer space.

It must be said that these treaties have played a certain positive role, however they are far from perfect and sufficient. They have failed to play an effective role in prohibiting the arms race in space. Their inadequacy lies mainly in the following two aspects:

(1) They do not completely prohibit space weapons. The treaties stipulate the prohibition of nuclear weapons and weapons of mass destruction in space. For example, kinetic energy weapons and directed energy weapons, etc. are not included. They stipulate the prohibition of the anti-ballistic missiles (or BMD) system; they must also prohibit weapons against other targets.

(2) What is more important is that these treaties are devoid of effective, feasible measures of verification. If they are merely general declarations, then the UN Charter already contains these general principles. What is important is that concrete, restrictive verification measures must be formulated.

Effectively to check the development of the space arms race, we proposes:

(1) The signing, at an early date, of an international treaty on the prohibition of all types of space weapons, which includes effective verification measures. It would be better to have an early prohibition rather than exert strenuous efforts on "space disarmament" in the future. The formulation and content of such a treaty should be put under serious consideration. "Space weapons" refer to "devices and component parts capable of combating in space", such as space based kinetic energy weapons, the space relay mirror and the fighting mirror. In this way all space weapons which

pose threats to other countries would be included. Experts concerned may draw up a list of space weapons. Here it should involve a definition of "space weapons"; we believe, it is easier to define "weapons" than "military devices".

The rationality in concluding such a treaty is obvious. Outer space should be the common resource of mankind and should bring benefits to mankind, but no weapons should be deployed.

Such a treaty is perfectly practical and possible. It would not harm the interests of any country, nor weaken the existing defensive strength of various countries. As a matter of fact, such a treaty would be beneficial to both the United States and the Soviet Union, which are conducting research on a space defence system (or BMD system). Just putting aside the technical difficulties, risks and survivability of this system, it would be a heavy burden to realize such a system in terms only of the economy. It is estimated that 210~420 FEL stations would cost US \$630 billion to US \$1300 billion. Moreover, even if the system is deployed, its reliability would be a big problem. Firstly its command, control and communication system rely on a huge and complicated computer simulated software system. Only through checking in practice, could any software system be improved and made reliable. However, it is impossible to have sufficient practice in checking the complicated software as the BMD system, therefore, its reliability would remain a question. It is not in conformity with the interests of the United States or the Soviet Union to pay such an enormous cost only to get an unreliable system.

Such a treaty is verifiable, In the discusions above I did not put forward generally the "non-militarization of space" (we, as a matter of course, wish) because it is difficult to draw a distinct demarcation line between military and civilian use. For example, meteorological satellites, communications satellites, earth-surveying satellites and military reconnaissance satellites are hard to distinguish one from the other. However "devices capable of combating and destruction" would be easier to distinguish, so the term "non-weaponization of space" could be used.

How should verification be carried out? The proposed method is to register bodies launched into the outer space, and launching should only be permitted when approval is given after international verification. The crucial point in international verification is to guarantee that no vehicles in space are weapon components. So the crucial measure is to carry out on-the-spot verification on the launching ground. Space launches should be brought into the open and groups of experts from different countries should be set up to work out and implement concrete verification measures.

Obviously only the superpowers have the ability to develop space weapons. Take the vehicles for example: only the United States and the Soviet Union are likely to develop low orbit carriers rockets which have a carrying capacity of over 100 tons. Therefore, to realize the nonweaponization of space, the United States and the Soviet Union must take the lead in making commitments and in taking concrete actions.

The signing of the above-mentioned treaty would also provide the necessary pre-condition for the prohibition of anti-satellite weapons. If there are no weapons in space, prohibiting anti-satellite weapons would be relatively easier to accomplish.

(2) Drastically reducing strategic nuclear weapons in a parallel manner. The difficulty of signing the above-mentioned treaty may come from the United States, which, worrying about a Soviet first attack, is preparing to deploy its SDI programme by stages. To solve this problem, the United States and the Soviet Union should sign a treaty on drastic nuclear disarmament and reduce their strategic nuclear weapons to the level of "minimum deterrence", as the parallel measure to the above-mentioned treaty. The 50 percent cut is a step, and the deep cut proposals put forward by Dr. R. Carwin could be a basis for further discussions.

(3) It would be easier to discuss the issues of a nuclear test ban and further disarmament, including the obligations of other countries on the basis of the above mentioned two points.

3 Strenghten international cooperation and the peaceful use of outer space

New achievements in science and technology can be used to bring benefits to mankind, but can be used, also, to manufacture new types of weapons. This was true with the discovery of nuclear fission and it is also true with the discovery of coherent light. If, in a sense, every escalation in the arms race is the consequence of scientific-technological progress, then every step forward in arms control marks not only scientific-technological progress, but also the triumph of human reason.

We are opposed to the weaponization of space. However, research into all kinds of high and new technology concerning the utilization of space are greatly needed. Space technology has entered a new stage of development at present. It is possible for mankind to realize the industrialization of space and to set up bases in outer space in the solar system within the next fifty years.

The utilization of space is a risky and difficult undertaking that requires hugh investments and a long period of time and involves multi-disciplinary technologies and branches of learning. It is imperative that there should be a division of labour and cooperation among all countries in the world in accordance with their respective features and abilites to achieve rational use of the world's financial and human resources. The talents of scientists and engineers of various countries should be brought into full play with a view to accelerating the peaceful use of space and so let space benefit humanity.

Relations among Space Arms Control, Nuclear Disarmament and Nuclear Test Ban
—The Necassity and Possibility for a Convention on the Prohibition of Outer Space Weapons

1 Our first three themes-space arms control, nuclear disarmament and nuclear test ban-are not isolated from each other, but closely inter-related. They are three Links of the Chain of arms control (or conversely, the arms race), and interact on each other, and condition each other.

The common character of the three issues is that they are all in the first place concerned with the United States and the Soviet Union. Nuclear test, nuclear armament and space arms are all originate from the United States and the Soviet Union, which are the strongest states economically, militarily and technologically, Any effective measures to control the three links depend first of all on the two countries taking the lead in action. Besides the impact of the three issues on the world has gone beyond the scope of the two superpowers and is a matter of common concern to more countries and peoples. So, the three issues all have an abvious international character and international cooperation are needed in their analysis and settlement.

Another common character of the three issues is the high degrees of complexity of them. They all have several aspects which are political, miditary, economical and technological, so they can be considered multidimensional, multidiscipline and stereascopic issues. It is indispensable for scientists to probe into issues from technological aspect.

2 What's the ralations among the three?

Nuclear tests are the prerequisite for developing nuclear weapons; and conversely, nuclear test ban is bound to be interrelated with halting the development and improvement of nuclear weapons, and with nuclear disarmament.

Space arms race is a new field of arms race, and the development and extension of nuclear arms race. It can stimulate the further development and improvement of nuclear weapons, and thus set new demand on nuclear test.

The development of space arms stimulate the improvement of nuclear weapons in two respects, the offence side and the defense side. The defense side would develop numerous types of space weapons (including nuclear and non-nuclear weapons) to enhance it's space defense capability. Nuclear weapons may include nuclear-pumped-laser-directed-energy-weapons etc. In order to break throught the defense line of it's opponent, the offence side may develop appropriate countermeasures, which are, for example, nuclear antisatellite weapons and nuclear electro-magmeticpulse weapons etc. Simultaneously, the offence side would increase the numbers and the penetration capability of it's offensive nuclear missiles in nuclear environment.

More, the so-called space defense weapons. especially the space-based ones, can not be absolutely considered defense weapons because they all have a certain degree of capability for offence and destroying targets. Who-ever would feel threatened if such weapons were deployed by others on it's head. So, space defense weapons can not curb, but would stimulate the development of it's opponents arms. The situation is just like that of the developments of spear and shield in acient China battles, that is, new types of spear would accelerate the emergence of new types of shields, and similarly, today's measures, countermeasures and counter-counter-measures is just like the escalation of spears and shields.

Therefore, the deeds that were describe above would lead to a complicated situation in which the arms race (including offensive nuclear weapons and defensive weapon systems) would escalate. That would not only engulf enormous amount of human wealth, but also make the blue sky covered with disturbing heavy clouds.

That is a vicious circle. Space arms race $\Leftrightarrow$ nuclear arms race (to develop up-to-date nuclear warheads and third generation weapons) $\Leftrightarrow$ conduct up-to-date nuclear tests.

We should say that disarmament and arms control have made some progress in recent years, but at the same time, arms race is also developing. Which side is actually bigger, the cut or the expansion? If we use $\ominus$ to represent the progress of disarmament, which is a negative value; and use $\oplus$ to represent the development of arms race, which is a positive value, then, the aggregate value in recent years can be considered through the following formulae;

$$\ominus + \oplus \gtreqless 0?$$

people hope that it is " <0 ", but actually there still is an ascending trend of " >0 ", because the progress of " $\ominus$ " is only quantitative, but $\oplus$ advanced both quantitatively and qualitatively. We should say $|\oplus| > |\ominus|$, if not $\gg$.

3 How to break the vicious circle? I propose:

(1) An international convention on the prohibition of outer space weapons be concluded as early as possible. It is better to ban space weapons at the first opportunity than to negotiate "space disarmament" in the future. Here the formulation and content of the convention need to be deliberated. "Space weapons" is refered to the kinds of equipments and devices which are deployed in space and have aperational (fighting) capability, such as space-based kinetic energy weapons, space-based directed-energy weaspons, space relay mirrors and fighting mirrors etc. In this way all the space weapons that may threaten other countries will be included. (As for the ground-based equipment without space mirrors, they can be discussed in some other way because they can accomplish defensive terminal intercept missions only.) Simultaneously. It is necessary to prohibit any demonstrating test of space weapons involving space-based and ground based.

The reasonableness of such a convention is obvious, because the outer-space should be the common wealth of mankind and its utilization should bring benefits to mankind, and no weapon should be deployed there.

It is in reality possible for the conclusion of such a convention because it will not harm the interests of any countries and will not weaker the present actual defense strenghth of them. In fact, the conclusion of such a convention is even bebefitial to the US and the USSR, who are doing the Research on space defense systems (or BMD systens). Not to mention the degree of technical difficulty, risks and surviva bility, it is first of all a heavy economical burden to vealize the system. It is estimated that it will cost 630 ~ 1300 billion to build 210 ~ 420 FEL stations; besides, the reliability of the system is a serious problem because its command, control and communication system is greatly dependent on a huge and complicated computer-simulating-software system and the reliability of any software system can only be improved throught practice, but the complicated software system of the BMD system can not get enough opportunity to be tested, so its reliability would be a everlasting problem. It does not accord with the interests of US and USSR to buy such an unreliable system with high cost.

The concluded convention can be verified. In the discusions above I did not put forward generally the "space demilitarization" (of course we hope this can be achieved), because it is very difficult to determined the demarcation line of military use and civil use. For example, it is very difficucut to differentiate military use from civil use for meteorological, communications, geodetic and military reconnaissance sate llites. On the other hand, it is relatively easy to set a demarcation line for "the devices that have operational or killing capability". So it may be called "space weaponlessness" or "Prohibition of launching weapons into space".

How to verify? The proposed method is to register space-launching, and only after the launching is up to standard through international verification can it be approved. The crux of such international verifications to guarantee that no vehicles in space should be components of weapons. It was mentioned above that for the time being ground based equipments would not be included, and the reason for it is that, on the one hand, the defensiveness of Pure ground-based equipments, and on the other, the convenience for verification are considered. It is much easier to verify space launching than to verify ground-based equipments. The prohibition of the test of space weapons and antispace weapons is verifiable too.

(2) Parallel drastic reduction on strategic nuclear weapons. The difficulty for the conclusion of the above convention may lie on the United States. Worrying about the first strike from the Soviet Union, the US wanted to deploy the SDI systems (in several stages). To solve this problem, the parallel measures of the above convention should be that the US and the USSR sigh a drastic-nuclear-disarmament treaty to reduce their strategic nuclear weapons to the "minimus deterence" level. The 50% reduction is only are step. The deep cut proposal put forward by Dr. Garwin can be the basis for further discussion.

(3) On the basis of the above two points, it is relatively easy to discuss the issues as nuclear test ban, furter disarmament and the abligations of the other countries.

New scientific and technological achievements can not only used for the benefit of mankind, but can also used for the production of new weapons, and both nuclear fission and coherent light are examples. If the escalation of arms race is in a sense the result of science and technology progress, then the advapce of arms control not only symbolize the progress of science and technology, but also is a victory of mankind's reason. It's a pity that in today's world the force for arms control is still not much stronger than the force for arns race, so scientists should give full play to their knowledge and conscience to promote international justice, peace and development.

附中文译文：

空间军备控制、核裁军与核禁试之间的关系
——禁止外空武器条约的必要性和可能性

1 我们的前三个议题——空间军备控制、核裁军与核禁试都不是孤立的，它们之间有着密切的内在联系。它们是军备控制（或者反过来说军备竞赛）链条上的三个环节三个层次。它们互相影响，互相制约

这三个问题有一个共同点：它们都首先涉及美、苏两国。核试验、核武装和空间军备皆起源于美、苏这两个经济上、军事上、技术上最强的国家；对这三个环节的任何有效的控制措施也首先取决于美苏，有赖于两国采取率先的行动。同时，这三个问题给世界带来的影响，都超出了两大国的范围，为更多的国家和人民所关注。因此，三个问题都有明显的国际性，它们的分析和解决需要国际的合作。

三个问题的另一个共同点是，每一个问题都有着高度的复杂性，有着政治，军事，经济，技术几个方面，可以说是多维的、多学科的、立体的问题。科学家们着重从科学技术的角度所作的探讨，是不可缺少的、重要的方面。

2 它们之间的联系是什么呢？

发展核武器，要求进行核试验，核试验是发展核武器的必要条件；反之，禁止核试验必然和停止核武器的发展、改进相联系，与核裁军相联系。

空间军备竞赛是军备竞赛的一个新领域，是核军备竞赛的发展和延长，它刺激核武器的进一步发展、改进，从而对核试验提出新的要求。

空间军备发展对核武器改进的刺激作用有两方面：攻方和守方。守方为发展空间防御手段而发展多种类型的空间武器，包括核的和非核的。核的可包括核泵浦强激光定向能武器等；攻方为了突破对方的防御，会发展相应的反措施，例如核反卫星武器、核电磁脉冲武器等，同时还要增加进攻性核导弹的数量并提高在核环境下的突防性能等。

而且，所谓的空间防御武器，——尤其是天基的，很难说是纯粹的防御武器，它们都具有一定的摧毁目标的能力，具有进攻能力。这样的武器布署在天上，在别国的头上转，谁都会感到是个威胁。因此，空间防御武器并不能对对方的军备发展起抑制作用，而只能起刺激作用。如同中国古代作战使用的矛和盾，新的矛的出现，促进新的盾的产生，今天的措施和反措施、反反措施就是矛盾发展的不断升级。

于是，它将导致进攻性核武器和防御武器系统在内的军备竞赛的轮番升级的复杂局面。它不仅会吞没人类的大量财富，而且使蔚兰色的天空蒙上浓重的阴云，令人不安。

这是一个恶性循环。空间军备竞赛⇔核军备竞赛（发展新的核弹头和第三代武器）⇔进行

新的核试验。

这些年来，不能说裁军和军备控制没有一点发展，但同时，军备竞赛也在发展。究竟裁的多还是发展的多？我们有⊖表示裁军的进展，它是一个负的值；而用⊕表示军备竞赛的进展，它是一个正的值，那么，多年来的总和

$$\ominus + \oplus \not= 0$$

人们希望 <0，实际上，它仍是一个 >0 的上升趋势，因为⊖只有定量的进展，而⊕却兼有量的进展和质的改进。|⊕| - >|⊖|，如果不是≫的话。

3 如何打断这个恶性循环？我建议

(1) 尽早签订一个禁止外空武器的国际条约。与其将来为"空间裁军"而费劲，不如趁早禁止。这里需要推敲条约的提法和内容。"外空武器"系指"布署在空间的有作战能力的装置和器件"如空基动能武器，空基定向能武器，空间中继镜、作战镜等。这样就可以把所有可能威胁别国的空间武器包括在内，至于那些没有了空间镜的地基设施，只能起末端拦截的纯防御作用，可以另作讨论。

签定这样一个条约的合理性是显然的，外层空间应该成为人类的共同财富，用于为人类造福，不应该布署任何武器。

签定这样一个条约是有现实可能的。它并不损害任何一个国家的利益，并不削弱各国现有的国防实力。事实上，对于正在研究空间防御系统（或 BMD 系统）的美国和苏联，签订这样一个条约也是有利的。且不说这一系统在技术上的难度、风险和生存能力，单从经济上说，实现这一系统，也是一个沉重的负担。据估计，210 个～420 个 FEL 站，就要花费 6300 亿到 13000 亿美元；再说，即使这一系统布署了，这一系统的可靠性也是一个大问题，首先是它的指挥、控制、通讯系统，有赖庞大而复杂的计算机摸拟软件系统。任何软件系统，只有经过实践的检验，从不可靠经改进变为可靠。而 BMD 系统的复杂的软件不可能有足够的实践去检验，可以说，其可靠性永远是一个问题。花高昂的代价去买一个不可靠的系统，并不符合美、苏本国的利益。

签订这样一个条约是可以核查的，上面没有笼统提"空间非军事化"（我们当然希望这样），因为这里的界限比较难定，例如气象卫星、通讯卫星、测地卫星、军事侦察卫星，它们的军用与民用的界限就比较难分。但"有作战能力或杀伤能力的装置"则比较容易划个界限。可称"空间非武器化"。

如何核查？建议的办法是对空间发射进行登记，经国际核查合格后，准予发射。这种国际核查的关键是保证所有在空间运行的 Vehicle 均不是武器部件。前面提到暂不包括地基设施在内，一是考虑纯地基设施的防御性，二是考虑到便于核查，地基设施较难核查，而空间发射是难以隐蔽的。

(2) 平行地，进行战略核武器的大幅度削减。签订上述条约的困难可能在美国。它担心苏联的第一次打击，因而要布署 SDI（分几个阶段）。为解决这个问题，作为上述条约的平行措施，美、苏应签订大幅度核裁军条约，将战略核武器减至"最低威慑"水平。50% 的裁减是一个步骤，Garwin 博士等提出的深度裁军建议，可作为进一步讨论的基础。

(3) 在以上两点的基础上，讨论禁止核试验的问题，和进一步裁军的问题，包括其他国家应尽的义务，就比较容易了。

科学技术的新成就，可以用于为人类造福，也有可能用于制造新的武器。核裂变的发现是

如此，相干光的发现也是这样。如果从某种意义上说，军备竞赛的每一步升级是科技进步的一种后果的话，那么，军备控制的每一个进展则不仅标志着科学技术的进步，而且是人类理智的一个胜利。如果把军备竞赛的每一步升级比作"魔高一尺"，那么军备控制的每一个进展就应比作"道高一丈"，就像中国古典小说《西游记》里描述的那样。可惜，在今天的世界上还不是道远高于魔的局面。因此，科学家们有许多事情可做，他们可利用自己的知识和良知，助"道"成长——促进国际的正义、和平和发展。

Global Security and the Role of Science, Technology and Education[①]

0 Introduction

Global security has become a general concern of people throughout the world. To lift herself from poverty and backwardness, China has devoted all her energy to economic construction, and she needs a long period of stable and peaceful international environment.

Now there are six billion people living on this earth. And the number is still increasing rapidly. But we know the size of the earth will never grow bigger. Mankind has made this earth his home for thousands years and will live here in the foreseeable future. The human rade is now confronted with a series of problems concerning existence and development. How to manage this house well is a problem for all the intellects of the age to consider. Historical facts have shown us time and again that neither world wars nor regional conflicts can benefit either side. The limited resources, wealth and the wisdom of different peoples should be explored for economic development but not for wars.

Global security is a lofty goal. To realize it, more and more sagacious statesmen, social activists, scientists all over the world are making concerted efforts. The great effort made at Pugwash Conferences is worthy of praise here.

Obviously, it is not easy to realize this goal, as it involves many complicated problems, such as international politics, military and technology, for example, halting the arms race and promoting disarmament; in international relations all countries should strictly abide by the principles of peaceful coexistence and it is impermissible to interfere in the internal affairs of other countries or violate their sovereignty in any form or on any excuse.

Being a physicist and a professor of post graduate students I have to talk shop. From the point of view of science, technology and education, I would put forward two proposals concerning global security.

1 Proposal I

The development of new-tech and high-tech, the fruit of human wisdom and treasure of mankind, should bring happiness to the people of the world. It will benefit mankind, when it is used

---

① 1988 年 5 月在联合国组织的论坛上的报告。

for peaceful purposes. But it will sure bring disaster when it is used for military purposes, thus giving rise to a new vicious cycle of arms race. To provide against possible trouble, in this regard, scientists and engineers have important roles to play. Therefore, I suggest that we should develop international cooperation in the peaceful use of new-tech and high-tech research. And this cooperation should include the exchange of research programs and scholars, and setting up international laboratories accessible to scientists all over the world. It is not impossible to engage in such a joint effort. The ITER (International Thermonuclear Experimental Reactor) research program in which several countries are involved, serves a good example. What we have to do now is to try to extend this kind of cooperation to larger areas and to more countries.

I believe such cooperation will certainly ensure the development of new-tech and high-tech for peaceful purposes, conducive to the exchange of science and technology and mutual development, and to the promotion of the cooperation between the North and South.

Besides, it is possible to avert the military development of the research by imposing international supervision at certain stage, for example, the testing stage, which is observable and verifiable. And this is something worthy of further exploration.

2 Proposal II

It requires the sustained efforts of several generations to realize this lofty goal—global security. Young people are the potential premiers, ministers, policy-makers and scientists. Therefore to foster a high sense of responsibility in the younger generations for security and development of mankind, we should make this cooperation a long term project. First of all, it is necessary to have more children enrolled into schools, and then try to make them good citizens of the international community. At the same time teaching materials for primary and high schools should be compiled with an aim to cultivate the spirit of mutual respect, mutual understanding, mutual development and mutual help. The year of 1986 was the international year of peace. There was a very popular song in China called 'Let the World Filled with Love'. Young people and many adults liked it very much. We should try to encourage human love and cooperation among our young people so that this world will be filled with love, friendship and cooperation and not hegemonism, militarism and terrorism. Educators from different countries may make their contributions by evaluating teaching materials, exchanging teaching methodology and teaching experiences. Here I'd like to make a concrete proposal, that is, to introduce a thirty-hour course in high schools called 'Global Environment and Human Development'. One of the objectives is to let young people know the serious problems, of global environment, both natural and social, -significant loss of world forests, loss of crop and grazing lands due to desertification and errosion, mis management and shortage of fresh water resources, air pollution and climate change, shortage of energy resources, diseases, poverty and rapid population growth, etc. The other objective is to let young people know the level of development in modern science and technology, the role of science and technology in improving global environment and human development. Let them know that science and technology should contribute to the betterment of human conditions and the promotion of civilization and human progress.

I think perhaps UNESCO or Pugwash Conferences could see to the compilation of the teaching materials for this new course I just mentioned. I believe that this course will infuse our younger generations with knowledge and a high sense of responsibility that will encourage them to devote themselves to build a better world for all mankind.

后附中文译文：
全球安全与科学、技术、教育的作用

全球安全是世界人民共同关心的问题。中国正在集中精力从事经济建设，力图早日摆脱贫困落后的状态，渴望有一个长期稳定的和平国际环境。

在我们生活的地球上，已有了六十亿人口，这个数字还在迅速增加，地球就是这么大了，它是全人类赖以生存的家，在可以预见的未来，人类主要还得在地球上生活，地球上的人类正面临着严重的生存和发展问题。如何管好这个家？许多理智的人在严肃地思考这个问题。历史事实一次又一次地证明：无论是世界战争还是地区冲突都不会给任何一方带来好处。我们星球上的有限资源、财富和人类的智慧应该用于发展而不是战争。

实现全球安全是一个崇高的目标。越来越多的明智的政治家、社会活动家、科学家……在为实现这一目标而努力，Pugwash会议为此所做的工作值得赞赏。

这个目标的实现显然是不容易的。它涉及复杂的国际政治、军事、技术等方面的问题。例如，停止军备竞赛、裁军、不干涉别国内政等。中国人常说"三句话不离本行"。作为一个物理学家和研究生导师，我想从科学技术和教育的角度，就全球安全问题提出两点建议。

一、新技术、高技术的发展是人类智慧的结晶，是人类的宝贵财富。它可以为人类造福。但许多新技术高技术也可以用于军事目的，带来新的一轮军备竞赛，给人类带来潜在的灾难。"防患于未然"，在这方面，科学家和工程师们可以运用自己的影响。为此，我建议：开展新技术、高技术和平应用研究的国际合作。需要制定一个合作研究的计划，包括交换研究计划、交换学者，把主要的实验室办成世界性的开放实验室等。实现这样的合作研究不是不可能的。由东方和西方的发达国家共同参加的聚变堆研究计划就是一个例子。只是需要推广到更多的领域和更多的国家。这样做，有利于保证新技术、高技术发展的和平性质，有利于科技交流、共同发展，也有利于促进东、西方和南、北方的合作。此外，在技术发展的一定阶段——如试验阶段，对其非军事性质实行国际监督也是可能的，值得对此进行探讨。

二、全球安全这一崇高目标的实现，要靠一代又一代人不间断的努力。青年、儿童是未来的总理、部长、决策人和科学家。因此，从教育入手，培养对人类安全和发展有高度责任心的子孙后代，是实现这一目标的长远大计。首先，要提高青年儿童的受教育率，提高下一代的文化修养。同时，中小学的教材要有助于培养互相尊重、互相帮助、共同发展的精神。1986年——世界和平年中，中国流行了一首歌——"让世界充满爱"，深受青少年以至成年人的喜爱。应该提倡在各国的青少年教育中，以"让世界充满爱"的精神去取代"霸权主义、军国主义、恐怖主义"等。各国的教育家，可以组织对教材的评论，交流教育经验，促进教育为全球安全作出贡献。这里，我还想提出一个具体建议：在各国的中学教育中，增设一门约30学时的课程，例如可称为"全球环境与人类发展"，课程的宗旨和内容是：a. 让青年了解全球环境面

临的紧迫问题，包括自然界的问题和社会问题，如大气和水源的污染，森林的减少，沙漠化问题、能源问题，以及贫困问题、人口问题、核战争试验等；

b. 让青年了解现代科学技术的发展水平，科学技术对改善全球环境和人类发展的作用，科学技术应该而且能够对人类的文明、进步作出贡献。

我想，联合国教科文组织（UNESCO）或 Pugwash 会议可以组织这个教材的编写。这个课程将会在青年的头脑里注入知识和责任心，使他们立志献身于为人类创造一个更美好的未来。

加强国际核安全保障体系的思考

核武器的扩散日益成为一个重要的国际安全问题。防止核武器扩散的一个主要措施是国际核安全保障。本文主要分析和讨论国际核安全保障体系现存的问题以及如何加强国际核安全保障体系并提出一些建议。

1 核安全保障的意义

核安全保障问题由来已久。自发现原子能后就产生了一个基本问题，即如何保证将原子能仅用于和平目的。1945年原子弹的爆炸更增强了这一问题的迫切性。1957年，建立了国际原子能机构（IAEA），并负责对其成员国的核材料和核设施进行核安全保障。1970年，开始生效的《不扩散核武器条约》（NPT）则进一步规定所有加入条约的非核武器成员国将接受"全范围"的安全保障：即所有铀和钍（除了铀矿和矿石加工外）均受IAEA监督以核实这些核材料没有转移到武器利用。目前，已有150多个非核武器国家加入NPT并接受IAEA安全保障。此外，IAEA还负责对《特拉特洛尔科条约》、有核武器国家的部分民用核设施以及《核出口准则》等实施安全保障。

1.1 安全保障的目的

安全保障本质上是一个核查的技术手段，以核查成员国所承诺的政治责任的实施情况。其主要的政治目的为：①使国际社会确信该国遵从核不扩散条约和其他和平利用事业；②遏制把受安全保障的核材料转移到生产核武器或其他军事用途中，以及阻止滥用受安全保障的设施来生产未受安全保障的核材料。

安全保障的技术目的是："及时探测""有意义量"的裂变材料从已申报的核设施中转移到武器的利用或其他未指定的利用，并通过探测的威胁来遏制这种转移。IAEA将"有意义量"定义为制造一枚核武器通常所需给定材料的重量；"及时"定义为利用给定的材料制造一枚核武器通常所需的时间。

1.2 安全保障的方法

目前，用于探测核材料转移情况的安全保障方法主要以材料衡算作为重要的基本方法，以封隔和监视作为重要的辅助手段。

1. 材料的衡算

该措施根据物质守恒原理。确定一个材料平衡区域处核材料存量的变化。IAEA通过独

---

① 本文作者：张会（中国工程物理研究院博士生）、杜祥琬（中国工程物理研究院副院长）、李彬（北京应用物理与计算数学研究所博士）。发表于《国际技术经济研究学报》，1995年，第3期，第37页。

立测量实物存量和检查账面存量可确定"不能说明原因"(MUF)的核材料损失。所谓 MUF 是指账面存量和实物存量的差值。一般将材料平衡方程写成

$$MUF = PB + X - Y - PE$$

其中，PB 是期初的实物存量；X 是存量增加量的总和；Y 是存量减少量的总和；PE 是期末的实物存量。MUF 是 IAEA 安全保障系统中确定存量差异以及评估材料转移情况的一个关键要素。对 MUF 的说明是很重要的。首先确定造成 MUF 的原因：这可能来自各种测量的不确定性（如仪器误差、各种人为失误等）和技术上的原因。如果将这些可确定的原因导致的误差部分除掉，那么 MUF 仍超出 IAEA 所规定的标准，这就表明可能已发生材料转移。

IAEA 为了进行材料衡算和核查，曾发展了多种测量技术和测量设备，主要有化学分析法和非破坏分析法（NDA）。

IAEA 的视察人员为了核查所申报的裂变材料的性质、数量和组分等，常将样品送回分析实验室以进行化学分析。该方法所测量的结果一般比较准确，但费用较高并且 3~5 周后才能见到结果。这对于及时探测核材料的转移是不利的。而 NDA 方法则能在现场及时地对裂变材料进行分析，另外，在许多情况下，裂变材料是放在容器中或存放于燃料组件中，在不破坏容器或组件完整性的情况下，是很难获得一定量样品的，因此不能进行化学分析。不过裂变材料的一个重要特征是具有放射性，它通过 α、β 衰变或自发裂变释放具有一定特征能量的 γ 射线和中子。因此，可通过测量这些特征射线来确定材料的种类和质量等；同时进行这种测量时无需对容器等进行破坏；这就是 NDA 方法的基础。

此外，为了进一步提高材料衡算系统的精度，人们还研究发展了近实时材料衡算系统。这主要是由于传统的材料衡算方法对于其核材料处于分立状态下的核设施（如反应堆处的燃料棒）是有效的。但对于处理大量核材料处于分散状态下的设施（特别是后处理厂），为了计算 MUF 需经常关闭生产设施，这是不经济、不现实的。现发展的近实时材料衡算系统则根据测量处于中间缓冲容器中包含的钚溶液的体积和浓度，可获得处于加工过程中钚的滞留量。这比传统材料衡算方法较为有利。不过该方法仍有些问题需要解决。

2. 封隔和监视

封隔措施是利用实体障碍以限制接近核设施内部的核材料，如反应堆的压力壳、材料贮存区域的围墙、安全门以及容器的外壳。以防止核材料的秘密转移。为了这个目的，IAEA 发展了各种封记技术来密封各种包含核材料的容器，如利用超声标签、光学纤维标签和电子标签等进行封记。IAEA 人员可简单地通过检查这些封记的状况来确定核材料是否转移。

监视措施主要是利用自动照相机、摄像机或其他电子设备以探测任何材料的转移或受安全保障的项目是否被干扰等。如利用卷片照相设备或闭路电视来监视贮存在反应堆或处理厂的乏燃料的运动情况。为了提高闭路电视的监视能力，人们正在开发研究新的微控闭路电视系统。另外，为了更可靠地利用封隔和监视设备，人们提出了遥作连续核查技术（RECOVER），来遥控监视这些设备的操作状态。

总之，IAEA 为了更有效地支持材料衡算、封隔和监视措施，发展了一系列监控装置、测量技术和视察程序。目前，人们确信对商业动力堆的安全保障是比较成功的，这是因为裂变材料是处于分立状态的燃料组件中。但对于处理分散状态核材料的设施（如后处理厂

和燃料加工厂）的安全保障技术并不理想。因此，人们正研究发展各种技术来有效地安全保障各种核设施。

2 国际核安全保障现存的问题

国际安全保障措施的设计与实施是受政治和技术两方面限制的。

2.1 政治方面

尽管国际核安全保障是国际社会防止核武器扩散的一个重要措施，但是该体系仍存在许多问题。

首先，IAEA核安全保障的作用具有一定的局限性：①阻止核武器扩散受着许多政治因素的限制，特别是发展核武器的政治动机。NPT条约只是核不扩散体制的一个重要部分，而目前NPT类型安全保障又只是NPT条约的一部分。因此，安全保障并不是核不扩散体制的全部而是一部分。②IAEA安全保障只能探测和威慑一个国家核材料的转移，并不能实际阻止该国的材料转移。③IAEA不负责国家内个体组织及盗贼的盗窃行动，这应由本国的实体安全保护措施来负责。

其次，IAEA安全保障的适应范围有一定的局限性：①IAEA对民用核燃料循环中的铀矿开采和加工并没有实施安全保障。②一个重要的局限性是，目前的国际核安全保障系统只是对已申报的核材料进行保障，对未申报的秘密生产的核材料则无能为力。③目前，仍有一些国家，并不是NPT成员国，不受NPT类型安全保障。而且有些国家不受任何类型的安全保障。④当事国往往根据入侵其主权和工业上泄密等借口，来限制对一些核设施的安全保障和相关的视察活动。

另一重要问题是，IAEA核安全保障活动的进行受到其经费不足的影响。据IAEA公布，其财政预算近10年来保持零增长率，而需要安全保障的活动却不断地增加，如对南非、巴西和阿根廷的核设施的安全保障等。这导致人员和设备资源的短缺，使安全保障不能充分地完成其任务。

最后，20世纪90年代初关于伊拉克秘密发展核武器计划的发现，则进一步暴露了国际核安全保障体系的缺陷。随着海湾战争的结束，IAEA在联合国安理会的授权下负责对伊拉克核武器能力进行核查。IAEA自1991年5月开始，经过半年多的现场视察和调查活动，终于发现伊拉克秘密发展核武器的计划。伊拉克核武器计划的发现，使国际社会对核不扩散体制以及IAEA核安全保障系统的有效性产生怀疑。因为伊拉克是NPT成员国，其核活动是置于核安全保障之下的。而对其秘密发展核武器这一违约行为，在海湾战争之前，国际社会并无查觉。这明显暴露了核不扩散体制以及安全保障系统的缺陷。其主要缺陷有：①IAEA安全保障主要局限于已申报的核材料。伊拉克不是由已申报的核设施和核材料来转移生产武器级核材料，而是秘密构造生产核武器的设施（如电磁分离设备）。对这种情况，IAEA安全保障系统并没有揭示其存在性。②伊拉克之前的安全保障只强调对已申报核材料的衡算，而忽视了对发展相关核设备的保障。这使得一个国家可建造核设施而不事先通知IAEA。伊拉克事件后，IAEA已对构造新的核设施提出较严格的要求：当事国在决定建造新的核设施时，应立即向IAEA提出申明和有关设施的设计信息，而不是像以前那样，只是在核材料引进核设施之前6个月才申报。③伊拉克之前的视察活动的频度主要取决于一个核工厂中核材料的量，而不是整个国家核材料的量，这使得 IAEA 不能充分视察一些该注意的核工厂。④伊拉克比较容易地避开各种出口控制体制，并能够获得各种材料和设备，有些是军民两用的，有些则只能是应用于离心设施。大多数这些设备，如离心机用的各种部件，是来自伦敦核俱乐部成员国。而这些国家应该对这些项目较好地控制。伊拉克的经验，使得这些供应国进一步加强了其核出口体制。

2.2 技术方面

首先，TAEA 安全保障方法主要借助于材料衡算系统，以探测是否发生"有意义量"核材料的转移。然而，目前该系统在应用于处理大量分散状态的核材料设施（如钚后处理厂、燃料加工厂）时，其测量精度很难达到要求的探测标准。虽然 TAEA 可用封隔和监视措施来辅助材料衡算系统，但对于钚后处理厂等设施，它并不能改善上述情况以满足 IAEA 安全保障的标准。正在发展的近实时材料衡算等新方法可望改善这种情况。然而，要想达到所要求的测量标准，而又不打扰工厂的正常操作，这将是非常困难的。

其次，伊拉克事件进一步揭示出安全保障体系的一些技术问题：①只靠国家技术手段不能有效探测一个国家秘密发展核武器的活动。以前，IAEA 可根据一些国家提供的有关情报，对当事国提出视察。尽管一些国家有着强大的情报收集手段（如卫星侦察和电子信号截取手段），而各国的情报工作并没有获知伊拉克有关核武器的计划。同时，IAEA 并没有自己独立的情报收集系统，主要依靠一些国家提供的情报；这可能受到提供国的政治等主观因素的影响。②伊拉克的经验也表明，一个国家可能利用本国自己的能力来发展铀浓缩技术，而并不一定来自进口设施。虽然国际社会可跟踪伊拉克的一些进口项目的运进情况，但并不清楚卖给伊拉克的真空扩散泵等项目是否应该引起注意。

3 加强国标核安全保障

鉴于 IAEA 国际核安全保障体系存在的问题，特别是考虑到伊拉克的经验教训，促使国际社会开始研究如何加强国际安全保障的问题。IAEA 旨在加强安全保障系统的新方案方面已做了大量工作。1993 年 IAEA 大会和理事会要求秘书处探讨能加强安全保障体系和提高其效率的种种手段，并提出一项被称作"93 + 2"的研究计划，目的在于加强安全保障系统并使其费效比更高。目前，国际社会还没有给出改善后的核安全保障体系。我们现就如何加强国际核安全保障体系问题提出一些建议。

3.1 政治方面

从政治方面考虑，加强国际安全保障应主要包括下面几个方面。

1. 扩大保障的范围

伊拉克之前的国际安全保障目标主要是核查已申报核材料的转移情况，新的保障系统应同时担保 NPT 成员国不存在未申报的核材料和秘密生产核设施，并使成员国执行更全面的安全保障条约。此外，应使更多的国家加入 NPT，以使 INFCIRC/153 安全保障制度达到所期望的普遍程度。正如任何世界性的军备控制协议一样，不扩散体制只有在有关的一切国家都参加的情况下才能达到其全部的预期目的。

应加强对整个核燃料循环的安全保障。目前，IAEA 并没有对铀矿开采和矿石加工阶段实施安全保障。这可能导致一些国家利用这些材料在其秘密的核设施中生产高浓铀或钚，因此，对其实施安全保障也是必要的。

2. 钚的控制

研究表明，任何级别的钚均可直接用于核爆炸。而核动力堆中一定伴随产生钚，因此加强对钚的控制十分重要。研究还指出，从经济角度以及核不扩散角度看，钚的再循环是不利的。另外，考虑到材料的衡算系统（包括利用封隔和监视措施）对于钚的处理设施很难达到安全保障所规定的探测目标，因此，最好是禁止分离钚的生产以及钚的再循环。

3. 提高无核武器国家的核透明度

IAEA对当事国的核活动了解越多，越能全面分析和核查该国的核情况，其结论也更加可信。这要求：①当事国一旦决定发展和改变核设施，就应及早将有关设计的信息、设施修改信息等通报IAEA，以使IAEA及早提出安全保障的程序。②当事国应向IAEA提交有关核材料、核设施以及相关的非核材料（如纯石墨、重水等）进出口和生产情况的全面报告，以提高其核透明度，并使IAEA及早建立早期的预警安全保障系统。③为了提高探测秘密发展核武器的能力，IAEA应得到国际社会的充分合作。成员国为了使国际社会确信其没有发展核武器，应签订一项类似于"开放领空"一类的条约，使IAEA的设备可在其领空上或领土上对其质疑的场地进行各种类型的照相（红外照相等）以及对核设施释放的流出物进行监测。

4. 加强特别视察

虽然，IAEA规约曾规定IAEA有权利"可在任何时间接近所有地方和数据"，但实际上，主要是对已申报的核材料及设施进行视察，而当事国常以种种借口（特别是入侵性）拒绝特别视察。对于伊拉克的情况，IAEA在联合国安理会687号决议授权下，对其进行特别视察，其视察程序、方法等均超过IAEA一般所用的程序、方法，这样，IAEA取得了重要的结果。可见，今后IAEA应授权不仅对已申报的地方和设施，而且对未申报的地方和设施加强特别视察活动。为了使其更有效，IAEA视察员应在很短的时间内对可疑场地进行视察。IAEA给予当事国的预先通知的时间应尽可能的短（一般不超过8小时）；并在尽量短的时间内（8小时内）允许进入特定场地进行核查。

5. 增加IAEA的情报来源

特别视察面临的一个主要问题是对哪些地方或设施进行特别视察，这主要根据其所获取的情报、信息来确定。通过例行视察、核安全保障、以及各种监测探测活动可获取有关信息。为了及时、客观地获得有关情报、信息，IAEA应建立自己的一套情报系统，包括类似于国家技术手段的方式。目前，IAEA已在这方面着手讨论和工作。有人提议IAEA可从成员国直接获取有关情报，但仅有少数国家具有先进的国家技术手段，其向IAEA提供的有关情报将受到其政治等主观因素的影响，因此该提议引起了一定争议。

6. 财政预算

为了提高安全保障系统的有效性，应大幅度增加经济资助以保证有充足的人员和设备投入安全保障活动中。另外，为了节省财政支出并保证安全保障的有效性，可采用一些新的方法。如人们曾提出"大区域方法"。这是将核燃料循环中的所有"材料平衡区域"

（MBAS）看成是一个大的区域。这样 IAEA 无需核查大区域内部各 MBAS 间的材料流动情况，而主要核查整个大区域的材料流动情况。不过，该方法并不一定可行，但它为以后的发展提供了一定的方向。

3.2 技术方面

1. 加强对已申报核活动的安全保障

为了改进传统安全保障系统的有效性并使其费用效率更高，主要的研究应包括：①提高材料衡算系统的测量精度，如发展利用近实时材料衡算系统等。②进一步提高封隔和监视系统的监视能力，如利用各种先进的传感探测器。为了更可靠地利用封隔和监视设备，如可利用曾提出的遥作连续核查技术，来遥控监视这些设备的操作状态。③为了更有效利用现有的经济资源，应发展一些新的安全保障方法，如"大区域方法"和随机性视察方法等。④广泛研究和发展新的仪器设备，如利用全自动核实系统以减少视察工作量。该系统将计算机控制的 NDA 测定系统与封隔/监视系统结合在一起，使测量工作是在受到控制和鉴别下进行的。还应利用应用数字图像传输技术进行远程监测。

2. 对秘密核活动的核查

伊拉克问题表明，仅对已申报核材料和核设施实施安全保障是不能充分阻止核武器扩散的。因此，安全保障应加强对未申报的、秘密发展的核活动核查。由于目前 IAEA 并没有发展出一套有效安全保障未申报活动的措施，下面提出一些可能探测途径。

（1）建造活动。为了生产一定量的武器级铀或武器级钚，需建造较大规模的铀浓缩厂或生产堆和后处理厂，这将需要大量的人力、物力和财力，这些情况通过国家技术手段和各种谍报工作是可能发现的。例如，利用卫星可能发现大量的人员、运输工具的运动情况以及一些建筑物的存在。

（2）直接探测。利用各种核设施所显示的特征进行探测。①对于气体扩散厂，它的尺度较大而且需要大量的电力，可通过卫星观察到。气体离心厂的尺度较小而且耗电量也较小，对于这种相对无明显特征的设施，可通过其他情报来鉴别。如需生产和安装大量的独特的巨型离心机。②对于生产堆其明显的特征是它向周围环境释放热输出物（如排放大量的热水），这可通过卫星进行热红外照相探测到。③对于后处理厂可通过探测 Kr-85 浓度的变化，来确定其存在；如果停止所有商业后处理活动，将提高探测精度。

（3）对铀的需求。生产高浓铀和钚均需大量天然铀，因此，通过监视一个国家对天然铀的需求，可探测其秘密生产活动的存在。如果将铀燃料循环中的所有过程（包括铀矿的开采和矿石加工）都置于安全保障之下，那么该措施将会更加有效。

（4）环境监测。探测秘密发展核武器的一个重要途径是环境监测。环境监测的基础是生产特殊核材料的核设施将通过烟囱向空中释放气体流出物或通过一些管道向河流等处排放液体流出物。而释放出的流出物均包含一定特征的放射性产物——即"核印记"，因此，通过对采集的微量样品（如水、土壤、空气和生物样品）进行化学分析和同位素分析，可探测一个国家的核活动。

（5）其他活动。通过其他非技术性的监控也可能了解一个国家秘密发展核武器的情况。①监视和控制进口情况。伊拉克在发展核武器时，曾进口许多相关的敏感产品。如果加强有关进出口体制，可提高 IAEA 的探测能力。②监视有关人员和有关信息；发展核计划需要一批科技人才和科学基础；通过收集考察其公布的关于核技术、后处理厂或浓缩技术的论文、数据等，可能获得有关信息。

最后通过各方面信息的综合以及比较分析，可在一定程度上掌握有关情况。如果将上述的种种核查方案结合使用，则可提高国际核安全保障系统的有效性。

参考文献

[1] Office of Technology Assessment. Technologies Underlying Weapons of Mass Destruction, Washington, D. C: US Goverment Printing Office, 1993: 185.

[2] Gillen V. Nuclear Capabilities of Iraq, IAEA Division of Public Information, 1992.

[3] Miller M. Are IAEA Safeguards On Plutonium Bulk-Handling Facilities Effective? Nuclear Control Institute Report, Washington, D. C, Aug, 1990.

铀浓缩技术及其核扩散问题[①]

摘　要：控制核扩散最重要的途径是控制裂变材料的生产和利用。加强控制武器用裂变材料——高浓铀（HEU）和分离钚是极为本质的。文中讨论了高浓铀的生产及其扩散问题，全面评价了各种浓缩技术的现状；并通过对各种浓缩技术的技术特征进行比较，讨论了其对于核扩散的难易程度；同时进一步分析了一个用于生产堆级燃料的现有设施用来转换生产 HEU 的可能途径以及一个国家为了秘密生产武器级铀可能采用那些浓缩技术，为有效防止铀扩散提供了一定科学基础；还讨论了对于浓缩技术的安全保障措施；最后，给出了探测秘密浓缩过程的几种可能途径。

0　引　言

裂变材料 HEU（高浓铀）和钚是制造核武器的重要材料。由于核武器具有巨大的杀伤破坏力，它的存在与发展严重地威胁着全人类的安全，因此对核武器扩散的控制是当今国际社会的一个重要问题。控制核武器扩散的一个重要途径就是控制裂变材料的生产。

本文将主要讨论铀材料，关于钚问题，我们将在另文讨论。铀是最基本的裂变材料，然而天然铀中，易裂变同位素 ^{235}U 的丰度仅占 0.7%。为了实现自持的裂变链式反应，^{235}U 的丰度必须达一定值；用于商业动力堆的 LEU 浓度为 2%～6%，HEU 则大于 20%。对于武器级的为 90% 以上。要达到上述值，必须采用同位素分离技术，即铀浓缩技术。

铀材料具有重要的双重性质：一是可用于核动力堆进行发电；二是可用于制造核武器，因此对它的控制就显得特别重要。这里我们将分析考查各种铀的浓缩技术以及它们可能对核扩散的作用。当然一个国家寻求研制发展核武器计划有许多因素：历史的、政治的、经济的和技术的。因而，防止核扩散应从多方面综合考虑。不过，本文仅讨论技术方面，以为政治决策者们提供一定科学基础。

1　铀浓缩技术的基本原理

铀浓缩技术的发展始于第二次世界大战，美国为了尽快获得足够的 HEU 以制造原子弹，最早用回旋加速器来分离铀，同进发展了气体扩散法。之后，气体扩散法成了铀浓缩工业的主要方法。自 20 世纪 70 年代以来，在与气体扩散技术竞争的基础上，相继提出了多种浓缩技术，这同时也增加了核材料扩散的机会。

[①]　本文作者：张会，杜祥琬（北京应用物理与计算数学研究所）。发表于《中国核科技报告》，1995 年，CNIC - 00946，第 1 页。

1.1 几个重要概念

1. 分离系数

它是一种表征分离单元的分离效果的特征量。所谓分离单元是同位素分离过程的最小单位（如图1所示）。

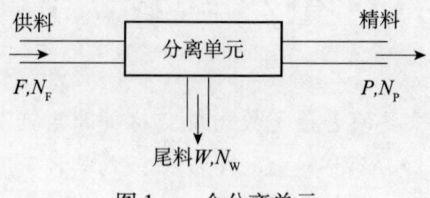

图1 一个分离单元

经过分离单元可把供料（流量为 F，丰度为 N_F）分为两部分：加浓流分（轻馏分，也称精料）所需要的同位素被浓缩（如 ^{235}U 丰度提高）；贫化流分（重馏分也称尾料），上述同位素被贫化。在几种同位素组成的混合物中，丰度表示某种同位素在该物质中所占的比例，由所需的同位素丰度 N 表示。相对丰度 $R = N/1 - N$。显然丰度是无量纲量。一个分离单元的分离系数 q 一般可表示为加浓流与贫化流的相对丰度之比值[1]。

$$q = R_P / R_W \tag{1}$$

对于许多过程，q 稍大于1，所以常考虑小量 $g = q - 1$，g 常称为分离增益。

2. 分离功、分离功率

为了说明分离功和分离功率的概念，首先说明价值函数概念。单位质量的同位素混合物的价值为该混合物的价值函数[2] $V(N)$，它表示为

$$V(N) = (2N - 1) \ln \frac{N}{1 - N} \tag{2}$$

其中 N 是该混合物中所需同位素的丰度。

分离功[3]是衡量一个分离单元（或级联）分离同位素所做的功。在数值上，它等于同位素混合物通过分离单元所获得的价值增量。分离功的量纲是质量，通常用千克分离功或吨分离功（kg SWU 或 t SWU）来表示。

分离功率是单位时间内所产生的分离功，用以度量一个分离单元（或级联）的分离能力，通常以千克分离功/年来量度。对于理想级联，级联的分离功率等于单位时间内级联的价值增量。表示为

$$\Delta U = PV(N_P) + WV(N_W) - FV(N_F) \tag{3}$$

其中 P，W，F 分别为精料、贫料和供料流量，单位为 kg/a 或 t/a。N_P，N_W，N_F 分别为精料、贫料和供料丰度。

由下面简单的推导可看出，分离功与物料的流量紧密相关，与工厂的能耗相关。

利用物料平衡方程：

$$FN_F = WN_W + PN_P \tag{4}$$

$$F = W + P \tag{5}$$

式（4）表示物料经过分离单元（或级联）前后，包含所需同位素（如 ^{235}U）的量的守恒式。式（5）表示总物料流的质量守恒方程

由式（4）、(5) 可得

$$F/P = (N_P - N_W)/(N_F - N_W) \tag{6}$$
$$W/P = (N_P - N_F)/(N_F - N_W) \tag{7}$$

将式（6）、(7) 代入式（3），得

$$\Delta U = P\left\{V(N_P) + \frac{(N_P - N_F)}{(N_F - N_W)}V(N_W) - \frac{(N_P - N_W)}{(N_F - N_W)}V(N_F)\right\} \tag{8}$$

式（8）表明：一旦指定供料、精料和贫料的丰度，则一定的分离能力可确定各物料的流量。因此在浓缩设施极限内，对于一定的分离功，可选择任何供料、精料和尾料的丰度，此时，供料、精料、尾料的流量发生相应改变（但此时生产设施也要发生改变），这具有重要的核扩散方面的意义。

3. 级联的级数

为了得到所需要的同位素丰度，可以把若干个分离级串联起来，这样形式的组合称为级联，而所谓的级是由一个或数个分离单元并联而成的，（见图2）。

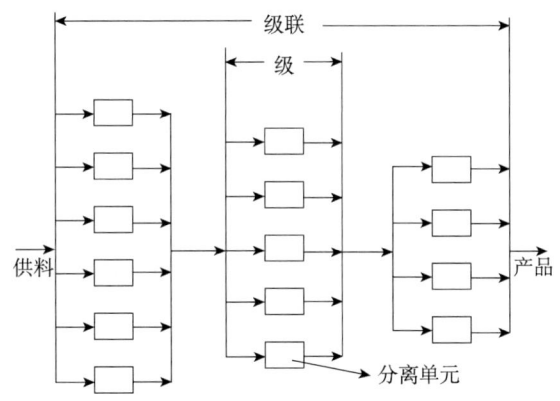

图 2　级联的组成

对于一个对称的级联，如图 3 所示[2]，级联理论可给出浓缩和贫化级数。

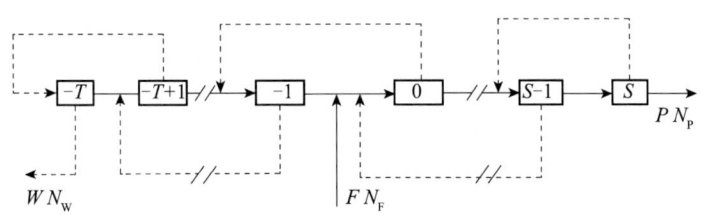

图 3　对称级联示意图

如果从 $n = 0$ 级输入供料，从 s 级出来的精料：
$R_P = \alpha^{s+1} R_F$，其中 α 为级的浓缩系数。
同样：$R_W = \alpha^{-T} R_F$。利用这些关系可得级的总数：

$$S + T + 1 = \frac{\ln(R_P/R_W)}{\ln\alpha} \tag{9}$$

其中，浓缩级数目为 $S+1$，贫化级数目为 T。

经过简单的计算，不难发现，对于浓缩系数 α 一定的设施，如果供料和尾料的丰度不变，而提高精料的丰度（如 HEU 情形），级数将大大增加，设备规模将扩大。

4. 级联的总滞留量（inventory）和平衡时间

级联在稳态操作下，其总滞留量 I 由通过级联的总流量 $L_总$ 和滞留时间 T_b 决定[2]：$I = L_总 t_h$，而其中通过级联的总流量 $L_总$ 理论给出为 $(8t_b/g^2)\Delta u$，其中 g 为分离增益，Δu 为分离功率，所以总滞留量 I 可表示为

$$I = (8t_h/g^2)\Delta u \tag{10}$$

从扩散角度上看：I 越大，那么秘密生产核材料越困难。对于一定分离功，g 越大，I 越小，对扩散越有利。

级联操作的另一重要量则是平衡时间，理想级联的平衡时间 t_e 由下式估计[3]：

$$t_e = \frac{8t_h}{g^2}E(N_P, N_F) \tag{11}$$

其中 E 是一常数，由 N_P、N_F 确定：

$$E(N_P, N_F) = \frac{(N_P - 2N_PN_F + N_F)\ln(R_P/R_F)}{N_P - N_F} \tag{12}$$

平衡时间可较好地估计需多长时间开始一个新的浓缩工厂，或正在操作的工厂改变精料丰度、或分批再循环。

对于一个总滞留量很大、平衡时间很长的浓缩设施，如果进行分批再循环以逐步获得 HEU 是很无效的。这样将浪费大量供料和操作时间，这对于核扩散是不利的。

1.2 气体扩散法

核武器的发展历史表明，五个有核武器国家大都利用气体扩散法生产武器级的高浓铀。因此它可被看成是具有高倾向核扩散的方法。

气体扩散法的基本原理是基于气体动力学理论的能量均分原理，即两种分子量不同的气体混合物在热平衡下具有相同的平均动能，而它们的平均热运动速度与分子量之间的关系为

$$<V_1>/<V_2> = \sqrt{\frac{m_2}{m_1}} \tag{13}$$

从式中可见，轻分子的平均热运动速度较重分子的大，因此，单位时间内一个轻分子同容器壁或分离膜碰撞的次数比一个重分子的次数要多。当两种组分的气体混合物通过分离膜流动时，则轻、重分子间就以不同的速度扩散。通过膜的气流（轻馏分）中轻分子得到浓缩，未通过膜的气流（重馏分）中轻分子被贫化、重分子得到浓缩。因此，在适当的压力条件下，当铀同位素混合气体 UF_6 通过分离膜后，在轻馏分中 ^{235}U 得到浓缩，在重流分中 ^{235}U 被贫化。这样就实现了 ^{235}U 和 ^{238}U 两种同位素的分离。

在理想情形下，气体扩散法的分离系数为[4]

$$q = \frac{<V_{235}>}{<V_{238}>} = \sqrt{\frac{m_{238}}{m_{235}}} = \sqrt{\frac{352}{349}} = 1.0043$$

1.3 气体离心法

该方法的原理是：待分离的同位素混合气体在高速旋转的气体离心机内，受离心力场

的作用,使轻同位素(A)在转轴附近浓集,而重同位素(B)在转筒附近浓集,利用这个现象就可实现不同质量的同位素之间的分离。

对于转筒半径为 r_2 的离心机,轻同位素(A)的基本分离系数为离心机旋转圆筒中心 ($r=0$) 与内壁 ($r=r_2$) 处所需同位素的相对丰度之比值[5],即

$$q_{基本} = \frac{N_A(0)/(1-N_A(0))}{N_A(r)/(1-N_A(r))} = \exp\left[\frac{(M_B - M_A)(r_2\Omega)^2}{2RT}\right] \tag{14}$$

对于铀同位素 $M_B - M_A = 3$,如果当圆周线速度($r_2\Omega$)为 500m/s,$T = 300$K 时,基本分离系数为 1.162,这比气体扩散法的理想分离系统(1.0043)大得多。

1.4 气动力分离法(aerodynamic separation methods)

依靠气体动力的作用实现同位素分离的方法,这种方法的分离效应是基于气体高速喷射、气体的相互作用、气体旋涡、气体流线的弯曲和冲击波等的气动力作用。主要有下述两种方法。

1. 喷嘴法(the jet nozzle process)

该方法由 E. W. Becker 及其合作者发明并发展,但目前没有显示商业可行性。

其原理[2]如图 4 所示,将包含 96% H_2 和 4% UF_6 混合气体通过一窄缝高速喷入,气体在半径很小的半圆型壁内高速运动,由于离心力的作用(像离心法),使重组分的气体较轻组分的更接近曲壁外侧,然后在另一端,由刀边分离器使轻组分气体和重组分气体分开,从而实现同位素的分离。

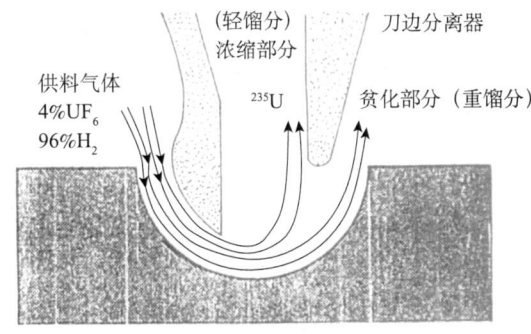

图 4　分离同位素的喷嘴系统

2. Helikon 方法

南非还曾研究另一种气体动力分离法[6]。其基本原理(见图 5)是利用一种涡旋管(Vortex tube)装置,将 1% ~ 2% UF_6 和 98% ~ 99% H_2 混合气体相切于管内侧壁高速射入,并同时具有一定轴向速度,随着气体在管内高速旋转,受离心力作用,使轻的部分集中在轴附近,而重的部分则靠外侧(象离心机那样),当气体到达管的另一端时,使外部(重组分)与内部(轻组分)分离。

1.5 化学交换法

用化学浓缩方法来分离同位素铀,是在 20 世纪 70 年代后,随着法国和日本的研究[7],才引起人们的关注,并成为将来发展的候选者之一。

该法的原理是,同一元素的同位素在两种分子间相互交换位置的化学反应称为化学交

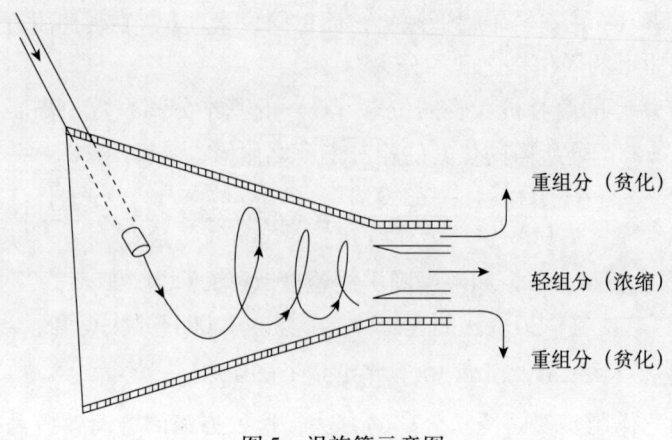

图 5 涡旋管示意图

换反应，例如：

$$A^{238}U + B^{235}U \rightleftharpoons A^{235}U + B^{238}U$$

当反应达到平衡时，两种分子中同位素的浓度常会有微小的差异。化学交换法就是应用这种微小的平衡浓度差来分离同位素。

对于化合物只包含一个铀原子的情形，单级分离系数 q 就等于化学平衡常数 k。

$$q = k = [A^{235}U][B^{238}U] / [A^{238}U][B^{235}U]$$

化学平衡方程一般习惯写成 $k>1$，对于铀化学浓缩，q 一般小于 1.003，所以为获得有用的浓缩产品需进行许多级浓缩。

1.6 激光分离同位素法

自 20 世纪 70 年代早期以来，人们就期望激光浓缩技术将为下一代浓缩设施提供基础。不过，该方法目前仍处于研究和发展阶段。

在原子或分子中，同位素的质量差异会引起其光谱的同位素位移，根据这一微小的差别，可利用单色性极好的激光有选择地激发某一种同位素粒子至特定的激发态，然后利用物理的或化学的方法，将被激发的该种同位素粒子与未被激发的其他同位素粒子分开，从而实现同位素的分离。

用激光分离同位素主要有两种技术途径。一种是原子方案，即原子蒸气激光分离同位素（AVLIS）[8]，它利用几步不同激光频率，使 ^{235}U 原子从基态变成电离态，然后利用强电场和磁场使 ^{235}U 离子聚集在收集板上，使其与未受激发的中性 ^{238}U 原子分离开。另一种是分子方案，即分子激光分离同位素（MLIS）[9]，它利用激光有选择地使 $^{235}UF_6$ 气体分子进行红外吸收，然后进一步在红外或紫外频率照射下，使激发的分子分解或化学分离，从而实现同位素的分离。

1.7 电磁分离法

该技术曾在第二次世界大战用于生产美国第一颗原子弹的 HEU[10]，随后由于气体扩散法的利用，使其被放弃，但在最近关于伊拉克核武器计划的调查中，发现该法作为伊拉克核计划的一种主要方案，因而引起人们的注意。

待分离的同位素混合物在离子源中被电离成离子并由一组处于高电位的电极将它们引

出，在离子源出口处得到一快速运动的离子束。可以认为离子束中的离子具有同样的动能。离子进入真空盒后，在横向均匀磁场作用下，以半径 R 作圆周运动：

$$R = \left(\frac{1}{B}\right)\sqrt{\frac{2VM}{q}} \tag{15}$$

其中，B 为磁场强度，V 为离子的加速电压，M 为离子的质量数，q 为离子的电荷数。由式可见，质量数较大的离子，其运动半径较大，因此，不同质量的离子的轨道分开。当离子偏转一定角度后，在不同的位置上用收集板可收集到相应质量数的离子，经过离子电荷中和，便得到了该元素的各种浓缩了的同位素原子。电磁分离法的分离系数在理论上可以很大。

以上简要介绍了几种浓缩技术的基本原理。之所以选择这些技术，是因为它们有的已在商业上应用，有的正处于研究发展阶段，并可望在不久的将来投入实际应用。关于浓缩技术，还有许多新概念和发明，但由于距商业可行性还很远，所以不再一一介绍。

2 各种浓缩技术的比较与分析

本部分主要给出对核扩散较敏感的各种技术特征，并分析各种技术对核扩散的意义。

假设，那些证明是便宜、简单和规模较小的浓缩方法最具有核扩散的危险性。不过，现存的浓缩过程均不满足这些标准。由于 ^{235}U 在天然铀中的丰度很小以及 ^{235}U 和 ^{238}U 质量差别很小，显然，生产核武器级的 HEU 将是一个昂贵和复杂的过程。然而历史已证明这些技术的障碍并不足以阻止浓缩技术的传播，并且随着核能的进一步利用，将更加加速浓缩技术的传播，同时增加了核扩散的危险性。

2.1 各种技术的比较

为了分析的目的，从核扩散角度出发，简要考查各种浓缩技术的主要特征。

1. 气体扩散法[4]

（1）该法的分离系数很小（1.0043）。由于这个原因，为生产一定量的产品需很多分离级。如由天然铀生产堆级3% LEU 需 1000 多个级，而生产 WgU 需 3500 多个级，这样使一般气体扩散厂占地面积很大。

（2）能耗大。由于工作气体需要不断地压缩，同时为了在一定温度下操作，气体需经热交换器冷却，这样浪费了大量的压缩能，所以气体扩散过程耗能很大，一般单位分离功的耗电量约 2300~3000kW·h/kg SWU。

（3）平衡时间较长，总滞留量较大。如为从天然铀生产武器级的 HEU，其平衡时间至少一年，这对于秘密生产 HEU 是极不利的。

（4）由于上述的原因，使分批再循环获得 HEU 是不现实的。

正是由于低的单级分离系数和相对长的平衡时间，使气体扩散过程规模大、投资高和能耗大。另外，还有一些工艺上的难度，如要求设备具有良好的耐腐蚀性等。这些对阻止核扩散是有益的。

2. 气体离心法[5]

与气体扩散法相比，气体离心法主要有以下几个特点：

（1）分离系数大。气体离心机的基本分离系数（1.3~1.6）比扩散法的理论分离系数（1.0043）高得多。因此，为获得一定丰度的浓缩铀产品，级联所需级数比气体扩散法的要少得多。现在利用几百个离心机,每年就能够生产出几枚核武器所需的 HEU。这样的设备其规模和占地面积较少,仅占几千平方米。

(2) 耗电少。其单位分离功的耗电量一般在 100~300kW·h/kgSWU,这比扩散法小一个量级。

(3) 平衡时间极短,总滞留量很小。由于离心机工作在压力很低的 UF_6 气体之中,所以其总滞留量很小,这个与相对高的分离系数相结合,导致平衡时间很短,只是"分钟"的量级,而不是气体扩散的"数周"。由于这些原因,对于一个小的离心机进行分批再循环生产 HEU 是可行的。然而,在重新装添浓缩供料时,所有离心机将需要停止运行并清除干净,这样的停止和再开始是耗时的并对离心机有损。

另外,由于离心机利用低压的 UF_6 气体,所以回流和临界(质量)是没问题的。

(4) 较小的工厂规模就能经济地进行生产,而且很容易再扩大其规模。因而可先用较少的投资在较短的时间内建成一定规模的工厂,然后,根据需要边生产边扩大。

总之,离心法已成为一种在经济上可与气体扩散法竞争的生产浓缩铀的主要工业方法。它比气体扩散法较容易核扩散。

3. 气动力分离法[11]

根据空气动力学分离技术而发展的方法有喷嘴法和 Helikon 法。它们的主要特征是,每级分离系数稍大于气体扩散法,但远小于离心法;其单位分离功能耗很大,甚至大于气体扩散法。这主要是由于过程中需吸取和压缩大量的气体,而加工气体中仅有 4% 写是 UF_6;工厂的尺寸、总滞留量和平衡时间一般处于气体扩散法过程和离心过程之间。

4. 化学交换法[7]

主要的方法有法国的溶剂萃取法和日本的离子-交换法,这二者分离系数均很小,比气体扩散的还要小,因此萃取或交换筒一定包含有许多级,筒将很大,这意味着总滞流量较大以及平衡时间很长。这使分批再循环生产 HEU 是不现实的。同时该过程中存在较严重的临界问题。

然而,由于化学交换是一个平衡过程,不需动力压缩和抽吸过程,因此能耗比扩散法等小很多,同时其设备的运行和维护也较简单,故用化学交换法分离铀同位素仍受到一些国家的重视,并取得一定进展。

5. 激光分离同位素法[12]

该法的特点是浓缩系数很高,比上述的其他过程都大。同时分离单元的尺寸较小,减小了总滞流量和平衡时间,其能耗较小,大约 10~50kW·h/kgSWU。生产工厂的投资较扩散法和离心法要小,而且有可能利用扩散厂或离心厂的尾料作为原料进行分离。该技术对于核扩散问题是很敏感的;利用其浓缩级很容易通过分批再循环获得 HEU。如果浓缩系数为 10,仅用 3 个再循环,原则上可得 97% HEU;在一个较小的仓库内,利用一个分子激光设施每年能够生产几枚弹头所需的 HEU。另外,值得一提的是,该技术也能分离钚同位素。因此,如果用激光分离同位素在商业是可行的话,这对于核扩散是相当严重的。

不过,所发展的 AVLIS 和 MLIS 两种激光浓缩技术目前仍处在研究和发展阶段。还有许多重要的技术问题有待解决,人们普遍认为距这些问题的解决仍需较长时间,但目前仍有许多国家在努力研究。

6. 电磁分离法[11]

第二次世界大战中，美国用回旋加速器首次生产出 HEU，所用的电磁分离法具有很高的分离系数。但由于受离子束低密度的要求，使生产输出率极低。一般收集率仅约 ^{235}U100mg/d。按这个速率，一个回旋加速器要生产一个核弹的 HEU 将需约 400 年。所以当时美国 Y–12 计划利用一千余台回旋加速器。另外，该法能耗大，大约 3800kWh/SWU 比气体扩散法的还要大。因此，用电磁分离法生产 HEU 投资较大。

表1 各种浓缩技术的重要特性

方法	工作物质	单级分离系数 ($q = 1 + g$)	级分流比 $\theta = p/F$	级滞留时间 (s)	能耗（kW·h/SWU）	级回流机制	技术状态
气体扩散法	UF_6	1.0040～1.0045	1/2	5～10	2300～3000	无	成熟
气体离心法	UF_6	1.3～1.6	～1/2	10～15	100～300	内部对流	成熟
气动力法：喷嘴	$0.04UF_6 + 0.96H_2$	～1.015	1/4	～2	3000～3500	中间部分再循环	演示
气动力法：Helikon	$0.02UF_6 + 0.98H_4$	1.025～1.030	1/20	0.05～0.2	3000～3500	无	演示
化学：溶剂萃取	铀化合物的水和有机溶液	1.0025～1.0030	1/2	20～30	<600	化学转换	试验工厂
化学：离子交换	铀水溶液和离子交换树脂	1.0013	1/2	～1	400～700	化学转换	试验工厂
激光：MLIS	$UF_6 - N_2$	5～15	—	—	10～50	无	研究与发展
激光：AVLIS	U 蒸气	5～15	—	—	10～50	回收和再循环 U 金属	研究与发展
电磁分离法（回旋加速器）	UCl_4	20～40	—	—	200～600	回收和再循环 U 金属	不适于大量生产

由各种浓缩技术主要特征，不难给出各浓缩技术对于核扩散的难易程度。如果该技术较容易用来转移生产 HEU，那么它就具有较高的核扩散等级（H），否则具有较低的核扩散等级（L），处于两者中间态的为中等等级（M）。值得说明的是，这里只是从技术角度定性的比较，见表2。

表2

	分离因子	平衡时间和总滞留量	生产设施的尺度	分比再循环	回流和临界问题
气体扩散法	L	L	L	L	H
气体离心法	M	H	H	H	H
气动力学法：喷嘴	L	H	M	M	M
Helikon	L	H	H	M	M
化学：溶剂萃取	L	L	L	L	M
离子交换	L	L	L	L	M
激光：MLIS	H	H	H	H	H
AVLIS	H	H	M	L	L
电磁分离法（回旋加速器）	H	H	L	M	L

2.2 分析

通过上面技术比较，可进一步分析各种技术对于核扩散的意义。我们将对下述两种情况进行分析：首先，一个国家已具有生产重要量的 LEU 的浓缩设施，那么为生产武器级材料，而需重新计划或安排其设施，这样的设施将面临怎样的困难？其次，若一个国家目前还没有浓缩能力，但又决定建造一个秘密的小型浓缩工厂以生产核爆炸所需的材料，那么哪些过程较容易一些？

1. 一个现存设施的转换

这里的基本问题是现有用于生产大量 3% 堆级燃料的设施，有哪些可能的途径可用来转换生产少量的 90% 的 HEU。

（1）由方程式（8）可知，对于一定的分离功，可选择任何料、精料和尾料的丰度，此时，相应的物料的流量将发生改变。例如，对于浓缩设施分离能力为 1000tSWU/a 情况，如果用天然铀作供料（$N_F = 0.0072$），尾料分析为 $N_W = 0.002$，进行生产堆级燃料（$N_P = 0.03$），经过计算可知各物料流量分别为 $F = 1256 t/a$，$W = 1030 t/a$，$P = 235 t/a$。同样，在供料和尾料浓度和该分离能力不变情况下，生产 90% HEU，那么可得 $F = 765 t/a$，$W = 761 t/a$，$P = 4.41 t/a$。可见该浓缩能力的设施在转移生产 HEU 时，其生产率降到原来的约 1/50。另一种情况，如果供料和尾料浓度保持不变，并且生产 3% LEU 和 90% HEU 的产品率 P 相同时，可计算给出后者所需分离功为前者的 50 倍。

上面情形是假设级联作相应的重新组装，以使其从低浓铀转换生产高浓铀时不导致较高能量的消费。关于这一转换的技术复杂性是随不同浓缩过程而不同的。

（2）提高尾料浓度。由方程式（8）可得，如果 N_F、N_P 不变，而提高 N_W，如假设 $N_P = 90\%$，$N_W = 0.4\%$ 而不是 0.2%，此种情况下，（8）式中 p 的乘子将减到 169.3，对于一定分离功 1000tSWU/a，这使 90% HEU 产品提高到 5.9t（原来为 4.41t）。但同时对供料的需求也大规模增加，从原来的 765t/a 提高到 1654t/a。这个例子说明，在设计浓缩设施中，要考虑是否它们用于民用或军用目的。关于尾料浓度的确定要综合考虑供料的单位费用与分离功的单位费用。

（3）分批再循环。另一可能生产 HEU 途径是，首先由天然铀作供料，来生产堆级燃料（如 3% LEU），然后再循环，由堆级燃料作供料，来生产 HEU（也可经过几次再循环，以提高产品浓度），利用（8）式可计算：如果 $N_F = 0.03$，$N_W = 0.0001$，整个分离功 1000tSWU/a，可获 19t/a 90% HEU，这比 $N_F = 0.0072$，$N_W = 0.0002$，90% HEU 的 $P = 4.41 t/a$ 要高 4 倍。

值得注意的是，分批再循环需级联每次停止运行并要全部清除干净以重新添满已浓缩的产品。这对于平衡时间较长和总滞留量较大的浓缩过程是很耗时和昂贵的，因此是不合适的，如化学交换法和气体扩散法。另一方面，对于离心法或分子激光设施，分批再循环过程可相当容易、便宜和快速，因此这些方法是可行的。

（4）增加级数。由（9）式可知，对于现存的设施，可通过增加级联的数目来提高精料的丰度。这可以构造一个额外的级联连接在商业级联的顶部。例如，对于分离系数 $\alpha = 1.0408$ 的浓缩设施，如果级联生产 3% LEU，（尾料 $N_W = 0.02$），所需总级数为 68。如果用来生产 90% HEU，则所需总级数为 210 级，需增加 142 级。

在这种情形下，离心法是最适当的选择，但气动力法和气体扩散过程一旦建立，也很容易扩大级联数。

(5) 回流。根据级联理论可知[2]，在回流情况下，对于给定数目的分离级，产品的提取率越小，则获得的产品的浓度越高。例如，在理想级联中，从天然铀生产3% LEU 的分离系数 $\alpha = 0.031/0.00725 = 4.28$。但在整个回流条件下，$R_{P_{max}} = \alpha^2 R_F = 0.133$，相应于 $N_P = 11.7\%$。因此，在一般操作条件下，能够生产3%产品的大型商业级联可生产11%的浓缩产品。为将该浓缩产品进一步转换到50% HEU，将需一个包括700级的额外级联（在适当回流下），要达到90% HEU，则需1400级，这是一个复杂的任务。对于气动力法和分子激光法较容易。但对于化学交换法，为生产 HEU，将额外增加交换筒，到商业设备上，由于长的平衡时间和临界问题的限制，使其不适合用回流的途径。

2. 秘密浓缩设施的建造

如果一个国家决定建一个秘密的浓缩设施以生产武器级核材料，那么它可能采用哪些技术？

表2已部分告诉我们，一个国家要建立一个能够生产武器级材料的浓缩厂将面临许多问题，这里将进一步说明。

从表2可看出，MLIS方法是最具有扩散倾向的。但它还处在研究和发展阶段，作为可操作的技术并不存在。而且仍有许多问题有待解决。所以，近期对于哪些想寻找适当的方法来生产 WgU 的国家将不太可能采用该技术。

除了 MLIS 法外，离心法最适于较小的，秘密的设施，然而它也存在技术的复杂性。关于其生产过程和操作特性等还大部分处于保密阶段。即使这些信息可被其他国家获得，但需要发展必要的技术和工业基础以及支配资金。这些都为决策者提出了一定问题。

气动力方法在效率和技术复杂性方面大体是平衡的，所以曾被南非和巴西所接受，南非的 Helikon 方法最初曾借助于外国技术专家的重要帮助，且利用自己的技术力量进行了一定改进，使 Helikon 过程可行。该技术不像离心技术那样复杂；它的浓缩系数比气体扩散法的大，不过它的能耗较大。这可能限制它在那些拥有较便宜的煤矿或水力发电资源的国家中的商业应用，但对于那些核扩散动机较强的国家，这不是主要考虑的问题。

从表2中也可看到，气体扩散法和化学交换法对于阻止核扩散较有利，我们认为，在未来秘密构建浓缩设施过程中，它们被采用的可能性是很小的。

所有看起来最具有扩散性威胁的过程是能够用很少的分离级中产生 HEU 的方法，特别是激光同位素分离。这将允许建造小的、灵活的设施，并且它们能在较长的时期内保持秘密操作。但目前所提出的各种浓缩技术表明，具有较大浓缩系数的过程，均对应于高技术的复杂性。因此，对于那些高技术不太发达的国家，要获得这样的浓缩过程在将来的一段时间内，是不太现实的。

3. 评论

通过上面两种情况的分析可看出，各种浓缩技术对于核扩散的技术门槛。所谓技术门槛是表示该技术对于核扩散的相对敏感性。技术门槛低，表明该技术较容易被用于扩散的目的，技术门槛高，则表明该技术的利用是较困难的。请参见表3。

表3 对于扩散的技术门槛

战略	门槛		
	低	中	高
现存设施的滥用	离心 Helikon MLIS	气扩 喷嘴 AVLIS 回旋加速器	化学交换
秘密设施的构建		离心 Helikon MLIS	气扩 化学交换 AVLIS 喷嘴 回旋加速器

总的来说，在商业上可能应用的浓缩技术与其在军事上可能的应用有着很强的关联。允许构建小的、能量有效的技术，不仅具有商业的优点而且同时也具有严重的核扩散问题，离心法就属于这一情况。所以应将其视为特别敏感的技术，并加强对它的控制和管理。

另外，如果将来对浓缩服务的需求上升，以及如果国家寻求独立的核燃料循环的动机得到激励，那么浓缩技术将不可避免地进一步传播，这将增加核扩散的危险。对于这些问题的解决方案，我们将在下面进行讨论。

3 关于铀浓缩过程的控制

铀的浓缩在核武器扩散中一直起着重要作用。目前，每个已承认有核武器的国家都将发展浓缩能力作为它的核武器计划的重要部分；并且具有浓缩设施的非核武器国家比没有浓缩设施的国家较接近核武器能力。核扩散冒险的程度取决于各技术的种类和该国的政治情况，但浓缩技术传播的整体效果将增加核武器扩散的危险。

现从铀浓缩的角度来分析研究控制扩散的各种方案，并从技术角度来分析控制机制。

3.1 安全保障措施

国际社会阻止核武器扩散的一个主要措施就是安全保障（safeguard）[13]。安全保障本质上是一个核查的技术手段，以核查IAEA和NPT成员国所承诺的关于核能和平利用的国际条约的政治责任的实施。安全保障的技术目的是：及时探测有意义量的核材料从和平核活动到核武器的生产；或其他核爆炸装置；或不知道其目的的转移，以及这种转移要冒被早期探测到的风险并受到威慑。这里所谓的"有意义的量"对于一个浓缩工厂来说是：25kg丰度为20%以上的HEU，75 kg LEU（^{235}U丰度低于20%）。

关于评价IAEA的安全保障措施，我们将在另文专门讨论。这里只集中讨论现在的安全保障系统对于铀浓缩的控制。然而，IAEA在安全保障浓缩设施方面的经验比起在其他核燃料循环（特别是钚的生产）要少得多（目前只在日本的一个离心设施实施安全保障），并且这方面的讨论也很少。

1. 材料的衡算（material accounting）

用于探测核材料转移的安全保障措施主要包括：以材料衡算作为重要的基本方法[14]，以封隔（containment）和监视（surveillance）作为重要的辅助手段[14]。

材料衡算方法对于一个浓缩设施的控制方式主要有下列几种途径：

①将核材料的操作划分为几个材料平衡区域（MBAs）。这样可监视每个区域的核材料运入和运出的量，并可确定整个材料的量。

②对每个材料平衡区域中核材料的量进行记录。

③测量和记录包含核材料传输的所有交换；如从一个材料平衡区域到另一区域、由于核生产或损失所导致的现存核材料量的改变等。这些测量应在"关键测量点"（KMPs）上进行。所谓"关键测量点"是指，在这些位置上可测量确定核材料的流率或装载量。

④通过获得实物的装载量来定期地确定出现在每个材料平衡区域内的核材料量。

⑤在连续的两次实物装载量之间要结清材料平衡并计算出不能说明原因的材料损失（material-unaccounted-for，MUF）。这个过程一定既要准确，又要满足及时探测有意义量的转移标准。

⑥提供一套测量程序以确保测量的准确性并修正原始资料记录和每次的数据。

⑦分析账目的数据以确保记录中的错误、不可测的损失、偶然的损失和不可测的装载量的原因和数值大小。

以上讨论是假设在不对任何级联单元进行观测或者没有任何关于内部级联流通、操作参数、电力程度的情况下，利用物理测量可确定一个巨大级联内部铀的量，并其精度达到 0.2%。实际上这意味着，IAEA 关于级联滞留量的任何独立的核查都只能基于从级联外部获得的数据。这一限制是由于操作者拒绝 IAEA 观察员较接近级联区域，以免工业上泄密，这种情况也是 IAEA 规约所允许的。然而，这种外部测量的精度很难满足 IAEA 所规定 0.2% 误差的标准。这对于及时探测有意义量核材料的转移是重要的。因此人们曾提出一些建议以改善测量的精度。如：在浓缩设施的各个位置上增加额外的"关键测量点"，当然，这些点是在级联外部；允许观察员进入级联区域或是将测量装置放入级联内部。总之，关于材料衡算系统对于浓缩设施的安全保障目前并不完善，还存在许多有争异的问题。

2. 封隔和监视（containment and surveillance）

上面简短的讨论已表明，材料衡算方法在监控核材料以及阻碍转移方面起着重要的作用，但这些方法有缺陷，并且有些缺陷在浓缩设施方面显得特别尖锐。因此，有必要由封隔和监视作为材料衡算辅助手段。

所谓封隔措施包括利用实体障碍物，例如围墙、运输容器等。这些可在一定程度上限制或控制核材料的移动、接近核材料和按近 IAEA 的监视装置。不过，封隔在安全保障浓缩设施方面很难起到很大的作用。这是因为材料流通是连续的，并且管理者是允许出入这些区域的。封隔的一个可能应用是将进入级联区域的入口数目减少到很少的几个，其他出入口，如防火和安全门可被加封，直到需要时才可打开，这些门的动用是可被探测的，这将使改变级联而逃避探测更加困难。

所谓监视包含"通过一些装置收集信息以及检查员进行观察，以探测未申报材料的转移、对封隔区域的干涉、关于核材料数量和位置的虚假信息和对 IAEA 安全保障装置的干涉。"通过多种方式，利用监视技术以使核材料转移或操作设施的秘密修改变得更加困难。如加封的电视照相机，光学、声学和地震传感器，驻扎的 IAEA 检查员或观察员等等，不过，这些技术的利用要受到经济和政治的限制，如费用问题和入侵性问题。它将排除使用一些监视器和记录装置等。而也许正是这些装置可较精确地进行测量。如果 IAEA 掌握该工厂足够的设计、布局安排和操作模式的信息，那么它们能够从那些纯粹的外部数据推断出被限制区域内部所发生的事情。这将使上面的情况有所改善。不过，这些信息是否可充分地获得仍然是个问题。

通过上面的分析，不难得出结论：如果将所有浓缩设施都置于 IAEA 安全保障之下，那么关于 HEU 核扩散的冒险性大大减小。然而，现在世界上大部分浓缩装置并未置于安全保障之下，安全保障只能工作在已接受它的地方，并且它的应用是很少的，这些都说明了安全保障的局限性。最后需要指出的是，安全保障是任何核不扩散体制的一个必要组成部分，但它是不充分的。

3.2 对秘密浓缩过程的探测

上面简要说明了已申报浓缩设施的安全保障措施，但它不能用来探测未申报的秘密浓缩过程。对于秘密浓缩过程的核查，目前还没有一个有效的措施，IAEA 和各国正在研究。这里给出几种可能的途径来探测这种过程。

1. 建造活动

对于较大规模浓缩工厂的建造将需要大量的人力、物力和财力，这通过国家技术手段（NTM）和各种谍报工作等，是可能发现的[15]。但对于较小规模的设施其探测将更加困难。不过，我们确信：随着国际社会的共同努力，如所有浓缩设施置于安全保障之下，允许随时随地的现场核查等，将使秘密建造过程变得越来越困难。

2. 直接探测

利用每种浓缩设施的特征，可进行探测[15]。对于气体扩散厂，可通过卫星观察到，因为它的尺寸较大而且需要大量电力。关于气体离心厂，它尺寸较小而且耗电量也较小，对于这种相对无明显特征的工厂，可通过其他情报来鉴别，如需生产和安装大量的独特的巨型离心机。关于激光浓缩设施，其规模尺寸更易隐蔽，但目前仍处研究发展阶段。不过，这种设施的操作将伴随出现能被探到的电磁信息。

关于各种浓缩过程的探测还需要深入研究。许多探测方法并不完善和准确，这里只是提供一种途径。

3. 对铀的需求

生产 WgU 将需要大量天然铀，通过考察一个国家对天然铀的需求，可表明秘密浓缩工厂的存在。如果将铀燃料循环的所有过程（包括从采矿开始）都置于安全保障之下，那么该途径将更加有效。

3.3 其他控制机制

以上主要讨论了关于铀浓缩的技术控制机制。需要指出的是，技术控制机制是在一定的政治和社会环境下实施的。因此，其他的社会控制机制在防止核扩散方面也起着重要作用。所谓的社会控制措施本质上是非技术性的，它包含各种政治、经济或外交的战略以控制接近敏感的核材料，核设施或核技术。关于社会控制机制包含各种单边措施、多国设施和各种国际措施。例如：为了减缓浓缩技术的扩散，可以建立多国或国际浓缩中心，以保证 LEU 的供应。但如果该中心也依赖于敏感的技术，那么关于该技术知识的扩散是不可避免的。如果多国设施的工作人员来自多个国家，那么各成员国将获得敏感的信息。为了避免这些问题，所考虑的多国设施应利用那些不大可能传播的技术，从这个角度来说，气体扩散技术和化学交换技术在控制核扩散方面将更加有用。人们曾提出许多关于社会控制机制的理论和战略,然而要有效地阻止核扩散,还有许多工作要做。

作者衷心感谢宋家树院士对本工作的宝贵意见。

参考文献

[1] Weast R. Handbook of Chemistry and Physics. Cleveland, Ohio: CRC Press, 1977.
[2] Villani S. Topics in Applied Physics, Vol.35, Uranium Enrichment, New York: Springer-Verlag, 1979.
[3] Cohen K. The Theory of Isotope Separation as Applied to the Large Scale Production of ^{235}U. New York: McGraw-Hill, 1951.
[4] London H. Separation of Isotopea. London: Newnes, 1961.
[5] Avery D, Davies E. Uranium Enrichment by Gas Centrifuge. London: Mills and Boon, 1973.
[6] Grant W, et al. The Cascade Technique for the South African Enrichment Process. AICHE Symposium serious, 1977, 73(169).
[7] Seko M. Uranium isotope enrichment by chemical method. Nuclear Technology, 1980, 50(2).
[8] Davis J. Atomic Vapor Laser Isotope Separation at LLNL. UCRL-83516, 1980.
[9] Garwin R. The Promise of Laser Isotope Separation. Bulletin of the Atomic Sci., 1977, 33(8).
[10] Love L. Electromagnetic Separation of Isotopes at Oak Ridge. Science, 1973, 182(4110).
[11] International Nuclear Fuel Cycle Evaluation. INFCE/lpc/212. Enrichment Availability. IAEA, 1980.
[12] Krass A. Laser enrichment of uranium: The proliferation connection. Science, 1977, 196.
[13] IAEA Safeguards: An Introduction. IAEA, 1981.
[14] IAEA Safeguards Glossary (Vienna, IAEA, 1980).
[15] Von Hippel F, Levi B. Controlling Nuclear Weapon at the Source: Verification of a Cutoff in the Production of Pu and HEU for Weapon, in Arms Control Verification, ed. by Tsipis K, et al. 1986.

Enrichment Technology of Uranium and the Proliferation Problem

Abstract: The important way to control the proliferation of nuclear weapons was to control the production and the use of fissile material. In particular, strengthening the control on "weapon-usable" fissile materials—highly enriched uranium (HEU) and separated plutonium is essential. The production of HEU and its proliferation problem was mainly discussed. A comprehensive review of the status of various enrichment techniques is presented and the impact of these enrichment processes on the proliferation problem is discussed by the comparison of the characteristics of these techniques; Moreover, various possibilities to produce HEU by an existing facility for the production of LEU and the processes possibly to be chosed for constructing dedicated facility in a country are also analysed. Finally, the safeguards on the enrichment technology and some possible ways to detect the clandestine enrichment process are discussed.

武器用钚的控制及其核查问题[①]

摘　要：主要从核不扩散的角度来研究讨论武器用钚的控制和核查问题。①主要讨论了军用钚的生产及其特征，分析了几种估计军用钚库存量的方法，讨论了停止武器级钚的生产及其核查问题。②主要讨论了民用核燃料循环中钚的扩散及其安全保障。特别是对动力堆、后处理厂、钚燃料加工厂的安全保障问题进行了分析。③讨论了选择秘密生产武器级钚的可能性，给出了探测秘密生产活动的几种可能途径。④从核不扩散的角度，简要分析和评估了几种关于分离钚的处置方案。

目前人们已认识到阻止核武器扩散的最重要途径是控制裂变材料的生产，特别是加强控制武器用裂变材料-高浓铀和钚是至关重要的。研究表明[1]，各种级别的钚均可作为核武器用材料，因此控制军用钚和民用钚是同等重要的。本文将主要从核不扩散角度来研究讨论武器用钚的控制及其核查问题。

1 军用钚的生产及其控制

钚的主要同位素^{239}Pu，具有重要的双重性：它可作为核反应堆的燃料为人类提供电能，造福于人类；也可作为核武器的装料而威胁人类的安全，因此对它的控制倍受人们的关注。^{239}Pu是一种主要的核武器用裂变材料，然而它在自然界的存量极微。易裂变核素^{239}Pu是利用^{238}U在核反应堆内经中子辐照转换而成的。

1.1 军用钚的生产

钚的生产主要包括两个阶段：第一阶段是天然铀燃料在堆中辐照，第二阶段是从乏燃料中化学分离钚。

1. 生产堆

^{239}Pu是通过如下核反应在反应堆中大规模产生的：

$$^{238}_{92}U\ (n, \gamma)\ ^{239}_{92}U\ \xrightarrow[23.5\ min]{\beta^-}\ ^{239}_{93}Np\ \xrightarrow[2.35\ d]{\beta}\ ^{239}_{94}Pu$$

随着燃料在堆内经中子辐照时间增长，通过连续中子捕获或（n, 2n）反应还可产生其他钚同位素：^{240}Pu，^{241}Pu，^{242}Pu（量依次减小）

$$^{239}Pu\ \xrightarrow{(n, \gamma)}\ ^{240}Pu\ \xrightarrow{(n, \gamma)}\ ^{241}Pu\ \xrightarrow{(n, \gamma)}\ ^{242}Pu$$

$$\beta\downarrow 13.2\ a$$

$$^{241}Am$$

[①] 本文作者：张会，杜祥琬（北京应用物理与计算数学研究所）。发表于《中国核科技报告》，1995年，第S2期，第82页。

决定钚同位素组分的一个重要量是燃耗。它是作为核燃料消耗程度的一种量度。一般表示为单位重量核燃料所产生的能量，其计量单位按铀计用 MWd/t 来表示。由反应堆理论可给出燃耗与钚同位素组分的关系图[1]（见图1）。

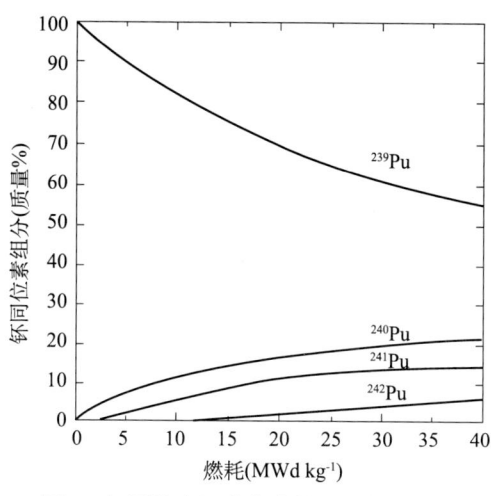

图 1　钚同位素组分作为燃料照射的函数

钚的质量数为偶数的同位素 ^{240}Pu，^{242}Pu 对于核武器的设计是不利的，这主要是因为它们自发裂变、导致"提前点火"而降低爆炸威力。同时理论也可给出，随着易裂变核素（^{239}Pu，^{241}Pu）所占重量百分比的降低，钚装料的临界质量将增大（见图2[2]），这对于核武器的制造是不利的。但值得强调的是，各种组分的钚均可用作核爆炸材料，虽然在武器设计、可靠性、威力等方面不一定理想。这与高浓铀（HEU）的情形是不一样的，对于低于20%的浓缩铀是不能用作核爆炸材料的。

图2表示钚和铀的临界质量作为易裂变核素成分的函数。这里假设裂变芯由中子反射层包围。由图2可见，对于浓缩铀，随着 ^{235}U 浓度降低，其临界质量迅猛增加，以致无穷大；而对于各种浓度 ^{239}Pu 其临界质量增加只近一倍多。可见，对于武器设计来说，^{239}Pu 浓度越高越理想，应尽量降低 ^{240}Pu，^{242}Pu 的含量，人们通常根据包含 ^{240}Pu 的含量来定义各种级别的钚：

a. 武器级钚：^{240}Pu 含量小于7%；
b. 燃料级钚：^{240}Pu 含量介于7%～18%；
c. 堆级钚：^{240}Pu 含量大于18%；
d. 超级钚：^{240}Pu 含量介于2%～3%。

值得注意的是，武器可用钚无严格定义，这是由于各种级别的钚均可作为武器装料。关于各种级别钚同位素的组分请参见表1。

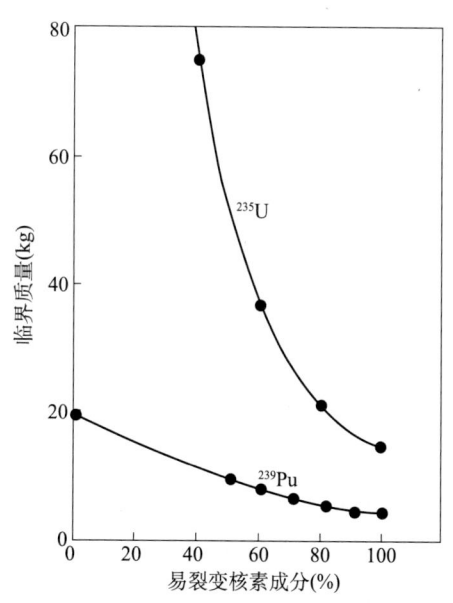

图 2　临界质量与易裂变核素成分的关系

表 1　各种级别钚的同位素组分

级　别	同　位　素				
	^{238}Pu	^{239}Pu	^{240}Pu	^{241}Pu	^{242}Pu
超　级	-	0.98	0.02	-	-
武器级	0.00012	0.938	0.058	0.0035	0.00022
反应堆级	0.013	0.603	0.243	0.091	0.050
混合氧化物燃料级	0.019	0.404	0.321	0.178	0.078
快堆增值材料级	-	0.96	0.04	-	-

通过上面的分析,我们不难明白,武器制造者为了获得武器级钚,他们可以尽量减少燃料在反应堆中的辐照时间,即降低燃耗,以降低^{240}Pu的含量,而提高^{239}Pu的浓度。一般情况下,为生产武器级钚,燃料的燃耗低于 1000 MWd/t。为达到这一目标,燃料仅在堆内几周就迅速移出,其精确的时间将取决于不同类型的反应堆。然而对于民用堆,为了从一定量的裂变材料中获得较多能量,其燃耗较高,如对于一般轻水堆为 30~40 GWd/t,其换料时间一般为一年,这是军用钚生产堆与民用动力堆的一个重要区别。从经济和能源利用角度来说,低燃耗是低效率的,但从军事目的的角度来说,降低燃耗有利于提高军用钚的质量,而为了满足其政治动机,经济因素将变得不那么重要。另外,如果不考虑资源利用率,低燃耗对于核武器制造者还有如下好处：根据钚各同位素性质可知,辐照时间越短,卸出的燃料的放射性越小,并且在进行后处理之前,不需较长时间的冷却。由此,相对于民用堆的情况,军用钚的生产,从燃料的装添到钚的提取的时间大大缩短。

表 2　钚同位素的各种性质（包含^{241}Am）[1]

同位素	半衰期 (a)	裸临界质量 (kg, α 相)	自发裂变中子 $(g·s)^{-1}$	衰变热 $W·kg^{-1}$
^{238}Pu	87.7	10	$2.6×10^3$	560
^{239}Pu	24,100	10	$22×10^{-3}$	1.9
^{240}Pu	6,560	40	$0.91×10^3$	6.8
^{241}Pu *	14.4	10	$49×10^{-3}$	4.2
^{242}Pu	376,000	100	$1.7×10^3$	0.1
^{241}Am	430	100	1.2	1.14

*——除^{241}Pu,均通过 α 衰变,^{241}Pu 通过 β 衰变成^{241}Am

2. 后处理

在军用燃料循环中,所有的钚需要从生产堆卸出的照射燃料中分离出来。在民用堆中,大多数钚仍保留在乏燃料中。目前,人们只有一种方法来分离钚,即普雷克斯流程(PUREX)。

关于钚的分离主要有三个阶段：第一,将乏燃料组件拆卸开,然后用物理的或化学的方法将每个燃料元的包壳去掉;第二,将每根提出的燃料棒放在热硝酸溶液中进行溶解,第三,也是最复杂的阶段,利用普雷克斯流程将钚和铀与其他放射性物质和裂变产物分离开,以及经过多次过程将钚和铀彼此分开。所谓 PUREX 流程是用萃取法从含铀、钚和裂变产物的乏燃料溶液（硝酸溶液）中回收、纯化铀和钚。萃取剂采用磷酸三丁酯(TBP),并以煤油、正十二烷或其他烷烃类溶剂做稀释剂。基于 TBP 对铀和钚（四价）有着比对裂变产物更大的萃取能力,因而通过萃取可以将铀、钚与裂变产物分离。又基于 TBP 对三价钚的萃取能力很小,因而可以通过还原反萃取（即用含还原剂的水溶液与荷载了铀、钚的

TBP 接触，将钚还原成三价而进入水溶液），将铀、钚分离。

在现代的后处理工厂中，包含在乏燃料中的钚可几乎全部回收（流失在废物中的钚小于1%），另外后处理并不改变钚同位素浓度，因此可以说，经过后处理后，钚的输出等于其输入。

1.2 军用钚库存的估计

首先简要说明钚在核弹头生产中的流程。见图 3[3]。

铀先在生产堆中用中子辐照，然后将钚从卸出的辐照燃料中分离出。钚分离工厂常处在生产堆附近，在加工厂或武器制造场地将钚转换成适当的金属形状后，对钚进行成型、机械加工并组装成核芯，以形成裂变装置。该装置可单独用于裂变武器中或用于热核武器的初级。

钚是核弹头的本质部分，因此了解有核武器国家的核武器能力最重要的一步是估计其钚生产的量。下面介绍三种方法来估计军用钚的库存量。

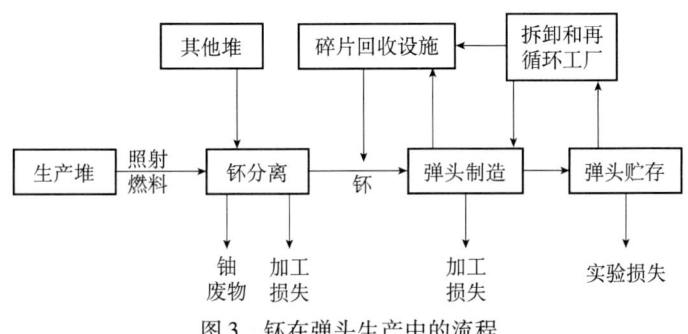

图 3 钚在弹头生产中的流程

1. 清数核弹头数目

此方法是假设某个有核武器国家的每枚弹头包含钚的平均量为 $\bar{W}$，（一般取 3～4 kg），如果知道该国弹头总数为 N，则总钚量为 $N\bar{W}$。不过该方法存在三个困难。a. 每个国家弹头数目不确定；b. 对于不同国家，由于设计不同以及 HEU 量的不同，导致每枚弹头平均含钚量不同；另外，即使是同一个国家，其在不同时期，平均含钚量也是变化的，c. 该方法仅适用估计在核武库中的钚贮存量，不能确定贮存在材料库以及停留在生产过程中的钚，而这些量也是较重要的。

2. 测量 ^{85}Kr 方法

^{85}Kr 是在生产钚过程中伴随产生的裂变产物，它积累在核反应堆的辐照燃料中。它是隋性气体，在辐照燃料后处理时，它将释放到大气中。从原理上讲，如果测量到大气中的 ^{85}Kr，根据它的裂变产额，可计算已裂变 ^{235}U 原子数，而根据裂变一定量的 ^{235}U 将产生一定量的钚的关系，即可推知生产钚的量。事实上，该方法也是可行的。由于 ^{85}Kr 的半衰期（10.76 a）充分长，使排放到大气中的 ^{85}Kr 的浓度可均匀分布。另外，到目前为止，各国在后处理厂中将大部分 ^{85}Kr 直接排放到大气中。

当对一个国家生产钚的设施了解甚少时，该方法是唯一可行的。美国 Von Hippel 等曾用该方法估计前苏联生产钚的量[4]。通过分析每年大气样品站测量 ^{85}Kr 浓度的变化，可知全球总的^{85}Kr量,然后减去已知的总量。(见图4)他们估计苏联可能已生产95~150 t武器级钚。

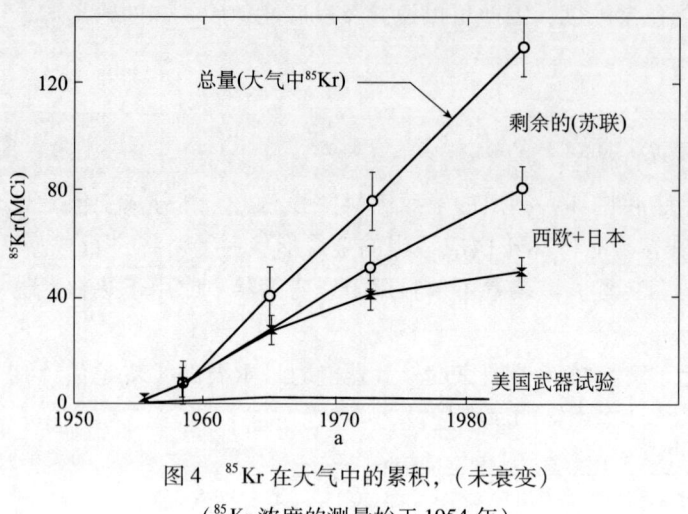

图4　^{85}Kr在大气中的累积,(未衰变)
(^{85}Kr浓度的测量始于1954年)

不过该方法也存在两个困难:a.关于^{85}Kr在大气中浓度测量的精度,虽然原则上讲,^{85}Kr可广泛分布于大气中(由于相对长的半衰期),但所进行的测量一般距离后处理厂较远,由于扩散,所测量的^{85}Kr浓度将随不同大气层而变化。b.利用^{85}Kr的量推知生产钚的量是与一定种类和操作的生产堆有关的。而^{85}Kr与堆燃料和燃耗相关。为了精确测量钚还需详细了解生产堆及操作历史。另外,还需计算其他核活动(如民用堆和核试验)所释放的^{85}Kr。

3. 研究生产堆及操作历史

对钚生产量最精确的估计是研究生产堆的设计、燃料安排及生产堆的操作历史。例如,在美国,人们可通过公开发表物得知其生产堆的热输出,那么根据热输出与铀和钚的裂变份额的关系,人们可精确计算所生产的钚。美国的D. Albright等主要是利用该法,参照美国的经验,对其他国家的军用钚进行了估计。对前苏联军用钚的估计则采用几种方法相结合[3](见表3)。

表3　关于有核武器国家军用钚库存量的估计

国　家	军用钚总量(在武器中和库存中),t	在武器中的钚总量,t
已宣布的核武器国家		
英　国	11	1.8
中　国	2.5	1
前苏联	125	107
法　国	6.0	1.8
美　国	112	66
未宣布的核武器国家		
印　度	0.29	?
以色列	0.33	?
巴基斯坦	—	—

1.3　停止武器级钚的生产及其核查问题

阻止核武器纵向扩散的一个重要途径就是控制裂变材料的生产。停止裂变材料的生产将限制核弹头的数量。

随着美俄START Ⅰ,Ⅱ条约的签署,以及民众日益关心核军备竞赛,为停止裂变材料生产(Cutoff)的倡议创造了机会。目前关于Cutoff已成为国际社会关注的一个重点。关于

Cutoff，人们曾提出多种方案及其核查问题[5]。这里主要讨论关于停止武器级钚生产的问题。

Cutoff 的主要内容是：由于美国和前苏联有着比其他有核武器国家庞大的核武库，由此建议美俄先停止武器级裂变材料的生产，随着核武库削减到一定程度，其他有核武器国家也将加入该条约。Cutoff 主要包括下列限制（关于钚的部分）：

a. 关闭生产堆和后处理厂以停止军用钚生产；
b. 禁止从民用核燃料循环中转移钚以利用于军事目的。

为了确保条约的实施，人们提出了一系列核查措施。

1. 关闭生产设施

Cutoff 要求关闭生产军用钚的生产堆和后处理厂。这可由国家技术手段，现场核查等手段进行核查。例如：设施的拆装可用卫星观察，如果工厂仅被封存，可用卫星寻找活动的迹象（如，红外热辐射）；也可由现场核查来检查一些被封存的设施；可将一些辐射探测器放在生产堆和后处理设施周围以探测这些设施最近操作的痕迹；还可通过其他谍报工作探明对方的遵守条约情况等等。

总之，人们确信通过现有的核查能力以及相互合作等措施，是能够高度确信主要的生产设施已经停止生产。这样，关于 Cutoff 的核查只剩下两个问题：a. 探测秘密设施的构造和操作；b. 探测从民用核设施或允许保留的军事活动中转移生产钚。

2. 其他活动的核查问题

关于秘密生产的核查，我们将在第 3 部分讨论。关于从民用核设施或允许保留的军事活动中转移生产钚的核查是较困难的。这时仅靠国家技术手段是不够的。不过，IAEA 对于接受其安全监督的非核武器国家的核设施已发展一套安全保障措施（Safeguards）。其主要目的就是核查是否有裂变材料从民用核设施转移到军事利用。但目前，IAEA 并不要求有核武器国家将其民用核设施置于安全保障之下。因此，Cutoff 条约应要求加入国的核设施接受 IAEA 类的安全保障。关于 IAEA 的安全保障措施，我们将在第 2 部分详细讨论。这里需说明的是：由 IAEA 的安全保障措施来核查美俄从民用核设施转移生产"有意义量"的裂变材料比起核查无核武器国家转移"有意义量"的裂变材料容易。这是因为，对于美俄所谓"有意义量"的裂变材料的量一般比较大，例如 Von Hipple 曾假设，每年转移 1 吨钚是有意义的，如果比这个量还小，对于已经有着数百吨钚的国家是没有什么军事战略意义的[5]。而对于无核武器国家，IAEA 规定获得一枚核弹头裂变材料的量（8 kg 钚）是"有意义量"。

此外，Cutoff 将允许一定的军事核设施的存在。例如，生产氚的反应堆将继续运行。如果在氚生产堆中，将含 ^6Li 的棒换成含 ^{238}U 的棒可产生钚。因此应当对氚生产堆进行安全监督以确信没有生产钚。另外，也应当安全监督海军动力堆的燃料循环，以及各种研究堆，以确信所用燃料——HEU 没被转移或生产钚。

2 民用核燃料循环中的钚问题及其安全保障

在用铀作燃料的民用动力堆中，将伴随产生副产品钚。而研究表明，各种级别的钚（包括堆级钚）均可用于制造核武器。因此，对于动力堆所产生的钚也应同样受到安全保障。

2.1 安全保障措施

核不扩散体制的重要基石是核不扩散条约（NPT）。该条约规定所有加入条约的非核武器成员国将接受"全范围"的安全保障：即所有的铀和钚（除了铀矿和矿石加工厂外）均受 IAEA 监督以核实这些材料没转移到武器利用。本文不打算详细讨论 IAEA 的安全保障措施，这里主要讨论有关钚的安全保障问题。

安全保障主要意图是"及时探测""有意义量"的裂变材料从已申报的核设施中转移到武器的利用或其他未指定的用途中，并通过探测的威胁来遏制这种转移。IAEA 关于"有意义量"定义为制造一枚核武器通常所需给定材料的量；"及时"定义为利用给定的材料来制造一枚核武器通常所需的时间。请参见表 4[6]。

表 4 有意义量的 Pu

材 料		有意义量，kg	"及时探测"标准
钚	武器级	8	1~3 周
	堆 级	8	1~3 周
混合氧化物		*	1~3 周
乏燃料		*	1~3 月

值得说明的是，国际安全保障措施只能探测和遏制一个国家核材料的转移，但并不能实际阻止该国的材料转移；也不负责防止个体组织及盗贼的盗窃行动，这应由本国的实体安全保护措施来完成。现用于探测核材料转移的安全保障措施主要以材料衡算作为重要的基本方法，以封隔（containment）和监视（surveillance）作为重要的辅助手段。

1. 材料的衡算

该措施的目的是通过测量进入一个核设施的裂变材料量、输出裂变材料的量以及在设施内部存在的裂变材料的量，来探测裂变材料转移情况。IAEA 为了实现这一目标，曾发展了多种测量技术和测量设备，主要有化学分析法和非破坏分析法（NDA）。

IAEA 视察人员为了核查所申报的裂变材料的质量以及成分，常将样品送回分析实验室，以进行化学分析。该方法所测量的结果一般比较准确，但费用较高，并且 3~5 周后才能见到结果。这对于及时探测分离钚的转移是不利的，所发展的 NDA 方法则能在现场及时地对裂变材料进行分析。另外，在许多情况下，裂变材料是放在容器中或存在于燃料组件中，在不破坏容器或组件完整性的情况下，是很难获得一定样品的，所以不能进行化学分析。但裂变材料的一个重要特征是具有放射性，并且通过 α 衰变、β 衰变或自发裂变具有一定特征的 γ 射线和中子，因此可通过测量这些特征线来确定材料的种类和质量；同时为了进行这种测量而无需对容器等进行破坏，这就是 NDA 方法的基础。NDA 方法[7]包括：ⅰ) 被动的 γ 射线方法，如可通过测量 ^{241}Pu 的 148 keV 和 ^{208}keV 能谱来确定钚材料的组分；ⅱ) 被动中子方法，如利用高分辨中子计数器可分析 ^{240}Pu 含量以及计算钚的重量；ⅲ) 主动中子方法，如利用该方法可确定燃料组件中钚的含量等。此外还在研究和发展其他 NDA 技术，随着这些新技术的发展，将进一步提高材料衡算系统的精度。

2. 封隔和监视

IAEA 的安全保障措施常以封隔和监视手段作为材料衡算系统的重要辅助方法。

封隔措施是利用实体障碍以限制接近核设施内部的核材料,如反应堆的压力壳、材料贮存区域的围墙、安全门以及容器的外壳,这样以防止核材料的秘密转移。为了这个目的,IAEA发展了各种封记技术来密封各种包含核材料的容器,如利用超声标签、光学纤维标签和电子标签等进行封记。这样IAEA人员可简单地通过检查这些封记的状况来确信材料是否转移。

监视措施主要是利用自动照相机、摄像机或其他电子设备以探测任何材料的转移或受安全保障的项目是否被干扰等,如利用胶片照相设施或闭路电视来监视贮存在反应堆或处理厂的乏燃料的运动情况。为了提高闭路电视的监视能力,人们正在开发研究新的微控闭路电视系统。另外,为了更可靠地利用封隔和监视设备,人们提出了遥作连续核查技术RECOVER(remote continual verification),来遥控监视这些设备的操作状态[8]。

总之,IAEA为了更有效地支持材料衡算、封隔和监视措施,还发展了一系列监控装置、测量技术和视察程序。目前人们确信商业动力堆的安全保障是比较成功的,这是因为裂变材料是处于分立状态的燃料组件中;但对于处理分散状态核材料的设施(如后处理厂和燃料加工厂)的安全保障技术并不理想。因此,人们正研究发展各种技术以有效安全保障这些设施。安全保障的各种技术对于不同设施是不同的,其具体的情况我们将在下面各部分具体说明。

2.2 动力堆与核扩散问题

这里将从核不扩散的角度来讨论各类反应堆的情况。在以铀作燃料的动力堆中,其乏燃料包含了武器可用的钚。因此,对于反应堆及其乏燃料的控制是十分必要的。

1. 轻水堆与安全保障问题

目前大多数动力堆是轻水堆,所用的核燃料为低浓铀(2%~6%),其换料周期约为一年[9]。换料时,反应堆需要关闭,从反应堆关闭、冷却、移去反应堆顶壳到乏燃料移走的整个时间一般为4~6周[10]。

这种反应堆是比较容易安全保障的,因为堆芯只有在关闭时才可接近,并且乏燃料的卸出时间是相对可预言的,而且换料次数并不频繁。这样IAEA可封记反应堆压力壳以确信在没有视察员在场时没被开启,同时安排视察员现场监督换料的情况以及乏燃料的移动。对于反应堆和乏燃料的安全保障技术也是比较有效的。IAEA可利用NDA方法来测量反应堆燃耗。我们知道,对于民用堆,从经济的角度说,一般要求燃耗较高;而从军事的角度说,为了生产武器级钚一般要求燃耗较低。因此可以通过测量乏燃料的燃耗来判断所运行反应堆的目的。同时通过燃耗可确定乏燃料中铀和钚的含量,还可通过其他技术核查燃料棒数目以及每个燃料组件被照射程度,这些对于材料衡算是重要的。

另外,IAEA通过封隔/监视设备可较好地安全监督轻水堆的乏燃料转移情况。例如,要想从乏燃料贮存池中移走乏燃料,需要将很重的容器(屏蔽乏燃料组件强烈的放射性)带进贮存房并将该容器放到贮存池;将一个或几个燃料组件装进容器;然后将该容器转移离开该设施,这一过程是很困难和费时的,因此利用每10~20min可拍照一次的监视照相机即可探测到这一转移情况。

轻水堆具有防扩散的另一特征是它的堆芯燃料是低浓铀,而低浓铀是不能直接用于武器的。另外,它容易安全保障以确信"有意义额外量"的裂变材料没有秘密地引入反应堆进行钚的生产。

2. 其他类型反应堆的有关问题

与轻水堆需要关堆换料情况相反，还有一些反应堆，可在运行的情况下连续换料，例如前苏联大约有一半这种堆，加拿大的重水堆 CANDU 也是这类堆。这种堆的特点是换料时不需要停堆，它可从水平燃料通道一端装入新燃料棒而在另一端卸出乏燃料。其商业上的优点是可连续发电，但从核不扩散角度来说，由于换料时间不像轻水堆那样确定，较频繁等，使安全保障较困难。另外，它可以迅速卸出被照射的燃料棒以降低燃耗，提高钚的质量，以利于武器制造，同时又不大影响反应堆动力输出。从理论上讲，从这种堆转移武器级钚是可能的。因此，这类堆比轻水堆较具有扩散性。IAEA 与加拿大合作曾提出安全保障 CANDU 型的措施[11]。

另一类堆型是石墨气冷堆。它最早是英国 20 世纪 50 年代发展的，它以石墨作慢化剂，二氧化碳作冷却剂，燃料为天然铀，包壳是镁诺克斯合金（也称 Magonx 堆）。北朝鲜自 80 年代运行的一个反应堆正是基于 50 年代技术的该类型堆。从核不扩散角度说，该堆主要特点是，首先，对于相同的电力输出，该堆每年可生产净 ^{239}Pu 的量较多，如，对于 1 GW 的各种民用核电站，年发电可生产净 ^{239}Pu 为：PWR：270 kg，Candu：493 kg，Magnox：617 kg；其次，从该堆中卸出的乏燃料中含 ^{239}Pu 的份额（质量）较高，因此，该堆用于生产军用钚较有利。同时，由于该堆可利用天然铀作燃料，无需浓缩技术，就可生产武器用材料，因此该堆较具有扩散性。另外，该堆建造投资较大而且发电效率较低等，经济上不合算，这样，如果不是为了军事目的生产钚，而是为了民用发电，该堆是不理想的。因此，人们后来发展到用低浓二氧化铀燃料的改进型气冷堆。目前已进入到发展高温气冷堆（HTGR）阶段。该堆用石墨作慢化剂，用氦作冷却剂。其燃料系统包括浓缩铀（93% ^{235}U），^{233}U 和 ^{232}Th。从核不扩散角度说，该堆主要特点是利用高浓铀作燃料，这可能成为核材料转移的对象。

人们还曾研究发展各类增殖堆，对于铀-钚燃料循环来说，它将需要钚的再循环。目前从经济角度说，这种堆与 LWR 是不可比的[12]，从扩散角度来说，由于钚的再循环将加重钚的扩散问题。因此目前人们认为一次性循环是更合适的。另外，将来可能发展钍-铀燃料循环，其主要裂变核素 ^{233}U，它的性质与 ^{239}Pu 情况相近。因此将来也应对这种循环进行安全保障。

2.3 后处理问题与安全保障

这里我们将主要从核不扩散的角度来讨论有关乏燃料的后处理问题以及后处理厂的安全保障措施。

1. 关于乏燃料后处理问题的讨论

一个典型 1 GW 的轻水反应堆每年大约产生 250 kg 的钚，其中大约 70% 为易裂变核素钚（^{239}Pu 和 ^{241}Pu）。这些钚与其他裂变产物一起存在于乏燃料之中，只要这些钚与高放射性裂变产物一起混合在乏燃料之中，就难于产生动力和制造武器。然而这些钚一旦经过化学分离，那么该 250 kg 钚在核燃料循环中可替代大约相同量的 ^{235}U 或者可制造大约 25 枚核弹头。到 1990 年底，世界动力堆已生产钚约 650 t。其中大部分仍存在于乏燃料之中。已分离出钚约 120 t。并且预计到 2000 年将产生钚 1390 t，分离钚为 300 余吨[3]。由于分离钚具有提供动力和生产核武器双重性，导致人们日益关心是否该继续对乏燃料进行后处理以获得分离钚。这主要有两种截然不同的意向：一种提倡后处理；另一种则反对后处理。

提倡对乏燃料进行后处理的最初动机是根据早期人们对核动力增长情况估计较高，这将导致低价铀产品的短缺，因此势必将引入钚的再循环。另外，从能源利用角度来说，也应当利用钚的能源。然而，目前的情况表明：从经济角度来说，钚的再循环其费用昂贵，这与轻水堆一次性燃料循环是不可相比的[12]。

从核不扩散的角度来看，钚存在于乏燃料之中比处于分离状况下较具有抗扩散性。这是因为处于乏燃料中的钚不能直接用于武器；同时由于钚与具有高放射性的裂变产物混合在一起，这本身已具有一定的实体安全保护特性，使盗贼难以接近。而分离钚则可直接用于武器。

另外，如果对乏燃料进行后处理，使分离钚再循环，那么钚将存在于后处理厂、钚燃料加工厂（或 MOX 燃料加工厂）、用钚作燃料的反应堆以及上述设施之间的运输，这将增加钚扩散的机会和安全保障的困难[13]。

此外，进行后处理和再循环可使任何拥有核动力的国家实际上已掌握了大量的武器可用的裂变材料钚。这样，一个国家要想制造核武器主要取决于政府的动机。另外，一个国家可借助于民用核燃料循环来掩盖其核武器动机[14]。综上所述，如果国际社会达成一致协议放弃钚的再循环，对于核不扩散体制将具有重大意义。从经济、安全角度来说，各国也没有充足理由来对其乏燃料进行后处理。

2. 后处理厂的安全保障问题

前面我们简要讨论了关于乏燃料的后处理问题。然而，目前国际社会并没有条约对这一问题进行限制。而且在英国、法国和日本后处理厂仍在运行。不过，IAEA 已发展了一系列安全保障后处理厂的措施。

对后处理厂而言，安全保障的主要作用是确信受安全保障的后处理厂没有用来从未加申报的核燃料中提取钚，这些未申报的核燃料可能来自受安全保障的反应堆或是未申报的反应堆。这样，IAEA 可利用材料衡算系统，来测量钚的输入与输出以确定转移。按传统的材料衡算系统，要求后处理厂每年结清实物材料的清单，以计算不能说明原因的材料损失（MUF）*。这个过程一定既要准确，又要满足及时探测有意义量钚材料转移的标准。然而该方法并不十分有效，它缺乏所需的测量灵敏度。如目前许多专家认为利用各种组合方案，探测灵敏度可到 ±0.3% 或 ±0.2%。这对于每天处理 4 t 的后处理厂，相当于钚的探测灵敏度为 50~75 kg[15]。这仍比 IAEA 规定探测 8 kg 钚转移的标准高许多。

为了改善这种情况，人们研究发展了近实时（near-real-time）材料衡算系统[16]。根据测量处于中间缓冲容器中包含的钚溶液的体积和浓度，可获得处于加工过程中实物的材料钚滞留量。这比传统材料衡算系统要求后处理厂关闭以测量实物材料存量的方法较有利，

---

* MUF（Material unaccounted for）定义为账面存量与实物存量的差值。一般将 MUF（材料平衡）方程写成：MUF = PB + X − Y − PE。其中，PB 是期初实物存量；X 是存量增加量的总和；Y 是存量减少量的总和；PE 是期末实物存量（参见 IAEA Safeguards. Glossary, 1987 edition）。

(因为时常关闭后处理厂被工厂操作者视为是不经济的，因而遭到拒绝）。n.r.t. 材料衡算方法主要基于下述两个重要事实：首先，在任何时刻处于后处理厂中的大部分钚实际上是没有加工而是处于缓冲容器中，这可以及时测量；其次，处在加工过程中钚的量与在水溶液中钚的浓度、流量等有近似的函数关系。这样，该方法可比较精确地测量整个加工过程中钚的量。该方法的倡导者认为其探测灵敏度可达到 IAEA 规定的 8 kg 钚的标准[16]不过该方法也仍有些问题需要解决。人们还提出各种高新技术以加强安全保障后处理厂。如各种先进的封隔/监视系统。

然而值得说明的是，目前只有少量后处理厂接受安全保障。如英国的 THORP 工厂虽然已接受 IAEA 安全保障，但实际上 IAEA 并不能连续地监督。在法国的两座后处理厂还没有接受 IAEA 安全保障。计划中的日本一座后处理厂将接受安全保障，并检验安全保障措施的有效性，不过该工厂还需几年才能运行。目前当务之急是应当将所有后处理厂置于安全保障之下，并发展一套较有效安全保障后处理厂的措施。

2.4 钚燃料加工厂的安全保障问题

在钚燃料再循环中，从后处理厂提取分离钚后，下一步就是将这些分离钚送往燃料加工厂以制造燃料元件。由于燃料加工厂将直接处理、加工大量武器可用的钚，因此对其安全保障也是十分重要的。

人们可以核实进入该工厂的钚燃料量，这些燃料量离开后处理厂时就可确定，下一步主要安全保障任务是核查燃料元件加工厂的输出产品——燃料棒以及正在加工过程中钚燃料的量。这可由前面讨论的材料衡算来完成。每年需要几次视察即可，同时封隔/监视技术可监视燃料的流程。为了防止盗贼偷窃核燃料，国家可采取实体安全保护措施，为了强化这一措施，人们曾提出各种技术方案，如在燃料中混入强放射性的核素^{60}Co 等[17]。

分离钚的另一种去向是存放在仓库中，因此对分离钚的库存也应安全保障，以确信离开库存的钚是用于和平目的的。这要求各国申报民用钚库存量，并可核查，一旦申报库存，它可由 IAEA 视察员定期检查。为了加强对民用钚库存的控制，人们曾建议制定一个国际库存体制[18]。

上面简要讨论了民用钚核燃料循环中的安全保障问题，值得强调的是，目前的安全保障措施并不完善，它不仅有技术上的原因，而且还有政治的因素。因此为了加强 IAEA 的安全保障措施，应从这两方面考虑。

3 秘密生产活动的探测

NPT 规定所有无核武器的成员国的核设施均受安全保障，禁止未申报核材料的生产，而对于有核武器国家的核设施并没有上述要求，但在有核武器国家执行 Cutoff 后，也将禁止其生产未申报的核材料。但目前的 IAEA 安全保障体制只控制已申报的核设施，不能用来探测未申报的秘密生产活动。因此，那些想获得核武器（或进一步获得核武器）的国家很可能通过秘密生产活动来获得武器用核材料，例如伊拉克秘密发展核武器的情况[19]。人们正在努力改善现有 IAEA 安全保障措施，包括对秘密活动的核查，以加强核不扩散体制的作用。这里我们将讨论几种秘密生产活动的可能性及其核查问题。

3.1 选择秘密生产武器级钚的可能性

一个国家如果致力于秘密发展核武器，将需要获得武器可用的裂变材料，一种可能性是生产 HEU，另一种可能是生产钚。但生产 HEU 是比较复杂的和费时的，它需要一个国家已具备较复杂的浓缩技术能力。例如，对于巴基斯坦所建造的那种离心设备，为生产 25 kg 武器级 HEU 将需要一千台离心机不停断地运行一年[20]。而对于拥有核动力的国家，生产钚则相对容易（下面将讨论这种情况）。因此选择生产钚的可能性更大一些。

一个国家选择生产武器用钚也有两种可能途径：一种是通过民用核燃料循环来转移生产钚，这将随着安全保障措施的日益完善变得较困难；另一种可能是直接秘密建造生产堆和后处理厂以生产武器级钚。我们将分析指出，这种可能性是有道理的。目前大多数国家已具备建造生产堆和后处理厂的能力。人们指出[21]，即使一个很小的和贫穷的国家也能够建造一个年生产 10 kg 钚的生产堆。这样的堆仅需几千万美元的费用，并且有关的材料和设计信息均比较容易从公开文献中获得。对于那些较大、较富有的国家，特别是对民用核动力有经验的国家，建造一个相当于一般动力堆规模的钚生产堆的费用仅是动力堆的十分之一。从纯经济和技术的角度说，对于这些国家建造一个独立的生产堆比利用其动力堆转移生产可能更可取。因为如果利用动力堆进行秘密生产，将使动力堆时常不经济地停堆（为获得武器级钚），影响其正常的运行；另外，对于轻水堆，如果不相应地进行改造，其钚的质量对于武器设计比较不利。同时生产堆所需的原料——天然铀在市场上可购买到，而且铀矿分布较广，许多国家或多或少地可获得天然铀（IAEA 并未对铀矿开采、加工进行安全保障）。

同时，关于钚的后处理技术各国均可通过公开渠道获得，而且化学分离技术比起浓缩技术较简单。此外，对于具有一定规模的商业后处理厂，要满足许多严格的质量控制限制等，因此是一个十分宏大、复杂和昂贵的企业。然而，如果只为武器目的而建造的后处理厂，则可以规模较小、较简单，费用也低。这样的设施只需几个月即可建成，并且需要的工作人员也较少。

可见，一个国家是有可能秘密建造生产钚的设施。下面我们将讨论对这种秘密生产活动的核查问题。

3.2 核查方案

目前国际社会并没有一套核查秘密生产活动的有效方案。这里只简要提出核查秘密生产活动的几种途径。

1. 建造活动

对于建造较大规模的生产堆和后处理厂将需要大量的人力、物力和财力[22]。这可通过国家技术手段或各种人员的谍报工作等可能发现一些迹象，然后可通过现场核查来核实。例如，利用卫星可能发现大量的人员、运输工具的流动，以及一些建筑物的存在。对于较小规模的活动（如一年获得几枚弹头的能力），国家技术手段将无能为力，但通过谍报等工作可能获得有关信息，同时配合其他途径可能改善对这种情况的探测。

2. 直接探测

首先是对生产堆的探测：生产堆最明显的特征是它的热输出物。这些被放到周围环境中的热输出物可能被卫星通过热红外照相探测到。例如，从美国的 Savannah River 生产堆排出的热水可在热红外照片上明显可见[5]。一个国家可能采取反核查措施，例如可建造多个小生产堆，使其易于隐蔽或隐藏生产堆所排放的热水等。

其次是对后处理厂的探测：前面曾提到裂变产物 ^{85}Kr，是惰性气体，存在于乏燃料之中，在对乏燃料进行后处理时，^{85}Kr 将释放到大气中。由于其半衰期较长，它可在大气中广泛分布，因此空中样品收集站可探测到 ^{85}Kr 浓度的变化，以确定后处理厂的存在。我们认为，为了使该方法更有效，应当停止所有商业后处理活动，这样可降低本底，提高测量精度。

3. 对铀的需求

生产武器用钚，将需要大量天然铀，例如生产 1 t 钚将需要大约 1000 t 天然铀。因此通过考察一个国家对天然铀的需求，即可探明秘密生产活动的存在。如果将铀燃料循环的所有过程（包括铀矿的开采和加工）都置于安全保障之下，那么该途径更加有效。

以上的几种核查方案可以综合利用。

4 分离钚的处置问题

这里我们将主要从核不扩散的角度来讨论分离钚的处置问题。

需要处置的分离钚来源于军用和民用两部分：首先，随着美国和前苏联战略核武器的削减，在下个十年内将有大约 150～200 t 武器级钚从核弹头中拆卸下来，为了使其不再返回到核武库中，这部分剩余的武器级钚需要处置。其次，到 2000 年，全世界核动力堆将生产约 1400 t 钚，其中将有约 300 t 钚预期分离出来[3]，而这些钚也是武器可用的材料，从核不扩散的角度来说，这些民用钚与从弹头中拆卸下来的武器级钚同样重要，应当一起考虑其处置问题。

我们先讨论一下关于民用钚的问题。既然已分离的民用钚需处置，那么是否该继续从乏燃料中分离钚？这里不准备详细讨论有关乏燃料是否该进行后处理的问题（前面已简要讨论），只是指出，从经济、环境和核不扩散角度，将乏燃料作为废物直接处理掉比进行后处理较有利[23]。那么已经分离的钚又该如何处置？目前国际社会对分离钚（特别是武器级钚）长期处置问题并没有一个明确的方案。人们曾提出各种长期处置方案[24]，下面我们从核不扩散的角度来分析讨论几种主要方案的利弊。

一些人主张："钚是有用的资源，不应当作为废物处理"。例如，俄罗斯政府就拒绝将武器级钚作为废物直接处理掉，而是打算将钚作为核燃料引入核燃料再循环中。然而，在可预见的将来，利用钚的代价比利用铀要高许多，主要是因为钚具有很强的放射性和毒性，因此在燃料后处理和加工过程中需要额外的安全措施。国外的一些研究表明，即使钚燃料是"免费"的，但在以后的几十年内，MOX 燃料将比 LEU 燃料昂贵许多[12]。因此利用钚作燃料比用 LEU 作燃料经济上是不合算的。从核不扩散的角度来说，前面第二部分中已说明，钚的再循环将增加核扩散的危险。因此我们认为将钚作为燃料再循环是不可取的。

目前，关于长期处置钚主要还有下述两种方法：第一种方法是通过在反应堆中燃烧或在特别设计的加速器中照射以减少钚的总量。该方法可将钚转换成较短寿命的放射性核素或不具有扩散性的元素。第二种方法，不是减少钚的总量，而是将钚合成为玻璃化高放废

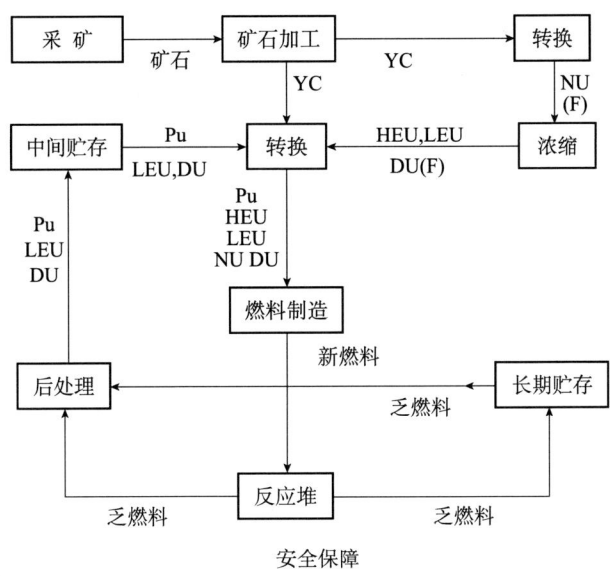

图 5 核燃料循环流程图

YC——黄饼；NU——天然铀；DU——贫化铀；

LEU——低浓铀；HEU——高浓铀

虚线框内设施均受 IAEA 的安全保障措施监督

物（HLW-Pu 玻璃），或合成特殊"防扩散"玻璃，使钚很难再收回。

在堆中燃烧钚（第一种方法）可有几种方式：可将钚制成 MOX 燃料，并在现存的轻水堆中（不需修改，可接受三分之一堆芯燃料为 MOX 燃料）或修改的轻水堆（其堆芯燃料可全部为 MOX 燃料）中烧掉。也可将钚作为燃料在快堆中烧掉（而不是增殖）。利用轻水堆较有利，因为世界上大多数堆为这种堆，而快堆的数目和能力很小。人们还提出其他方案：如发展设计新堆或加速器以消耗掉钚等[24]。以上这些燃烧过程均是将钚转换到具有高放射性的乏燃料之中，然而在轻水堆燃烧 MOX 燃料其乏燃料仍包含原燃料中钚的 60%[12]。为了在轻水堆中更多地消耗掉钚，乏燃料将经过几次再循环，这需要多次后处理，由此增大了处理过程和费用。

从不扩散的角度看，在现存的民用堆中烧掉钚比玻璃化较缺乏吸引力。这是因为，虽然两种方法都需要分散状态（bulk）钚（分散状态的钚比在燃料组件状态下易扩散）的处理设施（这些设施应受安全保障），前者是为了制造燃料棒（它仍具有扩散性）；而后者则直接生产出抗扩散的 HLW-Pu 玻璃或 Pu 玻璃。另外，在商业堆中燃烧钚，将需要燃料的运输和处理等。而这些燃料（MOX）较容易进行钚分离，增加了核扩散的可能性。另外，利用玻璃化处理比燃烧的方法更能尽快处理掉分离钚。例如，全世界现存的十分之一轻水堆要烧掉 200 t 钚需运行 20 年[12]，相反，一个玻璃化设施可望在 8 年内将 50 t 钚玻璃化[24]。由于在轻水堆中烧掉钚需要较长时间，因此将需要对剩余的分离钚进行中间贮存，这势必增加扩散的危险。

从理论上讲，利用加速器可使钚进行嬗变。但从核不扩散角度看，该方法也是不吸引人的，因为适合这一任务的加速器在 20~25 年后才有可能出现[25]，这需要钚贮存更长时间。另外，该方法将需要很大的电力。

人们还曾提出其他处置分离钚的方法，如地下深埋、空间处置、海底处置等。对这些方法的评价应从环境、经济、核不扩散和资源利用等多方面综合考虑。但由于各国所处的环境不同等原因，使得它们对各种因素的强调程度不同，因此，对各种方法的评价也就不同。本文是从强调核不扩散的角度来分析关于钚的处置问题的。上面简要的讨论表明，在现有提出的一些方法中，将分离钚玻璃化的处置方法对于核不扩散是比较有利的。

作者衷心感谢宋家树院士对本工作提出的宝贵意见。

参考文献

[1] Mark J. Explosive Properties of Reactor-Grade Plutonium, Science and Global Security, 1993, 4.

[2] Moniz E, Neff T. Nuclear Power and Nuclear-Weapons Proliferation, in Physics and Nuclear Arms Today, ed. D. Hafemeister, New York, 1991.

[3] Albright D, et al. World Inventory of Plutonium antl Higly Enriched Uranium. New York: Oxford Univ. Press Inc. , 1992.

[4] Von Hippel F, et al. Quantities of Fissile Materials in U. S. and Soviet Nuclear Weapon Stockpiles. No. 168. PU/CEES.

[5] Von Hippel F, Levi B. Controlling Nuclear Weapon at the Source: Verification of a Cutoff in the Production of Plutonium and Highly Enriched Uranium for Weapon, in Arms Control Verification, ed. K. Tsipis, et al. 1986.

[6] Office of Technology Assessment. Technologies Underlying Weapon for Mass Destruction, Washington D. C.: US Government Printing Office, 1993.

[7] Keepin G. State-of-the-Art Technology for Measurement and Verification of Nuclear Materials, in Arms Control Verification, ed. K Tsipis, et al. 1986.

[8] Weinstock E, Fainberg A. Verifying a Fissile-Material Production Freeze in Declared Facilities, with Special Emphasis on Remote Monitoring, in Arms Control Verification, ed. K. Tsipis, et al. 1986.

[9] Evers R, et al. Nonproliferation Factbook, Palo Alto, 1978.

[10] Office of Technology Assessment, Nuclear Proliferation and Safeguard, Washington, D. C.: US Goverment Printing Office, 1977.

[11] Reported in Nuclear Proliferation and Civilian Nuclear Power: Report of the Nonproliferation Alternative Systems Assessment Program, Washington, D. C.: U. S. Department of Energy, June 1980, 12: 2-13.

[12] Berkhout F. et al. Disposition of Separated Plutonium, in Limiting the Spread of Weapon-Usable Fissile Materials, ed. B. Chow and K. Slolmon, Santa Monica, Calif: RAND, 1993.

[13] Albright D, Feiveson H. Plutonium Recycling and the Problem of Nucler Proliferation, in Plutonium and Security: The Military Aspects of the Plutonium Economy, ed. F. Barnaby, Macmillan Academic and Professional Ltd, London, 1992.

[14] Johansson T. Sweden's Abortive Nuclear Weapons Project, Bulletin of tlie Atomic Scientists, Match 1986.

[15] Marsh R, Foulkes R. Design of Safeguard Systems for Commencial Plutonium Processing Plants', in IAEA Symposium on Nuclear Safeguards Technology. 1986 (Vienna: IAEA, 1987). Vol. 1.

[16] Lovett J. Nuclear Material Safeguards, ch. 14: 183-203.

[17] Report to the American Physical Society by the Study Group on Nuclear Fuel and Waste Management. Rev. of Mod. Phys, 1978, 50 (1): Part II.

[18] IAEA-IPS/SG/61. Draft Final Report of Working Group on IPS and Safeguards of Expert Group on International Plutonium Storage. Vienna, Dec. 18, 1981.

[19] Gillen V. Nuclear Capabilities of Iraq, IAEA Division of Public Information.

[20] Albright D. Pakistan's Bomb-Making Capacity, Bulletin of the Atomic Scientist. June 1987: 30-33.

[21] Lamarsh J. On the Construction of Plutonium-Producing Reactors by Small and/or Developing Nations, Report to the Library of Congress, Congressional Reference Service, April 30, 1976.

[22] Thompson G. A Worldwide Programme for Controlling Fissile Material, in Plutonium and Security; F. Von Hippel and B. Levi, Controlling Nuclear Weapon at the Source: Verification of a Cutoff in the Production of Plutonium and Highly Enriched Uranium for Weapon, in Arms Control Verification, ed. K. Tsipis, et al., 1986.

[23] Lisbeth Gronlund, David Wright, Beyond Safeguards: A Program for More Comprehensive Control of Weapon-Usable Fissile Material, May 1994.

[24] National Academy of Science, Committee On International Security and Arms Control, Management and Disposition of Excess Weapons Plutonium., Washingtion D. C.: National Academy Press, 1994.

[25] Office of Technology Assessment, Dismantling the Bomb and Managing tlie Nuclear Material, Washington, D. C.: US Government Printing Office, 1993.

The Control and Verification of Weapon-Usable Plutonium

Abstract: The problems about the control and verification of weapon-usable plutonium were mainly studied from the proliferation point of view. ①The production and the characteristics of military plutonium were discussed; the methods of estimating military plutonium inventories were analysed and the aspects of plutonium production cutoff and the verification of it were discussed. ②The proliferation of plutonium in the civil nulcear fuel cycle and the safeguards on it were studied. Particularly, the safeguards on the power reactors, the reprocessing plants and the plutonium-fuel fabrication plants were analysed. ③The probability to produce the weapon-grade plutonium clandestinely in some countries were discussed, some possible ways to detect the clandestine production activities have been given. ④Several disposal options of separated plutonium from a probliferation point of view were analysed.

核动力与核武器扩散问题[①]

摘 要：核武器的扩散日益成为一个重要的国际安全问题。阻止核扩散最重要的途径就是控制裂变材料的生产和利用。由于裂变材料在核动力和核武器方面均有着重要的作用，因而核动力的发展可能引起核扩散。本文主要讨论核动力引起的核扩散问题及安全保障措施。着重分析各种浓缩技术可能引起的核扩散及转移高浓缩的可能途径；还讨论了民用核动力系统中钚的扩散问题；最后，研究了如何加强国际安全保障的问题。

关键词：核动力，核武器扩散，核安全保障

控制核武器的扩散是当今国际社会的一个重要问题。由于核燃料铀-235 和钚-239 可同时用于制造核武器和核动力（指在核工业中，利用裂变聚变能提供动力）工业，这就使从核动力工业中转移生产核武器用裂变材料成为可能，因此加强对核动力系统的安全保障，对于阻止核武器扩散是十分必要的。

1 原子能的双重性及其意义

原子能不仅能用于和平目的，造福于人类，而且还能用于制造核武器。核武器的超常杀伤能力，引起了国际社会极大关注。一方面是和平利用原子能，另一方面是控制核武器的扩散。这两方面的矛盾以及人们对和平利用核能日益增长的兴趣导致了 1957 年国际原子能机构（IAEA）的建立。该机构的主要职能之一是执行保障措施以确保用于和平目的的核材料和设备不用于军事目的。另外自 1945 年美国拥有原子弹之后，到 60 年代末，苏联、英国、法国和中国也相继爆炸了核武器。为了防止核武器进一步扩散，导致《不扩散核武器条约》（NPT）于 1970 年生效。其主要宗旨是，防止核武器或其他核爆炸装置的扩散；保证无核武器国家的和平核活动不转变成生产核武器或其他核爆炸装置；促进和平使用核能。

然而，民用核动力与核不扩散问题的矛盾始终存在。核动力工业的存在对核武器的扩散是有一定促进作用的，它在一定程度上可使某个国家掌握生产核武器所需的技术。如：①提供必要的核科学技术基础；②拥有一批从事核能技术利用的科技人员；③在核动力计划中，不可避免地要解决有关裂变材料问题；④在核动力系统中的一些核设施（浓缩设施、反应堆、后处理厂等）可用来生产武器用裂变材料。因此，随着核动力技术的广泛传播，核扩散问题已成为"谁想获得核武器"，而不是"谁具有制造核武器的能力"。一个国家是

[①] 本文作者：张会，杜祥琬（北京应用物理与计算数学研究所）。发表于《物理》，1996 年，第 25 卷，第 6 期，第 347 页。

否想获得核武器主要取决于其政治动机[1]。一个国家一旦决定制造核武器，其最重要的技术手段是生产一定量的裂变材料。这可以通过两个途径来实现。一种是直接进行核武器研制计划，秘密建造核设施，以生产武器用裂变材料。随着核不扩散体制的加强以及探测手段的提高，这种途径将变得越来越困难。另一种是从民用核动力计划中转移生产裂变材料。这正是本文要讨论的主要问题。选择第二种途径主要的政治上的优势是，核动力计划可为其核活动提供一个合法的掩护。否则将易于被发现，招致国家社会的反对。借助于核动力计划，可以"合理"地训练核技术人员、获得裂变材料以及建造核设施。而这些均可迅速地转用于核武器的制造。利用民用核燃料循环转移生产武器用裂变材料有如下几种方式。

2 铀-235 的扩散

铀是最基本的裂变材料，然而天然铀中，易裂变同位素铀-235 的丰度仅占 0.7%。为了实现自持的裂变链式反应，铀-235 的丰度必须达到一定的值。铀燃料的临界质量随着铀-235 丰度的降低而迅速增加。当丰度低于 20% 时，其临界质量变得非常大，以致不能用于核武器（见图 1）[2]。铀-235 丰度低于 20% 的为低浓铀（LEU）。商业动力堆的铀-235 丰度为 2%～6%；铀-235 丰度高于 20% 的为高浓铀（HEU），它可直接用于核武器。一般武器级裂变材料要求铀-235 丰度大于 90%。要想得到上述的浓缩铀，必须通过同位素分离技术，即铀浓缩技术。

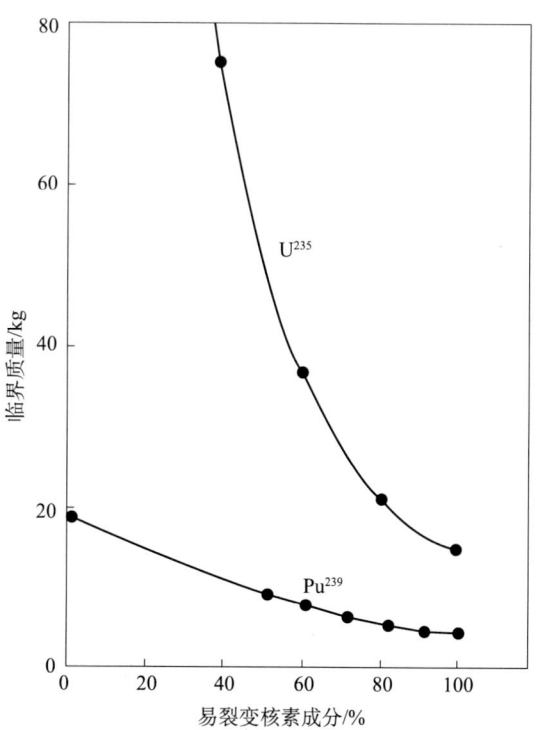

图 1 铀和钚的临界质量与易裂变核素成分的函数关系

注：这里假设裂变芯由中子反射层包围

2.1 铀浓缩技术的扩散[3]

铀浓缩技术的发展始于二战。美国为了尽快获得足够的 HEU 以制造原子弹,最早用回旋加速器来分离铀同位素,同时发展了气体扩散法。之后,气体扩散法成了铀浓缩工业的主要方法。自 70 年代,在与气体扩散技术竞争的基础上,相继提出了各种浓缩技术,这也同时增加了铀-235 扩散的机会。

1. 气体扩散法

历史上,五个有核武器国家大都利用气体扩散法生产武器级的高浓铀。目前,该方法仍支配着铀浓缩工业,不过,该方法不适于小规模的核武器计划。主要原因是:①分离系数很小,由此为生产一定量的产品需很多分离级,这样使一般气体扩散厂占地面积很大。②能耗大。单位分离功的耗电量约 2300~3000kWh/kgSWU。③平衡时间较长,总滞留量较大。为从天然铀生产武器级的 HEU,其平衡时间至少一年,这对于秘密生产 HEU 是极其不利的。同时也使分批再循环获得 HEU 难以实现。上述原因使得气体扩散过程规模大、投资高和耗电量大。另外,还有一些工艺上的难度,如要求设备具有良好的耐腐蚀性等。这对阻止核扩散是有益的。

2. 气体离心法

该技术在铀浓缩工业中已开始应用。与气体扩散法相比,气体离心法主要有以下几个特点:①分离系数大,为获得一定丰度的浓缩铀产品,级联所需级数比气体扩散法要少得多。现在利用几百个离心机,每年就能够生产出几枚核武器所需的 HEU。这样的设备仅占几千平方米。因此其规模和占地面积较小。②耗电少,比气体扩散法的小一个量级。③平衡时间极短,总滞留量很小。因此可用一个小的离心机进行分批再循环生产 HEU。由于上述这些特点,气体离心法很容易被用于生产武器级核材料。

3. 喷嘴法

该技术曾得到一定的发展,但目前无实际应用。其主要特征为:①每级分离系数稍大于气体扩散法,但远小于离心法;②其单位分离功能耗很大,甚至大于气体扩散法;③工厂的尺度、总滞留量和平衡时间一般处于气体扩散法和离心法之间。由此,该法比离心法具有较小的核扩散性。

4. 激光分离同位素法

自 70 年代早期,人们就期望激光浓缩技术将为下一代浓缩设施提供基础。该法的主要特别是:①浓缩系数很高;②分离单元的尺寸较小,由此小了总滞留量和平衡时间;③能耗小;④生产工厂的投资较气体扩散和离心法小,而且有可能利用气体扩散厂和离心厂的尾料作为原料进行分离;⑤利用其浓缩级很容易通过分批再循环获得 HEU。原则上,在一个较小的仓库内,利用一个分子激光设施每年能够生产几枚弹头所需的 HEU。因此,如果激光分离同位素技术在商业上可行的话,核扩散问题是相当严重的。不过,所发展的 AV-LIS 和 MLIS 两种激光浓缩技术目前仍处在研究和发展阶段。

总之,在现存的铀浓缩技术中,气体离心法具有较大的核扩散性,应将其视为特别敏感的技术,加强对它的控制和管理。

表1 各种浓缩技术的特征[4]

浓缩技术	单位分离系数	级联的级数（堆级铀）	级联的级数（武器级铀）	能耗（kWh/SWU）	级滞留时间（s）	面积（acre）	技术状况
气体扩散法	1.0040~1.0045	≈1200	≈4000	≈2400	5~10	≈60	工业上应用
气体离心法	1.3~1.6	≈13	≈100	≈250	10~15	≈20	工业上应用
喷嘴法	≈1.015	≈450	—	≈3000	≈2	—	无实际应用
激光分离同位素法	5~15	≈1	≈3	10~15	—	1~8	研究阶段

2.2 转换生产高浓铀的途径

从现存的生产民用堆级核燃料的浓缩设施转换生产武器级高浓缩铀有几种可能的途径：①从理论上讲，对于一定的分离功，可选择任何供料、精料和尾料的丰度，此时，相应的物料的流量将发生改变。②分批再循环。首先由天然铀作供料，来生产堆级燃料，然后利用再循环，用堆级燃料作供料，来生产高浓铀，值得注意的是，分批再循环时，需要停止级联运行，并清除干净其内部滞留的核燃料以便用已浓缩的铀燃料重新填满级联。这对于平衡时间较长和总滞留较大的浓缩过程（如气体扩散法）是很耗时和昂贵的，因此是不适合的。利用离心法或分子激光设施，分批再循环过程相当容易、便宜和快速，因此这些方法是可行的。③增加级数。对于现存的设施，可通过增加级联的数目来提高精料的丰度，这可以构造一个额外的级联连接在商业级联的顶部。在这种情形下，离心法是最适当的选择。④回流。根据级联理论可知，在回流情况下，对于给定数目的分离级，产品的提取率越小，则产品的浓度越高。

3 钚-239 的扩散[5]

钚-239 是另一主要的武器用裂变材料，而且有着比铀-235 材料更大的扩散危险性。为获得武器用高浓铀需要技术比较复杂的浓缩过程。而以铀作燃料的核动力堆中将伴随产生大量的钚，而且钚没有"失性"的特性。研究表明，任何级别的分离钚均是武器可用材料[6]。当钚-239 浓度降低时，钚材料的临界质量只增加一倍左右（见图1）。另外，分离钚的获得是通过对乏燃料进行化学分离进行的，这比浓缩技术要简单。

3.1 动力反应堆

钚-239 在自然界的存量极微。但在以铀为燃料的动力堆中，铀-238 在堆内经中子照射可转换生成大量的钚-239：

$$^{238}_{92}\text{U}(n,\gamma)^{239}_{92}\text{U}\xrightarrow[23.5m]{\beta}{}^{239}_{93}\text{Np}\xrightarrow[2.35d]{\beta}{}^{239}_{94}\text{Pu}$$

随着燃料在堆内受中子照射时间增长，通过连续中子捕获或（n,2n）反应还可产生其他钚同位素：钚-240，钚-241，钚-242（量依次减小）。钚的偶数同位素（钚-240，钚-242）对于核武器的设计是不利的。这主要是因为它们的自发裂变，导致"提前点火"而降低爆炸威力。对于武器设计来说，钚-239 的浓度越高越理想，应尽量降低钚-240, 242 的含量。人们常将钚-240 含量小于 7% 的钚定义为武器级钚；钚-240 含量介于 7%~18% 的钚定义为燃料级钚；钚-240 含量大于 18% 的钚定义为堆级钚。大约 8 公斤钚可制造一枚核武器。提高武器用钚材料质量的一个重要途径是降低燃料的燃耗，即减少燃料在堆中照射时间。为达到这一目标，燃料仅在堆内照射几周就迅速移出。然而对于民用动力堆，为从一定量裂变材料中获得较多能量,其燃耗较高,其换料时间约为1年。

由于在各种动力堆处,均存放有铀燃料和积累着一定量的钚,因此动力堆具有一定的核扩散性。下面从核扩散角度来考察各种动力堆的特征及转移方式。

1. 轻水堆

目前运行的大多数动力堆是轻水堆。所用的核燃料为 LEU (2%~6%),且不含钚。因此新燃料不能直接用于武器;核燃料是分立状态的燃料组件,这有利于查数;其换料周期约为一年,换料时,反应堆需关闭并保持4~6周,这比较容易进行安全保障。因为堆芯只有在关闭时才可接近,并且乏燃料的卸出时间是相对可预言的,而且换料次数并不频繁。这样 IAEA 可封记反应堆压力缸以确信在没有视察员在场时没被开启,同时可安排视察员现场监督换料的情况。因为乏燃料中存在有钚,因此对乏燃料的安全保障较为重要。封隔/监视系统可实现对乏燃料的安全保障。目前,对轻水堆的安全保障是比较成功的,轻水堆是一种防核扩散功能较强的动力堆。

2. 负载装料动力堆

与轻水堆需关堆换料情况相反,还有一些反应堆(如 Candu 型堆)可在运行的情况下连续换料。这种堆的特点是换料时不需停堆,其商业优点是可连续发电。但从核扩散角度说,由于换料时间不像轻水堆那样确定,较频繁等,使安全保障较为困难。另外,它可迅速卸出被照射的燃料棒以降低燃耗,提高钚的质量,以用于武器制造。同时又不大影响反应堆的动力输出。从理论上讲,从这种堆转移武器级钚是可能的。此外,该类堆主要是以天然铀作燃料,乏燃料棒中包含较多的钚。因此,这类堆比轻水堆具有较大的核扩散性,应加强安全保障。

3. 增殖堆

为了充分利用核燃料资源,人们研究发展了增殖堆。在这种堆内,每消耗一个易裂变材料(如 ^{235}U)的原子核,平均生成的新易裂变材料(如 ^{239}Pu)的原子核多于一个。对于铀-钚燃料循环来说,将需要钚的后处理,并使分离钚作为动力堆的新燃料。钚的再循环使核燃料循环中的许多核设施、后处理设施、燃料元件加工设施和反应堆中存有大量武器可用的裂变材料,因此增加了钚扩散的途径[5]。另一可能发展的方案是钍-铀燃料循环,易裂变核素 ^{233}U 由 ^{232}Th 在堆内经中子照射而获得

$$^{232}Th\ (n, y)\ ^{233}Th\ \xrightarrow{\beta^-}{22m}\ ^{233}Pa\ \xrightarrow{\beta^-}{27d}\ ^{233}U$$

像 ^{239}Pu 一样,^{233}U 燃料也很适合用作武器材料,并且临界质量约为 ^{235}U 的1/3,也需要后处理过程。不过 ^{233}U 有着重要的稀释"失性"特征(像 ^{235}U)。由此,人们曾提出"失性"的钍-铀燃料循环,即用 ^{238}U 稀释 ^{233}U,以使其不能直接用于武器。如果想用于武器,必须再经过浓缩。因此该方案比钚的再循环方案的扩散性要小。不过,对钍-铀燃料循环的扩散性和安全保障问题仍需进一步研究。

3.2 后处理问题

一个典型 1GW 的轻水堆每年大约产生 250 公斤钚。不过,这些钚与其他裂变产物一起存在于乏燃料之中。此时的钚不能直接用于武器。另外,钚与具有高放射性的裂变产物混合在一起,这本身已具有一定的实体安全保护特性,使盗贼难以接近。因此,乏燃料中的

钚具有一定的防扩散性。然而，为了使这些钚作为燃料再循环或用于武器，需用化学分离过程将这些钚与其他裂变产物分离开。分离钚的过程是在后处理厂利用普雷克斯流程进行的。

由于分离的钚可直接作为武器用裂变材料，因此操作大量分离钚的后处理厂成为核武器扩散者们的主要目标。从核扩散的角度来说，后处理厂的主要特征是：①核材料以及大多数包含裂变产物的设备在加工过程中是不可接近的。这为秘密转移核材料提供了机会。②由于分离钚的过程一般需要连续数小时甚至数天的工作，加工钚的过程很复杂和各阶段所操纵的大量的钚均可直接用于武器，因此增大了钚转移的可能性。③目前，国际核安全保障系统对于后处理厂的保障措施并不能有效地阻止裂变材料的转移。正在发展的近实时材料衡算系统等新措施可望改善这种情况。然而，要想达到所要求的测量标准，而又不打扰工厂的正常操作，这将是非常困难的。

由于分离钚具有较大的核扩散性以及能够提供核动力，人们日益关心是否该继续对乏燃料进行后处理的问题。提倡后处理的最初的主要动机是由于 20 世纪 60 年代和 70 年代过高地估计了世界范围的民用核动力增长情况，因而对可用的铀资源估计过低，这样势必考虑到利用钚来代替不足的铀，导致了人们对钚再循环的研究和兴趣。从能源利用角度说，也应当利用钚的能源。然而目前的情况表明：世界核动力的发展并不象估计的那样高，铀资源并不短缺。此外，目前关于钚的再循环与轻水堆一次性燃料循环在经济方面的比较仍有争议。从核不扩散角度看，存在于乏燃料中的钚比分离的钚具有较小的扩散性。如果对乏燃料进行后处理，以使钚再循环，那么钚将存在于后处理厂、钚燃料加工厂、用钚作燃料的反应堆以及上述各设施之间的运输之中，这将增加钚扩散的机会。钚的后处理和再循环的另一核扩散危险是，它实际上使得任何拥有核动力的国家已掌握了大量武器用裂变材料钚，更加缩短了从"无核"武器到"有核"武器间的距离。同时，民用钚的后处理和再循环可使一个国家有借口来掩盖其发展核武器的动机。加强控制钚的后处理和再循环，对于防止核扩散是有利的。

目前，国际社会正在积极讨论对已分离钚的处置问题。随着美、俄战略核武器的削减，在下个十年内将有 150~200 吨武器级钚从核弹头中拆卸下来，为了使其不再返回到核武器库中，这些剩余武器级钚需要处置。另外，全世界核动力系统已累大量的分离钚[7]，而这些钚也是武器可用的材料，从核不扩散的角度说，这些民用钚与从弹头中拆卸下来的钚同样重要，应当一起考虑其处置问题。分离钚的处置将取决于核不扩散、经济、环境和能源利用等因素。由于各国所处的环境不同，所以对分离钚处置的方案有所不同。人们已提出多种方案[8]：①将分离钚作为轻水堆或增殖堆等的核燃料；②作为核废物处理：将分离钚加入高放废物中，玻璃化后储存或深埋；在无高放废物的特种玻璃中固化，处理后深埋；③在轻水堆或新设计的燃钚堆中"一次通过"式地烧掉钚；④在特别设计的加速器中照射钚，可将钚转变成较短寿命的放射性核素或不具有扩散性的元素；⑤长期储存。此外，还有空间处置、海底处置等方案。对这些方案的评价应从核扩散、经济、环境和能源利用等多方面综合考虑。美国一些科学家从强调核不扩散角度出发，认为将分离钚玻璃化的处置方案是比较可行的。

4 国际核安全保障措施

由于核动力的发展在一定程度上促进了核武器的扩散,因此,国际社会发展了一系列核安全保障措施,以确保用于和平目的的核材料和设备不转移用于军事目的。安全保障的主要技术目标是"及时探测""有意义量"的裂变材料从已申报的核设施中转移到武器的利用或其他未指定的利用;并通过探测的威胁来遏制这种转移。IAEA 关于"有意义量"定义为制造一枚核武器通常所需给定材料的重量;"及时"定义为利用给定的材料制造一枚核武器通常所需的时间[9](见表2)。

表2 "有意义量"的铀和钚

核材料		有意义量	"及时探测"标准
低浓铀	3% ^{235}U	2500	1年
	10% ^{235}U	750	1年
高浓铀	25% ^{235}U	100	1~3周
	90% ^{235}U	27.5	1~3周
钚	武器级	8	1~3周
	堆级	8	1~3周
MOX		*	1~3周
乏燃料		*	1~3周

4.1 安全保障的方法和技术

现在用于探测材料转移情况的安全保障方法主要以材料衡算作为基本方法,以封隔和监视作为重要的辅助手段。

1. 材料的衡算

该措施根据物质守恒原理,来确定一个材料平衡区域处核材料存量的变化。IAEA 通过独立测量实物存量和检查账面存量可确定"不能说明原因"(MUF)的核材料损失。MUF 是安全保障系统中确定存量差异以及评估材料转移情况的一个关键因素。

IAEA 为了进行材料衡算和核查,发展了多种测量技术。为了核查所申报的裂变材料的性质、数量和组分等,常将样品送回分析实验室,以进行化学分析。该方法测量的结果一般比较准确,但费用较高,并且3~5周后才能见到结果,这对于及时探测核材料的转移是不利的。非破坏性方法(NDA)则能在现场及时地对裂变材料进行分析,同时无需破坏物品的完整性。该方法通过测量裂变材料释放或吸收的特征能量的 γ 射线和中子来确定核材料的种类、质量等。NDA 技术主要包括:主动分析法和被动分析法。主动分析包括用中子或 γ 射线照射核材料样品,使其诱发裂变,然后通过测量其放出的中子或特征 γ 射线来确定裂变材料的质量;被动分析则通过直接测量样品自然放出的 γ 射线或中子来确定裂变材料的性质、数量等。目前 IAEA 结合利用中子符合探测技术和 γ 特征线探测技术可充分分析和确定包含特殊核材料的一般特性,这对于安全保障核材料是必要的。为了进一步改进材料衡算方法的精度,人们还研究发展了近实时材料衡算系统。不过该方法仍有些问题需要解决。

2. 封隔和监视

封隔措施是利用实物障碍以限制接近核设施内部的核材料,如反应堆的压力壳、材料储存区的围墙、安全门以及容器的外壳，由此防止核材料的秘密转移。为了这个目的，IAEA 发展了各种封记技术（如超声标签、电子标签），来密封各种包含核材料的容器。IAEA 人员可简单地通过检查这些封记的状况来确信材料是否转移。

监视措施主要是利用自动照相机、摄像机或其他电子设备以探测任何核材料的转移或受安全保障的项目是否被干扰。如利用卷片照相设备或闭路电视来监视储存在反应堆或后处理厂乏燃料的运动情况。为了提高闭路电视的监视能力，人们正在研究新的微控闭路电视系统。此外，为了更可靠地利用封隔和监视设备，人们提出了遥作连续核查技术 RE-COVER 来控监视这些设备的操作状态。

总之，IAEA 为了更有效地支持材料衡算、封隔/监视措施，发展了一系列监控装置、测量技术和视察程序。

4.2 加强安全保障措施

目前，IAEA 对民用核动力活动的安全保障仍存在一些问题，如 IAEA 对后处理厂、燃料加工厂还没有一个十分有效的安全保障措施；当事国常依据入侵其主权和工业泄密等借口来限制对一些核设施的安全保障和相关的视察活动。

为了更有效地防止民用核动力的核扩散性，人们还需从技术方面加强国际核安全保障措施。为了改进传统安全保障系统的有效性并使其费用效率更高，主要研究应包括：①提高衡算系统的测量精度；②进一步提高封隔/监视系统的监视能力，如利用各种先进的传感探测器；③发展一些费用效率更高的保障措施；④广泛研究和发展新的仪器设备，如利用全自动核实系统以减少视察工作量；应用数字图像传输技术，进行远程监测等。

最后需要指出的是，加强社会体制方面的措施也是十分必要的。特别是加强对未申报、秘密发展的核活动的安全保障措施。

参考文献

[1] OTA. Nuclear Proliferation and Safeguards. New York：Praeger，1977：94.
[2] Hafemeister D. Physics and Nuclear Arms Today. New York，1991：218.
[3] 张会，杜祥琬. 中国核科技报告. CNIC-00946，1995.
[4] Barnaby F. Nuclear Energy and Nuclear Weapons Proliferation，New York，1979.
[5] 张会，杜祥琬. 中国核科技报告. CNIC-00947，1995.
[6] Mark J. Sci. and Global Security，1990，4：1.
[7] Albright D，et al. World Inventory of Plutonium and Highly Enriched Uranium. 1992.
[8] National Academy of Science. Management and Disposition of Excess Weapons Plutonium，Washington D. C，1994.
[9] IAEA Safeguards. An Introduction. IAEA，Vienna，1981.

核军备控制物理学研究简介[①]

90年代初以来，国际战略格局的新变化，使核军备控制开始进入实质性阶段。这一新的形势在社会科学和自然科学领域都提出了一系列新的问题。核裁军需要相应的核查手段，同时，裁下来的核武器需要妥善地予以销毁，并对其中的核材料进行处理。另一方面，为了制止生产新的核武器，需对武器级核材料的生产进行监督和控制。此外，全面核禁试条约也需要有效的核查手段作保障。为了防止核武器技术向无核武器国家的扩散，也需相应的技术手段以加强国际核安全保障体制。在这些需求背景下，核军备控制物理学应运而生，并成为应用核物理学的一个新分支。核军备控制物理学研究的主要目的是限制核武器的部署、储存、生产或试验以及制订一些控制核军备竞赛和防止核战争的安全保障措施。核军备控制物理学的研究对促进整个核军备控制研究的发展，为推动裁军进程和争取世界和平将发挥重要的作用。

1 核查技术

为了确保军控条约的实施，需要采用一定的技术措施来了解缔约国是否守约，这样的过程称作条约的核查。核查并不仅仅是一个技术问题，而且还是一个政治问题。核查技术是核军备控制物理学研究的一个重要内容。对于不同的军控条约，所要求的核查技术、程序等是不同的。随着军控的深入发展，将不断提出新的科学技术问题。

（1）禁止核试验的核查。核试验是核军备发展一个重要环节，同时核试验（尤其是大气层和水下核试验）对环境污染严重。因此，限制和禁止核试验一直受到国际社会的普遍关注。美、原苏等国于1963年签署的《禁止在大气层、外层空间和水下进行核试验条约》就是这方面的一个反映。近年来要求全面禁止核试验已成为国际军控中的重要问题。

核试验可在空中、水中和地下进行。目前，各有核国家实际上已停止在空中和水中进行核试验。同时，在这两种环境下对核试验的核查相对容易。其核查手段主要借助于在空中或地面上的视觉观察、卫星照相以及对放射性气体的样品分析等技术。因此，全面禁止核试验的核查问题主要是对地下核爆炸的核查。对此，人们发展和研究了多种核查技术。其中，

[①] 本文作者：杜祥琬、张会、李彬（北京应用物理与计算数学研究所）。发表于《现代物理知识》，1996年，第8卷，第3期，第23页。

地震方法作为地下核试验的主要核查手段已得到普遍发展，该方法主要利用核爆炸与天然地震产生的地震波信号的不同，来探测和鉴别核爆炸。目前人们利用现有的或将要安装的地震台网可鉴别出爆炸威力高于 1 千吨梯恩梯当量的地下核爆炸，不过，对于较低当量的核爆炸，人们很难将其与天然地震和化学爆炸区分开。此外，人们还提出了水声法，地球物理法和放射化学方法等来核查地下核爆炸。不过现有的这些技术对于判定极低威力的核试验尚有困难，这方面的问题有必要进行进一步的研究。

（2）核弹头的核查。在核裁军过程中（如美、俄的削减战略武器条约），越来越多的核弹头将从部署地点裁减下来，为了确保这些弹头确实得到裁减，需要对核弹头进行探测和识别。

核弹头的探测主要是应用物理技术进行探测诊断，判断是否有核弹头存在。区别核弹头与常规弹头的主要依据是判断是否有高浓铀和钚存在。这可以利用裂变材料的重要特性（放射性，良好的吸收性和可裂变性）来进行核探测，如利用中子激活弹头中的裂变材料，观察裂变放出的中子和 γ 射线；探测弹头中裂变材料自发裂变产生的中子和 γ 射线。此外，在核查行动中还要考虑是否存在"欺骗"行为，比如用铅和钨等重金属屏蔽核弹头以减弱中子、γ 射线的穿透率，这要求研究相应的反措施技术。

在核弹头裁减中，也应注意防止其他型号弹头冒充顶替待核查类型的核弹头，这要求对核弹头进行鉴别，以便进一步分辨出弹头的类型，由于核弹头的裂变同位素含量、构成及弹体结构因类型不同而有较大差异，因而它们的自发辐射中子场、γ 场和射线透视结构有所区别。将这些量作为一种特征"指纹"，可作为弹头类型的判据。核弹头识别技术的关键是寻找既不过多透露设计信息，又能显示弹头类型特征的可测量。

（3）核不扩散的核查。控制核武器的扩散是当今国际社会的一个重要问题。阻止核武器扩散的重要技术途径是控制裂变材料的生产，一个国家获得武器用裂变材料可以通过两种途径来实现：一种是从民用核动力系统中转移生产裂变材料；另一种是秘密建造核设施，以生产武器用裂变材料。

为了确保用于和平目的的核材料和设备不转用于军事目的，国际原子能机构（IAEA）已发展了一系列核安全保障措施。其主要技术目标是"及时探测""有意义量"的裂变材料从已申报的核设施中转移到武器的利用或其他未指定的利用；并通过探测的威胁来遏制这种转移。现在用于探测核材料转移情况的安全保障方法主要以材料衡算作为基本方法，该措施根据物质守恒原理，来确定一个材料平衡区域处核材料存量的变化。IAEA 通过独立测量实物存量和检查账面存量可确定"不能说明原因"的核材料损失，以评估材料转移情况。IAEA 为了进行材料衡算和核查，发展了多种测量技术，如化学分析方法以及非破坏性分析方法，来确定裂变材料的数量、性质和组分等。此外，安全保障方法还以封隔和监视措施作为辅助手段。如利用照相设备或闭路电视来监视储存在反应堆和后处理厂的乏燃料的运动情况；封记反应堆压力缸以确信在没有视察员在场时未被开启。

现有的安全保障系统还存在一定的问题，如，对于处理大量分散状态核材料的设施（后处理厂、燃料加工厂等），衡算系统的测量精度并不能有效地探测材料的转移。更重要的是，安全保障系统不能有效探测到秘密发展核武器的情况。因此，对如何加强国际核安全保障措施的研究变得十分重要。对于秘密核活动的探测，人们提出多种探测途径。其中一个重要途径是通过环境监测。这主要是根据生产特殊核材料的核设施将向周围环境释放一定特征的流出物，这样通过对所采集的微量样品（如水、土壤、空气和生物样品）进行化学分析和同位素分析，由此可探测一个国家的秘密核活动。

（4）禁止裂变材料生产的核查。禁止武器级裂变材料的生产是全面核裁军和核不扩散体制的一个重要措施。它对于限制核武器数量有着重要意义。

禁止生产的条约需要关闭生产武器级核材料的核设施（铀浓缩工厂、生产堆和后处理厂），这可由国家技术手段、现场视察和情报收集等措施进行核查。如对于被封存的设施，可由卫星照相来探测核设施操作的迹象。对其他可能生产武器级裂变材料的活动也需要控制和核查。首先对从民用核设施中转移生产武器级核材料的情况。可由类似于IAEA安全保障的技术进行核查；其次，对从未申报的核设施中生产武器级核材料的情况，人们已提出几种措施来核查，如利用卫星探测核设施的建造活动；利用环境监测来探测核设施的操作。最后，对从允许操作的一些军用核设施中转移生产武器级核材料的情况，也应发展相应的技术进行监控。例如，利用生产氚的反应堆可生产钚材料；一些海军动力堆利用武器级铀，这些高浓铀可被用来制造武器，因此，对这些核设施也应置于安全保障之下。

为了进一步削减核武库，各国需要申报其过去生产裂变材料的情况。由此也需要发展相应的核查技术。这可以由在反应堆和浓缩设施的一些物证来核查钚和高浓铀的过去生产情况，例如，由测量反应堆芯部件中的长寿命放射性核素的浓度来估计中子照射通量，以此来核实堆内钚的生产情况。

此外，外空军备控制的核查中也有一部分是物理学的工作。随着各种核军备控制条约的制定和实施，其相应的核查技术将不断地提出一些有关的物理问题，等待物理学工作者去研究。

2 核武器销毁技术

随着核裁军谈判的实质性进展，将有大量核弹头被裁减下来。为了保证这些核弹头不再重新用于核武器，必须将其彻底销毁。

核武器的销毁过程包含着各种复杂的技术，不仅要保证被裁减的核武器确实得到销毁，而且要保证被销毁武器的一方其军事秘密不被泄漏，还要保证拆卸和改性后的武器材料的妥善处理。

首先要保证经过核查被鉴定的核弹头在销毁过程中不被偷换，为此，可采用"指纹"技术和标签技术。"指纹"是指每个核弹头自身带有的可辨认而且不易改变的特征。标签技术是在核查后的武器上加上特有的、不能仿制的记号。核弹头被运到工厂后要重新确认上面的标签或"指纹"，然后进行拆卸。高能炸药可由专门车间烧掉；其他非核部件在粉碎车间粉碎。拆卸出的氚可由弹头所有国回收。裂变材料的处理则较为复杂。为了保密起见，可以把几种不同型号的裂变材料混合之后交付处理。

彻底销毁核武器，应对拆卸出的武器级裂变材料进一步处理，使之不能重新用于核武器，对于高浓铀，可用大量天然铀对其进行稀释，使其"失性"，不能用于武器，而用作反应堆的核燃料。武器级钚的处理则较为困难。因为它没有稀释"失性"的特征，即任何级别的钚均可作为武器用裂变材料。目前，科学家们已提出多种钚处置方案，例如，将钚作为核反应堆的燃料加以利用；将钚与高放射性废物混合，玻璃化后，作为核废物储存或深埋；在现有轻水堆或新设计的烧钚堆"一次通过式"烧掉钚；在特别设计的加速器中照射，使钚转变成较短寿命的放射性核素或不具有核扩散性的元素；在国际监督管制下，长期储存钚。此外，还有地下深埋、空间处置等方案。对各种方案的评价不仅要考虑科学技术上的可行性，更重要的是还要受到环境，经济、核不扩散和资源利用等因素的影响。对于钚的最终合理的处置方案，仍有待于进一步的研究。

3 核军备控制物理为军备控制的科学决策提供基础

定量分析核武器的作用。核军备控制物理学研究的一个重要内容是对核武器作用进行定量分析。这主要包括：研究核武器的直接杀伤破坏作用，即研究核武器的效能；研究多个核武器在战争中组合使用产生的后果，即研究核武器的战争效应。

核武器效能的评估研究包括核武器的杀伤破坏机制、杀伤能力、生存能力和费用等。科学家们对核武器杀伤破坏效应的评估，揭示了这些核武器使用的严重后果和巨大危害，由此构成了核武器"相互确保摧毁"的核威慑战略，同时促使国际社会加快禁止使用这些武器的步伐，使各国人民强烈要求各有核国家承诺不首先使用核武器，直至禁止使用核武器。

对核战争效应的研究，使得科学家们认识到，一场大规模的核战争将对人类生存的环境产生灾难性的影响。理论研究指出，大规模的核战争将导致到达地面的阳光减少，地面温度下降，出现寒冷和饥荒。同时还使臭氧层变薄，穿过大气的紫外线大幅度增加，强烈的紫外线会灼伤人畜和庄稼。这将使得人类的生存环境变得极为恶劣。正是这些理论研究使交战双方进一步了解到，在一场大规模的核攻击之后，即便能够解除对手的核报复能力，由于核战争给全球造成的后果，发动攻击的一方也会面临核战争效应带来的巨大灾难，从而使得有核国家对发动核战争持十分谨慎的态度，也可以说使核武器产生了一种"自威慑"作用。同时，也使非交战国家认识到核战争将对他们造成的危害，从而促使国际社会强烈呼吁禁止发生核战争，彻底销毁核武器。

军备控制的系统分析方法。目前核军备控制的主要目标是限制和裁减核武器。限制什么，如何裁减的最主要依据是：能否增加军事稳定性，降低核战争的危险，核军备控制谈判中遵循的主要原则就是增强稳定性。为此，在核军备控制的科学研究中，科学家们引入了两个重要的概念：危机稳定性和军备竞赛稳定性。这两个概念有比较明确的数学定义，广泛用于评价各种军备发展状况和裁军方案。根据这些定量的定义，科学家们时常运用系统分析方法研究什么样的裁军方案符合本国利益并有利于世界安全；引入一类新武器系统会如何影响军备竞赛升级，以及一个裁军方案是否能得到有效执行等问题。

科学家们通过建立交战模型，可计算了解不同种类、不同型号和不同数量的武器对战争进程和结局的影响。如果可能交战的双方，其武器配置使战争结局非常有利于首先发动进攻的一方，那么爆发战争的驱动力就非常强，这种情况被称作危机不稳定性；如果双方武器配置非常容易刺激对方大量发展军备，进行军备竞赛的驱动力就很强，这种情况被称作军备竞赛不稳定性。科学家们还尝试定量地给出战略稳定性的概念，以描述上述情况的稳定程度。这样人们就可以通过计算了解武器配置中哪些因素不利于稳定性，因而需要在军控和裁军中重点加以限制。在美俄达成有关削减战略武器条约之前,很多科学家分析了各种裁减方案对战略稳定性的影响,这些研究成果在条约中均有所反映。这种通过建立模型定量分析战略稳定性的方法又称作系统分析方法,它对于综合考虑军备竞赛和军备控制中的各种复杂因素并对此作出准确评价有着重要的意义。

此外,通过科学分析可考察一些新提出来的军备发展方案是否违背已签订的军备控制条约。例如,最近美国政府正在支持发展战区导弹防御系统。然而,一些物理学家经过计算和分析,指出所发展的战区导弹防御系统将违背美苏《关于限制反弹道导弹系统条约》(ABM),而这一条约是美苏(美俄)进行核军备裁军的重要基石。由此,引起更多的科学家进一步研究战区导弹防御系统的兴趣。这些研究无疑将对国际社会深刻理解战区导弹防御系统、ABM条约和核战略稳定性之间的关系,提供必要的科学基础。

Preventing Pollution in Space[①]

Abstract: In this article, the issue of preventing space pollution is put forward as part of environmental protection. Threats to space environment come from ① space garbage and ② weaponization of space. The article analyzes the current condition and development trend of the two threats and emphasizes that progress in science and technology should not be used to endanger mankind and that the concept of "sustainability" should be expanded to the protection of space environment. It is also suggested in the article that international cooperation should be developed to prevent space pollution.

Key words: environment, space, pollution, international cooperation

In the twenty first century, the concept of "sustainable development" has been widely accepted. People have greatly enhanced their awareness to protect the ecological environment of the Earth village. Great effort has been made to protect and clean up the ecological environment, but environmental problems are still serious with a lot of eco-damaging and environment-polluting operations still in practice.

It is the responsibility of the entire mankind to protect the environment and scientists naturally take important responsibilities in this regard. It should be emphasized that the environment as we understand it should not only refer to the Earth, but should also include outer space, where human activities are also carried out. Indeed prevention of pollution in space should be put on agenda and as time goes by, this problem will become increasingly obvious.

The area below 100 km in altitude above ground is called "sky" and the area above 100 km in altitude is outer space or "space". Currently human activities in space are mainly concentrated in the man-made satellites area from several hundred kilometers to tens of thousand kilometers in altitude, while moon traveling and inter-star navigation have expanded the scope of human activities to hundreds of thousand kilometers. Since the launch of the first artificial satellite of the Earth in 1957, when man began his activities in space, space technology has been developing very fast in the past century. Space technology has helped us explore the fourth area beyond the sea, land and sky—space, thus creating great prospect for mankind to peacefully use space, develop space resources, understand space and to benefit mankind. At the same time, people are quick to realize

---

① Author: Du Xiangwan (China Academy of Engineering Physics)。发表于"科技伦理问题及其对社会的影响研讨会", 2002 年 7 月 19 日。

the other side of the coin: like on the Earth, the space environment also needs protection.

In preventing space pollution, the following two issues are worth noticing.

1 Space garbage

Since mankind began to develop space, the number of Earth-orbiting debris has been increasing year by year. The larger pieces of debris are useless load in orbit and rocket shells. The smaller ones are parts and components separated from some space load and fragments created from collisions in space. At some altitudes, the number of debris grows exponentially rather than lineally. Pieces of debris larger than 10 cm in size are small in number and spacecrafts can take measures to avoid them (at a price). Pieces smaller than 1 cm in size are numerous and hard to detect, but spacecrafts can be easily protected against them. The most problematic is the fragments between 1 cm and 10 cm in size, which are estimated to be 150 000 pieces in orbit at altitudes between 200 km to 1500 km. They are difficult to avoid or be protected against, threatening peaceful use of space. Their distribution can be measured by radar. The debris flux changes with altitude (see figure 1) and the peak is around 1000 km.

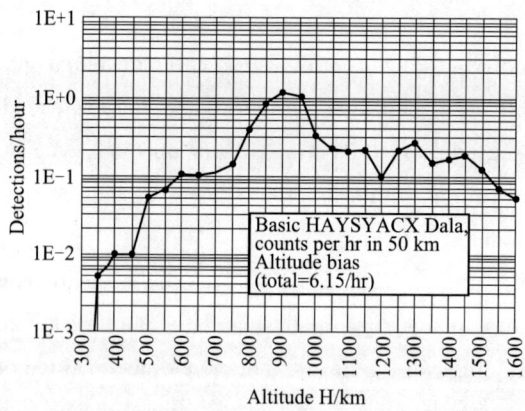

Figure 1　Distribution of space debris flux by altitude

Different methods are developed to clear the space junk and ORION is such a project. ORION is designed to use optical and microwave methods to detect and track the debris and then use ground-based pulsed laser to irradiate the debris once or many times so that the surface of the debris will ablate and spray up, creating an addition speed Δv of about 100 m/s, and then leave the orbit, fall and burn. This project has not reached the application stage. Given its difficulty, complexity and high cost, international cooperation is necessary for its implementation.

While trying to clear the existing space garbage, it is more important to address the issue of preventing continuous growth of space junk.

2 Weaponization of space

As many scientists have said: science and technology is a double-edged sword, bringing sunshine and casting shadows for mankind. Progress in space technology was soon used for military purpose—military satellites such as reconnaissance satellites have been launched one after another. Still worse, since late 1980s, some big powers have accelerated weaponization of space. The SDI program (or the Star War program) is an important mark of this process. Although SDI is tabled, it is not cancelled altogether. The Ballistic Missile Defense (BMD) program launched by the US is a variation of SDI.

By definition, space weaponry not only includes space-based weapons, but also weapons based elsewhere (for example ground-based or sky-based) that can have an impact on space. Under the banner of missile defense, all kinds of sky-based, air-borne, ground-based and sea-based anti-satellite and anti-ballistic missile weapon technology is being developed, including kinetic weapons, space war aircrafts, laser weapons and other directed energy weapons. (see figure 2) It is easy to see from the figure that BMD will make weaponization of space a reality. These weapons have both defense and offense capacities.

Figure 2   Schema of the US Ballistic Missile Defense

In early 2001, the US army conducted a military exercise, presuming a space war would happen in 2017. It is the first time space was taken as the main battlefield instead of a supporting area to war on the ground. It is not enough to dominate on the Earth. The US also seeks to dominate space. For this purpose it has already formed a space command headquarters, built a space army and set up a "space war directing center", etc.

Weaponization of space is more dangerous than ordinary space garbage, because it will not only seriously pollute space, but also threaten peace and stability on the Earth. Realizing this point, scientists have long been appealing for "nonweaponization of space". There are some related international agreements, for example:

(1) UN Charter (being effective in 1945)

(2) Partial Test-Ban Treaty (being effective in 1963)

(3) Outer Space Treaty (being effective in 1967)

(4) Registration Convention (being effective in 1976)

(5) ENMOD Convention (being effective in 1978)
(6) Moon Treaty (being effective in 1984)
(7) Telecommunication Treaty (being effective in 1984)
(8) Nuclear Accident Agreement (being effective in 1971)
(9) ABM Treaty (being effective in 1972)
(10) Protocol to ABM Treaty (being effective in 1976)
(11) SALT I Agreement (being effective in 1972)
(12) SALT II Treaty (being effective in 1979)

With the exception of the UN Charter, the international treaties related to "nonweaponization of space" can be classified into two categories: one is the bilateral agreements between the US and the former Soviet Union and other one is multilateral agreements proposed within the UN framework.

The 1963 Partial Test-Ban Treaty says "to prohibit any nuclear weapon test explosion, or any other nuclear explosion in the atmosphere; beyond its limits, including outer space" (Article 1 (a)). This means prohibition of nuclear explosion other than weapon testing in outer space.

Paragraph 1, Article 4 of the 1967 Outer Space Treaty prohibits deployment of nuclear bombs in outer space. This paragraph says the parties to the Treaty undertakes "not to place in orbit around the Earth any objects carrying nuclear weapons or any other kinds of weapons of mass destruction", install such weapons on celestial bodies, or station such weapons in outer space in any other manner. However, this paragraph does not prohibit other types of weapons (such as conventional weapons and kinetic collision weapons) or other space weapon systems. This is a big flaw of the Treaty since there is no provision against development, testing or deployment of ground-based, air-borne or space-based anti-satellite weapons or space mines.

The Registration Convention taking effect in 1976 is a convention on the registry of spacecrafts launched in space. According to Article 4, each state parties shall furnish to the Secretary-General of the United Nations, as soon as practicable, the information concerning each space object carried on its registry, such as basic orbital parameters, apogee, perigee and launch purpose. However, the purpose of the object launched into space can only be guessed until after the object slides into orbit. As such information is often given after the launch, it plays only a limited role in the verification of objects launched into space.

Article 9 of the 1979 SALT II Treaty between the US and the Soviet Union expands the "scope of prohibition" as provided in the Outer Space Treaty. The Outer Space Treaty only prohibits deployment of nuclear weapons or other weapons of mass destruction in outer space, while SALT II prohibits the development, testing and deployment of the systems that carry nuclear weapons into orbit, and the development, testing and deployment of some orbital ballistic systems. The US announced in 1986 that it is not be bound by this Treaty.

The 1971 Nuclear Accident Agreement and the 1973 Agreement Against Nuclear War provide that the US and the Soviet Union shall not interfere or attack each other's early warning systems, including satellites as part of the warning systems.

Article 35 of the Telecommunication Convention prohibits harmful interference of radio communication of other countries. According to this provision, the signals received and sent by satellites are protected (radio communication is an extremely important element in the operation and use of spacecrafts).

The 1978 ENMOD Convention prohibits the use of some environmental modification techniques. These techniques will have an impact on outer space.

The 1972 US-Soviet Union ABM Treaty is not a treaty directed towards "weapons of space", yet it is very important to the discussion of "nonweaponization of space" and the preparation of related treaties. Unfortunately, the US president has announced withdrawal from this Treaty.

3 Suggestions

International cooperation is required both for clearing space garbage and preventing weaponization of space. Effective inter-governmental cooperation should be established on the basis of consensus among scientists and in the framework of the United Nations.

Take preventing weaponization of space for example. There are two big flaws in the existing treaties (agreements), effective or not. One is that some provisions are not properly phrased or clearly defined, leading to unnecessary disputes and difficulty in their implementation. The second is there is no complete and effective provision or effective verification measures in verification of breach of agreement in the key provisions of the treaties (agreements).

In checking arms race in space, two things are important: one is to close the loopholes of existing international treaties and the other is to unite all forces against "weaponization of space" to prepare a treaty against "weaponization of space" that includes verification measures. However, fighting weaponization of space means much more than limiting anti-ballistic missile systems. It should also include prohibition of anti-satellite weapon systems.

Arms control experts have proposed many suggestions on verification, but the research on arms control verification in outer space has not entered application stage. There is still much to be done.

In preparing a treaty on nonweaponization of space, the UN can make great contribution. It should negotiate documents that can be accepted by all parties, implement verification measures, consult and coordinate the parties on problems in verifications, carry out research and provide technical advise.

Weaponization of space is an abuse of science and technology, using the technological progress advanced by mankind to endanger mankind. It is unwise and unjust to abuse space, which is owned by all mankind, just to seek hegemony of one country. This should be checked timely.

4 Conclusion

The concept of "sustainability" is not only a local, national and global concept, but also a concept that should be applied to space. The task of preventing space pollution has been put before us and cannot be shelved. All the strategically minded people should realize this.

We must never let the practice of "pollution first and treatment later" happen in space. Indeed, this is a difficult and complicated historical task before us. All countries, especially big countries, should take this noble responsibility. The international scientific community should pay attention to this issue and make practical effort.

"Sustainability" requires that mankind use science and technology in the right way.

May space benefits mankind.

Bibliography

[1] Campell J W. The Project ORION. Northeast Science and Technology. NASA TM-109522, 1996.

[2] From Internet: ABL homepage.

[3] Du Xiangwan. Scientific and Technological Basis for Nuclear Arms Control. Beijing: National Defense Industry Press, 1996.

后附中文译文：

防止太空污染

摘　要：作为人类环境保护问题的一部分，本文提出了防止太空污染的问题。对太空环境现实的威胁主要来自两方面：①太空垃圾；②太空武器化。分析了这两个危害的现状和发展趋势，强调科学技术的进步不应被用来危害人类自身，"可持续发展能力"的概念应扩展到保护太空环境。提出了发展国际合作，防止太空污染的建议。

关键词：环境，太空，污染，国际合作

进入21世纪的人类，已普遍接受了"可持续发展"的观念，保护地球村生态环境的意识大为增强，人们为保护生态、净化环境作了很大努力。尽管如此，破坏生态、污染环境的操作仍大量存在，环境问题仍然十分严峻。

保护环境是全人类的责任，科学家自然责无旁贷。本文想强调的一点是：对环境问题的理解不仅限于地球，还应包括人类活动已可到达的太空。实际上，防止太空污染已经是一个应该提上日程的问题，而且随着时间的前进，这个问题会变得日益尖锐。

可以认为，距地面高度100公里以下的区域为"空中"，100公里以远为外层空间或"太空"。目前人类的太空活动较多的集中在数百至数万公里范围的人造卫星区域，而登月和星际航行的活动范围已延伸至数十万公里。1957年苏联发射第一颗人造地球卫星，可以作为人类活动进入太空的起点，近半个世纪以来，航天技术发展迅速，它开拓了"海、陆、空"以外人类的第四疆域——太空为人类和平利用空间、开发空间资源、认识宇宙、造福人类，开辟了无限广阔的前景。与此同时，人们也很快意识到了事情的另外一面：像地球一样，太空环境也需要保护。

在防止太空污染方面，目前有以下两个现实的问题值得注意。

1　太空垃圾的问题

自人类开始开发空间以来，轨道碎片的数量逐年增加。其中较大的有：无用的留轨载荷、火箭壳体；较小的则是一些空间载荷上分离出来的另件以及太空中的碰撞产生的碎片。在某些高度上，碎片的增长规律已从线性变为指数增长。尺度大于10cm的大块碎片较少，空间飞行器

可以采取措施机动避开（当然要付出代价）；而尺度小于1cm的碎片数量太多，难以探测，但较易防护。最麻烦的是尺度在1cm至10cm的碎片，据估计在轨道上已分布有150 000个之多，它们主要分布在200km至1500km高度的轨道上，既不易避开，又不易防护，对空间的和平利用造成威胁。用雷达可以测量它们的分布、测得的碎片通量随高度的变化见图1[1]，可见分布的峰值在1000km高度附近。

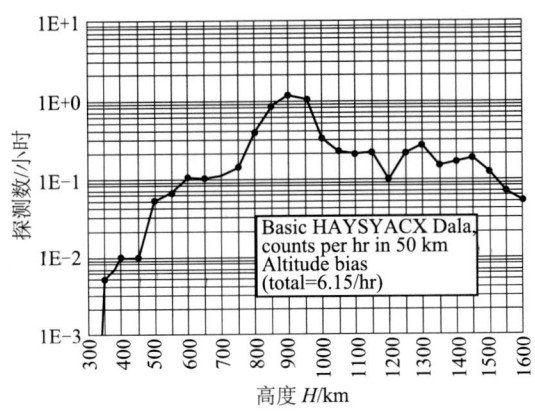

图1　空间碎片通量随高度的分布

人们在想办法清除空间垃圾。ORION就是这样的一个计划。其思想是用光学和微波的各种手段去探测这些空间碎片，跟踪它们，然后用地基的脉冲激光单次或多次地照射碎片，使其表面烧蚀、喷射，产生一个约百米/秒的附加速度ΔV，从而脱轨、坠落、烧毁。这一计划尚未达到可应用的阶段。不难看出这一计划的难度、复杂性和花费，真要实施的话，国际合作是不可少的。

在想办法清除已有空间垃圾的同时，如何防止空间垃圾的进一步增长，是一个更值得重视和研究的问题。

2　太空武器化的问题

正如许多科学家所总结的：科学技术是把双刃剑。它在给人类带来光明的同时，也投下了暗影。空间技术的进步很快被用于军事目的，一颗又一颗侦察卫星等军用卫星发射升天。不仅如此，20世纪80年代以后，有的大国还加快了空间武器化的步伐。SDI计划（俗称"星球大战计划"）是其标志，虽然SDI计划没有搞下去，但也没有完全下马。美国正在大力推进的弹道导弹防御计划（BMD）就是其变种。

按定义，太空武器不仅包括布基在太空的武器，也包括其他布基方式（如地基、空基）但可作用于太空的武器。在导弹防御的旗号下，正在积极发展天基、机载、地基、海基的各类反卫星和反弹道导弹武器技术，包括动能武器、空间作战飞行器、激光武器及其他定向能武器（图2）。从图中不难看出，导弹防御计划将使空间武器化成为现实。这些武器不仅有防御能力，而且有进攻能力。

2001年初美军还进行了一次想定在2017年将发生的太空战的演习，它首次把太空作为主战区，而不仅是对地面战争的支援区。地面的霸权还不够，还要谋求太空霸权。为此，已建立了航天司令部、筹组天军、开设"太空作战指挥中心"等等。

太空武器化比一般空间垃圾具有更大的危险性，它不仅会严重污染太空，还会威胁地球的和平和稳定。认识到这一点，科学家们早就开始呼吁"空间非武器化"，国际上也达成过一些有

图 2 美弹道导弹防御计划示意图[2]

关的协议,例如[3]:

(1) 联合国宪章 (1945 年生效, UN Charter);
(2) 部分核禁试条约 (1963 年生效, Partial Test-Ban Treaty);
(3) 外层空间条约 (1967 年生效, Outer Space Treaty);
(4) 登记公约 (1976 年生效, Registration Convention);
(5) 改变环境公约 (1978 年生效, ENMOD Convention);
(6) 关于月球和其他天体条约 (1984 年生效, Moon Treaty);
(7) 电信公约 (1984 年生效, Telecommunication Convention);
(8) 核意外协定 (1971 年生效, Nuclear Accident Agreement);
(9) 反弹道导弹条约议定书 (1972 年生效, ABM Treaty);
(10) 反弹道导弹条约议定书 (1976 年生效, Protocol to ABM Treaty);
(11) 限制战略武器会谈 (Ⅰ) 协定 (1972 年生效, SALT Ⅰ Agreement);
(12) 限制战略武器会谈 (Ⅱ) 条约 (19794 年签署, SALT Ⅱ Treaty);

除联合国宪章外,现有与"空间非武器化"有关的国际条约可分为两大类,一类是美苏两国的双边协议;另一类是联合国中多国提出的多边协议。

1963 年的"部分核禁试条约"提出"禁止在外层空间和其他地方进行任何武器试验爆炸或任何其他核爆炸"(第 1 条第 1 (a) 款)。这意味着也禁止在外层空间进行并非专门进行武器试验的核爆炸。

1967 年的"外层空间条约"第 4 条第 1 款禁止将核炸弹部署在外层空间,该款禁止在"环绕地球的轨道上放置任何载有核武器或任何其他种类大规模毁灭性武器的物体"和在天体上装置这种武器,或以任何其他方法在外空设置这种武器。然而该款没有限制其他种类的武器(如常规武器和依靠动能的撞击武器等),也没有限制其他空间武器系统。这意味着没有条文禁止研制、试验或部署设在地面、空中或空间的反卫星武器或天雷,这是其一大缺陷。

1976 年生效的"登记公约"是就射入空间的空间飞行器作出通知的公约。根据第 4 条,应在可行的范围内尽快将关于空间飞行的一般性资料提供给联合国秘书长,如飞行轨道参数、远地点、近地点以及飞行目的等。但是直至空间飞行器入轨后,人们只能对发射体飞行目的进行猜测，而且这种通报往往是在发射后提供的，这种信息对射入空间物体的核查仅能起有限的作用。

1979年美、苏双方"第二次限制武器条约"第9条的规定是扩大了"外空条约"第4条的"被禁止范围"，"外空条约"仅仅禁止将核武器或其他大规模毁灭性武器放置在外层空间，"第二次限制武器条约"则禁止研制、试验和部署将核武器等送入轨道的系统，该条还禁止试验、研制和部署部分轨道弹道系统。1986年美国声明它将不受该条约的约束。

1971年的"意外事件措施协定"和1973年的"防止核战争协定"规定美、苏双方不得干涉或攻击双方的早期警报系统，它包括了作为这种预警系统一部分的卫星。

1973年的"国际电信公约"第35条规定，禁止对其他国家的无线通信进行有害的干扰。根据这一规定，卫星所接受和发出的信号是受到保护的（无线电通信是空间飞行器运行和使用中一个极为重要的因素）。

1978年生效的"改变环境公约"，禁止使用一些环境战技术，这些技术将涉及外层空间。

1972年美、苏签订的"反弹道导弹条约"，虽不是直接针对"空间武器"的条约，但对讨论"空间非武器化"和制定条约是十分重要的。令人遗憾的是，美国总统已宣布退出该条约。

3 建议

无论是清除太空垃圾还是防止空间武器化，都需要发展国际合作。在科学家们共识的基础上，应在联合国的框架下，建立各国政府间的有效合作。

以防止空间武器化为例，纵观现有的条约（协议），不论其生效与否，它们在两个方面存在着缺陷：一是条款本身有的不够严密，定义不明确，引起不必要的争论，使这些条款难以顺利执行；二是各种条约（协议），在其关键条款中对于违约的核查一项均缺乏较完整、有效的规定和有效的核查措施。

在制止空间军备竞赛的工作中，重要的有两条：一条是堵塞现有国际条约中的漏洞；另一条是联合国际反对"空间武器化"的力量，促进制定一个包含有核查措施在内的旨在反对"空间武器化"的条约。当然，反对空间武器化的含义比限制反弹道导弹系统的含义更为广泛和深刻。它也应包括禁止反卫星武器系统的内容。

军备控制研究专家们提出了各种核查建议，但对外空军备控制核查的研究尚未进入可实用阶段，因此，在这方面还有很多工作要做。

在制定"空间非武器化条约"的过程中，联合国能够作出重大贡献。它应该协调为各方接受的文件并实施核查措施，协商核查出现的问题，开展研究工作和提供技术咨询。

太空武器化是对科学技术的一种不正当应用，是把人类发展的科技文明用于危害人类自身。为了一国的霸权，把人类共有的太空沾污，是不理智的，是一种不端行为，应及时予以制止。

4 结语

"可持续发展能力"（Sustainability）的概念，不仅是一个地区、国家和全球的概念，还应把太空包括在内。防止太空污染的任务已经摆在人类的面前，这是一件不可束之高阁的事情，有战略眼光的人们应该认识到这一点。

绝不能让太空走上所谓"先污染、后治理"的道路。不错，这是一个困难而复杂的历史使命。世界各国，尤其是各大国都应负起庄严的责任。国际科技界需关注这一问题，并做出实际努力。

"可持续发展"要求人类正确地使用所掌握的科学技术。

让太空为人类造福。

参考文献

[1] Campell J W. The Project ORION. Northeast Science and Technology. NASA TM-109522, 1996.
[2] From Internet：ABL homepage.
[3] 杜祥琬. 核军备控制的科学技术基础. 北京：国防工业出版社，1996.

On Treaty of Space Arms Control and It's Verification[①]

1 Introduction

The development and research of space weapons have never been suspended though great changes have taken place in international situations.

Development of space weapons will not introduce a new defence-dominated strategic configuration, on the contrary, it can add fuel to arms race and make the world more unstable. To make things worse, space weapons can bring about environmental pollution in space, adversely affect space peaceful utilization by mankind, finally put every single nation in position of more insecurity. Thus the prohibition of the testing and development of space weapons could still be considered as an important task for the world community to fullfill in the field of arms control.

Several current treaties are playing a positive role in banning space weapons, but certain rooms still exist for improvement:

(1) Not all types of space weapons are clearly prohibited.

(2) Even for ABM, these treaties present no complete banning.

(3) No reliable and effective verification measures could be counted on.

On such an account, more efforts should be made for signing a better treaty banning space weapons. An improved treaty is necessary and preliminarily required to offer legal contribution to prohibition of space weapons. It could not be delayed in the covert that no satisfactory vefification methods are available. The latter could be proceeded step by step.

2 Basic contents of a future space arms control treaty

In our view, the following basic points should be covered by a future space arms control treaty:

(1) Total prohibition of testing and deployment of all types of space weapons.

"Space weapons" refer to those deployed in space or those with their battle fields in space which could bring damage or destruction to targets of military significance. Various definitions have been given to space weapons. One of them reads as follows:

"A space weapon means any device or installation either space-, land-, sea-, or atmosphere-based, which is designed for attacking or damaging objects in outer space, or disrupting

---

① Authors: Du Xiangwan, Liu Min, Du Shuhua, Li Bin. 1992.

their normal functioning, changing their orbits, and any device or installation based in space (including those based on moon and other celestial bodies) which is designed for attacking or damaging objects in the atmosphere or on land, at sea, or disrupting their normal functioning." This definition does not include those satellites serving military or both military and civilian purposes, which could possibly become part of the future weapon system (C3I system). We will dicsuss this problem latter.

(2) Prohibiting military force used against the earth from the space and the vis versa or military force used against each other among space objects.

(3) Signatories of the treaty are disallowed to introduce or deploy conventional weapons, nuclear weapons, laser weapons, kinetic energy weapons and particle weapons or any other ASAT and ABM weaponry and weapons attacking targets on surface from space. No matter whether they are manned or not.

(4) Banning space weapons is closely co-related with prohibition of ASAT weapons because the latter remains a part of space weapons and many kinds of space weapons could be used against satellites. Therefore the BMD and ASAT weapons should be baned simultaneously.

(5) An inspection committee should be established to guarantee eonsultations when problems arise in executing the treaty, to provide a setting for inspection of things in question and for information exchanges, and to supervise treaty execution and verify a possible violation by the signatories.

(6) The International Inspection Committee could set up suborganizations responsible for the making of vefification articles and monitoring of whether the signatory is undertaking testing or deployment of space weapons. They are not entitled to dismantle and destroy those devices which have proven to violate the treaty.

(7) Prohibiting interference and other disturbances with verification and any intended clandestine undertakings to set obstacles for such verification. The verified nation should give full play of their cooperation with the vefification organization by presenting all kinds of conveniences to assure a smooth and fruitful verification.

(8) Some articles in the Soviet-US ABM treaty signed in 1972, such as the XII, XIII, XIV, XV, XVI, could be applied in "space Arms Control treaty".

3 International control of satellites serving military or both military and civilian purposes

In space arms control, there is one special issue concerning the treatment of satellites serving military or both military and civilian purposes. These satellites include those used for global communication, reconnaissance, and navigation ect.

The speciality of this problem is characterized by the double roles of these satellites: on one hand, they constitute as parts of the C3I system which could be regarded as components of space weapon, they should be prohibited in line with the space arms control; on the other hand, they could serve civilian purposes and can be exploited for verification which plays a positive and stable role in arms control.

To handle this problem more properly, we suggest to use these satellites in controlled manner to prevent them from becoming parts of space weapons. To this end, suggestions like that viewed by prof. Rodionov could be considered (1): to sign a special agreement and establish an international agency with the participants of UN members to supervise, control and manage the space activities of these satellites; the obtained information should be made public. Some detailed procedures could be worked out by an internationaly-composed group of experts.

4 Verification of space arms control treaty

To guarantee that the treaty is properly carried out and no violation has been involved, a series of verification measures are required, and they can be enclosed to the official treaty.

4.1 Verification by international technical means

This verification system includes various large information-acquiring radars, different kinds of warning, reconnaissance and surveillance satellites, space aircraft and some other land stations, and information gathering and processing systems. To acquire the necessary data to determine a possible breakthrough of the treaty, a number of different sensors are needed to be installed on the surveillance system. The obtained information should reveal not only the characteristics of radiation but also the location of radiation source. Most sensors possess the capability of image construction and they record both electromagnetic radiation and the geographical coordinate of the satellite parameters. The accuracy of the information about the geographical position is determined by signals and the operation of the sensors. Many different techniques could be applied to implement international technical means, such as image, optics, infrared, spectra, satellite and the skills to detect nuclear materials. For example, with infraret surveillance, we could find out whether there exists a space orbital reactor or not. These means must be managed by the United Nations. Currently, satellites used for military purposes constitute as an important part of C3I which characterize all space weapons. Special attention should be paid to this problem.

Many other verification measures have long been put forward by scientists from different countries, and some representative ones read as follows: establishment of international space monitoring agency; tracking space objects through satellite system; setting up an international center for image construction of satellite orbit; formulating rules on behaviour in space ("road rules") and so on. Though these measures are positively directed, their practices could cause great technical difficulties as well as immense financial cost, moreover, special attention should also be given to the following factors:

a. Space verification technics and data should be made public and popularized.

b. International verification of space weapons could be controlled by an international organization, for instance, the United Nations.

4.2 Pre-launching on-site verification——the most important verification method

(1) This verification measure could be pursued by an UN-organized international surveillance

and verification agency which aims to prohibit space weapons. Financial aid for activities carried out by such an agency should be from the United Nation and those space-capable countries (according to their space capability).

(2) Modifying convention on registration of space launches and improving the registration system.

For objects to be launched into space, preliminary registration (not post-registration) should be practised, for example, registration could be undertaken from the international surveillance and monitoring agency a year or half a year before actual launching to allow on-site verification.

(3) Measures of vefification

Launching site should be open to groups of experts formed by international surveillance and monitoring agency for on-site verification before actual launching takes place. Space launches could be permitted only after it is verified that no weapons or weapon components are on the vehicles. All space launches could be only allowed after international verification and ratification from the international surveillance and monitoring agency.

After intense verification, all space vehicles should be "tagged" and uniquely sealed. Upon launching, the inspectors would check again to ensure that the tags have not been moved.

(4) Types and characterisitcs of space weapons

Space weapon system usually consists of: a kill mechanism, power source, sensors SATKA system, C3I system and so on. We focus our attention on verification of the kill mechanism and power source. (See appendix A and B).

The above mentioned measures of on-site verification currently are the most significant ones though their functions are very much limited and could only be used to prevent the testing and deployment of space-based weapons or weapon components. In another sense, even these measures can not completely prohibit land-based space weapons, some land-based weapons also could not properly function without help of the space-based weapons components which are prohibited by these measures. (such as space mirrors are needed for land-based lasers).

On-site verification is a feasible, cost-effective and nondispensable means to trigger a stringent prohibition of testing and deployment of space weapons.

Appendix A. Types and characteristics of kill mechanisms in space weapons

1. Laser weapons: their characteristcs include laser brightness, single energy emission, wave length and the size of fighting mirrors. Among them the fighting mirrors are most easy to be verified. It is not difficult to make out a free-electron laser by verifying its accelerator while a chemical laser could be determined by its fuel verification.

2. Particle-beam weapons: their characteristics include energy accelerator, accelerator emittance angle and energy delivered in a single shot. The most verifiable part is the accelerator.

3. Rail gun: their characteristics include energy delivered in a single shot, length of gun and projectile mass. The most verifiable part is the cooorespondingly long rail of acceleration.

4. Rocket interceptors and brilliant pebbles: their characteristics are the size of the rockets and

the projectile mass. Since these interceptors could be made small and exquisite, a feasible verification measure might be the X-ray detection technics.

5. Nuclear weapons: they are characterized by the fissile nuclear fuels and could be essentially verified through physical diagnosis, such as the passive and active detections of neutron and gamma rays.

Appendix B. Verification on powers for space weapons

1. Chemical power: a large ammount of chemical fuels and a thermal energy / electricity conversion unit are required for operation of such a power which is characterized by large mass and volume, thus make it easy to be verified.

2. Nuclear reactor power: how space weapons depend on nuclear power is shown below : (2)

Kinetic energy weapons:	B. P, SBI, GBI	×
	Land-based rail gun	?
Kinetic energy weapons:	Space-based rail gun	√
Directed energy weapons:	SBFEL, NPB, NDEW	√
	GBL, SBCL	×
	Space mirrors of GBL	?

(1) Importance of orbital reactor prohibition

a. It could introduce a partial prohibition of space weapons.

b. It could help to prevent nuclear pollution caused by accidents occured in orbital reactors.

c. Not in the least affect the development of cicilian space cause.

(2) A physical method of nuclear radiation diagnosis could be implemented to verify such a prohibition due to the existence of high-enriched uranium and non-shielding of the reactor. This method is somewhat like the one used to detect nuclear warheads, but the former seems more easy because of more nuclear fuels contained in the reactor and comparatively a shorter distance permitted for detection.

Referrences

[1] Rodionov S. Prevention of the weaponization of outer space, Commissioned paper for 41st Pugwash conference, 1991.

[2] Hafemaster D W. Infrared Monitoring of Nuclear Power in Space. Science and Global Security, 1990, 1: 60.

TMD and International Security[①]

1 Introduction

US TMD Program (Fig. 1)

- Patriot PAC-3 ⎫
- Navy Lower Tier ⎬ Core Program
- THAAD ⎭
- Navy Upper Tier

- Boost-phase TMD {ABL, ABM}
- Funding for Israel Arrow Missile.

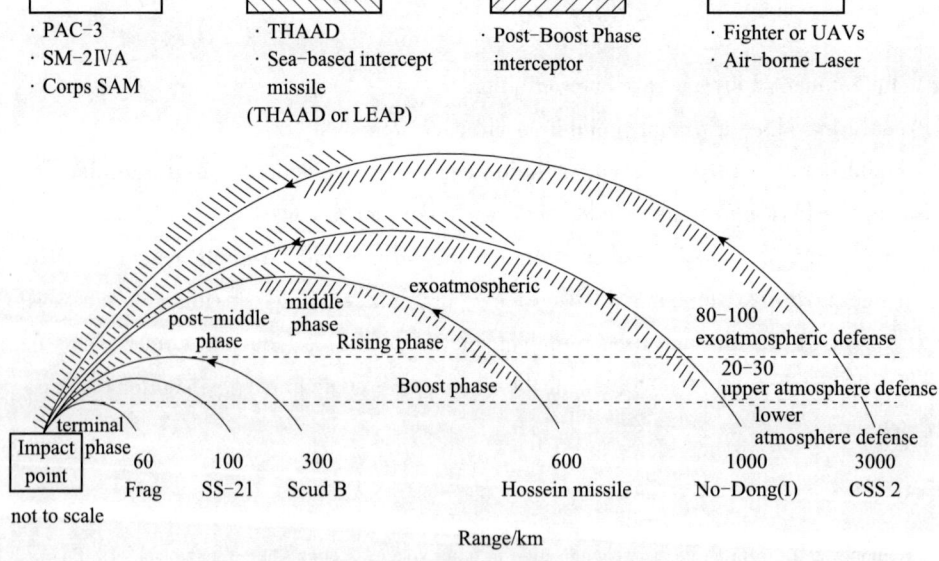

Fig. 1　Classification of theater missile defense systems

80-100km exoatmospheric defense; 20-30km upper atmosphere defence; Lower atmosphere defense

Japan TMD Project
- Patriot PAC-3
- THAAD
- More Capable System

---

① Author: Du Xiangwan. Arms Control Collected Works, 1996: 85-88.

MATO's Project
- Two Layers Defense System.

We will analyse the capability of TBMD system and It's impact on the international security.

2 Strategic defense capability of TMD

2.1 TBM and SBM

Range/km	Warhead speed/km · s^{-1}	Highst Point/km	Flight Time/minute
300	1.69	74	4.22
1000	3.01	240	8.12
3000	4.86	655	16.0
5000	5.87	976	22.9
10000	7.18	1321	38.0
12000	7.47	1267	42.9

It indicates, that the warhead speed difference of TBM (range 3200km) and SBM (range 10000km) is only 40%

2.2 Parameters determining the defense area (footprint)

- Interceptor's speed and Acceleration
- Parameters of Defense Rader System
- Prarmeters of Incoming Object: Warhead Speed, Radar Cross Section
- Counter measures.

The detection distance depends on the radar cross Section:

	Large C. S. (0.05m^2)	Small C. S. (0.005m^2)
Strategic ob.	360km	270km
Theater ob.	300km	210km

The calculation of interception kinematics can give the "footprints" in the strategic and Theater defense Cases. (Fig. 2 and Fig. 3a、Fig. 3b)

2.3 Strategic capability of boost-phase TMD-ABL analysis

Rang $R = 400$km for boost-phase TBM interception.
$\Rightarrow$Brightness of Laser $B \geqslant 1.6 \times 10^{18}$ J/sr.
Power: $P \geqslant 5 \times 10^6$ W
(We neglect the atmosphere and suppose $\lambda = 1\mu m$, $\beta = 2$, $D = 2m$, $t = 1s$, $q \geqslant 10^3$ J/cm^2)
It is enough powerful for:
a. Intercept ICBM (re-entry or earlier)
b. Asat (low orbit).
It is possible to scalling up iinto more powerful.

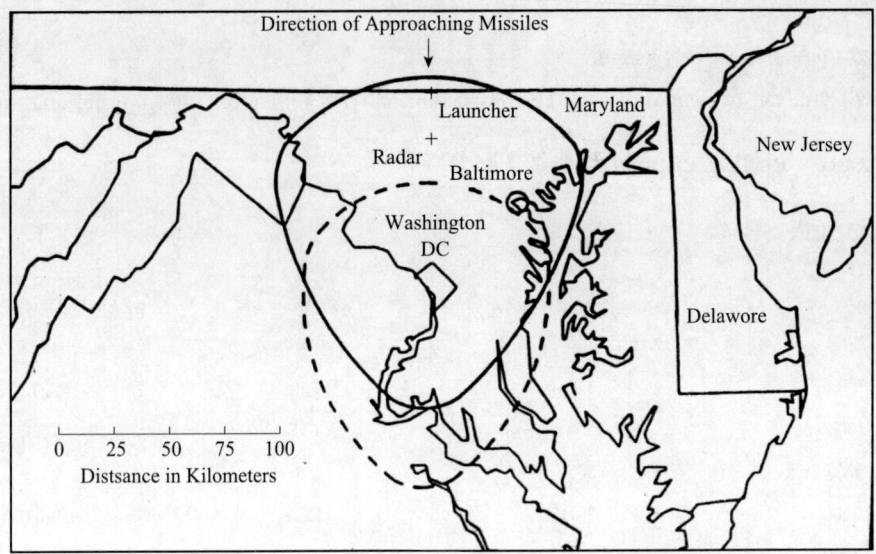

Fig. 2 This figure shows the defended perimeters we calculated for a THAAD-like anti-tactical ballistic missile (ATBM) against a 3 000 kilometer range theater missile (solid line) and a 10 000 kilometer range strategic missile (dashed line). The footprints in this model assume the ATBM radar has a power-aperture product of 500 000 watt-meters squared and that the attacking reentry vehicles (coming from the top of the figure) have a radar cross section of 0.05 square meters (by MIT group).

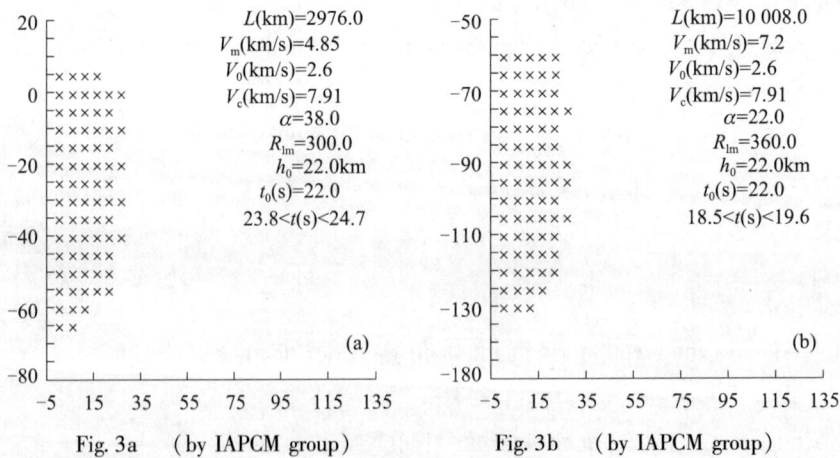

Fig. 3a　　(by IAPCM group)　　　　Fig. 3b　　(by IAPCM group)

3　Impact of TMD on the international security

3.1　Impact on nuclear arms control

- On the balance between US and Russia nuclear forces.
- On the effectiveness of nuclear forces of weak nuclear conuntries (for example: China)

3.2　Impact on space arms control

- It stimulates the countermeasures development: arms race of space weaponry.

3.3 Impact on proliferation of missile technology. (Fig. 4)

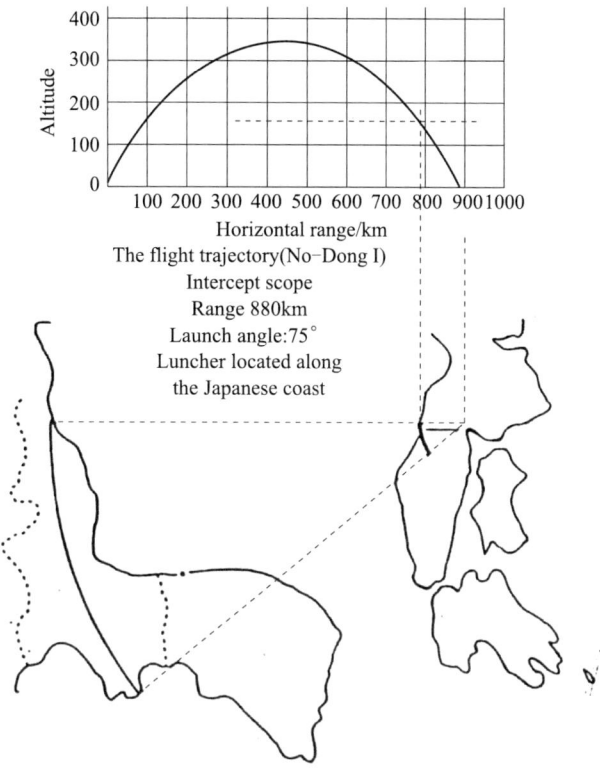

Fig. 4 An example of the capability of the TMD system

对核军备控制研究的几点思考[①]
——军备控制与人类文明进步

经常被讨论到的一个问题是：人类发展可能遭遇什么风险和危机？被提到的风险有：气候变化、人工智能、生命克隆、互联网与黑客、核战争等。认识危机和风险，是为了规避危机和风险。我想，核武器失控引起的战争，毕竟是最具全球毁灭性的风险。核军备控制仍然是人类的严肃而艰巨的任务。

1 "无核武世界"——核军备控制的最终目标

1964年10月16日，中国第一颗原子弹成功爆炸之时，中国政府发表公报提出"完全禁止并彻底销毁核武器"。这是提出"无核武世界"思想的最经典文献。后来，也有国家支持这个目标，例如美国奥巴马总统上任之初，也申明了建立"无核武世界"的意愿。客观上，这是对中国提出的这一思想的响应。虽然未提及中国政府的文件，但他表明这个态度还是有意义的。但今天世界的现状，人类觉悟和进步的程度，离实现这个目标还很遥远。较为现实的，"不首先使用核武器""不对无核国家使用核武器"，也是中国政府同一天提出的战略思想。在中国尚未介入核军控研究时，这些思想已植入中国的"核战略"。今天，在全球推广这些战略思想仍有重大意义。这是核军控领域第一个层次的思想观念。

2 关于"核禁试""核裁军"和"核不扩散"

这些思想和相应的条约是核军控的重要内容，但相比上述战略思想，它们属于第二个层次的军控观念。事实表明，如果缺乏第一个战略层次的政治意愿和行动，则很难在这个层次取得实质性的进展。几十年来，人们在禁试、裁军、不扩散等方面付出了不少努力，对控制核扩散的速度和范围，可能起了一定的作用。但核国家一个没有减少，非核国家变成核国家的却不止一个。核武器拥有国的数量总趋势在增加，在发散。可以说，在核裁军和核不扩散方面效果乏善可陈。

3 "反导体系"的发展导致核军控与非核军控发生了有机联系

SDI计划、NMD系统的问世和美国军事战略的重大调整【用新三角取代老三角（见图1）】，提升了非核武器体系的地位，由于它对别国核武器有效性的影响，导致了"非核战略武器""非核威慑力量"的出现，导致了新的军备竞赛，使军备控制（包括空间非武器

[①] 本文作者：杜祥琬. 2016年11月4日在苏州核军控国际会议上的报告.

化）面对更复杂的局面。

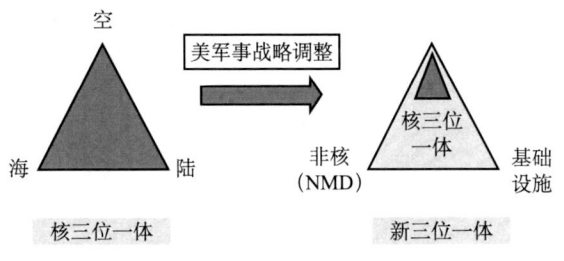

图 1　美国军事战略调整示意

把 THAAD 部署到欧洲和亚洲，引发了人们新的不安全感。美国将在韩国部署 THAAD 系统，不仅引发了韩国内部的矛盾，也使韩国与周边国家的关系复杂化，且起不到抑制朝鲜发展核武器的作用。美国专家说，在舰船上就可布置 THAAD 系统，既然如此，为何还要部署在韩国领土上呢？由此，也提出了军备控制的新课题。

4　值得思考全球安全治理的新机制

联合国气候谈判经过 20 多年的努力，终于在 2015 年 12 月达成了 195 个国家共同通过的"巴黎协定"，为建立应对气候变化的新机制，前进了一大步。充满矛盾和分歧的国际气候谈判，展现了一次人类理智的胜利。人类毕竟是一个"命运共同体"，只能合作共赢。

军备控制不同于应对气候变化，但也是要在充满矛盾和分歧的地球上，寻求"全球安全治理"的新机制，实现各国不同利益的最大公约数。可否发起一个：由联合国主导的"核军备控制国际谈判"*)，以建立"无核武世界"为长期目标，达成一个分步实施的国际协定。引导人类共享文明进步。即使需要几十年的谈判，才能达成这样一个协定，也是意义重大的。到那时，人们可以宣布，核武器将退出历史舞台，核能将只为和平利用，为人类造福。

为此，各国科学家的行动具有积极意义。尽管科学家对政治家的决策影响有限，但科学家是理智的引领者，共同语言的创造者，站在道义制高点上的科学家，为建立世界命运共同体会起到积极的推动作用。

5　结语

推动核军控进入历史性的新阶段，通过坚持不懈的努力，达成一个具有法律约束力的《核军备控制国际协定》，让核武器的发展态势由发散走向收敛，最后消亡。实现理智人类建立"无核武世界"的崇高目标。

---

*)本文完稿后，得悉联合国已在发起开始这样的谈判.

后 记

我的学术生涯先后涉及核物理、激光、能源等几个领域。这本文集收录的是我在核物理（及核军控）领域发表的论文，其中，最早的距今已超过半个世纪。核物理论文中的许多符号和下标，原稿已有些模糊不清，不仅自己整理起来很费工夫，也给出版社的编辑平添了不少麻烦。十分感谢科学出版社的有关同志所做的认真、细致和耐心的编辑出版工作。

特别感谢胡思得院士亲笔为本书赐序。他是中国工程物理研究院的原院长、核武器和核军控领域的领导者和学术带头人，也是我的兄长和多年的搭档，和他长期共事，使我受益匪浅。我也特别感谢赵宪庚院士为本书所赐的序。他是中国工程院现任副院长、中国工程物理研究院的前任院长，是凝聚态物理的杰出专家和核武器物理领域的后起之秀和带头人，在工作中他给了我多方面的帮助。在此谨向他们表示由衷的感谢和美好的祝福。

感谢中国工程物理研究院和北京应用物理与计算数学研究所的同事们，在半个多世纪的工作中给予我的多方面的帮助、关心和支持。几代人在核武器这个大事业中培育形成的优良学风，使我终生受益。

感谢我的夫人毛剑琴教授的支持、帮助和对书稿提出的宝贵意见。

感谢崔磊磊秘书为整理本书稿所做的大量具体工作。

2016 年 10 月 20 日